【"河北中青年社科专家五十人工程"文库】

古今中外名家
论责任

魏进平 于建星 等○著

知识产权出版社
全国百佳图书出版单位

图书在版编目（CIP）数据

古今中外名家论责任/魏进平等著. —北京：知识产权出版社，2019.1
ISBN 978-7-5130-5960-2

Ⅰ.①古… Ⅱ.①魏… Ⅲ.①责任感—研究 Ⅳ.①B822.9

中国版本图书馆 CIP 数据核字（2018）第 271938 号

责任编辑：李　潇　刘　嚣　　　　　　责任校对：潘凤越
封面设计：红石榴文化·王英磊　　　　　责任印制：刘译文

古今中外名家论责任

魏进平　于建星　等著

出版发行：	知识产权出版社有限责任公司	网　　址：	http://www.ipph.cn
社　　址：	北京市海淀区气象路50号院	邮　　编：	100081
责编电话：	010-82000860 转 8133	责编邮箱：	lixiao@cnipr.com
发行电话：	010-82000860 转 8101/8102	发行传真：	010-82000893/82005070/82000270
印　　刷：	三河市国英印务有限公司	经　　销：	各大网上书店、新华书店及相关专业书店
开　　本：	787mm×1092mm　1/16	印　　张：	23.75
版　　次：	2019 年 1 月第 1 版	印　　次：	2019 年 1 月第 1 次印刷
字　　数：	437 千字	定　　价：	98.00 元

ISBN 978-7-5130-5960-2

出版权专有　侵权必究
如有印装质量问题，本社负责调换。

我们为什么要有道德？（自序）

人要负责、人要担当，这是人人都懂得的事情。其实，对于这一问题的论证有两种维度：宏观社会的与微观个体的。从宏观社会角度上来研究责任与担当，强调的是社会、民族与国家的需要，强调的是个体义务；而微观个体角度则强调个体对义务的认知、认同与内化、外化，强调义务的内化为责任而成为个体的品性与德行。其实，无论哪一维度，主旨都围绕着责任是什么、为什么要担责任和怎样担责任展开论述。关于责任与担当，可以简化成人为什么要有道德以及如何有道德。这是一个不好回答的问题，但又是一个必须要加以解答的问题。正是基于这种考虑，我们试图从思想史上对责任思想加以梳理，特别是通过研读马克思主义经典作家、当代马克思主义无产阶级革命家，以及中外前圣先贤的责任思想来回答这一问题。

一

如果仔细思考"我们为什么要有道德"这一题目，我们会发觉这是一个看似很好回答却又很难回答的问题。说很好回答是因为：人是人，人不是神，人也不是兽。人之所以要有道德，就在于人是一个理性的存在，道德是人之为人的本性的体现。离开了道德，人将不称其为人。这实际上是从本体论的角度回答这一问题。当然，这样的回答，我们似乎又总觉得理由并不十分充足。因为人这一理性的存在，总是要探究事物的本源，对事物的本质进行追问，这是我们为人的特质。"人为什么要有道德"从表象上看是对人为什么要有道德的思索，实质上是对人的生存的意义与价值的哲学追问。

马克思曾讲，人既是"剧中人"（演员）又是"剧作者"（导演）。所谓人是历史这出戏中的"剧中人"是指人先天是受动的存在，人的出身、人的角色及其"台词"都是预先设定好的，我们出自何种家庭、社会所能提供给的物质条件与精神条件都是既定的，是不由我们的选择所决定的。（当然，人是能动的存在，人是历史这出剧中的"剧作者"，历史是人创造的，道路是自己走的。对于这一点，我们会在后文加以论述。）因而，伦理要求——义务在某种程度上就是"先天的""绝对的"命令。对此，黑格尔曾言："伦理性的规定就是个人的实体性或普遍本质，个人只是作为一种偶性的东西同它发生关系。个人存在与否，对客观伦理说来是无所谓的，唯有客观伦理才是永恒的，并且是调整个人生活的力量。因此，人类把伦理看作永恒的正义，是自在自为的存在的神，在这些神面前，个人的忙忙碌碌不过是玩跷跷板的游戏罢了。"黑格尔的这一段话非常形象地说出了伦理的先在性。这听起来有些宿命的味道，但如果仔细地思考一下，我们就会发觉我们每个个体来到这个世界上，并不是我们的自觉自愿的自由选择，在一定程度上恰如存在主义所说的那样，我们是被抛到这个世界上来的。我们可以选择我们的死，但无法选择我们的生。从这一点上看，人是既定的与被决定的。当人来到这个世界上，就必然面对着既有的伦理关系，从诸如父子关系、兄弟关系的家庭血缘关系到社会关系与国家关系，这都是我们无法逃避的。面对着如此的伦理关系，个体必然要接受如此的伦理规范与义务的要求，这就是我们常听到的"你须如此如此"与"你勿如何如何"的戒律。每个个体从小就被教育必须服从这些伦理秩序，按既有的规矩行事，服从伦理，服从义务，这是对我们的要求。简单一句话概括，那就是：成为一个有道德的人。这些伦理义务真的类似康德的"绝对命令"，在如此的"绝对命令"要求之下，人们经过教育，养成习惯，形成操守，化为良知，最终成为有道德的人。

当然，从唯物史观来看，义务是伴随着人们的生产实践活动而来的，义务并不是先于人类而在的。但是从个体角度而言，义务规范又恰是先于个体而在的。义务规范是人的内在的文化遗传，个体的社会化过程恰恰就是个体接受人的文化遗传之过程。因而，从这个意义上而言，义务就是先在的。

二

人是受动的与被动的；同时，人又是主动的与能动的。正如马克思所指出，人既是"剧中人"又是"剧作者"。人既有接受伦理的义务，又有反思的权利。这种反思集中在对"我是什么""我是谁""我的价值何在"的思索之上。道德是"我"的反思，体现了个体"拥有自我确信的精神的绝对权利，拥有自我决定的意识的绝对权利"。当具有主体意识的个体在反思"我为什么要做一个有道德的人"时，就充分地说明了这一点：道德的问题就是"我"的问题，"我"的选择，在这个方面不能"别人说什么，就是什么"。

道德是"我"的道德，在道德当中一定要有"我"，有"我"的思考。无"我"，无"我"的意识与思考，不能算作"我"的道德。这恰如黑格尔所说："道德的主要环节是我的识见，我的意图；在这里，主观方面，我对于善的意见，是压倒一切的。道德学的意义，就是由主体自己自由地建立起善、伦理、公正等规定。"当"我"的个体意识觉醒、独立以后，"我"已不再盲从时，"我"就会对既有的伦理秩序产生怀疑，这里会产生选择，甚至会出现一定程度的混乱。因为当个体"一旦意识到了善，便产生了选择：我究竟是愿意要善呢，或是不愿。这种道德的意识是很容易变成有危险性的，它使个人由对自己的模糊认识中产生各种骄傲自满，这是从个人意识到这种选择而来的：我是主人，是善的选择者。这里面就包含着：我知道我是一个诚实的人——卓越的人。我是通过我的意志而决定行善。这样，我便获得了对于我的优越性的意识；这种虚骄是与道德密切地联系在一起的。"这也就是说，在个体成长的过程中，通过道德认知，个体在形成道德情感、道德意志的过程中，是会不断地有选择的，有了选择，也就会有困惑，乃至于混乱。那么如何评价这一过程呢？应该说，这是道德发展的必经阶段，是分化的过程，是否定之否定环节之中的否定的阶段。若没有这一个阶段的反思，就不会产生真正的道德。面对着既有的伦理秩序与现实生活的境遇，"我"要思考，"我"要选择、思考和抉择"我如何过我的生活，使我的生活更有价值"。

三

道德是人的本质体现，也是成人的关键。一个有道德的人，就是一个理性控制了情感与欲望的人，也就是一个"优秀"与"卓越"的人。我们总是希望被别人说我们是人，而不是希望被别人说成"这个人不是人"。其中的原因就在于人自身所具有的人性，而非物性或兽性。人的伟大就在于人要去寻求生活的意义与价值，去实现与超越个体的价值。道德恰恰就是人之为人的关键，道德也赋予了人生的意义与价值。道德使"小我"走向"大我"，由世俗走向高尚，由平凡走向伟大。道德能丰富与光大人性，使人性得以高扬，使人格得以完善。道德能使人过上有尊严的生活。猪栏式的生活绝不是人的生活，人的生活价值与意义不在于低级的物的占有与享受，而在于精神的充实与高尚。

同时，道德标识文明与美。人具有了德行，就会有着超越于世俗功利高尚的情操，就会给人一种人格的崇高与神圣。这种崇高与神圣就如孟子所言的洋溢着浩然之气的"大丈夫精神",或如庄子所追求的视功名如粪土的"神人"。具有良好的德行,清风傲骨,高风亮节,留清白于人间;或者是为国为民不计个人之得失,勇往直前,甘洒热血于尘世;或者是为科学、真理与正义而勇于献身……

道德是美的,是崇高的。但人又是如何才能达到崇高与美的境界呢?同时,是不是要求所有的人都达到如此的境界呢?这是一个非常值得认真思考与对待的问题。

四

康德明确提出,道德行为是出于绝对命令的为义务而义务的行为。康德使道德获得了神圣、纯洁的品性,但同时也使人感到苍白无力。道德如果仅仅是崇高的,而不同时是有用的,那么,道德就会缺少强烈的、普遍的、持久的感召力。德行是崇高的,同时德行还是有用的。德行是崇高的与德行是有用的是辩证统一的。德行是崇高的,保证了德行有用善的价值取向,不致使德行有用成为庸俗的功利算计;德行是有用的,保证了德行崇高的现实可能性,不致使德行是崇高的变得苍白无力。德行是崇高的与德行是有用的两者的统一是现实中的人所具有与享配道德最好的理据。

中国传统文化中有"德得相通"之说。如果仔细分析"德得相通"中的"得",那么我们就会发觉它不仅仅是指精神的"得",也应该包括物质上的"得"。如果精神与物质的"得"长期保持分离不能保持统一与同一的话,出现"高尚是高尚者的墓志铭,卑鄙是卑鄙者的通行证"(日常人们所说"好人没有好报")的现象,那么人们就会对道德产生怀疑乃至最后抛弃它而另寻其他原则与根据。道德不仅仅是精神提高与享受,还要有利于个体的物质生活的改善与提高,更要有利于个体的生存与发展,这样才能对大多数人、普通人起作用。

德行有用意味着道德是手段,是为"我"的生活而服务的。这看起来世俗气很浓,但它是源于真实的生活世界,而非虚幻的抽象世界。德行是有用的,凸显在"要正确地理解利益"。利益并不可怕,追求利益也不可怕,可怕的是以何种手段与方式取得利益。这是因为:首先,德行的养成与利益有着密切的联系,不能离开利益去空谈德行的养成。其次,德行有用看似并不崇高,但有利于社会普遍德行的提高。最后,个体的德行的养成要有一个比较公正的环境,即一个好的制度,制度的导向对个体的道德选择起着十分重要的导向作用。

总之，人之为人这一内在规定性本身决定了人要有道德。就个体而言，个体的社会化过程就是对既有规范义务的接受与内化。同时在这一社会化过程中，个体会不断地反思与批判，具有理性能力的个体就会自觉地认识到"德行是崇高的""德行是有用的"，于是个体就会自觉地成为一个负责任、敢担当的人，成为一个有道德的人。

目 录

第一编　中国古代责任思想

第一章　孔子责任思想 ……………………………………… 3
　　一、孔子简述 …………………………………………………… 3
　　二、孔子在《论语》中对责任思想的相关论述 …………………… 7
　　三、《论语》中孔子责任思想的内涵、意义和价值 ……………… 26
　　四、孔子责任思想的追求与实现 ……………………………… 35

第二章　孟子责任思想 ……………………………………… 40
　　一、孟子的生平及其影响 ……………………………………… 40
　　二、孟子的责任思想 …………………………………………… 41
　　三、孟子责任思想评价 ………………………………………… 60

第三章　墨子责任思想 ……………………………………… 69
　　一、墨子生活之时代背景与人物生平 ………………………… 69
　　二、墨子责任思想探析 ………………………………………… 76
　　三、墨子责任思想简评 ………………………………………… 99

第四章　董仲舒责任思想 …………………………………… 103
　　一、天之责任 …………………………………………………… 103
　　二、君之责任 …………………………………………………… 111
　　三、臣之责任 …………………………………………………… 120
　　四、时代启示 …………………………………………………… 125

第五章　顾炎武责任思想 …………………………………… 131
　　一、顾炎武的生平事迹和他所处的时代 ……………………… 131
　　二、顾炎武责任思想的主要内容 ……………………………… 137
　　三、顾炎武责任思想评析 ……………………………………… 150
　　四、顾炎武责任思想对后世的影响 …………………………… 158

第二编　西方责任思想

第六章　柏拉图责任思想 ····················· 167
一、公民责任的寄寓主体——城邦共同体 ············· 167
二、德行——责任的真正本源所在 ················ 170
三、教育——责任落实的途径 ·················· 176
四、确保责任落实的制度保障 ·················· 179

第七章　亚里士多德责任思想 ·················· 185
一、亚里士多德责任思想的时代与背景 ·············· 185
二、亚里士多德责任思想的主要内容 ··············· 192
三、亚里士多德责任思想的价值与意义 ·············· 202

第八章　亚当·斯密责任思想 ·················· 212
一、亚当·斯密的生平与《道德情操论》的写作背景 ········ 212
二、亚当·斯密责任思想探析 ·················· 214
三、责任感的培养方式 ····················· 223

第九章　西季威克责任思想 ··················· 226
一、西季威克其人及其著作 ··················· 226
二、何为应当？应当为何？ ··················· 227
三、谁之义务？何种责任？ ··················· 230
四、为什么要承担义务？ ···················· 239
五、简短评述 ························· 243

第十章　汉斯·约纳斯责任思想 ················· 246
一、高举责任思想旗帜的哲学家 ················· 246
二、约纳斯责任思想的内涵及哲学基础 ·············· 250
三、约纳斯责任伦理思想的独特魅力与新视角 ··········· 265

第三编　马克思主义责任思想

第十一章　马克思责任思想 ··················· 283
一、马克思责任思想的时代背景和产生基础 ············ 284

二、马克思责任思想的逻辑进程 ················· 292
　三、马克思责任思想的基本内容 ················· 300
　四、马克思责任思想的鲜明特征和时代意义 ··········· 310

第十二章　恩格斯责任思想 ····················· 318
　一、恩格斯责任观确立的时代背景和思想基础 ·········· 319
　二、恩格斯责任思想形成的历史进程 ··············· 321
　三、恩格斯责任思想的基本内容 ················· 330
　四、恩格斯责任思想的基本特征 ················· 334
　五、恩格斯责任思想的时代意义和当代价值 ··········· 337

第十三章　列宁责任思想 ······················ 343
　一、列宁责任思想的主要内容 ··················· 343
　二、列宁责任思想的当代启示 ··················· 363

后　记 ······························· 366

第一编　中国古代责任思想

第一章 孔子责任思想

孔子的思想以"仁"为核心,"仁"即"爱人",倡导推行"仁政",且应以"礼"为规范,"克己复礼为仁";提出"正名"主张,以为"君君、臣臣、父父、子子",都应实副其"名"。作为一位"轴心时代"的思想家,孔子是汉民族文化奠基人之一,人们一直到今天还在通过与他的对话获得对现实问题的启示。中国孔子基金会第一任会长匡亚明生前曾奋笔疾呼:"承继这份珍贵遗产,这是学术界的任务,是马克思主义者义不容辞的责任。"本书在借鉴前辈专家学者研究成果的基础上,尝试对孔子在《论语》中涉及"责任"的论述做出整理和分析。作者认为孔子有关道德责任的思想可以为当今道德责任人格的培养,以及公民在家庭生活中、社会公共生活中和职业活动中如何履行自己的道德责任提供了一个参照。

公元前 800—前 200 年,按照德国哲学家卡尔·西奥多·雅斯贝尔斯的理论,世界处在轴心时代,也就是在那时,在北纬 30 度上下,出现了一大批伟大的精神导师,孔子是当时社会上的最博学的学者之一,被尊奉为"天纵之圣""天之木铎"。他开创了私人讲学的风气,是儒家学派的创始人,其儒家思想对中国和世界都有深远的影响。孔子被列为"世界十大文化名人"之首。

一、孔子简述

孔子是中国著名的大思想家、大教育家、政治家,子姓,孔氏,名丘,字仲尼,春秋时期鲁国陬邑(今山东曲阜)人,祖籍宋国夏邑(今河南商丘夏邑)。孔子曾师从老子,相传孔子有弟子三千,贤弟子七十二人,后世尊称孔子为孔圣人、至圣、至圣先师、大成至圣先师、万世师表。

(一)孔子生活的时代背景

孔子生活的春秋时代是中国历史发生重大社会转型的时代,由生产力发展而引起的制度变更，以及在此基础上产生的怀疑主义思潮、礼仪僭越等现象，是孔子思想产生和形成的社会根源；鲁国在政治、思想文化等方面的特殊性是孔子儒家思想产生的直接土壤；而所有这一切又都是通过孔子的家庭而对孔子发生影响的。所以，时代、社会和家庭分别构成孔子思想产生的宏观背景、中观背景和微观背景。

由于社会内部不可调和的矛盾引起的深重危机摇撼了传统文化的权威性，对传统文化的怀疑与批判精神与日俱增。随着宗法世袭制度的变构，对传统礼仪的解构思潮已蔚然成风，春秋时期所产生的"诸子之学"基本上都是围绕周礼的存废问题而展开的，孔子思想只是其中之一，并且它的产生与孔子所处的鲁国的政治文化历史的特殊性有着内在关联。考虑到春秋时期礼乐文化在不同诸侯国的表现有所不同，以及由此而可能对思想家的思想特征产生影响，我们有必要对孔子的"父母之国"——鲁国的历史文化做些分析，并以此作为我们了解孔子思想产生的中观背景。孔子生活的鲁国为周公旦之子伯禽的封地，对周代文物典籍保存完好，素有"礼乐之邦"之称。鲁襄公二十九年（公元前544年），吴公子季札观乐于鲁，叹为观止。鲁昭公二年（公元前540年），晋大夫韩宣子访鲁，观书后赞叹："周礼尽在鲁矣！"因此，我们认为，鲁国文化传统与当时学术下移的形势对孔子思想的形成有很大影响。在微观环境方面，时代、社会对个体的影响首先总是通过家庭来实现的，而家庭既是社会信息的"传送器"，同时也是社会信息的"过滤器"，一个时代的家庭会有某些共性，但每一个家庭肯定会有自己的特点。春秋时代的社会结构是宗法一体化的，因而家庭对于个体的影响远非现代家庭可比。所以，我们欲了解孔子思想产生的社会背景，应当首先了解孔子的家世。

（二）孔子生平

孔子生于鲁襄公二十二年八月廿七日（公元前551年9月28日），卒于鲁哀公十六年二月十一日（公元前479年4月11日）。早年丧父，家境衰落。他曾说过："吾少也贱，故多能鄙事。"年轻时曾做过"委吏"（负责管理仓廪）与"乘田"（负责放牧牛羊）。虽然生活贫苦，但是孔子十五岁即"志于学"。他善于取法他人，他曾说："三人行，必有我师焉。择其善者而从之，其不善者而改之。"（《论语·述而》）他学无常师，好学不厌，乡人也赞他"博学"。孔子"三十而立"，并开始授徒讲学。凡带上一点"束修"的，都收为学生。如颜路、曾点、子路、伯牛、冉有、子贡、颜渊等，是较早的一批弟子。连鲁大夫孟僖子、其子孟懿子和南宫敬叔都来学礼，可见孔子办学已名闻遐迩。私学的创设，打破了"学在官府"的传统，进一步促进了当时鲁国学术文化的下移。

孔子仕途生涯。孔子自二十多岁起，就想走仕途，所以对天下大事非常关注，对治理国家的诸多问题经常进行思考，也常发表一些见解。到三十岁时，已有些名气的孔子热衷于从事政治，有一腔报国热血，也有自己的政治见解。鲁昭公二十年（公元前522年），齐景公出访鲁国时召见了孔子，与他讨论秦穆公称霸的问题，孔子由此结识了齐景公。鲁昭公二十五年（公元前517年），鲁国内乱，鲁昭公被迫逃往齐国，孔子也离鲁至齐。到了齐国，孔子受到齐景公的赏识和厚待。齐景公向孔子问政，孔子说："君君，臣臣，父父，子子。"又说："政在节财。"但"齐政权操在大夫陈氏，景公虽悦孔子言而不能用"。当时的鲁国，政权实际掌握在大夫的家臣手中，被称为"陪臣执国政"，景公甚至曾准备把尼溪一带的田地封给孔子，但被大夫晏婴阻止。因此孔子虽有过两次从政机会，却都放弃了。孔子在齐不得志，遂又返鲁，"退而修诗书礼乐，弟子弥众"，从远方来求学的，几乎遍及各诸侯国。其时鲁政权操在季氏手中，而季氏又受制于其家臣阳货。孔子不满这种"政不在君而在大夫""陪臣执国政"的状况，不愿出仕。他说："不义而富且贵，于我如浮云。"直到鲁定公九年（公元前501年）阳货被逐，孔子才见用于鲁，被任命为中都宰，此时孔子已五十一岁。孔子治理中都一年，卓有政绩，被升为小司空，不久又升为大司寇，"摄相事，鲁国大治"。鲁定公十年（公元前500年），齐鲁"夹谷之会"，鲁由孔子相礼。孔子认为"有文事者必有武备，有武事者必有文备"，早有防范，使齐君想用武力劫持鲁君之预谋未能得逞，并运用外交手段收回被齐侵占的郓、灌、龟阴之田。鲁定公十二年（公元前498年），孔子为加强公室，抑制三桓，援引古制"家不藏甲，邑无百雉之城"，提出"堕三都"的计划，并通过任季氏宰的子路去实施。由于孔子利用了三桓与其家臣的矛盾，季孙氏、叔孙氏同意各自毁掉了费邑与后邑。但孟孙氏被家臣公敛处父所煽动而反对堕成邑。定公围之不克。孔子计划受挫。

孔子周游列国。鲁国自鲁宣公以后，政权操在以季氏为首的三桓手中。鲁昭公初年，三家又瓜分了鲁君的兵符军权。鲁定公十二年（公元前498年），孔子为削弱三桓（季孙氏、叔孙氏、孟孙氏三家世卿，因为是鲁桓公的三个孙子故称"三桓"，当时的鲁国政权实际掌握在他们手中，而三桓的一些家臣又在不同程度上控制着三桓），采取了"堕三都"的措施（拆毁三桓所建城堡)。后来"堕三都"的行动半途而废,孔子与三桓的矛盾也随之暴露。孔子仕鲁,齐人"闻而惧,恐鲁强而并己",鲁定公十三年(公元前497年)春天,齐国送80名美女到鲁国。季桓子接受了女乐,君臣迷恋歌舞,多日不理朝政。孔子对季氏"八佾舞于庭"的僭越行为表示愤慨,他非常失望,与季氏出现不和。不久鲁国举行郊祭,祭祀后按惯例送祭肉给大夫们时并没有送给孔子,这表明季氏不想再任用他了。孔子政治抱负难以施展,遂带领颜回、子路、子贡、冉有等十余弟子离开"父母之邦",开始了长达14年之久的周游列国的颠沛流离生涯。这一年,孔子五十五岁。14年间,他东奔西走,多次遇到危险,险些丧命。孔子带弟子先到了卫国,卫灵公开始很尊重孔子,按照鲁国的俸禄标准发给孔子俸粟六万,但并没给他什么官职,没让他参与政事。孔子在卫国住了约十个月,因有人在卫灵公面前进谗言,卫灵公于是对孔子起了疑心,派人公开监视孔子的行动,孔子只得带弟子离开卫国,打算去陈国。路过匡城时,因误会被人围困了五日,逃离匡城,到了蒲地,又碰上卫国贵族公叔氏发动叛乱,再次被围。逃脱后,孔子又返回了卫国,卫灵公听说孔子师徒从蒲地返回,非常高兴,亲自出城迎接。此后孔子几次离开卫国,又几次回到卫国,这一方面是由于卫灵公对孔子时好时坏,另一方面是孔子离开卫国后,没有去处,只好又返回。鲁哀公二年(公元前493年),孔子离开卫国经曹、宋、郑至陈国,在陈国住了三年,后遇吴攻陈,兵荒马乱,孔子便带弟子离开。楚国人听说孔子到了陈、蔡交界处,派人去迎接孔子。陈国、蔡国的大夫们知道孔子对他们的所作所为有意见,怕孔子到了楚国被重用,对他们不利,于是派服劳役的人将孔子师徒围困在半路。据《史记》记载:因楚昭王来聘孔子,陈、蔡大夫围孔子,致使绝粮七日。解围后孔子至楚,不久楚昭王死。卫出公欲用孔子。孔子答子路问曰,为政必以"正名"为先。返卫后,孔子虽受"养贤"之礼遇,但仍不见用。公元前492年,周敬王二十八年,鲁哀公三年,就在这年秋天,鲁国季桓子病,后悔过去未能长期用孔子而影响了鲁国的振兴。临死之前,他嘱其子季康子要召回孔子以相鲁。后来由于公之鱼的阻拦,季康子改变了主意,派使者改召孔子弟子冉求。鲁哀公十一年(公元前484年),冉有归鲁,率军在郎战胜齐军。冉求将行,孔子曰:"鲁人召求,非小用之,将大用也。"(《史记·孔子世家》)这一年,孔子已经六十岁了,他很想回到家乡,能为鲁国贡献自己的力量。在其弟子冉求的努力下,孔子遂归鲁,时孔子年已六十八岁。季康子派公华、公宾、公林以币迎孔子归鲁。至此,孔子结束了访问列国诸侯十四年颠沛流离的生活。

　　孔子驾鹤西去。孔子归鲁后，鲁人尊以"国老"，初鲁哀公与季康子常以政事相询，但终不被重用。孔子晚年致力于整理文献和继续从事教育。鲁哀公十六年二月初四（公元前479年4月4日），子贡来见孔子，孔子挂杖倚于门前遥遥相望。他责问子贡为何那么晚来见自己。于是叹息说泰山将要坍塌了，梁柱将要腐朽折断了，哲人将要如同草木一样枯萎腐烂了。孔子流下了眼泪，讲到天下无道已经很久了，没有人肯采纳自己的主张。自己的主张不可能实现了。夏朝的人死时在东阶殡殓，周朝的人死时在西阶殡殓，殷商的人死时在两个楹柱之间殡殓。昨天黄昏梦见自己坐在两楹之间祭奠。自己的祖先是殷商人啊。（《史记·孔子世家》载："夏人殡于东阶，周人于西阶，殷人两柱间。昨暮予梦坐奠两柱之间，予始殷人也。"）公元前479年，周敬王四十一年，鲁哀公十六年，周历四月十一日（夏历二月十一日），孔子寝疾七日而殁，是年七十三岁，葬于鲁城（今曲阜）北泗上。鲁哀公诔之曰："旻天不吊，不慭遗一老，俾屏余一人以在位，茕茕余在疚，呜呼哀哉！尼父！无自律。"（《左传·哀公十六年》）不少弟子为之守墓三年，临别而去，哭尽哀，或复留。唯子贡庐于墓凡六年，然后离去。弟子及鲁人往从墓而家者百有余室，因名孔里。并把孔子故居改为庙堂，藏孔子平生衣冠琴书于堂中。自此以后，年年奉祀。今曲阜之孔庙、孔府、孔林，所谓"三孔"者，即始创于此。

二、孔子在《论语》中对责任思想的相关论述

　　儒家责任伦理强调人应谨慎选择并为其行为后果负责。"君子忧道不忧贫""向善向上"，才能更好地认识世界、认识人类、认识自己；只有担负起自己应尽的责任，才能更好地开创未来，获得真正意义上的幸福。《论语》作为一本以记录春秋时思想家兼教育家孔子和其弟子及再传弟子言行为主的汇编，是儒家重要的经典之一，也是后人研究孔子思想最重要的典籍之一。

（一）《论语》概况

　　孔子去世后，其弟子及其再传弟子把孔子及其弟子的言行语录和思想记录下来，整理编成儒家经典《论语》，成为研究孔子学说的主要资料。《论语》是儒家学派的经典著作之一，与《大学》《中庸》《孟子》在南宋后并称"四书"。通行本《论语》共20篇。《论语》的语言简洁精练，含义深刻，其

中有许多言论至今仍被世人视为"微言大义"。❶ 它以语录体和对话文体为主，记录了孔子及其弟子的言行，集中体现了孔子的政治主张、伦理思想、道德观念及教育原则等。班固的《汉书·艺文志》说："《论语》者，孔子应答弟子、时人及弟子相与言而接闻于夫子之语也。当时弟子各有所记，夫子既卒，门人相与辑而论纂，故谓之《论语》。"《文选·辩命论》注引《傅子》也说："昔仲尼既殁，仲弓之徒追论夫子之言，谓之《论语》。"从这两段话，我们大概能够得到两点结论：（1）"论语"的"论"是"论纂"的意思，"论语"的"语"是"语言"的意思，"论语"就是把"接闻于夫子之语""论纂"起来的意思。（2）"论语"的名字是当时就有的，不是后来别人另加的。

《论语》全书共20篇，492章，其中记录孔子与弟子及时人谈论之语约444章，记录孔门弟子相互谈论之语48章。分别为：学而第一（主要讲"务本"的道理，引导初学者进入"道德之门"），为政第二（主要讲治理国家的道理和方法），八佾第三（主要记录孔子谈论礼乐），里仁第四（主要讲仁德的道理），公冶长第五（主要讲评价古今人物及其得失），雍也第六（主要论述孔子对诸弟子品行的评价，体现他对"仁德"的重视），述而第七（主要记录孔子的容貌和言行），泰伯第八（主要记录孔子和曾子的言论及其对古人的评论），子罕第九（主要记录孔子言论，重点为孔子的行事风格，提倡和不提倡做的事），乡党第十（主要记录孔子的言谈举止、衣食住行和生活习惯），先进第十一（主要记录孔子教育言论和对其弟子的评论），颜渊第十二（主要讲孔子教育弟子如何实行仁德，如何为政和处世），子路第十三（主要记录孔子论述为人和为政的道理），宪问第十四（主要记录孔子和其弟子论修身为人之道，以及对古人的评价），卫灵公第十五（主要记录孔子及其弟子在周游列国时的关于仁德治国方面的言论），季氏第十六（主要记录孔子论君子修身，以及如何用礼法治国），阳货第十七（主要记录孔子论述仁德，阐发礼乐治国之道），微子第十八（主要记录古代圣贤事迹，以及孔子众人周游列国中的言行，也记录了周游途中世人对于乱世的看法），子张第十九（主要记录孔子和弟子们探讨求学为道的言论，以及弟子们对于孔子的敬仰与赞颂），尧曰第二十（主要记录古代圣贤的言论和孔子对于为政的论述）。《论语》的各篇各章之间缺乏必要的内容划分，也谈不上严格的逻辑，但同一思想往往会分散在不同的篇章中谈及。

---

❶ 鲁金华. 浅谈孔子修辞艺术与成就[J]. 当代修辞学，2001（6）.

(二)《论语》中责任思想的丰富内涵

孔子在《论语》中没有直接、正面地提到"责任"二字,《论语》也没有直接记载孔子这方面的言论,更没有正面回答过什么是责任?谁负有责任?如何担负起责任?但是这不等于孔子没有这样的思想。将《论语》译作白话、仔细揣摩后,我们不难发现,孔子关于责任的思想可以说是贯穿了整部《论语》。

1. 孔子论家庭责任思想:孝道

(1) 养、奉。

子夏曰:"贤贤易色;事父母,能竭其力;事君,能致其身;与朋友交,言而有信。虽曰未学,吾必谓之学矣。"❶(《学而篇》1.7)

子曰:"父在,观其志;父没,观其行。三年无改于父之道,可谓孝矣。"❷(《学而篇》1.11)

孟武伯问孝。子曰:"父母唯其疾之忧。"❸(《为政篇》2.6)

子曰:"父母在,不远游。游必有方。"❹(《里仁篇》4.19)

子曰:"三年无改于父之道,可谓孝矣。"❺(《里仁篇》4.20)

子曰:"父母之年,不可不知也。一则以喜,一则以惧。"❻(《里仁篇》4.21)

(2) 尊、敬。

子游问孝。子曰:"今之孝者,是谓能养。至于犬马,皆能有养;不敬,

---

❶【译文】子夏说:"对妻子,重品德,不重容貌;侍奉爹娘,能尽心竭力;服事君上,能豁出生命;同朋友交往,说话诚实守信。这种人,虽说没学习过,我一定说他已经学习过了。"——怎样做才算是尽到侍奉双亲的责任?回答是:尽心尽力。

❷【译文】孔子说:"当他父亲活着,(因为他无权独立行动,)要观察他的志向;他父亲死了,要考察他的行为;若是他对他父亲的合理部分,长期地不加改变,可以说做到孝了。"——这里所说的父子关系,是在朝位的父亲和继承朝位的儿子。从政治角度讲,为了政局的稳定,继位不久的儿子不宜大刀阔斧地改革,有沿袭旧制的责任。

❸【译文】孟武伯向孔子请教孝道。孔子道:"对待父母,子女最忧愁的是父母之疾。"——对父母能付出当自己年幼生病时的那种关心程度,是做子女的责任。同时,也可引申为为政者爱天下人,就有知道天下人疾苦的责任,如父母了解子女一样。

❹【译文】孔子说:"父母在世,不出远门,如果要出远门,必须要说明方位地点。"——子女对父母有告知的责任,引申为子女不得已远游时,有安顿好父母生活起居的责任。

❺ 见❷。

❻【译文】孔子说:"父母的年纪不能不时时记在心里:一方面因(其高寿)而欢喜;另一方面又因(其寿高)而有所恐惧。"——引申为趁着父母还健在,子女有及时行孝的责任。

何以别乎?"❶（《为政篇》2.7）

子夏问孝。子曰："色难。有事，弟子服其劳；有酒食，先生馔，曾是以为孝乎?"❷（《为政篇》2.8）

子曰："事父母，几谏，见志不从，又敬不违，劳而不怨。"❸（《里仁篇》4.18）

叶公语孔子曰："吾党有直躬者，其父攘羊，而子证之。"孔子曰："吾党之直者异于是：父为子隐，子为父隐。——直在其中矣。"❹ （《子路篇》13.18）

（3）葬、祭。

孟懿子问孝，子曰："无违。"樊迟御，子告之曰："孟孙问孝于我，我对曰：'无违'。"樊迟曰："何谓也?"子曰："生，事之以礼。死，葬之以礼，祭之以礼。"❺（《为政篇》2.5）

或问禘之说。子曰："不知也；知其说者之于天下也，其如示诸斯乎!"指其掌。❻（《八佾篇》3.11）

宰我问："三年之丧，期已久矣。君子三年不为礼，礼必坏；三年不为乐，乐必崩。旧谷既没，新谷既升，钻燧改火，期可已矣。"子曰："食夫稻，

---

❶【译文】子游问孝道。孔子说："现在的所谓孝，就是说能够养活爹娘便行了。一般的狗、马，都能够得到人的饲养；若不存心严肃、恭敬地孝顺父母，那养活爹娘与饲养狗、马又有怎样的分别呢?"——子女对父母有慰藉精神的责任。

❷【译文】子夏问孝道。孔子道："子女和颜悦色侍奉父母是件难事。有事情，年轻人效劳；有酒有肴，年长的人先吃啦，这可认为是孝么?"——子女对父母尽孝的责任表现在言语和态度方面。

❸【译文】孔子说："子女侍奉父母，（如果他们有不对的地方，）得轻微婉转地劝止，把自己的意见表达出来，若自己的心意没有被父母听从，还当仍然恭敬地不触犯他们，且看机会再劝谏，虽然忧愁，但也不对父母生怨恨。"——子女对父母有劝谏的责任。

❹【译文】叶公告诉孔子："我那里有个坦白直率的人，他父亲偷了羊，他便去告发。"孔子回答说："我们这里坦白直率的人和你们那里的不同：父亲为儿子隐瞒，儿子替父亲隐瞒——直率就在这里面。"——父子之间的道德责任。

❺【译文】孟懿子向孔子问孝道。孔子说："不要违背礼节。"不久，樊迟替孔子赶车，孔子便告诉他说："孟孙向我问孝道，我答复说：'不要违背礼节。'"樊迟问道："这是什么意思?"孔子道："父母活着，依规定的礼节侍奉他们；父母去世了，依规定的礼节埋葬和祭祀他们。"——同时，孔子认为孟懿子的身份不同，既然是从政的人，对天下人要负公道的责任，视天下人如父母，那才是真孝。

❻【译文】有人向孔子请教关于禘祭的理论。孔子说："我不知道。知道的人对于治理天下，会像把东西摆在这里一样容易吧!"孔子一面说，一面指着手掌。——子女对父母有尽孝的责任。孔子是"反激式的教育"。他的意思是说，这一种基本的文化精神，大家是应该知道的。既然大家都不知道，那么我也不知道了。现代一般家庭，就从来不祭祖，连跪拜的礼都不会行，这就是教育的问题，值得重新研究、重新修整。保持这一点传统、这一点习惯，使后代知道源远流长的民族传统，这也是我们每个人的责任。

衣夫锦，于女安乎？"曰："安。""女安，则为之！夫君子之居丧，食旨不甘，闻乐不乐，居处不安，故不为也。今女安，则为之！"宰我出，子曰："予之不仁也！子生三年，然后免于父母之怀。夫三年之丧，天下之通丧也，予也有三年之爱于其父母乎！"❶（《阳货篇》17.21）

2. 孔子论社会道德责任思想

（1）君臣之间的道德责任。

定公问："君使臣，臣事君，如之何？"孔子对曰："君使臣以礼，臣事君以忠。"❷（《八佾篇》3.19）

子游曰："事君数，斯辱矣；朋友数，斯疏矣。"❸（《里仁篇》4.26）

子曰："不在其位，不谋其政。"❹（《泰伯篇》8.14）

齐景公问政于孔子。孔子对曰："君君，臣臣，父父，子子。"公曰："善哉！信如君不君，臣不臣，父不父，子不子，虽有粟，吾得而食诸？"❺（《颜渊篇》12.11）

陈成子弑简公。孔子沐浴而朝，告于哀公曰："陈恒弑其君，请讨之。"公曰："告夫三子！"孔子曰："以吾从大夫之后，不敢不告也。君曰'告夫

---

❶【译文】宰我问道："父母死了，守孝三年，为期也太久了。君子有三年不去习礼仪，礼仪一定会废弃掉；三年不去奏音乐，音乐一定会失传。陈谷既已吃完了，新谷又已登场；打火用的燧木又经过了一个轮回，一年也就可以了。"孔子道："（父母死了，不到三年，）你便吃那白米饭，穿那花缎衣，你心里安不安呢？"宰我道："安。"孔子便道："你心安，你就这么干吧！君子的守孝，吃美味没有胃口，听音乐不觉得快乐，住在家里不以为舒适，所以才不这样做。如今你既然觉得心安，便去干好了。"宰我退了出去。孔子道："宰我真没仁心呀！儿女生下地来，三年以后才能完全脱离父母的怀抱。替父母守孝三年，天下都是如此的。宰我难道就没有从他父母那里得着三年的爱护吗？"——子女对父母有守孝的责任。

❷【译文】鲁定公问："君主使用臣子，臣子服事君主，君主和臣子各自应该怎么样？"孔子答道："君主应该依礼来使用臣子，臣子应该忠心地服事君主。"——君臣之间的责任。

❸【译文】子游说："对待君主过于烦琐，就会招致侮辱；对待朋友过于烦琐，就会反被疏远。"——君臣间的责任、朋友间的责任。对上位者如有不对的地方，做干部的，为了尽忠心，有劝告的责任。但劝告多次以后，他都不听，再勉强去说，就会招来侮辱了。对朋友也是这样。过分地要求或劝告，次数多了，交情也就疏远了。

❹【译文】孔子说："不居于那个职位，便不考虑它的政务。"——君臣间要各安其位，牢记自己的社会身份和社会责任，不要超越。

❺【译文】齐景公向孔子请教如何治理国家。孔子答道："君要像个君，臣要像个臣，父亲要像父亲，儿子要像儿子。"景公道："对呀！要是君不像君，臣不像臣，父不像父，子不像子，即使有吃有穿，养尊处优，但我哪里有心情享受这一切呢？"——君臣之间、父子之间都要牢记自己的社会身份及所担当的社会责任。

三子'者!"之三子告，不可。孔子曰："以吾从大夫之后，不敢不告也。"❶（《宪问篇》14.21）

子路问事君。子曰："勿欺也，而犯之。"❷（《宪问篇》14.22）

子张曰："《书》云：'高宗谅阴，三年不言。'何谓也？"子曰："何必高宗，古之人皆然。君薨，百官总己以听于冢宰三年。"❸（《宪问篇》14.40）

子曰："事君，敬其事而后其食。"❹（《卫灵公篇》15.38）

（2）朋友之间的道德责任。

子游曰："事君数，斯辱矣；朋友数，斯疏矣。"❺（《里仁篇》4.26）

子曰："出则事公卿，入则事父兄，丧事不敢不勉，不为酒困，何有于我哉？"❻（《子罕篇》9.16）

子贡问友。子曰："忠告而善道之，不可则止，毋自辱焉。"❼（《颜渊篇》

---

❶【译文】陈恒杀了齐简公。孔子斋戒沐浴后朝见鲁哀公，报告道："陈恒杀了他的君主，请你出兵讨伐他。"哀公道："你向季孙、仲孙、孟孙三人去报告吧！"孔子说："因为我总是从大夫之后，是国家有地位的人，职责所在，道义所在，不能不向你报告。但是君上却对我说，'向那三个人报告吧'！"孔子又去向三位大臣报告，可是季家三兄弟不同意，认为不应管这个闲事。孔子说："因为我是鲁国的人，所以我不能不说，将来不要说我没有讲过这个话，我已经告诉过你们，也向国君报告过，我的个人责任、国家责任、历史责任都尽到了。"

❷【译文】子路问怎样服侍人君。孔子道："不要（阳奉阴违地）欺骗他，却可以（当面）触犯他。"——侍君的责任是忠心。

❸【译文】子张道："《尚书》说：'殷高宗守孝，住在凶庐，三年不言语。'这是什么意思？"孔子道："不仅仅高宗，古人都是这样：国君死了，继承的君王三年不问政治，各部门的官员听命于宰相。"——如果皇帝死了，每个人都各守岗位，每个人负起自己的责任来。以现在的体制讲，就是希望每个公务员都负起责任来。很多小问题，不需要开会就可以解决，倘使怕负本分的责任，就是没有总己。"百官总己，以听于冢宰"是大家负起责任，处理事情，解决了问题，不必报告新皇，因为他这时很悲痛，没有心情问事。

❹【译文】孔子说："对待君上，认真工作，把拿俸禄的事放在后面。"——君臣之间的责任。为人干部，为人臣下的时候要敬，就是现在讲的"负责任"，先真正能负起了责任，然后再考虑到自己待遇、生活的问题。假使认为了待遇和生活而担任这个职务，那是另一观念。一个知识分子做一件事，并不一定是为了吃饭。一个人吃饭、生活的方式很多，所以要认识清楚，做事是为了责任问题。

❺【译文】子游说："对待君主过于烦琐，就会招致侮辱；对待朋友过于烦琐，就会反被疏远。"——君臣间的责任、朋友间的责任。对上位者如有不对的地方，做干部的，为了尽忠心，有劝告的责任。但劝告多次以后，他都不听，再勉强去说，就给自己招来侮辱了。对朋友也是这样。对朋友过分的要求或劝告，次数多了，交情也就疏远了。

❻【译文】孔子说："出外便服事公卿，入门便服事父兄，有丧事不敢不尽礼，不被酒所困扰，这些事我做到了哪些呢？"——丧事不敢不勉，就是在患难时需要朋友。这就是朋友之间应当承担的责任。

❼【译文】子贡问对待朋友的方法。孔子道："忠心地劝告他，好好地引导他，他不听从，也就罢了，不要强求。"——朋友相互之间的责任。父母对于子女、老师对于学生的责任也是如此。

12.23）

子路问曰："何如斯可谓之士矣？"子曰："切切偲偲，怡怡如也，可谓士矣。朋友切切偲偲，兄弟怡怡。"❶（《子路篇》13.28）

孔子曰："益者三友，损者三友。友直，友谅，友多闻，益矣。友便辟，友善柔，友便佞，损矣。"❷（《阳货篇》16.4）

孔子曰："侍于君子有三愆：言未及之而言谓之躁，言及之而不言谓之隐，未见颜色而言谓之瞽。"❸（《阳货篇》16.6）

（3）"为政者"群体的道德责任。

子曰："道千乘之国，敬事而信，节用而爱人，使民以时。"❹（《学而篇》1.5）

有子曰："礼之用，和为贵。先王之道，斯为美；小大由之。有所不行，知和而和，不以礼节之，亦不可行也。"❺（《学而篇》1.12）

子曰："为政以德。譬如北辰，居其所而众星拱之。"❻（《为政篇》2.1）

子曰："道之以政，齐之以刑，民免而无耻。道之以德，齐之以礼，有耻

---

❶ 【译文】子路问道："怎么样才可以叫作'士'了呢？"孔子道："互相批评，和睦共处，可以叫作'士'了。朋友之间，互相批评；兄弟之间，和睦共处。"——朋友间、兄弟间的责任：相互督促、和谐相处。

❷ 【译文】孔子说："有益的朋友有三种，有害的朋友也有三种。同正直的人交友，同信实的人交友，同见闻广博的人交友，便有益了。同谄媚奉承的人交友，同当面恭维、背面毁谤的人交友，同夸夸其谈的人交友，便有害了。"——朋友间的责任应当是彼此相益。

❸ 【译文】孔子说："陪着君子说话容易犯三种过失：没轮到他说话，却先说，叫作急躁；该说话了，却不说，叫作隐瞒；不看看君子的脸色便贸然开口，叫作瞎眼睛。"——如部下对长官，后辈对前辈，臣子对皇帝，都可以说是侍于君子，事实上朋友之间的责任也是如此：不急躁、不隐瞒、不贸然开口。

❹ 【译文】孔子说："领导治理一个能出千乘兵车的大国，临事该谨慎专一，诚信待人。该节省财用，爱护官吏。使用民力，要顾及他们的生产时间，役使老百姓要在农闲时间。"——为政者有谨慎专一处事、诚信待人的责任、节俭的责任、爱护下属和百姓的责任。

❺ 【译文】有子说："礼的作用，以遇事都做得恰当为可贵。过去圣明君王治理国家，可宝贵的地方就在这里；他们小事大事都做得恰当。但是，如有行不通的地方，便为恰当而求恰当，不用一定的规矩制度来加以节制，也是不可行的。"——本着中庸之道来治理国家是为政者的责任。

❻ 【译文】孔子说："执政者要用道德来治理国政，自己便会像北极星一般，在一定的位置上，别的星辰都环绕着它。"——为政者的道德责任。应该以己之德行为本，以身作则，起到表率作用，即所谓以人治人。

· 13 ·

且格。"❶（《为政篇》2.3）

哀公问曰："何为则民服？"孔子对曰："举宜错诸枉，则民服。举枉错诸直，则民不服。"❷（《为政篇》2.19）

季康子问："使民敬忠以劝，如之何？"子曰："临之以庄，则敬。孝慈，则忠。举善而教不能，则劝。"❸（《为政篇》2.20）

子曰："人而无信，不知其可也。大车无輗，小车无軏，其何以行之哉？"❹（《为政篇》2.22）

子曰："夷狄之有君，不如诸夏之亡也。"❺（《八佾篇》3.5）

子曰："民可使由之，不可使知之。"❻（《泰伯篇》8.9）

子贡问政。子曰："足食，足兵，民信之矣。"子贡曰："必不得已而去，于斯三者何先？"曰："去兵。"子贡曰："必不得已而去，于斯二者何先？"曰："去食。自古皆有死，民无信不立。"❼（《颜渊篇》12.7）

---

❶【译文】孔子说："用法制禁令来引导民众，使用刑罚规范他们的行为，人民只是暂时地免于犯罪，内心却没有对犯罪行为真正产生羞耻感和罪恶感，没有廉耻之心。如果用道德来诱导他们，使用礼教来规范他们，人民不但有廉耻之心，自然有了行为的约束和规范，而且人心归服。"——为政者治理国家应该遵循德治礼教的原则。因无羞耻心，逃避了责任、法律及处罚，他还会自鸣得意，认为你奈何他不了。假如以道德来领导，每个人都有道德的涵养，人人知耻，不敢做不道德的事，一旦做错事，不等到法律制裁，自己就很难过了。

❷【译文】鲁哀公问道："要做些什么事才能使百姓服从呢？"孔子答道："把正直的人提拔出来去管理邪佞的人，百姓就信服了；若是把邪佞的人提拔去管理正直的人，百姓就会不服从。"——为政者的举贤责任。

❸【译文】季康子问道："要使老百姓对当政者敬忠效力，并相互促进，应该怎么办呢？"孔子说："你对待人民的事情严肃认真，他们对待你的政令也会严肃认真了；你能向孝顺父母、慈爱幼小一样善待百姓，他们也就会对你尽心竭力尽忠心了；你选用善良的人，提拔好人，又教育能力弱的人，百姓就会加倍努力、相互促进了。"——爱民如子是为政者的责任。

❹【译文】孔子说："作为一个人，却不讲信誉，不知那怎么可以。譬如大车没有安横木的輗，小车没有安横木的軏，如何能走呢？"——为政者要担负起谋划百年大计的责任。

❺【译文】孔子说："文化落后的边疆地区虽然有个君主、有政权存在而没有文化的精神，还不如不如夏朝、殷商，虽然国家亡了，但历史上的精神永垂万古，因为它有文化。"——为政者的文化重建责任，也是我们每个人的责任。

❻【译文】孔子说："老百姓，可以使他们照着我们的道路走下去，不可以使他们知道那是为什么。"——为政者有制定大政方针的责任。

❼【译文】子贡问怎样治理好国家。孔子回答道："充足粮食，充足军备，百姓对政府就有信心。"子贡道："如果迫于不得已，在粮食、军备和人民的信心三者之中一定要去掉一项，先去掉哪一项？"孔子道："那就放弃国防建设工作吧。"子贡道："如果国家处于危难之际，必须在粮食和人民的信心两者之中舍弃一项，这种情况下应该先舍弃哪项工作呢？"孔子道："那就舍弃经济建设吧。（即使国家的经济基础被摧毁了，至多不过是饿死几个人，或者至多使许多人不能尽享天年而已，）自古以来谁都免不了死亡。但如果人民对政府缺乏信心，国家就会崩溃。"——民为邦本，民众的信任是政府存在的基础，如何获得民众的信任则是领导者的责任所在。

棘子成曰:"君子质而已矣,何以文为?"子贡曰:"惜乎,夫子之说君子也!驷不及舌。文犹质也,质犹文也。虎豹之鞟犹犬羊之鞟。"❶(《颜渊篇》12.8)

哀公问于有若曰:"年饥,用不足,如之何?"有若对曰:"盍彻乎?"曰:"二,吾犹不足,如之何其彻也?"对曰:"百姓足,君孰与不足?百姓不足,君孰与足?"❷(《颜渊篇》12.9)

子张问政。子曰:"居之无倦,行之以忠。"❸(《颜渊篇》12.14)

季康子问政于孔子。孔子对曰:"政者,正也。子帅以正,孰敢不正?"❹(《颜渊篇》12.17)

季康子患盗,问于孔子。孔子对曰:"苟子之不欲,虽赏之不窃。"❺(《颜渊篇》12.18)

季康子问政于孔子,曰:"如杀无道以就有道,何如?"孔子对曰:"子为政,焉用杀?子欲善而民善矣。君子之德,风。小人之德,草。草,上之风,必偃。"❻(《颜渊篇》12.19)

---

❶ 【译文】棘子成道:"君子只要有好的本质便够了,何必要受教育,求知识,学习文化思想呢?"子贡道:"先生这样地谈论君子,可惜说错了。一言既出,驷马难追。文化思想的修养与人的资质,本来就是一个东西。虎豹的皮和犬羊的皮,表面上的花纹有好看与不好看的分别。但假若把虎豹和犬羊两类兽皮拔去有纹彩的毛,那这两类皮革就很难区别了。"——为政者的首要责任之一是抓好思想文化领域的工作。文化宣传和思想传播非常重要,它的影响力远大而且快速,所以不能随便讲话。一个国家民族的建立,文、质两方面万万不能有所偏废。

❷ 【译文】鲁哀公向有若问道:"年成不好,国家用度不够,应该怎么办?"有若答道:"为什么不实行十分抽一的税率呢?"哀公道:"十分抽二,我还不够,怎么能十分抽一呢?"有若答道:"如果百姓的用度够,您怎么会不够?如果百姓的用度不够,您又怎么会够?"——百姓是一国之本,政府的富裕与否不是社会政治的最终目标,人民生活的富裕才是为政者的责任。

❸ 【译文】子张问孔子为政之道。孔子说:"事无巨细不懈怠,办事要忠实。"——是为政者的道德责任。

❹ 【译文】季康子向孔子问为政之道。孔子答道:"政字的意思就是端正、做人公正、正直。只要领导者带头端正,做到公平、公正,那些手下的人谁敢不端正、胡作非为呢?"可见在下有不正,其责任在上者。——为政者有道德示范和引领的责任。

❺ 【译文】季康子担忧鲁国多盗,求问于孔子。孔子对道:"只要你自己不贪婪,即使悬令赏民行窃,他们也不会听你的。"在上者贪欲,自求多财,下民化之,共相竞取。其有不聊生者,乃挺而为盗。责任仍属在上者。若在上者没有贪欲,务正道,民生各得其所,纵使赏之行窃,亦将不从。民之化于上,乃从其所好,不从其所令。并各有知耻自好之心,故可与为善。——为政者的道德责任。

❻ 【译文】季康子请问为政之道于孔子,说:"如果用严酷的刑罚来镇压违法乱纪的人,人们就会渐渐走上正道了,您看这个办法如何呀?"孔子回答说:"您如果想真正成为一个主政的人,哪里还需要动用杀人的手段和严酷的刑罚呢?如果您提倡道德礼仪、您心欲善,百姓也就自然会和睦友善了。在上的人好像风,在下的人好像柔顺的小草,风加在草上,草必然会顺从地匍匐拜倒。"在上者之品质如风,在下者之品质如草。然此两语仍可作通义说之。凡其人之品德可以感化人者必君子。其人之品德随人转移不能自立者必小人。是则教育与政治同理。世风败坏,其责任亦在君子,不在小人。——以上三章,孔子言政治责任在上不在下。下有缺失,当由在上者负其责,即现在所说的领导责任制。

子路问政。子曰："先之劳之。"请益。曰："无倦。"❶（《子路篇》13.1）

子路曰："卫君待子而为政，子将奚先？"子曰："必也正名乎！"子路曰："有是哉，子之迂也奚其正？"子曰："野哉，由也！君子于其所不知，盖阙如也。名不正，则言不顺；言不顺，则事不成；事不成，则礼乐不兴；礼乐不兴，则刑罚不中；刑罚不中，则民无所措手足。故君子名之必可言也，言之必可行也。君子于其言，无所苟而已矣。"❷（《子路篇》13.3）

子曰："其身正，不令而行；其身不正，虽令不从。"❸（《子路篇》13.6）

子适卫，冉有仆。子曰："庶矣哉！"冉有曰："既庶矣，又何加焉？"曰："富之。"曰："既富矣，又何加焉？"曰："教之。"❹（《子路篇》13.9）

子曰："苟正其身矣，于从政乎何有？不能正其身，如正人何？"❺（《子路篇》13.13）

叶公问政。子曰："近者悦，远者来。"❻（《子路篇》13.16）

子夏为莒父宰，问政。子曰："无欲速，无见小利。欲速，则不达；见小

---

❶【译文】子路问从政的道理。孔子告诉他："当领导人，一定要为人之先；其次，要有忧患意识，要有吃苦耐劳的精神。"子路请求老师再多讲点从政的道理。孔子又说道："做领导的要有很强的责任观念，不能有丝毫懈怠厌倦的情绪。"——为政者的责任观念要重于一般人，自己没有"懒得做"的感觉；因为要真正负起责任来，往往就没有私生活，难免有时会感到厌倦。

❷【译文】子路对孔子说："如卫君有意等着您去治理国政，您准备首先干什么？"孔子道："首先必该纠正名分上的用词不当吧！"子路道："您的迂腐竟到如此地步吗！这又何必纠正？"孔子道："你怎么这样鲁莽！由呀！君子对于他所不懂的，大概采取保留态度，没有文明的政权，就没有文明的社会，那么立法的制度就建立不好，法治没有良好的基础，一般老百姓就无所适从了。所以领导的重点，还是思想的领导、文化的领导。"——为政者的责任、思想文化工作者的责任。如果要谈为政，先要把文化思想的路线作正确的领导。从事思想文化工作是文化工作者神圣而艰巨的责任。

❸【译文】孔子说："如果统治者、领导者能端正自己的品行，本身行为正当，不发命令，事情也行得通。政治治理何难之有？如果他本身行为不正当，纵使三令五申，百姓也不会信从。"——为政者要善于明确和反省自己的责任。应该以己之德行为本、以身则则，起到表率作用，即所谓的以人治人。

❹【译文】孔子到卫国，冉有替他驾车子。孔子感慨道："卫国的人口好稠密！"冉有问道："当一个国家的人口已经达到如此规模的情况下，治国者紧接着应先抓哪方面的工作呢？"孔子道："那自然是要使他们富裕起来。"冉有道："如果人民已经富裕了，接着又该做什么工作呢？"孔子道："那就是要教育他们了。"——经济建设和文化建设（思想政治教育工作）是为政者的最重要的责任。

❺【译文】孔子说："统治者本身行为端正，不发命令，事情也行得通。他本身行为不端正，纵然三令五申，百姓也不会信从。"——为政者的道德责任。

❻【译文】叶公问怎样才能把国家治理好。孔子道："让国内的百姓都喜欢你，使边远地区的人民都来投奔、归附你。"——为政者的道德责任。

利，则事不成。"❶（《子路篇》13.17）

子曰："上好礼，则民易使也。"❷（《宪问篇》14.41）

子曰："臧文仲其窃位者与！知柳下惠之贤而不与立也。"❸（《卫灵公篇》15.14）

子曰："众恶之，必察焉；众好之，必察焉。"❹（《卫灵公篇》15.28）

子曰："知及之，仁不能守之；虽得之，必失之。知及之，仁能守之。不庄以莅之，则民不敬知及之，仁能守之，庄以莅之，动之不以礼，未善也。"❺（《卫灵公篇》15.33）

季氏将伐颛臾。冉有、季路见于孔子曰："季氏将有事于颛臾。"孔子曰："求！无乃尔是过与？夫颛臾，昔者先王以为东蒙主，且在邦域之中矣，是社稷之臣也。何以伐为？"冉有曰："夫子欲之，吾二臣者皆不欲也。"孔子曰："求！周任有言曰：'陈力就列，不能者止。'危而不持，颠而不扶，则将焉用彼相矣？且尔言过矣，虎兕出于柙，龟玉毁于椟中，是谁之过与？"冉有曰："今夫颛臾，固而近于费。今不取，后世必为子孙忧。"孔子曰："求！君子疾夫舍曰欲之而必为之辞。丘也闻有国有家者，不患寡而患不均，不患贫而患不安。盖均无贫，和无寡，安无倾。夫如是，故远人不服，则修文德以来之。既来之，则安之。今由与求也，相夫子，远人不服，而不能来也；邦分崩离析，而不能守也；而谋动干戈于邦内。吾恐季孙之忧，不在颛臾，而在萧墙

---

❶【译文】子夏做了莒父的长官，请教从政的道理。孔子道："不要图快，要循序渐进，不要顾小利，要志存高远。图快，反而不能达到目的；顾小利，就办不成大事。"——为政者的责任。

❷【译文】孔子说："在上位的人若遇事依礼而行，就容易使百姓听从指挥。"——为政者的道德责任。领导的人，主管的人，以仁爱待人，能够好礼，下面的人容易受感化，慢慢被主管教育过来了，就容易领导。普通人还可以马虎，因为他是普通人，没有责任，就不必苛求了。

❸【译文】孔子说："臧文仲大概是个做官不管事的人，他明知柳下惠贤良，却不给他官位。"——为政者有举贤的责任。提拔青年和贤人，这是执政者的当然责任。

❹【译文】孔子说："大家厌恶他，一定要去考察；大家喜爱他，也一定要去考察。"——为政者有体察民情的责任。作为领导者，一定要纵览全局，不能偏听偏信；要做到体察民情、明辨是非。

❺【译文】孔子说："一个在上位者，他的智慧足以了解民情，若其内心缺失维护民众的'仁'；即便一时得了民众，仍然必将失去民心。聪明才智足以了解民情，内心有维护民众的仁德，但不能保持它；不以庄敬的态度对待民众，百姓也不会认真（地生活和工作），仍将慢其上而不敬。即使得到了民心，也一定会丧失。聪明才智足以得到它，仁德能保持它，还能用严肃、庄敬的态度来治理百姓，但假若不合理合法地役使百姓，仍还是不够好的。"——为政者有实行仁政的责任。

之内也。"❶（《季氏篇》16.1）

曾子曰："吾闻诸夫子：孟庄子之孝也，其他可能也；其不改父之臣与父之政，是难能也。"❷（《子张篇》19.18）

尧曰："咨！尔舜！天之历数在尔躬，允执其中，四海困穷，天禄永终。"舜亦以命禹。曰："小子履，敢用玄牡，敢昭告于皇皇后帝。有罪不敢赦。帝臣不蔽，简在帝心。朕躬有罪，无以万方。万方有罪，罪在朕躬。"周有大赉，善人是富。"虽有周亲，不如仁人。""百姓有过，在予一人。"谨权量，审法度，修废官，四方之政行焉。兴灭国，继绝世，举逸民，天下之民归心焉所重民食、丧、祭，宽则得众，信则民任焉，敏则有功，公则说。"❸（《尧曰篇》20.1）

---

❶【译文】季氏准备攻打颛臾。冉有、子路俩人谒见孔子，说道："季氏准备对颛臾使用兵力。"孔子道："冉求，这难道不应该责备你吗？颛臾，上代的君王曾经授权他主持东蒙山的祭祀，而且其国境早在我们最初被封时的疆土之中，这正是和鲁国共安危存亡的藩属，为什么要去攻打它呢？"冉有道："季孙要这么干，我们两人本来都是不同意的。"孔子道："冉求！周任有句话说：'能够贡献自己的力量，再任职；如果不行，就该辞职。'眼看着你侍奉的人岌岌可危却不挽救，譬如盲人遇到危险，不去扶持；将要摔倒了，不去搀扶，那这样的辅助者还有什么用呢？况且你的话是错了。老虎、犀牛从笼子里逃了出来伤人，占卜用的龟壳和祭祀用的美玉在匣子里被毁坏了，这是谁的责任呢？"冉有道："颛臾，城墙坚固，实力雄厚，而且靠近季孙氏的封地。假如现今不把它占领，那么日子久了，一定会给后世子孙留下忧虑。"孔子道："冉求啊！君子最讨厌（那种态度，）不说自己贪心无厌，却一定另找借口。我听说过：无论是诸侯或者大夫，他们不担忧财富不多，只需着急财富分配不均；不必着急人民太少，只需着急境内不安。若是财物分配公平合理，便无所谓贫穷；境内和平团结，便不会计较财富的多少；境内平安，国家便不会有倾覆的危险。做到这样，远方的人还不归服，便再修仁义礼乐的政教来招徕他们，使其归附。他们来了，就得使他们生活安稳。如今仲由和冉求俩人辅相季孙，远方之人不归服，却不能使他们来归顺；国家四分五裂，却不能保持稳定统一；反而想在国境以内使用兵力。我想，恐怕季孙应该忧愁的问题，不在颛臾，却是在鲁国内部啊。"——维持社会的长治久安，缩小贫富差别，致力于共同富裕是为政者的责任。

❷【译文】曾子说："我听老师讲过：孟庄子的孝，别的都容易做到；而留用他父亲的僚属，保持他父亲的政治设施，是难以做到的。"——一个人对父母家庭有真感情，他出来为天下国家献身，就一定真有责任感。古代的"忠"，现在的名称就是一个大的责任感。孔子讲孟庄子的孝道"其不改父之臣与父之政，是难能也"，是说他能大孝于天下，继父亲善良政治的成规，是难得的。

❸【译文】尧说："唉！你舜！天的历数命运在你身上了。好好掌握着那中道！四海民生困穷，你的这一分天禄，也便永久完结了。"舜也把这番话交代禹。汤遇着大旱祷天求雨也说："我小子履，敢明白告诉皇皇在上的天帝。只要是有罪的人，我从不敢轻易擅赦。那些贤人都是服从上帝之臣，我也不敢障蔽着他们。这都由上帝自心简择吧！只要我自身有罪，不要因此牵累及万方。若使万方有罪，都该由我一身负责，请只降罚我一身。"周武王得上天大赐，一时善人特多。他也说："纵使有至亲近戚，不如仁人呀！"他又说："百姓有过，都在我一人。"该谨慎权量，审察法度，务求统一而公平。旧的官职废了的，该重新修立，四方之政那就易于推行了。灭亡的国家，该使其复兴。已绝的族世，该使其再续。隐逸在野的贤人，该提拔任用。那就天下之人全都归心了。所当看重的，第一是民众的饮食生活，第二是丧礼，第三是祭礼。在上位的人能宽大，便易获得众心；能有信，民众便信任他；能敏勉从事，便有功了；能推行公道，则使人心悦服了。——执政者的道德责任。这是作为领导人最重要的政治德行。做领导的人，自己个人的错误，不要推卸责任，不要推给部下或老百姓；老百姓或部下错了，责任都由领导者来挑起。

（4）"君子"（有德者/有位者）群体的道德责任。

子曰："学而时习之，不亦说乎？有朋自远方来，不亦乐乎？人不知，而不愠，不亦君子乎？"❶（《学而篇》1.1）

子曰："君子食无求饱，居无求安，敏于事而慎于言，就有道而正焉，可谓好学也已。"❷（《学而篇》1.14）

子贡问曰："孔文子何以谓之'文'也？"子曰："敏而好学，不耻下问，是以谓之'文'也。"❸（《公冶长篇》5.15）

仲弓问子桑伯子。子曰："可也简。"仲弓曰："居敬而行简，以临其民，不亦可乎？居简而行简，无乃大简乎？"子曰："雍之言然。"❹（《雍也篇》6.2）

子路、曾皙、冉有、公西华侍坐。子曰："以吾一日长乎尔，毋吾以也。居则曰：'不吾知也！'如或知尔，则何以哉？"子路率尔而对曰："千乘之国，摄乎大国之间，加之以师旅，因之以饥馑；由也为之，比及三年，可使有勇，且知方也。"夫子哂之。"求！尔何如？"对曰："方六七十，如五六十，求也为之，比及三年，可使足民。如其礼乐，以俟君子。"❺（《先进篇》11.26）

---

❶【译文】孔子说："学了知识，然后按一定的时间去实习它，不也高兴吗？有志同道合的人从远处来，不也快乐吗？人家不了解我，我却不怨恨，不也是君子吗？"——君子的道德责任。

❷【译文】孔子说："君子，吃食不要求饱足，居住不要求舒适，一切责任、一切应该做的事，要敏捷——马上做，说话却谨慎，到有道的人那里去匡正自己，这样，可以说是好学了。"——君子的道德责任。

❸【译文】子贡问道："孔文子凭什么谥他为'文'？"孔子道："他聪敏灵活，爱好学问，又谦虚下问，不以为耻，所以用'文'字做他的谥号。"——一个人死后的定论。这是一件很慎重的事，只有中国历史文化才有的，连皇帝都逃不过谥法的褒贬。所以中国人做官也好，做事也好，他的精神目标，是要对后代负责；不但对这一辈子要负责任，对后世仍旧要负责任。

❹【译文】仲弓问到子桑伯子这个人怎么样。孔子道："他工作作风简约。"仲弓道："若领导者首先对所从事的工作严肃认真，在此基础上再实行简约的工作作风（抓大体，不烦琐）来治理百姓，不是更好吗？但若以简单而不负责任的态度，再加上办事马虎，岂不是太过于简单粗放了吗？"孔子道："你这番话说得很正确。"——在位者的道德责任。

❺【译文】子路、曾皙、冉有、公西华四个人陪着孔子坐着。孔子说道："因为我比你们年纪都大，（老了，）所以没有人用我了。你们平日说：'人家不了解我呀！'假若有人了解你们，（打算请你们出去，）那你们怎么办呢？"子路不假思索地答道："一个拥有一千辆兵车的国家，局促地处于几个大国的中间，外面有军队侵犯它，国内又加以灾荒。我去治理，只要三年光景，可以使人人有勇气，而且懂得大道理。"孔子微微一笑。又问："冉求，你怎么样？"答道："一个国土纵横各六七十里或者五六十里的小国家，我去治理，只要三年光景，可以使人人富足。至于修明礼乐，那只有等待贤人君子了。"——不论地方大小，治理之道都是一样，并没有两样。而孔子这样说冉求，并不是说冉求不对，只是说冉求的思想，用来治大国、治小国都是一样的。这句话如引用到我们自己的身上，就是无论我们职位大小，责任都是一样的，事功也是一样的，问题在于做得好做不好。

仲弓问仁。子曰:"出门如见大宾,使民如承大祭。己所不欲,勿施于人。在邦无怨,在家无怨。"仲弓曰:"雍虽不敏,请事斯语矣。"❶(《颜渊篇》12.2)

仲弓为季氏宰,问政。子曰:"先有司,赦小过,举贤才。"曰:"焉知贤才而举之?"子曰:"举尔所知;尔所不知,人其舍诸?"❷(《子路篇》13.2)

子路问君子。子曰:"修己以敬。"曰:"如斯而已乎?"曰:"修己以安人。"曰:"如斯而已乎?"曰:"修己以安百姓。修己以安百姓,尧舜其犹病诸?"❸(《宪问篇》14.42)

子曰:"君子义以为质,礼以行之,孙以出之,信以成之,君子哉!"❹(《卫灵公篇》15.18)

孔子曰:"君子有九思:视思明,听思聪,色思温,貌思恭,言思忠,事思敬,疑思问,忿思难,见得思义。"❺(《季氏篇》16.10)

子路从而后,遇丈人,以杖荷。子路问曰:"子见夫子乎?"丈人曰:"四体不勤,五谷不分,孰为夫子!"植其杖而芸。子路拱而立。止子路宿,杀鸡

---

❶【译文】仲弓问仁德。孔子道:"出门(工作)好像去接待贵宾,役使百姓好像去承当大祀典,(都得严肃认真,小心谨慎。)自己所不喜欢的事物,就不强加于别人。在工作岗位上不对工作有怨恨,就是不在工作岗位上也不应有怨恨。"仲弓道:"我虽然迟钝,但也要执行您这话。"——讲做事的责任感。对于一般老百姓,作为群众社会的领导,为大家做事的时候,要负起责任,担负这个责任的态度,要"如承大祭"一般。这就是仁道。

❷【译文】仲弓做了季氏的总管,向孔子问政治。孔子道:"给工作人员带头,不计较人家的小错误,他们有小过失,当宽赦。提拔优秀人才来分担各职事。"仲弓道:"怎样去识别优秀人才,并把他们提拔出来呢?"孔子道:"只要提拔你所知道的;那些你所不知道的,别人难道会埋没他,会舍他不举吗?"——为政者的道德责任。

❸【译文】子路问怎样才能算是一个君子。孔子道:"修养自己来严肃认真地对待工作。"子路道:"这样就够了吗?"孔子道:"修养自己来使上层人物安乐。"子路道:"这样就够了吗?"孔子道:"修养自己来使所有老百姓安乐,尧舜大概还没有完全做到哩!"——君子的道德责任,同时也是对为政者道德责任的要求。

❹【译文】孔子说:"君子(对于事业),以合宜为原则,依礼节实行它,用谦逊的言语说出它,用诚实的态度完成它。这真正是位君子呀!"——一个真正的知识分子,要重视自己人生的责任,注意义、礼、孙、信四个字。本质上要有义。

❺【译文】孔子说:"君子有九种考虑:看的时候,考虑看明白了没有;听的时候,考虑听清楚了没有;脸上的颜色,考虑温和吗;容貌态度,考虑庄矜吗;说话时所用的言语,考虑忠诚老实吗;对待工作,考虑严肃认真吗;遇到疑问,考虑怎样向人家请教;将发怒了,考虑有什么后患;看见可得的,考虑我是否应该得。"——君子的责任。在我们生活和思想上,以伦理道德为做人做事的标准,孔子说有九个重点:看到的事、听来的话要用智慧去判断。脸色态度要温和,对人的态度,处处要恭敬,恭敬并不是刻板,而是出于至诚的心情。讲话时要做到言而有信。对事情负责任。有怀疑就要研究,找寻正确的答案。对一件事情,在情绪上冲动要去做时,要考虑考虑。遇到种种利益时,要考虑该不该拿。

为黍而食之，见其二子焉。明日，子路行，以告。子曰："隐者也。"使子路反见之。至，则行矣。子路曰："不仕无义，长幼之节，不可废也。君臣之义，如之何其废之？欲洁其身而乱大伦。君子之仕也，行其义也。道之不行，已知之矣。"❶（《微子篇》18.7）

逸民：伯夷、叔齐、虞仲、夷逸、朱张、柳下惠、少连。子曰："不降其志，不辱其身，伯夷、叔齐与！"谓"柳下惠、少连，降志辱身矣，言中伦，行中虑，其斯而已矣。"谓"虞仲、夷逸，隐居放言，身中清，废中权。我则异于是，无可无不可。"❷（《微子篇》18.8）

子游曰："吾友张也为难能也，然而未仁。"❸（《子张篇》19.15）

子张问于孔子曰："何如斯可以从政矣？"子曰："尊五美，屏四恶，斯可以从政矣。"子张曰："何谓五美？"子曰："君子惠而不费，劳而不怨，欲而不贪，泰而不骄，威而不猛。"子张曰："何谓惠而不费？"子曰："因民之所利而利之，斯不亦惠而不费乎？择可劳而劳之，又怨谁？欲仁而得仁，又焉贪？君子无众寡，无小大，无敢慢，斯不亦泰而不骄乎？君子正其衣冠，尊

---

❶【译文】子路从行，落后了，遇见一老者，他的杖头担着一竹器，在路上行走。子路问道："你见到我的先生了吗？"老者说："我四体来不及勤劳，五谷来不及分辨，谁是你的先生呀！"他走往田中，把杖插在地上，俯下身去除草。子路拱着手立在一旁。老者让子路勿前行，留到家中过夜。他杀了一只鸡，做了些黍饭，请子路，又叫他两个儿子来和子路见面。第二天一早，子路告辞。他见到孔子，把昨日之事告诉了孔子。先生说："这是一个隐者呀！"命子路再回去见他。子路到他家，人已出门了。子路对他的两个儿子说："一个人不出仕，是不义的呀。长幼之节不可废，君臣之义又如何可废呢？为了要清洁己身，把人类大伦乱了。君子所以要出仕，也只是尽他的义务罢了。至于道之不能行，他也早已知之了。"道之行否属命，人必以行道为己责属义。虽知道不行，仍当出仕，所谓我尽我义。——一个知识分子，有学问，有能力，却不肯出仕贡献给国家和社会，这是不合于义的。君子的出仕，并不是为了自己想出风头，而是为了向国家和社会履行其责任。

❷【译文】古今被遗落的人才有伯夷、叔齐、虞仲、夷逸、朱张、柳下惠、少连。孔子道："不动摇自己意志，不辱没自己身份，是伯夷、叔齐罢！"他又说："柳下惠、少连降低自己意志，屈辱自己身份了，可是言语合乎法度，行为经过思虑那也不过如此罢了。"他又说："虞仲、夷逸逃世隐居，放肆直言。他们行为廉洁，被废弃也是他的权术。我和他们这些人都不同，没有什么可以，也没有什么不可以。"——孔子提到了这几个隐士以后便说：我和他们则是两样，时代真正不需要我的时候，我可以做隐士，当需要我的时候，我也可以出来，绝对地负起责任来做事。并不是自己立定一个呆板的目标，像上面提到这几个著名隐士的作风。因为他们自己画了一道鸿沟，自己规定了人格标准，守住那个格。孔子说无可无不可，就是说不守那个格，可以说是"君子不器"，也就是"用之则行，舍之则藏"的意思。需要用我的时候，把责任交给我，我就照做，挑起这个担子，不需要我挑起这副担子的时候，我绝不勉强去求。

❸【译文】子游说："我的朋友子张是难能可贵的了，然而还不能做到仁。"——子张做人的确了不起，一般人很难做到的事情，他去做了，困难的事情，他敢去负责任，敢去挑这个担子，而完成任务。这一点子张做到了，但是还没有达到夫子那个"仁"的境界。下一章中，曾子也随着附和，认为子张是个堂堂正正的大丈夫，但是他修养的内涵，还没有达到仁的境界。

其瞻视，俨然人望而畏之，斯不亦威而不猛乎？"子张曰："何谓四恶？"子曰："不教而杀谓之虐；不戒视成谓之暴；慢令致期谓之贼；犹之与人也，出纳之吝谓之有司。"❶（《尧曰篇》20.2）

（5）"士"（泛指一般人士）群体的道德责任。

曾子曰："吾日三省吾身：为人谋而不忠乎？与朋友交而不信乎？传不习乎？"❷（《学而篇》1.4）

子曰："若圣与仁，则吾岂敢？抑为之不厌，诲人不倦，则可谓云尔已矣。"公西华曰："正唯弟子不能学也。"❸（《述而篇》7.34）

曾子曰："士不可以不弘毅，任重而道远。仁以为己任，不亦重乎？死而后已，不亦远乎？"❹《泰伯篇》8.7）

---

❶【译文】子张向孔子问道："具备怎样的条件才可以治理政事呢？"孔子道："领导者必须具备五种美德，排除四种恶政，这就可以治理政事了。"子张道："五种美德是些什么？"孔子道："领导者的责任就是要给人民谋福利，而自己却要克己奉公；自己要任劳任怨，调动部下、群众，他们都心甘情愿；自己欲仁欲义，却不能叫作贪；安泰矜持却不骄傲；威严却不凶猛。"子张道："给人民以好处，自己却无所耗费，这应该怎么做到呢？"孔子道："就着人民能得利益之处因而使他们有利，这也不是给人民以好处而自己却无所耗费吗？选择可以劳动的（时间、情况和人民）再去劳动他们，又有谁来怨恨呢？自己需要仁德便得到了仁德，又贪求什么呢？无论人多人少，无论势力大小，君子都不敢怠慢他们，这不也是安泰矜持却不骄傲吗？君子衣冠整齐，目不斜视，庄严而使人望而有所畏惧，这也不是威严却不凶猛吗？"子张又问道："四种恶政又是些什么呢？"孔子道："不加教育便加杀戮叫作虐；不加申诫便要成绩叫作暴；起先懈怠，突然限期叫贼；给人以财物，出手悭吝，叫作小家子气。"——执政者的道德责任。

❷【译文】曾子说："我每天多次自己反省：替别人办事是否尽心竭力了呢？同朋友往来是否诚实呢？老师传授我的学业是否复习了呢？"

❸【译文】孔子说道："讲到圣和仁，我怎么敢当？不过是学习和工作总不厌倦，教导别人总不知疲劳，就是这样罢了。"公西华道："这正是我们学不到的。"——在当时，孔子知道这个时代是挽救不了的，可是他并不因此放弃他应该尽的责任。这就是我们无论对自己的人生目标，还是对自己的事业，必须反省的地方。普通人都把一时的成就看成事业。但了不起的人，进入了圣贤境界的人，所努力的则是千秋、永恒的事业。孔子所努力的就是千秋事业。

❹【译文】曾子说："读书人不可以不刚强而有毅力，因为他负担沉重，路程遥远。以实现仁德于天下为己任，不也沉重吗？到死方休，不也遥远吗？"——一个知识分子，要养成弘与毅是基本的条件。为什么呢？因为一个知识分子，为国家、为社会挑起了很重的责任。领导的责任担得重，所以中国过去教育的目的，在养成人的弘毅，挑起国家社会的责任。一个知识分子，为什么要对国家社会挑那么重的责任？为什么要为历史、为人生走那么远的路？因为一个受过教育的知识分子，"仁"就是他的责任。什么是仁？爱人、爱社会、爱国家、爱世界、爱天下。儒家的道统精神所在，亲亲、仁民、爱物，由个人的爱发展到爱别人、爱世界，乃至爱物、爱一切东西。西方文化的爱，往往流于狭义；仁则是广义的爱。所以知识分子，以救世救人作为自己的责任，这担子是挑得非常重的。那么这个责任，在人生的路途上，历史的道路上，要挑到什么时候？是不是要等到退休呢？是没有退休的时候，一直到死为止。所以这个路途是非常遥远的。当然，要挑起这样重的担子，走这样远的路，也必须要养成伟大的胸襟、恢宏的气魄，以及真正的决心、果敢的决断、深远的眼光和正确的见解等形成的"弘""毅"两个条件。

子路使子羔为费宰。子曰："贼夫人之子。"子路曰："有民人焉，有社稷焉，何必读书，然后为学？"子曰："是故恶夫佞者。"❶（《先进篇》11.25）

子张问："士何如斯可谓之达矣？"子曰："何哉，尔所谓达者？"子张对曰："在邦必闻，在家必闻。"子曰："是闻也，非达也。夫达也者，质直而好义，察言而观色，虑以下人。在邦必达，在家必达。夫闻也者，色取仁而行违，居之不疑。在邦必闻，在家必闻。"❷（《颜渊篇》12.20）

子贡问曰："何如斯可谓之士矣？"子曰："行己有耻，使于四方。不辱君命，可谓士矣。"曰："敢问其次。"曰："宗族称孝焉，乡党称弟焉。"曰："敢问其次。"曰："言必信，行必果，硁硁然小人哉！抑亦可以为次矣。"曰："今之从政者何如？"子曰："噫！斗筲之人，何足算也？"❸（《子路篇》13.20）

子路问曰："何如斯可谓之士矣？"子曰："切切偲偲，怡怡如也，可谓士矣。朋友切切偲偲，兄弟怡怡。"❹（《子路篇》13.28）

宪问耻。子曰："邦有道，谷；邦无道，谷，耻也。"❺（《宪问篇》14.1）

---

❶ 【译文】子路叫子羔去做费县县长。孔子道："这是害了别人的儿子！"子路道："那地方有老百姓，有土地和五谷，地方官不过是管理百姓和祭祀社稷这类事情，为什么一定要读书才叫作学问呢？"孔子道："所以我讨厌强嘴拗舌的人。"——我们每个人的责任。我们为什么要读书？是接受前人的经验。过去的失败，我们大家都有责任，现在要紧的是，如果我们再回到原来的位置，应该知道怎么做，这就要靠多读书，对古今中外有深刻的了解，然后拿出一套办法来，担当起自己的社会责任。

❷ 【译文】子张问："读书人要怎样做才可以叫作'达'？"孔子道："你所说的'达'是什么意思？"子张答道："做国家的官时一定有名望，在大夫家工作时一定有名望。"孔子道："这个叫'闻'，不叫'达'。怎样才是'达'呢？品质正直，遇事讲理，善于分析别人的言语，观察别人的颜色，从思想上愿意对别人退让。这种人，做国家的官时固然事事行得通，在大夫家也一定事事行得通。至于闻，表面上似乎爱好仁德，实际行为却不如此，可是自己竟以仁人自居而不加疑惑。这种人，做官的时候一定会骗取名望，居家的时候也一定会骗取名望。"——知识分子的责任，同时也是臣的责任、为政者的责任。

❸ 【译文】子贡问道："怎样才可以叫作'士'？"孔子道："对自己行为保持羞耻之心，出使外国，很好地完成君主的使命，可以叫作'士'了。"子贡道："请问次一等的。"孔子道："宗族称赞他孝顺父母，乡里称赞他恭敬尊长。"子贡又道："请问再次一等的。"孔子道："言语一定信实，行为一定坚决，这是不问是非黑白而只管自己贯彻言行的小人呀，但也可以说是再次一等的'士'了。"子贡道："现在的执政诸公怎么样？"孔子道："咳！这班器识狭小的人算得什么？"——士的责任，同时也是臣的责任、子女的责任。

❹ 【译文】子路问道："怎么样才可以叫作'士'了呢？"孔子道："互相批评，和睦共处，可以叫作'士'了。朋友之间，互相批评；兄弟之间，和睦共处。"——士的责任，同时也是兄弟间、朋友间的责任。

❺ 【译文】原宪问如何叫耻辱。孔子道："国家政治清明时，做官领薪俸；国家政治黑暗时，做官领薪俸，这就是耻辱。"——社会、国家上了轨道，干拿薪水，没有什么事可做，不必出力，这不可以；社会、国家没有上轨道，拿着薪水而没有贡献，也不可以，都是可耻的。那么到底怎样做才好？一个知识分子有知识分子的责任，对于社会、国家要有贡献，不管在安定的时代或在变乱的时代，如果没有贡献，没有尽到知识分子应尽的责任，就是可耻的。

子张曰:"士见危致命,见得思义,祭思敬,丧思哀,其可已矣。"❶(《子张篇》19.1)

子夏曰:"仕而优则学,学而优则仕。"❷(《子张篇》19.13)

孟氏使阳肤为士师,问于曾子。曾子曰:"上失其道,民散久矣。如得其情,则哀矜而勿喜!"❸(《子张篇》19.19)

(6)师之责。

子曰:"弟子、入则孝,出则悌,谨而信,泛爱众,而亲仁。行有余力,则以学文。"❹(《学而篇》1.6)

子曰:"自行束脩以上,吾未尝无诲焉。"❺(《述而篇》7.7)

子曰:"不愤不启,不悱不发。举一隅不以三隅反,则不复也。"❻(《述而篇》7.8)

子所雅言,《诗》《书》、执礼,皆雅言也。(《述而篇》7.18)

---

❶ 【译文】子张说:"读书人看见危险便肯豁出生命,看见有所得便考虑是否该得,祭祀时候考虑严肃恭敬,居丧时候考虑悲痛哀伤,那也就可以了。"——一个知识分子要"见危致命",看到国家、社会艰难的时候,要站出来,挑起责任。

❷ 【译文】为官从政者在处理公务尚有空闲的情况下,多学习一些历史文化知识,以便以史为鉴;士人学者在完善道德、充实学问、行有余力的基础上,应该积极为官,参与政事,担当起为国家输送人才的社会责任。

❸ 【译文】孟氏任命阳肤做法官,阳肤上人前向曾子求教。曾子道:"现今在上位的人不依规矩行事,百姓早就离心离德了。你假若能够审出罪犯的真情,便应该同情他、可怜他,切不要自鸣得意!"——执政者的责任。这是曾子对法治的观点,他认为应该把社会的实际情形与法治配合起来,这是执法人员应该具有的态度,判案的人,要深深了解人的内情,犯罪的动机究竟在哪里?有许多是社会问题促成人去犯罪,所以在这样的时代,办案的时候,对犯罪的人,应该别有一种怜悯悲痛的心情。因为大家都是我们的同胞,我们的老百姓,为什么这人会犯罪?这是我们的责任。所以只有无比的悲痛和怜悯,没有什么功绩可喜的,更不要认为办了一个大案,自己有功了而高兴。如果社会上永远不发生罪案,那有多好呢!所以古代的士大夫,对于社会风气变坏了,每人都应有自己应该负责任的感觉。

❹ 【译文】孔子说:"学生,在家要孝顺父母;出门在外要尊敬长辈、敬爱兄长;要谨言慎行,说则诚实可信;对民众要有爱心,要亲近有仁德的人。这样躬行实践之后,还有剩余力量,就要抓紧时间再去学习'六艺'之文。"——中国古代老师对于学生,看成是自己的儿子一样。老师对于学生,负了一辈子的责任。

❺ 【译文】孔子说:"只要是能束带洒扫(年满十五周岁的少年)来求学的,我从没有不予以教诲的。"——为师的责任。以前中国的教育制度,师生之间,如父子兄弟,负一辈子的责任。现在这个责任没有了,知识成了货品,与我们原来的教育制度、教育精神不同。这一点是值得我们检讨的。

❻ 【译文】孔子说:"教导学生,不到他力求明白而不能的时候,不加以指点;不到他想说出来却说不出的时候,不去启发他。举一例证,他却不能由此推知多个例证,便不再指点他了。"——为师的责任就是启发学生思考。

子不语怪，力，乱，神。❶（《述而篇》7.21）

子以四教：文，行，忠，信。❷（《述而篇》7.25）

互乡难与言，童子见，门人惑。子曰："与其进也，不与其退也，唯何甚？人洁己以进，与其洁也，不保其往也。"❸（《述而篇》7.29）

子路问："闻斯行诸？"子曰："有父兄在，如之何其闻斯行之？"冉有问："闻斯行诸？"子曰："闻斯行之。"公西华曰："由也问闻斯行诸，子曰，'有父兄在'，求也问闻斯行诸，子曰，'闻斯行之'。赤也惑，敢问。"子曰："求也退，故进之；由也兼人，故退之。"❹（《先进篇》11.22）

子曰："有教无类。"❺（《卫灵公篇》15.39）

（7）作为道德责任意识的修养准则"仁"。

有子曰："其为人也孝弟，而好犯上者，鲜矣；不好犯上，而好作乱者，未之有也。君子务本，本立而道生。孝弟也者，其为仁之本与！"❻（《学而篇》1.2）

子曰："道千乘之国，敬事而信，节用而爱人，使民以时。"❼（《学而篇》

---

❶【译文】孔子教书的时候，从来不谈论怪异、暴力、悖乱和鬼神之事。——为师的责任。

❷【译文】孔子用四种内容教育学生：历代文献，社会生活的实践，对待别人的忠诚，与人交际的信实。——为师的责任：传授书本知识和言行规范。一个少年投师后，从学习文献到按礼制规范自己的言行，自然为知人任事打下了坚实的基础。因为孔子声望高，其门下弟子也容易被社会看好，出仕担当一方面责任是有保证的。

❸【译文】互乡这地方的人难于交谈，遇事很难和他们讲道理。有一次，一个少年得到孔子的接见，弟子们感到疑惑。孔子道："我是赞成他的求学进步，而不是赞成他的缺点错误，这有什么不对的呢？人家能洁身自好，我们便应当赞赏他的改过自新，不要保守地抓住他的过去不放。"——为师的态度、责任。

❹【译文】子路问："听懂了一个道理之后，马上就去做吗？就言行合一去实践吗？"孔子告诉子路说："你还有父母兄长在，责任未了，处事要谨慎小心，怎么可以听了就去做呢？"另一个学生冉有也向孔子问同样的问题："听了你讲的这些道理，我要立刻去实行吗？"孔子说："当然！你听了就要做到，就要实践。"公西华道："仲由问听到就干起来吗，您说'有爸爸、哥哥活着，（不能这样做；）'冉求问听到就干起来吗，您说'听到就干起来。'我有些糊涂，大胆地来问，同一个问题为什么作两种答复？"孔子说："冉有的个性，什么事都会退缩，不敢急进，所以我告诉他，懂了的学问，就要去实践、去力行。子路则不同，他勇敢，他这个人的精力、气魄超过了一般人。太勇猛、太前进，所以把他拉后一点，谦退一点。"——要先对个人责任有所交代，然后才可以为理想奋斗。

❺【译文】孔子说："人人我都教育，没有（贫富、地域等）区别。"——为师者应承担起对每一个受教育者的责任。

❻【译文】有子说："他的为人，孝顺爹娘，敬爱兄长，却喜欢触犯上级，这种人是很少的；不喜欢触犯上级，却喜欢造反，这种人从来没有过。君子专心致力于基础工作，基础打好了，'道'就会产生。孝顺爹娘，敬爱兄长，这就是'仁'的基础吧！"——孝悌的责任是实施"仁"的基础。

❼【译文】孔子说："领导治理一个能出千乘兵车的大国，临事该谨慎专一，诚信待人。该节省财用，爱护官吏。使用民力，要顾及他们的生产时间，役使老百姓要在农闲时间。"——为政者有谨慎专一处事、诚信待人的责任，节俭的责任，爱护下属和百姓的责任。

1.5)

　　樊迟问知。子曰："务民之义，敬鬼神而远之，可谓知矣。"问仁。曰："仁者先难而后获，可谓仁矣。"❶（《雍也篇》6.22）

　　子贡曰："如有博施于民而能济众，何如？可谓仁乎？"子曰："何事于仁！必也圣乎！尧舜其犹病诸！夫仁者，己欲立而立人，己欲达而达人。能近取譬，可谓仁之方也已。"❷（《雍也篇》6.30）

　　子钓而不纲，弋不射宿。❸（《述而篇》7.27）

　　（8）道德责任的冲突与选择的思想。

　　子曰："见贤思齐，见不贤而内自省也。"❹（《里仁篇》4.17）

　　子曰："麻冕，礼也；今也纯，俭，吾从众。拜下，礼也；今拜乎上，泰也。虽违众，吾从下。"❺（《子罕篇》9.3）

三、《论语》中孔子责任思想的内涵、意义和价值

　　作为中国春秋末期最负盛名的思想家和教育家、儒家的创始人，孔子的责任思想内涵相当丰富并具有强烈的实用色彩。当前，中国社会正处于转型期，旧的价值观念已经动摇，新的价值观念正在形成，但还尚未普遍确立。价值观念缺位的后果之一就是导致了责任感的缺失，造成了社会中不负责任

---

❶【译文】樊迟问怎么样才算明智。孔子道："把心力专一地放在使民众走向正道上，严肃地对待鬼神，敬重鬼神但并不打算接近它，这就是明智的态度。"樊迟又问怎么样才叫作有仁德。孔子说道："仁德就是从政的人先付出一定的力量，努力办事，然后才有收获，这就可以说是仁德了。"——为政者的道德责任。樊迟问仁，孔子讲的是对个人修养的仁，他说自己平常的言行，恭敬而诚恳，做事尽心，负责任，对长官、朋友和部下，对任何人没有不尽心的。

❷【译文】子贡道："假若有这么一个人，他能广泛地给人民以好处，又能帮助大家生活得很好，怎么样？可以说是仁道了吗？"孔子道："哪里仅是仁道！那一定是圣德了！尧舜或许都难以做到哩！仁是什么呢？自己要站得住，同时也使别人站得住；自己要事事行得通，同时也使别人事事行得通。能够就眼下的事实选择例子一步步去做，可以说是实践仁道的方法了。"——为政者有实施"仁政""富民"的责任。

❸【译文】孔子钓鱼，从不用挂有许多鱼钩的大绳横断流水来捕鱼，而只用一个鱼钩的钓竿来捕鱼；他用带绳子的箭射鸟时，从来不射在巢中歇息的鸟。——为政者的责任：以联系和发展的眼光来对待事物，也是我们每个人的责任。

❹【译文】孔子说："看见贤明的人，便应该想到要向他看齐；看见不贤明的人，便应该自己反省，（有没有同他类似的毛病。要自觉除去那些不好的毛病。）"——每个人都应该有自省的责任。

❺【译文】孔子说："礼帽用麻料来织，这是合乎传统礼仪的；今天大家都用丝料，这样省俭些，我同意大家的做法。臣见君，先在堂下磕头，然后升堂又磕头，这是合乎传统礼仪的。今天大家都免除了堂下的磕头，只升堂后磕头，这是倨傲的表现。虽然违反大家的意愿，我仍然主张要先在堂下磕头。"——人与人之间的礼貌，都流于形式，只重外表而不重精神。这是一个时代的问题，你我都有责任，尤其是家庭教育，更不可忽略。

的现象大量出现。所以，责任伦理建设在当前中国就成为当务之急。而要实现这一目标，不仅西方文化中的责任伦理思想值得借鉴，中国传统文化尤其是以孔子为代表的儒家伦理中丰富的责任伦理思想，同样能够发挥积极的作用。

（一）《论语》中孔子责任思想的内涵

通过一部《论语》，我们可以发现，孔子所述的责任主体涉及我们每一个人：孔子将社会道德责任划分为关于个体的和关于群体的道德责任。内容涉及父子之间的道德责任（也可理解为是家庭道德责任），君臣之间的道德责任，朋友之间的道德责任，以及"为政者"群体的道德责任，"君子"群体的道德责任，"士"群体的道德责任等。孔子所论述的责任思想应该说主要是社会道德责任思想，基础是他对人性的解读。其责任思想的特点如下：将道德责任意识的确立放在首位；将个体道德修养作为道德责任意识培养的起点；将个人的道德修养作为政治修养的基点；重视道德责任意识的教育；提倡主体积极地承担道德责任；把道德实践作为最终归宿；将"礼"作为道德责任意识的修养准则等。孔子不仅进行了责任类别的划分，并进一步对不同群体之间相应责任承担进行了阐释。在道德责任的冲突与选择问题上，孔子坚持以"百姓为本"的根本原则。孔子认为人性原始是基本相近的，人性是不稳定的，在人性特点得以阐明的基础上，孔子社会道德责任思想与人性的结合点即是"仁"，这也是孔子的核心思想。孔子的责任思想不仅在历史上曾有其意义，而且在当前仍有其价值。

通过上面的分析，我们对于孔子所言的"责任"之内涵似乎已经有了大致的了解，对其责任思想，我们或许可以归纳为三个最主要的方面。第一，个人对于家庭的责任。首先是爱亲人、爱父母、爱身边的人，并且推己及人。第二，在位者与下属的相互责任。如"君君、臣臣、父父、子子""不在其位，不谋其政"。第三，执政者对社会的责任。对百姓、众生的责任：仁民爱物。此外，孔子还论述到了教育者对学生的责任：有教无类、因材施教、诲人不倦，并提醒人们在面对道德责任冲突的时候应该做出何种选择等。

（二）《论语》中孔子责任思想的意义和价值分析

在《论语》中，孔子主要通过几个相关概念来诠释其责任思想，如仁、礼、德等。

（1）仁：道义责任。仁的思想是孔子最重要的思想，其中，"孝悌"是孔子仁学思想的出发点和伦理基础；"忠恕"是孔子仁学思想的核心内容；"中庸"则是孔子所有思想体现出来的一种一以贯之的世界观和思维方式。孔子将"仁"视为人所应有的伦理品格，形成了以"爱人""泛爱众""忠恕"等为基本内涵，旁及"温、良、恭、俭、让"，以及"恭、宽、信、敏、惠"等广泛内容在内的仁学思想体系。《论语》中对什么是"仁"，"仁"对人的生活、工作、发展，以及对人的幸福和健康有什么意义和价值，怎样才能使人具有仁心仁德，以及如何成为一个仁人等问题都进行了阐释，赋予了"仁"以丰富的内涵。仁者爱人，是对孔子"仁"思想最多、最通俗的阐述。而将"仁者爱人"的意思细化来看，则化解为爱人，爱亲人，爱他人，爱自己，爱一切值得爱的人。这种"仁者爱人"的思想，体现并贯穿于孔子对于个人之于家庭的责任的观点中，如：

有子曰："其为人也孝弟，而好犯上者，鲜矣；不好犯上，而好作乱者，未之有也。君子务本，本立而道生。孝弟也者，其为仁之本与！"（《论语·学而篇》1.2）

又如：

宰我问："三年之丧，期已久矣。君子三年不为礼，礼必坏；三年不为乐，乐必崩。旧谷既没，新谷既升，钻燧改火，期可已矣。"

子曰："食夫稻，衣夫锦，于女安乎？"

曰："安。"

"女安，则为之！夫君子之居丧，食旨不甘，闻乐不乐，居处不安，故不为也。今女安，则为之！"

宰我出，子曰："予之不仁也！子生三年，然后免于父母之怀。夫三年之丧，天下之通丧也，予也有三年之爱于其父母乎！"（《论语·阳货篇》17.21）

在位者与部下之间的相互责任中，如：

樊迟问知。子曰："务民之义，敬鬼神而远之，可谓知矣。"问仁。曰："仁者先难而后获，可谓仁矣。"（《论语·雍也篇》6.22）

又如：

子曰："道千乘之国，敬事而信，节用而爱人，使民以时。"（《论语·学而篇》1.5）

执政者之于百姓、民众、万物的责任中，如：

子贡曰:"如有博施于民而能济众,何如?可谓仁乎?"子曰:"何事于仁!必也圣乎!尧舜其犹病诸!夫仁者,己欲立而立人,己欲达而达人。能近取譬,可谓仁之方也已。"(《论语·雍也篇》6.30)

又如:

子钓而不纲,弋不射宿。(《论语·述而篇》7.27)

教育者之于学生的责任,如:

子曰:"自行束脩以上,吾未尝无诲焉。"(《论语·述而篇》7.7)

又如:

互乡难与言,童子见,门人惑。子曰:"与其进也,不与其退也,唯何甚?人洁己以进,与其洁也,不保其往也。"(《论语·述而篇》7.29)

通过上面的解读和分析,我们发现蕴含有责任伦理意蕴在内的"仁"作为一种伦理,体现在人本哲学上,就是要修身以养德;体现在政治上,就是要实施仁政;体现在教育上,就是要有教无类,促进人的全面发展;而体现在方法上,就是中庸、和谐。"仁"对于人的作用,就如今天我们说的价值观、人生观、世界观对人的决定作用;对于党员干部来说,追求仁,就应当有仁德、施仁政。其实就是要爱国、爱党、爱人民,就是要坚持立党为公、执政为民,就是要坚持情为民所系、权为民所用、利为民所谋,就是要对党和人民的事业鞠躬尽瘁。唯物史观认为,人民群众作为社会实践的主体,不仅是社会物质财富、精神财富的创造者,而且是推动社会变革的决定力量。人民群众作为社会历史的创造者,既是社会创造主体也是社会价值主体,是劳动成果的创造者与享有者的统一体。我们党的领导集体始终以人民观为理论基础和实践聚焦点,全心全意为人民服务是我们党的根本宗旨,密切联系群众是我们党的优良作风。党的十六大以来,形成了"以人为本"的发展观。中国共产党始终把人民作为推进中国特色社会主义事业建设的主体力量,把人民利益融入中国特色社会主义事业发展的全局中。习近平总书记在参观"复兴之路"时也强调指出,实现中华民族伟大复兴的中国梦的主体是人民群众,其价值目标是为了人民的福祉:"中国梦归根结底是人民的梦,必须紧紧依靠人民来实现,必须不断为人民造福。我们要坚持党的领导、人民当家做主、依法治国的有机统一,坚持人民主体地位,扩大人民民主,推进依法治国……不断实现好、维护好、发展好最广大人民的根本利益,使发展成果更多更公平惠及全体人民,在经济社会不断发展的基础上,朝着共同富裕方向稳步前进。"

孔子不仅具有"天下为公"的道德情怀，而且有着忧国忧民的忧患意识。儒家的忧患意识，是对国家安定和人民幸福的关切，对个体生存和人类命运的关怀，以及对未来发展变化的关注。孔子密切注视着社会和人生，渴望在现实中建功立业，这种积极入世的品格和内心强烈的道德责任感相结合，激发起无限的悲天悯人的忧患意识。孔子曾说："君子忧道不忧贫。"为了实现自己的理想，他周游列国，虽到处碰壁，但仍坚持不懈。"世界上有许多事情必须做，但你不一定喜欢做，这就是责任的含义。"（马克思语）虽然孔子自己不忧贫贱，但对百姓的疾苦却非常关心，他要求统治者轻徭薄赋、节省民力，主张"节用而爱人，使民以时"，反对不顾百姓的死活而一味索取。这些言行都反映了孔子强烈的忧患意识和责任感。孔子主张以"复礼"为根本，塑造和谐的人格行为以用来治乱、"救世"、挽救危机。但以"复礼"调和阶级矛盾、实现社会和谐是一种现实悖谬。所以，他不得不用"仁"来补充礼。"仁"的引入使"礼"要达到的"制中""和为贵"的社会目标找到了新的实现途径，这就是塑造和谐人格。在当今，孔子伦理思想中的"仁"对社会主义精神文明建设有着重要的现实意义。它有利于人道主义关怀仁爱精神的发扬，有利于培养人们的社会责任感，也有利于个人的道德修养。

（2）礼：责任选择。从仁与礼的关系来看，必先有仁心，方能循礼而为。礼以仁为基础，仁是礼的本体、灵魂；礼是仁的体现和落实。孔子认为礼有巨大的作用，如：子曰："恭而无礼则劳，慎而无礼则葸，勇而无礼则乱，直而无礼则绞。君子笃于亲，则民兴于仁；故旧不遗，则民不偷。"（《论语·泰伯篇8.2》）

他的意思是说："注重容貌态度的端庄，却不知礼，就未免劳倦；只知谨慎，却不知礼，就流于畏葸懦弱；专凭敢作敢为的胆量，却不知礼，就会盲动闯祸；心直口快，却不知礼，就会尖刻刺人。在上位的人能用深厚感情对待亲族，老百姓就会走向仁德；在上位的人不遗弃他的老同事、老朋友，那老百姓就不致对人冷淡无情。"礼，说到底是一种文化，是一种价值观念，对人起着潜移默化而又深刻持久的影响。春秋时期，各地诸侯争权夺利，战争不断，孔子认为，要建设一个和谐的国家，就要做到"仁者爱人"。

第一，为礼要发自内心。

如：子游问孝。子曰："今之孝者，是谓能养。至于犬马，皆能有养；不敬，何以别乎？"（《论语·为政篇》2.7）

又如：子曰："父母之年，不可不知也。一则以喜，一则以惧。"（《论

语·里仁篇》4.21)

第二，为礼不能僭越。

据《史记》记载：因楚昭王来聘孔子，陈、蔡大夫围孔子，致使绝粮七日。解围后孔子至楚，不久楚昭王死。卫出公欲用孔子。孔子答子路问曰，为政必以"正名"为先。

子路曰："卫君待子而为政，子将奚先?"子曰："必也正名乎！"子路曰："有是哉，子之迂也！奚其正?"子曰："野哉，由也！君子于其所不知，盖阙如也。名不正，则言不顺；言不顺，则事不成；事不成，则礼乐不兴；礼乐不兴，则刑罚不中；刑罚不中，则民无所措手足。故君子名之必可言也，言之必可行也。君子于其言，无所苟而已矣。"(《论语·子路篇》13.3)

今天看来，孔子的"正名"思想的核心，完全可以理解为是建立和落实岗位责任制的问题。如：子曰："不在其位，不谋其政。"(《论语·泰伯篇》8.14)

又如：齐景公问政于孔子。孔子对曰："君君，臣臣，父父，子子。"公曰："善哉！信如君不君，臣不臣，父不父，子不子，虽有粟，吾得而食诸?"(《论语·颜渊篇》12.11)

即是说，其一，身为在位者，必须时刻牢记个人的社会身份地位和所应担当的社会责任，树立和强化角色意识。这就是各安其位。其二，我们每个人都要时时恪守自己从属的社会角色所规定的权利义务而行为举事，既不能懈怠于其应承担的责任、义务，也不要超越自己身份职务所规定的权力而行事。这便是所谓各执其事。孔子为什么把正名主义看得如此重要呢？这是因为把名正了，主观方面才可以顾名思义，客观方面在能够循名责实。例如"君君臣臣父父子子"，要先知道何为"君臣父子"，这四个名词里到底蕴含着什么意义，然后才能够做到君为真君，臣为真臣……那么，社会秩序也就自然跟着建立起来了。

孔子的正名主义，对于当时的社会改良起到了多少积极的作用，我们无法考究，但孔子自身便是如此行事的，如：陈成子弑简公。孔子沐浴而朝，告于哀公曰："陈恒弑其君，请讨之。"公曰："告夫三子！"孔子曰："以吾从大夫之后，不敢不告也。君曰'告夫三子'者！"之三子告，不可。"孔子曰："以吾从大夫之后，不敢不告也。"(《论语·宪问篇》14.21)

第三，礼的运用，以和谐为最高目标。

当前中国社会中也出现了韦伯曾经描述过的那种情形。工具理性过分膨胀，价值理性则严重萎缩，工具理性压倒甚至代替了价值理性，造成了意义世界的失落。意义的失落导致了信念的丧失，信念的丧失又导致责任的缺失，在道德领域中是如此，在政治生活中也是如此。许多官员既没有崇高的信念，也不讲现实的责任。他们参政既不是为了人民的福祉，也不是为了民族的繁荣、国家的富强，而是为了自己的政治前途，为了物质利益。在现实的政治生活中，他们也不为人民负责，不为民族、国家负责，而只对自己负责，对自己的上级负责。一个从政的人，必须首先确立某种信念，把人民和民族、国家的利益放在心中，才能在现实政治中具有责任感。如：子曰："道之以政，齐之以刑，民免而无耻。道之以德，齐之以礼，有耻且格。"（《论语·为政篇》2.3）

孔子这里所言的"道"，是"引导"的意思。孔子是绝对的主张礼治反对法治的人，他以为礼的作用，可以养成人类自动自治的良好习惯，这才是改良社会的根本办法。孔子的意思，大体上应该是"先德行后智艺"。而时下的教育，重点似乎倾向于"智艺"，这也是现实的社会环境所决定和造成的。时下，对教育工作者的批判甚多而尖锐，有说学生"负担太重"，有说"管得太严"，有说"重分不重德"的，等等。教育工作中存在的弊病是和整个社会环境紧密相关的，只有拟定出明确可行的大政方针，教育工作才有可遵循的轨道，所谓培养德智体全面发展的人才才不是纸上谈兵。我们常说，中国是礼仪之邦，时代呼唤建立新的礼教、构建新的人际关系。从国内来看，我们党现时期的任务是建设和发展，是创建和谐文化、构建和谐社会。而创建和谐文化的一个重要方面就是继承和弘扬中华民族优秀传统文化，包括赋予传统的人际伦常以新的、符合时代精神的含义，从而为社会发展服务，这是我们每一个中华民族儿女应尽的责任。

（3）德：为政以德，始于孝悌，以爱民（爱物）、富民、教民为己责；为政以德，贵在修身，以忠、信、敬业、立礼、得人为己责。《论语·学而篇》（1.2）指出："君子务本，本立而道生。孝弟者，其为仁本与？"孝悌是人之根本，是仁德的根本。治国理政，首先要做到孝悌。这是由人的本性所决定的。《论语·为政篇》的第五章至第八章专门探讨了孝的问题，说明孝顺父母是从政道德的良好开端。在孔子看来，做到了孝悌，才有资格从政；做到了孝悌，带头倡导和培育尊老敬老的良好社会风气，（也就是我们今天所提倡的精神文明建设的表现之一）是一个执政者应有的道德责任。"为政以德"

是《为政篇》的主旨，也可以说是《论语》这部书的主旨。如：叶公语孔子曰："吾党有直躬者，其父攘羊，而子证之。"孔子曰："吾党之直者异于是：父为子隐，子为父隐。——直在其中矣。"（《论语·子路篇》13.18）

孔子此论所强调所谓的"直道"，就是"父为子隐，子为父隐"；内中蕴含的道理，就是父子之间的亲情血缘关系要大于"王法"。西汉王朝规定"父为子隐，子为父隐"而不必追究责任，就是"仁民爱物"的态度。孔子的主张是被秦汉以后的人们所认可和传颂的。它对于"父父子子"那样的社会是起到了安定维稳作用的。"父为子隐"或"子为父隐"，内涵的思想就是"为亲者讳""为长者讳""为尊者讳"，这种思想在当今社会中也是普遍存在的。但是这种思想的存在和现代法制建设相矛盾。中国从"人治"向"法治"社会的转型，这是遇到的一个重要的思想障碍。中华人民共和国成立以来制定的《刑法》一直主张大义灭亲，直到2012年经十一届全国人大五次会议通过的《中华人民共和国刑事诉讼法》（2013年1月1日起实施），对近亲属拒绝作证权做出了相应规定："经人民法院通知，证人没有正当理由不出庭作证，人民法院可以强制其到庭。但是被告的父母、配偶、子女除外。"（第188条）

此外，孔子还强调子女侍奉父母时，不只是服劳、供给衣服和食物，还要有耐心，要和颜悦色。如：子夏问孝。子曰："色难。有事，弟子服其劳；有酒食，先生馔，曾是以为孝乎？"（《论语·为政篇》2.8）

又如：子曰："事父母，几谏，见志不从，又敬不违，劳而不怨。"（《论语·里仁篇》4.18）

这是一个深层次的感情问题，也是一个社会问题。这个问题在古代已经存在，在当代社会里这个问题似乎就更加尖锐、突出了。因为子女和父母之间所处的时代差距，父辈对许多问题的看法，和子女们的意见常常会出现分歧，即便他们之间有着深厚的"天性之爱"，也会因看法有差距而发生不愉快、引起争执，这就是所谓的"代沟"。除此之外，当代社会竞争激烈，子女们需要全心全意地投入工作，也就难以一心一意地侍奉父母。所谓"色难"的确是一个大问题。此外，则是父母有病的时候，子女照顾不周。俗话说"久病床前无孝子"，大概也是常有的现象，不然为什么媒体和舆论会将"床前孝子"大张旗鼓地宣扬报道？这种情况对于有养老金的父母来说情况似乎会相对缓和一些，而对于低收入家庭或者那些没有养老金的父母们来说，问题就比较严重了。这种状况，只能寄希望于政府和社会把"老有所养"的问题解决了，也许才能得到缓解。也就是说，孔子提出的侍奉父母"色难"的问题不仅仅是"人性"的问题,也是"为政"的问题。郭沫若在《孔墨的批判》中认为:"为政总要教民,这是一个基本原则。"这也是为政者的基本责任。李泽厚在《论语今读》中认为,古代的"民主"正是"为民做主",而并非人民做主的现代民主。只是 for the people,而不是 of the people 或者 by the people。今天,我们提倡和号召的"为人民服务"最多也只不过是在"of the people"名义下的"by the people"。在孔子看来,"为政以德",目标是要达到"富民",并且是共同富裕。如:哀公问于有若曰:"年饥,用不足,如之何?"有若对曰:"盍彻乎?"曰:"二,吾犹不足,如之何其彻也?"对曰:"百姓足,君孰与不足?百姓不足,君孰与足?"(《论语·颜渊篇》12.9)

又如:季氏将伐颛臾。冉有、季路见于孔子曰:"季氏将有事于颛臾。"孔子曰:"求!无乃尔是过与?夫颛臾,昔者先王以为东蒙主,且在邦域之中矣,是社稷之臣也。何以伐为?"冉有曰:"夫子欲之,吾二臣者皆不欲也。"孔子曰:"求!周任有言曰:'陈力就列,不能者止。'危而不持,颠而不扶,则将焉用彼相矣?且尔言过矣,虎兕出于柙,龟玉毁于椟中,是谁之过与?"冉有曰:"今夫颛臾,固而近于费。今不取,后世必为子孙忧。"孔子曰:"求!君子疾夫舍曰欲之而必为之辞。丘也闻有国有家者,不患寡而患不均,不患贫而患不安。盖均无贫,和无寡,安无倾。夫如是,故远人不服,则修文德以来之。既来之,则安之。今由与求也,相夫子,远人不服,而不能来也;邦分崩离析,而不能守也;而谋动干戈于邦内。吾恐季孙之忧,不在颛臾,而在萧墙之内也。"(《论语·季氏篇》16.1)

百姓才是一国之本,人民的幸福生活才是一国政治目标的最终指向,是执政者肩负的历史责任。那么,怎么才能保证现实的责任不流于当权者的政治工具?答案是需要崇高的信念做后盾。孔子坚守着崇高的道德信念,那就是"天下为公"的道德情怀,这在《礼记·礼运》篇中借孔子之口所描述的大同世界里有着鲜明的体现。这种道德情怀是推动儒家哲人为实现其政治理想而奋斗的精神资源,它从伦理的角度说明了权力的根源、归属问题。现代的政治家必须了解,公共权力在根源上是属于公民大众的。政治家一定要在内心充满崇高的信念,否则就很难保证在现实的政治生活中担负起真正的责任。中国改革开放四十年来取得了举世瞩目的成就,人民富裕了,国家富强了。但不可否认的是,上不起学、看不起病、买不起房的现象还广泛存在着。这也是需要中国政府重点关注并解决的重大民生问题。

四、孔子责任思想的追求与实现

孔子思想的主体是讨论人的理想生存方式和生存意义问题，即立身为人的道理：其一，是内心应具有的生活态度和理念（修心）；其二，是外在行为应遵循的礼仪规范（修身）。这二者共同构成了孔子思想的总纲：仁学和礼学。而其责任思想的论述更是淋漓尽致地演绎着他这两个密切相关的学说。所以孔子说："君子义以为质，礼以行之，孙以出之，信以成之。君子哉！"（《论语·卫灵公篇》15.18）"责任"对于人来说如此重要，那么如何把道德责任观念转化为责任担当？又如何保障责任的担当呢？在孔子看来，解决的有效路径是"知行合一"，即社会实践。《论语》开篇第一句话讲的就是这个道理："学而时习之，不亦说乎！"即是说，学习了、领悟了、认可了的东西，就要时时想到要把它们付诸实践，这样的学习才能真正提升自己。正如伟大的革命导师马克思告诉我们的：实践是检验真理的唯一标准。

一方面，孔子认为，担负起责任不容易，他说自己一生都是致力于此。如：公山弗扰以费畔，召，子欲往。子路不说，曰："末之也，已，何必公山氏之之也？"子曰："夫召我者，而岂徒哉？如有用我者，吾其为东周乎？"❶（《论语·阳货篇》17.5）

又如：子路从而后，遇丈人，以杖荷。子路问曰："子见夫子乎？"丈人曰："四体不勤，五谷不分，孰为夫子！"植其杖而芸。子路拱而立。止子路宿，杀鸡为黍而食之，见其二子焉。明日，子路行，以告。子曰："隐者也。"使子路反见之。至，则行矣。子路曰："不仕无义，长幼之节，不可废也。君臣之义，如之何其废之？欲洁其身而乱大伦。君子之仕也，行其义也。道之不行，已知之矣。"（《论语·微子篇》18.7）

另一方面，他又认为担当责任贵在修身。其责任思想更被拓展于"修身、齐家、治国"，这对当代我国构建社会主义和谐社会也产生了重要的影响和作用。两千多年来，人类一直就一类有关人的问题进行着不间断的探索，它以道德作为研究对象，对道德的意识、活动和规范等进行研究，这就是伦理学。孝作为伦理规范，最能体现我国传统文化的伦理型特征。孝道伦理是我国传统伦理的核心范畴之一，也是中华民族的传统美德。孝道顺人之性，即顺天

---

❶【译文】公山弗扰盘踞在费邑图谋造反，叫孔子去，孔子准备去。子路很不高兴，说道："没有地方去便算了，为什么一定要去公山氏那里呢？"孔子道："那个叫我去的人，难道是白白召我吗？假若有人用我，我将使周文王武王之道在东方复兴。"——孔子以恢复重建道统为自己的责任。

地之性，是人们必须遵行的道德原则和规范。我国作为一个有着两千多年儒家文化传统的国家，在长期的传统社会里一直尊奉着由孔子创建的儒家的家庭伦理，虽然其内容随着时代的变迁和统治者的需要有所损益，甚至修正，但无论是宗旨还是核心内容，并没有发生根本性的变化。家庭是社会的细胞和基本组织。家庭成员之间的关系能否融洽和谐，关键在于是否有一个处理家庭关系的合理原则，即家庭伦理。家庭伦理不仅是调整家庭关系、维系家庭和睦的基本原则，而且也是社会和谐与稳定的重要保障。孔子以"仁"为原则，以"礼"为规范，设计出了家庭伦理的维度。在当代社会弘扬家庭伦理有助于提高当代人的道德素质，有助于家庭成员之间的和睦，有助于当代社会养老问题的解决。传统家庭伦理文化经过两千多年的延续和积淀，既有精华也有糟粕。在中国传统社会中，家庭这个社会最基本单位在人们的社会生活中占据着核心地位。和睦、安宁的家庭关系，不仅是每个家庭成员生活幸福的重要内容，而且也是整个社会和谐的基础。随着市场经济的确立与深入，社会道德风气也发生了显著变化，并直接影响到家庭伦理，动摇了传统家庭伦理的根基，增加了家庭的破裂，弱化了家庭成员的责任。我国当代社会家庭伦理关系趋于简单、家庭伦理关系趋于平等和民主、家庭伦理关系轴心由亲子向夫妻，以及由父母向子女转移等特点。在我国当代所处的社会转型及家庭伦理再建构的过程中，应当根据文化的传承性特点和特殊的文化国情，采取"古为今用"的科学态度，在今天全国大力倡导践行社会主义核心价值观的时代背景下，对孔子家庭伦理做出系统的梳理，挖掘其符合人性的丰富内涵和仍然具有现代价值的核心内容，并赋予其新的时代内涵。如正确认识家庭生活中所出现的独生子女负担与尽孝的矛盾、个人本位与家庭责任的矛盾、婚姻自由与离婚率上升的矛盾、重物质与轻精神的矛盾等突出问题，重新强化家庭责任，❶ 使之成为构建和谐家庭与和谐社会的理论基础和伦理参照。

中国传统文化最基本的特点，就是讲"现实的责任"，如：子曰："有教无类。"（《论语·卫灵公篇》15.39）

钱穆在《新解》一书中说道："人有差别，如贵贱、贫富、智愚、善恶之类。惟就教育言，则当因地因材，掖而进之，感而化之，作而成之，不复有

---

❶ 朱刘雯. 社会主义核心价值观时代背景下家庭传统伦理中"责任"的回归 [J]. 西安文理学院学报（社会科学版），2014（6）.

类。"在《论语》中,我们可以看到,针对相同的问题,孔子对不同性格、不同爱好的学生的回答是不同的。比如,对子路问政、子贡问政、子夏问政、子张问政,孔子的回答都不完全相同,充分体现了他因材施教、履行为人师表之责任的特点。事实上,责任概念本身不直接是道德相关概念。伦理学追问的是"我应该如何行动?"的问题,那么,伦理学的基础问题就是行动理论,而责任概念考虑的主要就是行动因果性与规范建构之间的关系。从字面上理解,责任有两层意思:①对事、对他人、对己、对社会都有应尽的义务。责任义务体现在于公于私之上。②应承担的过失。例如:推卸责任。从实践层面看,责任是一个系统:根据责任文化研究专家唐渊在《责任决定一切》一书的阐述,责任是一个完整的体系,它包含五个方面的基本内涵:责任意识,是"想干事";责任能力,是"能干事";责任行为,是"真干事";责任制度,是"可干事";责任成果,是"干成事"。责任是一个人该做和不该做的事情。孔子的仁学是建立在实实在在的普遍人性基础之上,因而是人人可以践行的。"仁"是孔子对人与人、人与社会及人与自然关系的看法。其中,孔子特别强调个人对社会的责任和义务,提出"正名"思想。孔子认为,万物都有"名",一个名代表了一个意义,因此,副有此名的人或事物,都应该尽自己的职责,如此社会才能安定和睦。孔子的"仁",也就相当于康德的"人的道德上的自由能力"。康德认为,人在道德上是自主的,人的行为虽然受客观因果的限制,但是人之所以成为人,就在于人有道德上的自由能力,能超越因果,有能力为自己的行为负责。这就是他提出的著名的"道德律令":"要这样做,永远使得你的意志的准则(对比:仁道)能够同时成为普遍制订法律的原则(对比:礼制)。"而在孔子这里,这个准则就是自发的道德的核心:仁,因为人受客观因果的限制,所以人要对自己的行为负责,因此就产生了礼,而人自主承担起"要对自己的行为负责"的动因则来自于仁。如:子曰:"苟正其身矣,于从政乎何有?不能正其身,如正人何?"(《论语·子路篇》13.13)

那么,怎样才能抵达孔子仁学指引的人生境界,实实在在地践行自己的责任呢?孔子认为,要成为一个仁者,首先要有立志为仁的志向和理想。如:子曰:"里仁为美。择不处仁,焉得知?"(《论语·里仁篇》4.6)也就是说,人应当致力于对仁道理想的追求,如此才有躬身践行的思想动力。有了立志于仁的思想,应该如何践行呢?孔子认为,仁德修养包含两个最基本方面:克己、复礼。如:颜渊问仁。子曰:"克己复礼为仁。一日克己复礼,天下归仁焉。为仁由己，而由人乎哉？"颜渊曰："请问其目。"子曰："非礼勿视，非礼勿听，非礼勿言，非礼勿动。"颜渊曰："回虽不敏，请事斯语矣。"（《论语·颜渊篇》12.1）

一个人如何成为仁者？就是要用理性来抑制和约束自己的欲望和杂念，要树立正确的生活理念和良好的生活态度。但仅仅有"克己"的内心修养还不够，仁爱之心只有付诸实践才能产生实际的社会效果。这就是"复礼"，即符合社会的文明规范。孔子所处的春秋末期是一个"礼崩乐坏"的时代，作为维系社会秩序的西周礼仪文化体系遭到了极大的破坏。孔子曾因一件小事发出了极大感慨，如：子曰："觚不觚，觚哉！觚哉！"（《论语·雍也篇》6.25）按照中国人的传统观念，"君君、臣臣、父父、子子""不在其位、不谋其政"。首先要强调的是，孔子的正名思想谈论的不仅仅是君臣、父子之间的权利义务问题。他说的是社会上的一切人都应该要明确自己的身份角色和承担的责任义务。我们每个人在社会中，往往同时兼具多重社会角色：对父母而言，我们是子女；对儿女而言，我们是父母；对夫妻而言，我们是伴侣，对单位同事而言，我们或许是领导，而对上级领导而言，我们又是下级……"君君、臣臣、父父、子子"就是要求每个人在不同的场合、不同的人际关系中，随时随地地意识到自己的不同身份角色的转变，并且适时地以合适的身份角色来约束自己的言行，承担自己的责任。如《论语》所记录的：子曰："弟子、入则孝，出则悌，谨而信，泛爱众，而亲仁。行有余力，则以学文。"（《论语·学而篇》1.6）即在家要孝顺父母；出门在外要尊敬长辈、敬爱兄长；要谨慎言行，说则诚实可信，为政者对民众则要有爱心。而从狭义上来看，"君君、臣臣、父父、子子"，就是现在各行各业所普遍实行的岗位责任制；从广义上讲，就是每个人在社会生活中所普遍有效的行为准则。即我们每个人在社会生活中所应当承担和履行的责任和义务。宋代司马光对孔子的正名思想的重大意义曾作过精辟的概括，他说："臣闻天子之职莫大于礼，礼莫大于分，分莫大于名。何谓礼？纪纲是也；何谓分？君臣是也；何谓名？公侯卿大夫是也。"❶ 意思是说，天子最大的职责莫过于确立一个国家的礼制；而确立礼制的最重要的意义在于区分上下、尊卑、长幼、亲疏等关系，使人们能够各安其分、各守其责；使人们各安其分、各守其责的途径便是正名。可见，正名是恢复社会文明礼仪、重建社会政治秩序的首要任务。更为重要

---

❶ 司马光.资治通鉴（卷一周纪一）[M].北京：当代中国出版社，2001：1.

的是，维护"君君、臣臣、父父、子子"的等级秩序并非其终极目标，其终极目标乃是达到全体社会成员的和谐共处，包括万事万物。如《论语》所述：子钓而不纲，弋不射宿。(《论语·述而篇》7.27）其次，子曰："不在其位，不谋其政。"(《论语·泰伯篇》14.26）并非与顾炎武所说的"天下兴亡，匹夫有责也"背道而驰。而是如曾子所言："君子思不出其位。"(《论语·宪问篇》14.27）即是说我们每个人都有相对的社会身份和角色，所思、所言、所行不应当超越自己的职责权限范围，不要越权越位行事。作为普通民众，完全可以而且也应该关心国家大事，尤其是在事关国家、民族兴衰的历史关头，每一个国民更应该有义不容辞的责任。习近平同志提出的"中华民族伟大复兴的中国梦"，作为中华文明在当代全面复兴的大战略，其精神核心，就是要全面重振民族自信，凝聚每一个中国人的力量。孔子一生周游列国，不断地为国为民建言献策，他是"天下兴亡，匹夫有责"的真正实践者。在致力于构建和谐社会的今天，孔子这种社会责任感、爱国情怀对培养公民道德责任人格，加强道德责任教育和强化现代公民的个体责任修养，以及如何做好人民的公仆、当好领导干部等方面都有重要的借鉴意义。尤其是对当代大学生社会责任感养成教育目标，养成教育内容都具有重要的启示。

参考文献

[1] 钱穆. 论语今解 [M]. 北京：生活·读书·新知三联书店，2002.
[2] 杨伯峻. 论语译注 [M]. 北京：中华书局，1980.
[3] 杨树达. 论语疏证 [M]. 南昌：江西人民出版社，2007.
[4] 易鑫鼎. 论语集义新编索解 [M]. 北京：首都师范大学出版社，2013.
[5] 龙昭雄. 论语与现代生活（上、下）[M]. 南宁：广西人民出版社，2009.
[6] 赵维森. 孔子的精神世界：《论语》思想的体系化解读 [M]. 北京：中国社会科学出版社，2014.
[7] 郑圣辉. 《论语》与人生 [M]. 2版. 合肥：安徽大学出版社，2014.
[8] 南怀瑾. 论语别裁 [M]. 上海：复旦大学出版社，2005.
[9] 李泽厚. 论语今读 [M]. 北京：生活·读书·新知三联书店，2008.
[10] 汤一介. 新轴心时代与中国文化的建构 [M]. 南昌：江西人民出版社，2007.

第二章 孟子责任思想

一、孟子的生平及其影响

孟子大约生于公元前 372 年，生于孔子逝后一百余年。孟子卒于公元前 289 年，寿龄虚 84 岁。《史记》说孟子是邹人。邹本为鲁附属国，后为鲁所并，所以也可以说孟子是鲁国人。鲁国是儒学兴盛之地，孟子"受业子思之门人"（《史记·孟子荀卿列传》），因而孟子是孔子之孙子思的再传弟子。孟子学成后，周游列国，向各国统治者宣传孔子所倡导的王道与德治主张。虽然孟子一度贵为齐国之上卿，但在战国那种一切靠武力说话的大背景下，各国实际奉行的都是法家的主张，而孟子的主张则被认为"迂远而阔于事情"（《史记·孟子荀卿列传》）。孟子在失望之余，步孔子之后尘，与弟子公孙丑、万章等整理阐发儒家主张，以待后世，终于有《孟子》一书传世。

孟子思想在后世的命运也是一波三折。汉武帝"独尊儒术"后，一度"《论语》《孟子》《孝经》《尔雅》皆置博士"（《孟子注疏·序》），但很快废止，只立五经博士。而在汉唐近千年的历史中，时人更多推崇的是荀子而非孟子，原因是认为孟子的思想涵盖于孔子思想及《五经》之中，没有多大的创造性。但自宋代开始，随着时代的变迁，人们研究"五经"的兴趣下降，重视的是诸子学说。在"子学"中，荀子的思想因混杂有法家的思想，而被指责为"非纯儒"遭到贬斥。而孟子却因其儒学思想的纯正性被日渐推崇。在自唐末逐渐确立的儒学至高经典"四书"中，《孟子》一书占了超过一半的篇幅。宋以后，因《论语》格言体的不易理解，人们大多直接从《孟子》入手来把握儒家的思想。孟子本人则被推崇为"亚圣"。在近代的革命大潮中，孟子的"民贵""诛暴君"思想，也成为国人革命的理据。

《孟子》一书计"七篇，二百六十一章，三万四千六百八十五字"（《孟子注疏·序》）。后人常把孟子的思想概括为"人禽之辩""义利之辩""王霸之辩""夷夏之辩"的四大辩题。四大辩题很重要,但也不可能囊括孟子的全部思想。鉴于孟子在儒家道统传承中的重要性,及其思想的宏富性,研究中国传统思想的任一方面,孟子都是非常重要的领域。研究中国古代思想家的责任思想,孟子当属重要的研究对象。

二、孟子的责任思想

(一)"责"与"义":《孟子》文本中的责任概念

检索《孟子》一书,孟子并没有明确使用过"责任"这一概念。孟子明确使用的相关概念是"责"与"义",这两个词分别对应"责任"概念的两个方面。

"责"对应"责任"概念的形而下的方面,是指在某一具体情况下,行为主体有何法定的或约定的义务,这一义务的内容是明确的、具体的。《孟子》一书中,"责"有动词与名词两种用法,用法不同,词义不变,动词用实即是以名词之责要求之的意思,如"父子之间不责善"(《孟子·离娄上》);名词用等于现在常说的"责任"。《孟子》记载孟子曾提醒齐国人蚔鼃作为士师的职责是向齐王进谏。蚔鼃进谏后,齐王不听,蚔鼃辞官而去。齐人讥笑孟子只要求别人尽责,自己却不尽责。孟子说:"吾闻之也:有官守者,不得其职则去;有言责者,不得其言则去。我无官守,我无言责也,则吾进退,岂不绰绰然有余裕哉?"(《孟子·公孙丑下》)孟子说自己作为客卿,与蚔鼃作为士师是不同的。客卿只是临时顾问之类,没有明确的职责,也没有明确的任期,双方的权利义务很松散。

"义"对应责任概念的形而上的方面。形而上的责任强调责任的绝对命令性、普遍性、崇高性与使命性。孟子伦理思想的重要特点是主张仁义的至上性。

其一,孟子主张义高于利、以义制利。《孟子》开篇即说:

王何必曰利?亦有仁义而已矣。……上下交征利而国危矣。……苟为后义而先利,不夺不餍。未有仁而遗其亲者也,未有义而后其君者也。王亦曰仁义而已矣,何必曰利?(《孟子·梁惠王上》)

其二,孟子主张在仁义的至上性面前,生命在必要时都应舍弃。

生,亦我所欲也;义,亦我所欲也,二者不可得兼,舍生而取义者也。生亦我所欲,所欲有甚于生者,故不为苟得也;死亦我所恶,所恶有甚于死

者，故患有所不辟也。(《孟子·告子上》)

其三，孟子主张为了完成义务与责任，任何困难都要克服，任何危险都不应惧怕。

吾尝闻大勇于夫子矣：自反而不缩，虽褐宽博，吾不惴焉？自反而缩，虽千万人，吾往矣。(《孟子·公孙丑上》)

赵岐注："己内自省，有不义不直之心，虽敌人被褐宽博一夫，不当轻，惊惧之也。自省有义，虽敌家千万人，我直往突之，言义之强也。"何为大勇？问心有愧，再卑贱的人都要向其赔礼；问心无愧，面对千军万马都要勇往直前。

志士不忘在沟壑，勇士不忘丧其元。(《孟子·滕文公下》)

仁人志士不应怕头断血流，不应怕死无葬身之地。

"责"与"义"，责任的形而下的方面与责任的形而上的方面，二者应相互制约、相互补充。假如没有"义"的主导，具体的"责"就缺少价值内涵，就容易迷惑方向。孟子曾批评慎子的善战与白圭的善治水，原因在于慎子的善战是"君不乡道，不志于仁，而求为之强战，是辅桀也"(《孟子·告子下》)；而白圭的善治水是，"禹之治水，水之道也。是故禹以四海为壑，今吾子以邻国为壑"(《孟子·告子下》)。假如没有具体的"责"，抽象的"义"就可能流于空谈。孟子明确谈到了分工的必要性，及不同职责的不可替代性。

百工之事，固不可耕且为也。……有大人之事，有小人之事。且一人之身，而百工之所为备。如必自为而后用之，是率天下而路也。故曰：或劳心，或劳力；劳心者治人，劳力者治于人；治于人者食人，治人者食于人：天下之通义也。(《孟子·滕文公上》)

(二) 仁义至上：责任必然性的追问

人为什么要有责任，孟子从仁义学说的视角出发，进行了反复的探究。

1. 人禽之变辩：责任的人性根据

孟子非常重视人禽之辩，以下几段论述特别有名。

人之所以异于禽兽者几希，庶民去之，君子存之。(《孟子·离娄下》)

人之有道也，饱食、暖衣、逸居而无教，则近于禽兽。圣人有忧之，使契为司徒，教以人伦：父子有亲，君臣有义，夫妇有别，长幼有序，朋友有信。(《孟子·滕文公上》)

无恻隐之心，非人也；无羞恶之心，非人也；无辞让之心，非人也；无是非之心，非人也。恻隐之心，仁之端也；羞恶之心，义之端也；辞让之心，礼之端也；是非之心，智之端也。(《孟子·公孙丑上》)

盖上世尝有不葬其亲者。其亲死，则举而委之于壑。他日过之，狐狸食之，蝇蚋姑嘬之。其颡有泚，睨而不视。夫泚也，非为人泚，中心达于面目。盖归反蔂梩而掩之。掩之诚是也，则孝子仁人之掩其亲，亦必有道矣。(《孟子·滕文公上》)

孟子的论述可以概括为以下三个方面。

其一，人与禽兽存在着重要的区别。人是与禽兽不同的物种，人比禽兽高贵优越。从群体来说，人类越进步，人类脱离动物界应当越远。比如人类最初与动物一样对死者放任不管，后来觉得于心不忍，就对死者遗体作简单掩埋，后世又发展为复杂的丧葬制度，就说明了这一点。从个体来说，人的教养程度越好，素质越高，其脱离动物界越远，所谓"庶民去之，君子存之"。

其二，人与禽兽等动物的内在区别（外在形体当然也存在区别），除了在认识的层面上人比动物更聪慧外，还有情感的层面，即人有恻隐同情之心与羞恶之感。就恻隐之心来说，人类演进史表明，群体与个体越进步，其同情心的范围就越大、越敏感。个体的同情心的发展是由近及远的，"小孩子的第一个情感是爱他自己，而从这第一个情感产生出来的第二个情感，就有爱那些同他亲近的人"❶。儒家说"爱有差等"(《孟子·滕文公上》)，从发生学上说就是以此作为根据的。就群体来说，同情心也是逐渐发展的，亚当·斯密曾就北美印第安人写道："野蛮人所需要的勇气减弱了他们的人性；……灵敏的感觉是最适合于生活在非常文明的社会中的那些人的品质。"❷ 就羞恶之心来说，人类越进步其羞恶心越发达。黑格尔后来对此有重要发现，《圣经》中说亚当、夏娃吃了智慧果后"发现他们自身是裸体的。赤裸可以说是人的很朴素而基本的特性。他认裸体为可羞耻包含着他的自然存在和感性存在的分离。禽兽便没有进展到有这种分离，因此也就不知羞耻。所以在人的羞耻的情绪里又可以找到穿衣服的精神的和道德的起源"❸。

其三，人禽之辩，最终具体化为人与人之间的责任与义务，即所谓"人伦"。孟子由此而概括出著名的"五伦"学说："父子有亲，君臣有义，夫妇

---

❶ [法] 卢梭. 爱弥儿 [M]. 李平沤, 译. 北京: 商务印书馆, 1996: 290.
❷ [英] 亚当·斯密. 道德情操论 [M]. 蒋自强, 等译. 北京: 商务印书馆, 1997: 265.
❸ [德] 黑格尔. 小逻辑 [M]. 贺麟, 译. 北京: 商务印书馆, 2005: 90.

有别,长幼有序,朋友有信。"动物也有萌芽状态的责任意识与行为表现,如朱熹所说:"至于虎狼之仁,豺獭之祭,蜂蚁之义,却只通这些子,譬如一隙之光。至于猕猴,形状类人,便最灵于他物,只不会说话而已"(《朱子语类·性理一》)。但动物萌芽状态的责任意识毕竟与人类有很大差距,说动物没尽责,给动物治罪是荒唐的。就是在人类中,由于先天或后天的因素,呆傻人的责任意识就差多了,因此他们的道德与法律责任也应当相应减轻或免除。

2. 义利之辩:责任的价值根据

上文说过,《孟子》开篇就讨论义利问题,认为义在利上,应以义制利。孟子的义利之辩,对后世影响深远,同时也经常遭到误解与责难。有三个问题需要仔细辨析。

其一,孟子强调义务与责任的优先性,并非不承认利益的重要性。后人常以董仲舒的"正其谊不谋其利,明其道不计其功"(《汉书·董仲舒传》)来解释孟子的义利之辩。董仲舒的论述笔者且不予探究与置评。仅就孟子来说,孟子绝不是不言利,摒弃利益,而是说应当义中蕴含了利,并应以义来限制、规导利。孟子说:

未有仁而遗其亲者也,未有义而后其君者也。(《孟子·滕文公上》)

说明做到了仁与义,利自然就有了,而且是合理的利,反过来说就不行,容易导致损人利己。

所谓:

上下交征利而国危矣。万乘之国弑其君者,必千乘之家;千乘之国弑其君者,必百乘之家。万取千焉,千取百焉。(《孟子·滕文公上》)

孟子强调失却义规导的利,就会变成毁坏社会的力量。在孟子看来,"义"带有更多的客观性与公正性,而"利"则带有太大的主观性与偶然性。孟子在反战时说得很清楚:

君不行仁政而富之,皆弃于孔子者也。况于为之强战?争地以战,杀人盈野;争城以战,杀人盈城。此所谓率土地而食人肉,罪不容于死。故善战者服上刑,连诸侯者次之,辟草莱、任土地者次之。(《孟子·离娄上》)

脱离道义的限制与确定的责任,社会主体可以随时毁约、破坏法律,社会活动与社会秩序必然缺乏应有的稳定性。

其二,对于"义者,更大之利也"的辨析。偏执的功利主义者总觉得"义"是空洞的,不可捉摸的,因而希望以"利"作为唯一的标准来统一"义"。有学者说,"什么是'义'?义者乃更大之利也。舍生取义,就是指为了一个更大的利益、更根本的利益，如为了民族的利益、阶级的利益而牺牲个人的利益甚至生命。……中国历史上讲的'义'，外国学者们讲的所谓'正义''主义'，实际都是体现一定利益的主张……所以，关于正义（公平）与效益的协调问题，实际上可还原为利益与利益的协调问题。"❶ 在思想史上，功利主义对道义论的反驳是有意义的，因为它推动了人们进一步的思考。但是，"义者，更大之利"的命题的缺陷是明显的。问题之一：没有更大利益，甚至利益的总量变小了，就不存在"义"了吗？反过来说，利益总量大了，道德合理性就没问题了吗？蛋糕只管做大，可以不管蛋糕如何分配吗？一个企业，只管扩大利润，放任员工间的贫富悬殊，甚至用"血汗工厂"的手段来提高效益，这样的效益有意义吗？这里又回到了道义论对于功利主义的经典诘问：多个恶人欺负少数善人，快乐的总量大于痛苦的问题，是合理的吗？问题之二：何为更大利益？这需要计算与权衡。在有限的时间内算账，在可能无限扩大的时间空间范围内，我们根本把握不了何为更大之利。而在许多情况下，特别是在紧急情况下，根本不容许我们算清利害再作抉择。以"更大之利"来否定道义与责任，看来并不可行。

其三，对利作扩大解释，以取代义。推崇功利主义思想的人，有时为了弥补功利主义理论体系的不足，采取一个重要的手段，就是对利作扩大解释。传统功利主义所言之利益，就是指物质利益，甚至就是指肉体之享乐。但是作扩大解释者提出，"利"既包括物质之利，又包括精神之利，甚至把道德高尚也作为"利"的一项重要指标。这样做，貌似理论周全，实则于事无补。一则随着无限扩大解释，何为"利"已经说不清了：个人或小团体占了便宜是为"利"，吃亏了，又说成道德高尚之利，横竖都是利，利与不利界限模糊。二则扩大解释后，利的内部矛盾（实际就是传统的义利问题），只是被掩盖了，而不是被解决了。

3. 王霸之辩：政府的责任根据

孟子所处的战国时代，各国统治者究竟奉行王道政策还是霸道政策是当时突出的政治与社会问题。王道可以说是中国从上古延续下来的古老传统，而霸道又契合了当时完全靠武力说话的时代特点。因为现实政治的迫切需要，当时的统治者自觉不自觉地奉行的都是霸道政策，其理据则是法家的主张。孟子同时代的大政治家商鞅可以说是个典型代表人物。商鞅是法家代表人物，

---

❶ 孙国华，朱景文. 法理学［M］. 北京：中国人民大学出版社，1999：69.

但商鞅持李悝《法经》入秦，而李悝又是孔子高足子夏的弟子，可以看出商鞅与儒家的渊源较深。商鞅入秦后，首先和秦孝公说的是王道，可是秦孝公不感兴趣，于是商鞅转而以霸道主张获得了秦孝公的重用，进而在秦国施行改革。商鞅在秦国的成功改革，使秦国最终能消灭六国，实现中国的大一统，极大地影响了中国的历史进程。但商鞅也不无遗憾地说："吾说公以帝道，其志不开悟矣。……吾以强国之术说君，君大说之耳。然亦难以比德于殷周矣"（《史记·商君列传》）。孟子与商鞅不同的地方在于，孟子坚决地、一贯地主张王道。

仲尼之徒无道桓、文之事者。（《孟子·梁惠王上》）

民为贵，社稷次之，君为轻。是故得乎丘民而为天子，得乎天子为诸侯，得乎诸侯为大夫。诸侯危社稷，则变置。牺牲既成，粢盛既洁，祭祀以时，然而旱干水溢，则变置社稷。（《孟子·尽心下》）

以力假仁者霸，霸必有大国，以德行仁者王，王不待大。汤以七十里，文王以百里。以力服人者，非心服也，力不赡也；以德服人者，中心悦而诚服也。（《孟子·公孙丑上》）

君不乡道，不志于仁，而求为之强战，是辅桀也。由今之道，无变今之俗，虽与之天下，不能一朝居也。（《孟子·告子下》）

孟子的王霸之辩的要点大致可以概括为以下两点。

其一，政府存在的最终目的何在？这是对政权及当政者责任的最终归属的追问。对此，孟子的回答是：为民。政府与人民在利益上有冲突的一面，如政府须向人民征税，政府需要人民当兵打仗，政府需要百姓服劳役等。这大概也就是恩格斯所说："国家再好也不过是在争取阶级统治的斗争中获胜的无产阶级所继承下来的一个祸害。"❶ 但在孟子看来，从根本上说，政府的存在必须是为了民众的利益，也就是他说的"民贵君轻、社稷为民"的道理。孟子甚至引用古语把民上升到天的高度，"天视自我民视，天听自我民听"（《孟子·万章上》）。

其二，孟子并非绝对否定武力与征战的重要性，易言之，霸道所主张的耕战政策并非毫无价值。但孟子认为手段与目的的价值次序不能颠倒，否则就会发生原则性的错误。孟子认为以武力抵御外侮与征讨不义是正确的与必

---

❶ 中共中央马克思恩格斯列宁斯大林著作编译局，编译. 马克思恩格斯选集（第三卷）[M]. 北京：人民出版社，2012：55.

要的，否则孟子就不会宣传"壮者以暇日修其孝悌忠信，入以事其父兄，出以事其长上，可使制梃以挞秦楚之坚甲利兵矣"（《孟子·梁惠王上》），以及一再鼓吹周文王的东征西讨，"'东面而征，西夷怨；南面而征，北狄怨。曰，奚为后我？'民望之，若大旱之望云霓也"（《孟子·梁惠王下》与《孟子·尽心下》）。但孟子认为其正义战争的最终目的必然在于让人民得到安宁、幸福与利益。

（三）得民心：责任的内容问题

孟子从道义的视角出发，强调人的责任的必然性。进一步的追问是，社会主体应当有哪些责任呢？孟子作了如下回答。

1. 与百姓同：责任的最高原则

孟子从人性论与道德原则的高度认为应如此确定责任。

老吾老，以及人之老；幼吾幼，以及人之幼。天下可运于掌。……故推恩足以保四海，不推恩无以保妻子。古之人所以大过人者无他焉，善推其所为而已矣。（《孟子·梁惠王上》）

他日见于王曰："王尝语庄子以好乐，有诸？"王变乎色，曰："寡人非能好先王之乐也，直好世俗之乐耳。"曰："王之好乐甚，则齐其庶几乎！今之乐犹古之乐也。"曰："可得闻与？"曰："独乐乐，与人乐乐，孰乐？"曰："不若与人。"曰："与少乐乐，与众乐乐，孰乐？"曰："不若与众。"……"今王与百姓同乐，则王矣。"（《孟子·梁惠王下》）

王曰："寡人有疾，寡人好货。"对曰："……王如好货，与百姓同之，于王何有？"王曰："寡人有疾，寡人好色。"对曰："昔者大王好色，爱厥妃。……当是时也，内无怨女，外无旷夫。王如好色，与百姓同之，于王何有？"（《孟子·梁惠王下》）

老而无妻曰鳏。老而无夫曰寡。老而无子曰独。幼而无父曰孤。此四者，天下之穷民而无告者。文王发政施仁，必先斯四者。（《孟子·梁惠王下》）

仔细领悟，孟子提出了如下原则。

其一，应以"推己及人"的原则与方法确定社会主体的责任。大家熟知孔子提出的道德金律"仁"，也即"忠恕"。"恕"者，"己所不欲，勿施于人"（《论语·卫灵公》）；"忠"者，"己欲立而立人，已欲达而达人。能近取譬，可谓仁之方也已"（《论语·雍也》）。孟子继承了孔子的思想，但他用新的语言加以解释。孟子提出的是"推"与"及"，概括起来就是"推己及人"。孟子以推己及人的方法，来确定道德主体间的权利与义务，实际也是确定了责任的最高原则。

其二，孟子以"好乐""好货""好色"等精彩的案例，来诠释道德责任，特别是统治者对于人民的道德责任。孟子的此类论述给我们的启示是：

第一，人类对于"乐""货""色"等的需要都是正当的、合理的、应予满足的。儒家的道义主张容易给人造成忽视人的物质需求、物质利益、不食人间烟火的印象，其实不然。孟子也从人性的高度说：

口之于味也，目之于色也，耳之于声也，鼻之于臭也，四肢之于安佚也，性也，有命焉，君子不谓性也。(《孟子·尽心下》)

孟子的论断过于玄奥，对此，朱熹引程子语注曰："五者之欲，性也。然有分，不能皆如其愿，则是命也。不可谓之性之所有，而求必得之也。"

第二，孟子论断的更强烈的道德意义在于，每个人的"乐""货""色"的需求都是合理的，都应当予以满足。套用后世西方哲学家康德的话来说，每个人"都是目的"，都应予尊重。

第三，对于社会中的弱势群体，应予以特别的关注与帮助。在正常情况下，普通人通过自己的劳动与努力，都可以自己满足自己的正当需求，都可以正常地生存与发展。但由于先天或后天的原因，个人的或社会的原因，总有一些弱者，无法通过正常的劳动手段实现自己及其近亲属的生存与发展，对此社会与政府应予以特别的关照。用习近平总书记的话来说，"总有一部分群众由于劳动技能不适应、就业不充分、收入水平低等原因而面临……困难，政府必须'补好位'"[1]。孟子认为对弱势群体的救助是王道之始，说明这一政策的重要性。

2. 五伦学说：责任的基本类型

社会关系中有哪些类型，不同类型社会关系中的主体有哪些对应的责任，值得认真研究。如果笼统地不加区别，只是泛泛地说人人皆有责任，只能说明认识的肤浅与模糊。反过来，如果把社会关系与对应的责任区分为成千上万种，一则这样的区分只是停留在感性与经验的层次，说不上是科学认识；二则也不便于学习与传承。因此，把社会关系区分为几种基本的类型，而且这种区分对于社会关系具有强大的解释力，常常是某一道德学说成熟的标志。孟子的"五伦学说"应该说是这方面的杰出范例。

---

[1] 习近平. 习近平谈治国理政 [M]. 北京：外文出版社，2014：193.

圣人有忧之，使契为司徒，教以人伦：父子有亲，君臣有义，夫妇有别，长幼有序，朋友有信。(《孟子·滕文公上》)

后世把孟子的"五伦学说"通俗化为"五伦十教"：君惠臣忠、父慈子孝、兄友弟恭、夫义妇顺、朋友有信。"君、臣、父、子、兄、弟、夫、妇、朋友"是不同主体，"惠、忠、慈、孝、友、恭、义、顺、信"是不同主体对应的道德责任。这样理解起来更为容易，但孟子的原有论述是其根据。

"五伦学说"既是孟子的重大发现，近代以来又受到诸多批评，因此必须加以认真分析。

第一，对社会关系加以适度的区分，便于责任的划分，便于社会关系的调整与社会治理。这是中国传统文化中，儒家思想相较于道家、佛家及先秦墨家思想的突出优点。道家与佛家思想之所以始终不能被历代统治者作为治世的主流学说，一是消极避世。少数人出家避世是可能的，社会大众都为僧为道是不现实的。二是道家讲"万物一体"，佛家讲"众生平等"，以及先秦墨家讲"兼爱"一切人。这些思想具有一定的合理性，问题是现实的不同类型的社会关系如何调整，不同社会主体的具体责任如何划分，道家、佛家与墨家提供不了答案。实际上道家与佛家在其内部关系的调整上，还是自觉或不自觉地运用了儒家的办法。如僧徒道徒之间的称谓，不同代之间称"师父""师叔"等，同代之间称"师兄""师弟"等，以及其相互间的权利与义务的确定，责任的划分，还是对家庭中的父子兄弟关系的借用。

第二，关于"五伦学说"对家庭关系的过度强调问题。五伦中有三伦讲的是家庭关系，即父子关系、夫妻关系、兄弟关系。其对应的责任是慈、孝、义、顺、友、悌等。一是批评"五伦学说"对于现代社会的不适应，因为在现代社会，家庭关系只是社会关系中的一小部分；二是批评中国人过分讲宗法血缘，是部分政治腐败现象的根源，以及对于市场经济的侵蚀，产生了所谓"亲戚朋友资本主义"的现象。但是历史地看，家庭在古代社会的地位非今日可比。对此许多学者都看得很清楚。徐惟诚写道："中国的传统社会，不是没有市场，也有一点儿市场。但是，它是立足在自然经济基础上的，一家一户是一个生产单位。每个家庭就是中国的一个细胞。……孝是很重要的一个道德观念，它可以维持家长对于这一生产单位生产经营的全部指挥权，才使得每一个家庭的生产最有效地进行。"[1] 就是在当代中国，家庭的地位下降

---

[1] 徐惟诚. 传统道德的现代价值 [M]. 郑州：河南人民出版社，2003：6.

了，但家庭仍然是社会的细胞，起码在生活领域发挥着巨大的作用。况且当今各国的农业主要还是采取家庭经营模式，现代的工商类私营企业许多还是家庭或家族式的。就此说，"五伦学说"在古代与现代的积极意义都是不能完全否认的。

  第三，"五伦学说"中关于非家庭关系的调整。五伦中谈到"君臣有义"与"朋友有信"，这即使在现代社会仍然具有巨大的价值。现代社会是市场经济社会，大多数经济活动都是平等主体间的交易行业，诚信显得相当重要。市场经济中的生产者与消费者通常是分离的，生产出来的产品是供别人使用的。在利己心的驱使下，生产者容易制造出质量低劣的产品，或"金玉其外、败絮其中"的有毒有害的商品，现实生活中出现的"毒奶粉""毒大米""毒豆芽""毒火锅"等就说明了这一点。市场经济中的生产者与消费者一般没有亲缘关系，甚至完全是陌生人，在空间与时间上可能远隔千山万水，容易出现"打一枪换一个地方""先把对方的钱骗到手再说"等罪恶。市场经济诱发的道德风险，使诚信岌岌可危。徐惟诚说，古代"中国的全部道德中，最重要的、最核心的、最关键的是孝，是修身齐家。……我们现在搞市场经济……市场经济要进一步稳定地发展，就要求讲信用，这是它的道德前提"❶。所以说诚信是现代社会道德的基石。现代法学家认为，诚信原则应当是民商事活动的"帝王原则"。就此来说，孟子所言之"朋友有信"是非常正确的。

  任何社会中都有非家庭组织，都存在上、下级的领导与被领导关系，上、下级之间如何相处存在一个合宜性的问题，说上、下级之间以及成员与组织（组织是最高的上级，如我们常说的"个人从属于集体"）之间存在"忠"与"惠"不能说没有合理性，就此来说"君臣有义"还有其借鉴意义的。"忠"与"惠"都要受到"中庸"的制约，愚忠与滥赏，古人也一再予以反对。非家庭社会关系中，要么是平等的，要么是隶属（上、下级）的，就此来说，"朋友有信"与"君臣有义"的两伦关系，还是有高度概括性的。

  第四，"五伦学说"中的平等问题。许多人指责五伦中的双方的权利、义务与责任都是不平等的，特别是举明清戏曲小说的俗语"君叫臣死，臣不得不死；父叫子亡，子不得不亡"来证明这一点。当然，古代社会是专制社会，如马克思所说，小农"他们不能代表自己，一定要别人来代表他们。他们的代表一定要同时是他们的主宰，是高高站在他们上面的权威，是不受限制的

---

❶ 徐惟诚. 传统道德的现代价值［M］. 郑州：河南人民出版社，2003：6－7.

政府权力……所以,归根结底,小农的政治影响表现为行政权支配社会"❶。说古代中国的"五伦关系"是高度平等的,肯定是说瞎话,因为历史条件不允许。但是平等更符合人类的理想,所以孟子对于五伦关系的平等因素,还是给予了相当的强调的。特别是在最容易不平等的君臣关系中,孟子说:君之视臣如手足,则臣视君如腹心;君之视臣如犬马,则臣视君如国人;君之视臣如土芥,则臣视君如寇雠。(《孟子·离娄下》)

就是家庭关系中的父子关系,孟子也不主张子女绝对顺从父母,"为人子者怀仁义以事其父"。(《孟子·告子下》)

舜娶妻不经过父母的同意,"不告而娶",因为:告则不得娶。男女居室,人之大伦也。如告,则废人之大伦,以怼父母,是以不告也(《孟子·万章上》)。明清之人所说的"君叫臣死,臣不得不死;父叫子亡,子不得不亡"的账不能算到孟子的头上,这要实事求是。

3. 井田与贵民:责任的制度规定

规定责任的理念、原则、基本类型当然是重要的,但责任的真正实现还须落实到制度层面。中国古人说:"礼,经国家,定社稷,序民人,利后嗣者也。"(《左传·隐公十一年》)中国古人说的礼,也就是现在所说的制度(当然古代的礼也包含宗教、道德等因素,有一定的混合性)。美国人罗尔斯则说得更明确:"社会主要制度分配基本权利和义务,决定由社会合作产生的利益之划分的方式。……主要制度确定着人们的权利和义务,影响着他们的生活前景即他们可能希望达到的状态和成就。"❷ 孟子作为一位卓越的思想家,他的责任思想还是有重要的制度设计作为支撑的。下面主要从经济与政治制度方面加以简析。

(1)井田制:经济制度的伟大设计。

若民,则无恒产,因无恒心。苟无恒心,放辟,邪侈,无不为已。及陷于罪,然后从而刑之,是罔民也。(《孟子·梁惠王上》)

是故明君制民之产……五亩之宅,树之以桑,五十者可以衣帛矣;鸡豚狗彘之畜,无失其时,七十者可以食肉矣;百亩之田,勿夺其时,八口之家可以无饥矣;谨庠序之教,申之以孝悌之义,颁白者不负戴于道路矣。老者

---

❶ 中共中央马克思恩格斯列宁斯大林著作编译局,编译. 马克思恩格斯选集(第一卷)[M]. 北京:人民出版社,2012:763.
❷ [美]罗尔斯. 正义论[M]. 何怀宏,等译. 北京:中国社会科学出版社,1988:5.

衣帛食肉，黎民不饥不寒，然而不王者，未之有也。(《孟子·梁惠王上》)

死徙无出乡，乡田同井。出入相友，守望相助，疾病相扶持，则百姓亲睦。方里而井，井九百亩，其中为公田。八家皆私百亩，同养公田。公事毕，然后敢治私事，所以别野人也。(《孟子·滕文公上》)

天子适诸侯曰巡狩，巡狩者巡所守也；诸侯朝于天子曰述职，述职者述所职也。无非事者。春省耕而补不足，秋省敛而助不给。夏谚曰："吾王不游，吾何以休？吾王不豫，吾何以助？一游一豫，为诸侯度。"(《孟子·梁惠王下》)

孟子关于实现责任的经济制度设计可概括为以下三点。

第一，任何一个社会（政府是其主要的管理主体），要实现对其成员的责任，以及要求社会成员尽各种各样的社会责任，经济上的保证是其最重要的物质保证。这一经济保证要落实到每一个社会成员身上，应尽量让每一个人都有劳动的权利与条件，能据此获取报酬以保证劳动者及其家庭成员的生存与发展。孟子对此有清醒的认识，所以才说"无恒产，因无恒心""明君制民之产"。

第二，井田制是农业文明社会精美的制度设计。农业文明条件下，土地是最重要的生产资料。要想让广大民众安居乐业，最好是让每一个家庭都拥有一块土地，男耕女织，得以自给自足。对于井田制，孟子有时说得比较简略，就是每家有"五亩之宅、百亩之田"；有时说得比较具体形象，带有浓厚的艺术色彩，说是"方里而井，井九百亩，其中为公田。八家皆私百亩，同养公田"，井田布局呈"井"字形。但这一形象的说法并不是机械的规定，孟子明确说明"此其大略也。若夫润泽之，则在君与子矣"(《孟子·滕文公上》)，就是说真正实施井田制的时候，应根据情况具体分析，灵活掌握。

井田制因为具有对于小农经济的巨大适应性，所以成为古代中国政治家、思想家永远的理想。先秦之后，历代政治家在经济上的努力，重点都在于落实孟子的井田制。如曹魏的屯田制、晋代的占田制、唐代的租庸调制、太平天国革命中的天朝田亩制度等，是其著例。其中最成功的制度设计当属唐代的租庸调制，政府的责任是授予每个成年国民固定数额的永业田与口分田，人民则以"租庸调"的形式承担对政府的赋税与徭役责任。租庸调制所取得的成就即是唐王朝兴盛的重要原因。钱穆说："这一个有名的租庸调制，所以为后世称道而勿衰者，厥有数端。第一在其轻徭薄赋的精神。……更重要的一点，租庸调制的后面，连带是一个'为民制产'的精神。及丁则授田，年老则还官,'为民制产'与'为官收租'两事并举,此层更为汉制所不及。汉租虽轻,然有田无田者,亦须出口赋,应更役,不得已则出卖为奴,亡命为盗。唐无无田之丁户,则无不能应庸、调之人民矣。……盛唐时代之富足太平,自贞观到开元一番蓬勃光昌的运气,决非偶然。"❶ 先秦之后历代封建王朝的兴衰,从经济上可以概括为:井田制落实得好,王朝就兴盛;井田制遭到破坏,王朝就趋于衰败以致覆灭。

第三,孟子在井田制之外,也设计了救助制度作为政府责任的补充。任何时代都有天灾人祸,任何社会都有弱势群体。解决困难人群的生活,除了井田制,还须有救助制度的补充。对此孟子一是如上文所说,提出的政治宗旨是:"老而无妻曰鳏。老而无夫曰寡。老而无子曰独。幼而无父曰孤。……文王发政施仁,必先斯四者"(《孟子·梁惠王下》)。二是在具体制度上提出统治者的巡视制度。通过上级的巡视与下级的述职,发现困难人群,上级政府加以救助。

(2) 社稷为民:责任的政治制度规定。

离娄之明,公输子之巧,不以规矩,不能成方员;师旷之聪,不以六律,不能正五音;尧舜之道,不以仁政,不能平治天下。今有仁心仁闻而民不被其泽,不可法于后世者,不行先王之道也。故曰,徒善不足以为政,徒法不能以自行。诗云:"不愆不忘,率由旧章。"遵先王之法而过者,未之有也。(《孟子·离娄上》)

上无道揆也,下无法守也,朝不信道,工不信度,君子犯义,小人犯刑,国之所存者幸也。故曰:城郭不完,兵甲不多,非国之灾也;田野不辟,货财不聚,非国之害也。上无礼,下无学,贼民兴,丧无日矣。(《孟子·离娄上》)

桀纣之失天下也,失其民也;失其民者,失其心也。得天下有道:得其民,斯得天下矣;得其民有道:得其心,斯得民矣;得心有道:所欲与之聚之,所恶勿施尔也。(《孟子·离娄上》)

民为贵,社稷次之,君为轻。是故得乎丘民而为天子,得乎天子为诸侯,得乎诸侯为大夫。诸侯危社稷,则变置。牺牲既成,粢盛既洁,祭祀以时,然而旱干水溢,则变置社稷。(《孟子·尽心下》)

齐宣王问卿。孟子曰:"王何卿之问也?"王曰:"卿不同乎?"曰:"不

---

❶ 钱穆.国史大纲[M].北京:商务印书馆,2009:407-410.

同。有贵戚之卿,有异姓之卿。"王曰:"请问贵戚之卿。"曰:"君有大过则谏,反覆之而不听,则易位。"王勃然变乎色。曰:"王勿异也。王问臣,臣不敢不以正对。"王色定,然后请问异姓之卿。曰:"君有过则谏,反覆之而不听,则去。"(《孟子·万章下》)

曰:"臣弑其君,可乎?"曰:"贼仁者谓之贼,贼义者谓之残,残贼之人谓之一夫。闻诛一夫纣矣,未闻弑君也。"(《孟子·梁惠王下》)

孟子关于责任落实的政治上的设计,概括有如下内容。

第一,责任落实须靠法制。孟子崇德治,但说孟子因此不重视法制是不对的。孟子以"规矩"与"音律"作喻,强调"徒善不足以为政……上无道揆也,下无法守也……国之所存者幸也"。孟子要求遵守"先王之法"。先王之法也是法,起码说明孟子强调法制。当然有人批评孟子等儒家保守,推崇先王之法,不如法家提倡"法后王"能够与时俱进,具有革新精神。这种看法不能说没有道理,也可以据此解释儒家与法家在春秋战国时期的不同命运。但是如果考虑到所有的文明成果,包括法制文明,都是累积与继承的产物,也不能说孟子的"法先王"全无合理因素。"法先王"与"法后王"都要具体分析,"法后王"未必一定是好事。一味强调革新,盲目蛮干,藐视客观规律,会受到规律与历史的惩罚。秦始皇把法制推向极端,结果弄了个"二世而亡",是其例证。中华人民共和国成立后,一度搞"不怕做不到,就怕想不到"的"大跃进",以及"文革"中的"造反有理、革命无罪""砸烂公检法"等,都留下了惨痛的历史教训。

第二,孟子强调了政权的为民属性,也可以说是政府责任的最高原则。孟子指出政权存在的为民性,强调"诸侯危社稷,则变置",统治者危害政权则应更换;更进一步,政权危害百姓,政权也得更换,即所谓"变置社稷"。人民的利益反映到精神上来,就是所谓"民意""民心"。孟子因此提出"得民心,得天下;失民心,失天下"的著名原则。习近平总书记说,"'知政失者在草野'。任何政党的前途和命运最终都取决于人心向背。……我们党的执政水平和执政成就都不是由自己说了算,必须而且只能由人民来评判。人民是我们党的工作的最高裁决者和最终评判者。如果自诩高明、脱离了人民,或者凌驾于人民之上,就必将被人民所抛弃。任何政党都是如此,这是历史发展的铁律,古今中外概莫能外。"❶

---

❶ 习近平. 习近平谈治国理政 [M]. 北京:外文出版社,2014:28.

如果政权或当政者失去了民心怎么办？孟子提出的解决方案是"易位"与"征诛"。"易位"是在保存现行政权的前提下，在既有制度的框架内，通过一定的程序，让不合格的执政者下台，由贤能者取而代之。如孟子多次提到的商代重臣伊尹对于天子太甲的处罚，"伊尹曰：'予不狎于不顺。'放太甲于桐，民大悦。太甲贤，又反之，民大悦"（《孟子·尽心上》）。如果遇到了不愿退出历史舞台的暴君与暴政怎么办？只能是诛暴君，中国古老的说法是"革命"，"汤武革命，顺乎天而应乎人"（《易经·革卦》）。"革命"与"征诛"已逸出了法制的轨道，严重冲击现行的社会秩序，甚至出现"血流漂杵"（《尚书·武成》）的可怕局面，负面作用比较大，但在缺乏以和平机制变更当政者的条件下，又是不得已的选择。有"近代民主之父"之称的洛克也写道："如果在法律没有规定或者有疑义而又关系重大的事情上，君主和一部分人民之间发生了纠纷，我以为在这种场合的适当仲裁者应该是人民的集体。……但是，如果君主或任何执政者拒绝这种解决争议的方法，那就只有诉诸上天。如果使用武力的双方在世间缺乏公认的尊长或情况不容许诉诸世间的裁判者，这种强力正是一种战争状态，在这种情况下，就只有诉诸上天。在这种情况下，受害的一方必须自行判断什么时候他认为宜于使用这样的申诉并向上天呼吁。"❶

关于民主政治，孟子基于古老的传统，有一些重要的思想火花：

万章曰："尧以天下与舜，有诸？"

孟子曰："否。天子不能以天下与人。"

"然则舜有天下也，孰与之？"

曰："天与之。"

"天与之者，谆谆然命之乎？"曰："否。天不言，以行与事示之而已矣。"

曰："以行与事示之者，如之何？"

曰："天子能荐人于天，不能使天与之天下；诸侯能荐人于天子，不能使天子与之诸侯；大夫能荐人于诸侯，不能使诸侯与之大夫。昔者，尧荐舜于天，而天受之；暴之于民，而民受之；故曰，天不言，以行与事示之而已矣。"

曰："敢问荐之于天，而天受之；暴之于民，而民受之，如何？"

---

❶ [英]洛克.政府论（下篇）[M].叶启芳，瞿菊农，译.北京：商务印书馆，1996：150.

曰："使之主祭，而百神享之，是天受之；使之主事，而事治，百姓安之，是民受之也。天与之，人与之，故曰，天子不能以天下与人。舜相尧二十有八载，非人之所能为也，天也。尧崩，三年之丧毕，舜避尧之子于南河之南，天下诸侯朝觐者，不之尧之子而之舜；讼狱者，不之尧之子而之舜；讴歌者，不讴歌尧之子而讴歌舜，故曰，天也。夫然后之中国，践天子位焉。而居尧之宫，逼尧之子，是篡也，非天与也。《泰誓》曰，'天视自我民视，天听自我民听'，此之谓也。"（《孟子·万章上》）

对此，牟宗三解读为："'天子能荐人于天，不能使天之与天下'，此是首先提出'推荐'一观念，即今之所谓竞选提名也。'天与之'是通过'人与之'而表示，'人与之'是通过其人之行与事之得民心而表示。故'人与之''天与之'无异于说经过一普选而得人民之热烈拥护，而热烈拥护是自然而然的，不是强为的、把持的、虚伪的。即由此'自然而然'，遂说'天与之'。'莫之为而为者，天也；莫之致而至者，命也。'此'天与之'一观念，即加重此'自然而然'之一义。这种经过'推荐'与'普选'而得天下，践天子位，完全是'公天下'的观念，是'德'的观念。这里并没有人权运动，也没有宪法，完全就这最具体、最实际的行事与民心之向背而表示天理合当如此。这不是凭空概念设计的不能落实的'应当'，而是直下实然肯定尧荐舜即是如此，其底子是最具体而实际的行事与民心，天理就在这里被认定。……这是政治世界实践上的最高'律则'。这里的'律则'，用现在的话说，当然是属于'政权'的理则，也含有国家的主权问题。"❶ 牟宗三对尧舜禅让的解读过于现代化与理想化。如马克思所说，"小农的政治影响表现为行政权支配社会"❷，小农社会不可能产生真正的民主。但牟宗三的解读启示我们，在孟子的思想中，终究存在一些民主性的思想资料，值得今人结合现代社会条件进行"创造性转化和创新性发展"❸。

（四）良知和践履：责任的实现

责任设计得再好，论证得再好，最终的归宿在于它能不能实现。对此，孟子从认识与实践两个方面给予了回答。

---

❶ 牟宗三. 政道与治道 [M]. 南宁：广西师范大学出版社，2006：97.
❷ 中共中央马克思恩格斯列宁斯大林著作编译局，编译. 马克思恩格斯选集（第一卷）[M]. 北京：人民出版社，2012：763.
❸ 习近平. 习近平谈治国理政 [M]. 北京：外文出版社，2014：164.

1. 良知良能：责任的认识能力保证

就认识能力而言，孟子回答了人类有无对责任的认识能力问题：

恻隐之心，仁之端也；羞恶之心，义之端也；辞让之心，礼之端也；是非之心，智之端也。人之有是四端也，犹其有四体也。有是四端而自谓不能者，自贼者也；谓其君不能者，贼其君者也。凡有四端于我者，知皆扩而充之矣，若火之始然，泉之始达。(《孟子·公孙丑上》)

君子所性，仁义礼智根于心。(《孟子·尽心上》)

心之官则思，思则得之，不思则不得也。此天之所与我者。(《孟子·告子上》)

仁，人心也；义，人路也。舍其路而弗由，放其心而不知求，哀哉！人有鸡犬放，则知求之；有放心，而不知求。学问之道无他，求其放心而已矣。(《孟子·告子上》)

夫道，若大路然，岂难知哉？人病不求耳。(《孟子·告子下》)

人之所不学而能者，其良能也；所不虑而知者，其良知也。孩提之童，无不知爱其亲者；及其长也，无不知敬其兄也。亲亲，仁也；敬长，义也。无他，达之天下也。(《孟子·尽心上》)

设为庠序学校以教之：庠者，养也；校者，教也；序者，射也。夏曰校，殷曰序，周曰庠，学则三代共之，皆所以明人伦也。人伦明于上，小民亲于下。(《孟子·滕文公上》)

天之生此民也，使先知觉后知，使先觉觉后觉也。(《孟子·万章上》)

孟子的论述主要包括以下三个方面的内容。

其一，人类对道德责任有认识的能力，对此人类首先应有自信。一方面，必须搞清楚人类有没有认识能力。如果说没有，那么人类就会永远处于蒙昧之中，与禽兽没有本质的区别；另一方面，更进一步，即使说人类有认识的能力，是一部分人有认识能力，还是所有人都有认识能力。如果只有社会中的精英才有认识能力，大众没有认识能力，实际上免除了大众的认识义务与认知责任。对于这两个方面，孟子都给予了肯定的回答：人类有认识能力，而且每个人都有认识的能力，"无恻隐之心，非人也；无羞恶之心，非人也；无辞让之心，非人也；无是非之心，非人也。……人之有是四端也，犹其有四体也"(《孟子·尽心上》)。在西方近代以来的启蒙运动中，讨论人类以及每个人是否都有理性的问题。对于此类问题，孟子实际上给予了肯定的回答。孟子的最终结论是，每个人都有认识能力，每个人都应有其责任，"求其放心""思则得之"。而且每个人都可以走向卓越,"人皆可以为尧舜"(《孟子·告子下》)。

其二,提高对责任的认识,需要教育。提高人的认识,不是一个纯粹自发的社会现象,而是需要人类的自觉努力,其中重要的途径就是教育。孟子结合古老的传统,认为中国自尧舜以来的文明时代自始即重视教育,"使契为司徒,教以人伦"(《孟子·滕文公上》),尧舜时代就有契这样的专司教育的领导者。夏、商、周则分别有校、序、庠等教育机构,负责教化大众,提高国民的认识水平。

其三,责任教育存在一个先知觉后知的特点。由于年龄的因素、经历的因素、智力的差异、个人努力的不同等原因,社会成员对客观事物的认识不可能整齐划一,有认识时间的早迟与认识程度深浅的差别,这就有个"先知觉后知、先觉觉后觉"的问题。当然,先知与后知的差异是相对的,先知普及后即不再是先知了。生活中不乏先知者不能与时俱进,最终沦为落伍者的情况。这些落伍者如有自觉性,应向后来的先知学习。总的来说,人类知识水平的提高,表现为先知觉后知的过程,这与人人皆有理性、人人皆有认知能力是不矛盾的。

2. 践履:责任的真正落实

认识与实践,人类主观能动性的理论形态与实践形态,常常是一个事物的两个方面。没有在认识对规律把握指导下的实践是盲目实践,很难达到预期的目的;同样,没有实践的推动,认识也不可能走得更远。但从局部来看,知行存在背离,知而不行在生活中并不鲜见。对此,孟子强调了实践的重要性。

曰:"不为者与不能者之形何以异?"曰:"挟太山以超北海,语人曰'我不能',是诚不能也。为长者折枝,语人曰'我不能',是不为也,非不能也。"(《孟子·梁惠王上》)

君不乡道,不志于仁,而求为之强战,是辅桀也。由今之道,无变今之俗,虽与之天下,不能一朝居也。(《孟子·告子下》)

尧舜,性之也;汤武,身之也;五霸,假之也。久假而不归,恶知其非有也。(《孟子·尽心上》)

今有人日攘其邻之鸡者,或告之曰:"是非君子之道。"曰:"请损之,月攘一鸡,以待来年,然后已。"如知其非义,斯速已矣,何待来年。(《孟子·滕文公上》)

有为者辟若掘井，掘井九轫而不及泉，犹为弃井也。(《孟子·尽心上》)

五谷者，种之美者也；苟为不熟，不如荑稗。夫仁亦在乎熟之而已矣。(《孟子·告子上》)

就责任来说，孟子的上述论述强调了如下三个方面。

其一，孟子区分了"不能"与"不为"。生活中许多事是做不到的，一则绝对违背规律的事做不到，比如制造永动机被现代科学证明是绝对不可能的事；二则有些事也许未来能做到，但目前做不到，或因现实具体条件不允许而做不到。比如有的病人做器官移植后，手术可以延续其生命，但无健康器官可供移植，只能徒叹奈何。对此孟子以"挟太山以超北海"的"不能"予以定性，对此人们没有道德责任可言。但生活中许多事并不是做不到，而是人们不愿做，孟子对此定性为"不为"，这就有道德责任了。

其二，孟子对于"能为"且应为的事，要求人们一定要做，立即去做。对此，人们有责任，也能够尽责任。"应为"有两个前提，一是科学前提，是能做得到的，也即孟子说的"能为"；二是价值前提，符合主体的生存与发展需要，是值得做的。以儒家的标准，就是仁与义所要求的。孟子认为仁与义的要求是绝对命令，顺之则生，逆之则死。实行与仁义相反的霸道政策，也许能得到一时的成功，但终究会失败。"三代之得天下也以仁，其失天下也以不仁。国之所以废兴存亡者亦然。天子不仁，不保四海；诸侯不仁，不保社稷；卿大夫不仁，不保宗庙；士庶人不仁，不保四体。恶死亡而乐不仁，是犹恶醉而强酒"(《孟子·离娄上》)，"不志于仁……虽与之天下，不能一朝居也"(《孟子·告子下》)。而只要按照仁义的要求去做，即使混杂有其他动机，也是善的，值得肯定的，"五霸"如能按仁义的要求去做，长期做下去就是仁义，"久假而不归，恶知其非有也"。如果口头上讲仁义，实际并不去做，那么实质上是虚伪的，对此孟子予以揭穿。如梁惠王口头上也讲讲仁义，也玩弄用羊替换待宰之牛的小把戏，却四处征伐，孟子问其："兴甲兵，危士臣，构怨于诸侯，然后快于心与？"梁惠王说，那倒不是，是因为"求吾所大欲"，孟子通过对其"大欲"的诘问，指出："然则王之所大欲可知已。欲辟土地，朝秦楚，莅中国而抚四夷也。以若所为求若所欲，犹缘木而求鱼也"(《孟子·梁惠王上》)。就是说，梁惠王之所以口头讲仁义，实际行动并不行仁义，本质上还是要称霸，因此他口头上的仁义是假的。对于明知仁义当行，却予以拖延，孟子指出这仍然是虚伪的，如同明知偷鸡是犯罪，却不愿悬崖勒马，玩"请损之，月攘一鸡，以待来年，然后已"的把戏。

其三，孟子认为施行仁义，尽责任，需要坚持下去才能见成效，否则会半途而废。王道与霸道，道义与功利，如果从局部范围看，或者在短时期内去判断，往往分不出孰优孰劣，甚至会得出相反的结论。正因为如此，孟子要求人们施行仁义，要持之以恒，坚持下去，不能期望立竿见影，"今之欲王者，犹七年之病求三年之艾也"（《孟子·离娄上》）。只有做得好，才能见成效，"仁亦在乎熟之而已"。

三、孟子责任思想评价

如何看待孟子的责任思想呢，对此应予以一分为二的剖析。

（一）孟子责任思想值得肯定的方面

1. 孟子为责任确立了重要的人性论基石

一般来说，人性论是道德思想体系的基石。无此基石，说明道德思想体系是不成熟的，或不系统的。基石不牢，则整个道德思想体系是脆弱的。在中国古代思想史上，思想家们先后提出了性善论、性恶论、性无善恶论、性善恶相混论、性三品论等。孔子曾提出"性相近也，习相远也"（《论语·阳货篇》），但并没有明确说明人性是善还是恶。孟子明确且系统地提出了性善论，"孟子道性善，言必称尧舜"（《孟子·滕文公上》）。孟子不但反复申明人性是善的，而且在与告子的论战中对性恶论、性无善恶论、性善恶相混论等都予以了批评。

孟子的性善论说明人是可以尽责任的。孟子提出著名的"孺子将入井"的情景预设：所以谓人皆有不忍人之心者，今人乍见孺子将入于井，皆有怵惕恻隐之心。非所以内交于孺子之父母也，非所以要誉于乡党朋友也，非恶其声而然也。由是观之，无恻隐之心，非人也。（《孟子·公孙丑上》）

孟子用这一例证说明人是善的，是不由自主地帮助他人的，这种帮助不以任何功利权衡作为前提。易言之，人之爱人、人之尽责任均根植于人的本性。孟子认为，任何否认性善的说法，都是对人性的否定，是对他人的诬蔑：有是四端而自谓不能者，自贼者也；谓其君不能者，贼其君者也。（《孟子·公孙丑上》）

孟子的性善论说明人是应当尽责任的。

其一，以恻隐之心、不忍之心为根据，以推己及人为方法，一旦发现他人处于（或可能处于）不利的境地，自己就应当帮助他人。这一点对于社会弱势群体尤为必需与紧迫：老而无妻曰鳏。老而无夫曰寡。老而无子曰独。幼而无父曰孤。此四者，天下之穷民而无告者。文王发政施仁，必先斯四者（《孟子·梁惠王下》）。

其二，复杂的分工是人类区别于其他物种的重要特点，而分工决定人类必然是相互依赖的，相互需要尽责任的。

百工之事，固不可耕且为也。

且一人之身，而百工之所为备。如必自为而后用之，是率天下而路也。（《孟子·滕文公上》）

2. 孟子的差爱秩序理论确立了责任的先后与限度

爱，一般来说就是对他人尽责任。要不要爱，多大范围的爱，是儒家与道家、墨家争辩的重要内容。墨家的爱最崇高，要求"兼爱"一切人，"视人之国，若视其国。视人之家，若视其家。视人之身，若视其身"（《墨子·兼爱中》）。道家不主张爱，要求人如同鱼一般地"相忘于江湖"（《庄子·大宗师》），崇尚"君子之交淡如水"。道家重要代表杨朱主张"取为我，拔一毛而利天下，不为也"（《孟子·尽心上》）。须注意的是，道家并不自私，因为他们虽然不拔一毛以利人，但也不拔别人的一根毫毛以利己，主张各人管好自己的事就足够了。

孟子激烈地批评了墨、道两家。孟子对墨家的崇高也很欣赏，"墨子兼爱，摩顶放踵利天下，为之"（《孟子·尽心上》），但孟子明确指出墨家所主张的兼爱不可行，"墨氏兼爱，是无父也"（《孟子·滕文公下》）。后世学者对孟子此论多有说明，其中梁启超说得最通俗，"假令爱利有实际不能兼施之时——例如凶岁，二老饥欲死，其一吾父，其一人之父也。墨子得饭一盂，不能'兼'救二老之死，以奉其父耶？以奉人之父耶？吾意'为亲度'之墨子，亦必先奉其父矣。信如是也，则墨子亦'别士'也。如其不然，而曰吾父与人父等爱耳，无所择则吾以为孟子'兼爱无父'之断案，不为虐矣"❶。孟子对道家的极端无爱观点也予以抨击，"杨氏为我，是无君也……无父无君，是禽兽也"（《孟子·滕文公下》）。因为一旦他人，特别是自己的亲人，处于危难境地，都不予援手，这与禽兽确实也没有太大的区别。

孟子提倡的爱是差爱。首先，孟子主张爱由近及远。"亲亲而仁民，仁民而爱物"（《孟子·尽心上》）。由自己的近亲属爱起，由亲及疏，至于物"爱

---

❶ 梁启超. 先秦政治思想史［M］. 北京：东方出版社，1996：148.

惜不浪费""不虐待动物"就可以了。其次,孟子的爱并不偏狭,也有其博爱的内容,"老吾老,以及人之老;幼吾幼,以及人之幼"(《孟子·梁惠王上》)。

3. 孟子为责任设计了与古代社会相契合的制度框架

冯友兰评论儒学在古代中国的历史作用时指出:"董仲舒所说的'三纲'对于当时中国社会的经济基础是合适的。中国历史发展的实践也证明这个上层建筑是合适的。也许太合适了,所以我们在反封建的时候,要批判它,就觉得要多费一点工夫。好比一座房子,如果盖得很坚固,拆的时候就觉得很费力。"❶ 董仲舒依赖的思想资源是"五经",但自宋以后很少有人去研读内容庞杂的"五经",而《孟子》则是"五经"的通俗易懂的浓缩本。说孟子思想很好地代表了儒家的思想是可以的。孟子在制度层面的贡献表现在以下四个方面。

第一,孟子的"五伦"说是古代社会责任原则的经典概括。古代中国的至上原则是"三纲五常"。要说尽责任,"三纲五常"是古代最基本、最重要的责任。"三纲五常"由董仲舒明确提出,后经白虎通会议由官方最终认可。但是,一方面,"三纲五常"可以说是脱胎于孟子学说。"三纲"由孟子的"五伦"中提出了三伦作为"纲"。"五常"不过是在孟子所言之"仁、义、礼、智"后加了一个"信"字而已;另一方面,"三纲"相对于"五伦"有倒退的地方。"三纲"提出了古代中国最重要的三组社会关系,并指出了三组社会关系中对应主体间的领导与被领导关系,有利于社会秩序的规范与稳定,这当然是董仲舒的贡献。但是,一则"兄弟"与"朋友"二伦地位下降了,甚至被忽视了,这对于平等社会主体间的关系的调节是不利的。这在古代社会是如此,在以市场经济为基石的现代社会,其弊端就更加暴露。二则孟子所鼓吹的"五伦"关系的平等意蕴被"三纲"严重削弱,乃至破坏。孟子所言之"君之视臣如土芥,则臣视君如寇雠"等平等内容不见了,"三纲"强调的是人与人之间的尊卑与服从。这对社会的危害是很大的,乃至后世出现"尊者以理责卑,长者以理责幼,贵者以理责贱,虽失,谓之顺;卑者、幼者、贱者以理争之,虽得谓之逆。……人死于法,犹有怜之者;死于理,其谁怜之"(戴震《孟子字义疏证·卷上》)的"以礼杀人"不合理现象。

再回到"五伦"与"三纲"的积极意义。它们在中国古代社会之所以发

---

❶ 冯友兰.中国哲学史新编(中)[M].北京:人民出版社,1998:101.

挥了难以估量的巨大作用,并非归因为孟子或董仲舒的天才创造,当然也非他们的主观恶意,而只是因为他们对古代社会关系本质要求的自觉洞察。古代社会是小农社会,家庭关系是最基本的、最重要的社会关系。中国古代社会又是专制社会,所以君臣关系也是非常重要的社会关系与政治关系。"五伦"调整了这些关系,在古代中国也就达到了"天网恢恢、疏而不漏"的治国理政的功效。

第二,孟子的"井田制"反映了古代社会责任的经济方面的根本要求。做到了"井田制",政府对人民尽到了最基本的责任,广大民众也有了向其他人尽责任的经济上的基础。古代中国长期处于农耕文明的历史阶段,用现代产业结构来衡量,工业类的第二产业与商业服务业类的第三产业在古代中国的经济结构中所占比例很小,农业产业几乎是唯一的生产活动。所以古代中国虽有"士农工商"四民,但绝大部分社会成员都是农民。在农业生产活动中,土地是最重要的生产资料。土地占有方式是经济基础中的最重要内容。古代社会的土地占有方式,要么是奴隶主占有土地或大地主占有土地的大土地占制,要么是小农土地占有制。奴隶主土地占有制,自古就不是中国土地占有的主要形式。梁启超说:"我国古代奴隶制度何故不发达耶?……我国文化发生于大平原,而生计托命于农业。无论在部落时代封建时代,各国皆以地广人稀为病。……民皆以农为业,受一廛为氓,自耕而食之。此种经济组织之下,自然不适于奴隶之发育。"❶ 大地主占有土地与小农占有土地相比较,前者因剥削的存在会严重损害农业劳动者的利益与劳动积极性,后者则较能保障与促进劳动者的利益。正因为如此,孟子提出"井田制",实际上就是理想化的小农土地占有制。从广大社会主体的利益来衡量,"井田制"更好地体现了古代中国的经济要求。"井田制"的实现程度是古代中国社会秩序稳定与否的"晴雨表"。汉初等历史时期,因处于长期战乱之后,人口锐减,消极地体现了"井田制"的要求。唐代"租庸调制"为代表的经济制度,则积极地体现了"井田制"的要求。汉初与唐初国泰民安,甚至出现了所谓"盛世景观",从经济上说就是满足了"井田制"的要求。而"井田制"的要求一旦被严重破坏,一个王朝的动乱也就开始了。

第三,孟子的"民贵说"反映了政治责任的合理内容。孟子的政治学说还是相当全面的。一方面,孟子从社会分工的角度证明了政权存在的必要性,

---

❶ 梁启超. 先秦政治思想史 [M]. 北京:东方出版社,1996:53-54.

以及君臣主从关系的合理性。因为洪水等自然灾害等原因，需要部分社会成员脱离生产劳动，去领导组织社会公共事务，这就是政治责任。如此就说明了政权存在的原因，以及尧、舜、禹、汤等政治人物专司社会公共事务的原因所在。政治关系是领导与服从的关系，所谓"或劳心，或劳力；劳心者治人，劳力者治于人；治于人者食人，治人者食于人：天下之通义也"（《孟子·滕文公上》）。另一方面，孟子强调了政权的为民性，这也是政治责任的价值归宿。"民为贵，社稷次之，君为轻"，如果统治者乃至政权的存在违背了这一本质，则应"变置"（《孟子·尽心下》），也就是推倒重建。采取"禅让"等和平方式实现政权体系的更迭最好不过，这也就是儒家念念不忘尧、舜、禹的"禅让"历史的原因所在。在不得已的情况下，只能对暴君进行诛杀流放，因而人民有革命的权利，所谓"汤武革命，顺乎天而应乎人"（《易经·革卦》）。冯友兰说："孟子的这个思想，在中国的历史中，以至在晚近的辛亥革命和'中华民国'的创建中，曾经发生巨大的影响。西方民主思想在辛亥革命中也发挥了作用，这是事实，但是对于人民群众来说，本国的古老的有权革命的思想，它的影响毕竟大得多。"❶

第四，孟子的教化理论是落实社会责任的重要途径。

一方面，孟子认为人是可以教化的。因为人人皆有善性，有仁、义、礼、智的"四端"。"牛山之木"是孟子关于人性的著名比喻。

牛山之木尝美矣，以其郊于大国也，斧斤伐之，可以为美乎？是其日夜之所息，雨露之所润，非无萌蘖之生焉，牛羊又从而牧之，是以若彼濯濯也。人见其濯濯也，以为未尝有材焉，此岂山之性也哉？虽存乎人者，岂无仁义之心哉？其所以放其良心者，亦犹斧斤之于木也，旦旦而伐之，可以为美乎？（《孟子·告子上》）

另一方面，孟子认为人应当教化。如果人不予以教化，就与禽兽无别了。

人之所以异于禽于兽者几希，庶民去之，君子存之。（《孟子·离娄下》）

人有善端，但也只是善端而已：

若火之始然，泉之始达。（《孟子·公孙丑下》）

善端不加以发扬光大，人性不显，兽性就会占了上风。人不但要教化，而且要坚持不懈地努力教化与自我修养。

一日曝之，十日寒之，未有能生者也。（《孟子·告子上》）

---

❶ 冯友兰. 中国哲学简史［M］. 北京：北京大学出版社，1996：65.

孟子不但主张教化，而且主张教化机构及其领导者存在的必要性。孟子对舜臣契及"校""序""庠"等上古教育机构的推崇，就表明了这一点。

（二）孟子责任理论的局限性

第一，孟子责任理论的最大缺陷是受到小农经济与宗法制的影响。任何人，即使是再伟大的人，都是时代的产物，都避免不了所处时代的局限。古代中国长期处于农耕文明、小农经济的历史发展阶段，这是一个巨大的社会现实。在小农经济形态下，家庭显得特别重要，扩大了家庭就是家族。小农经济在社会关系调整上的突出表现就是宗法制，就是对家庭与家族的规制。小农经济与宗法制，决定了孟子责任思想有三个突出特点，也是其缺点：一是在人伦关系上，家庭关系是主要的、基本的。"五伦"中家庭关系就占了三伦。非家庭关系或血缘关系不被重视，并常常被血缘关系所侵蚀。二是在经济制度上，孟子的理想就是小农式的"井田制"，未曾设想过工业文明与商业文明。❶三是在政治制度上，儒家摆脱不了"家国同构"与君主专制。孟子的最大理想也不过是圣贤专制，不曾设想人民当家做主，不曾设想以代议民主等方式来解决政治问题。

问题在于，当代中国已完全超越了小农经济与宗法制，已走上了市场经济与民主政治的不归之途。当代中国在弘扬与复兴以孟子为重要代表的儒家文化时，如果死死抓住"家国同构"、血缘伦理，不敢越雷池一步，就会造成儒学在现代社会的失语。如果以孟子为重要代表的儒家话语体系，回应不了现代社会的关切，就会与现代社会渐行渐远，甚至完全沦为"博物馆文化"。实际上儒家也绝不是只能讲"家国同构"、血缘伦理。这种教条式的理解是当代某些"国学家"们的理解，是"国学家"们的画地为牢，并不符合孔孟的真精神，因为孔孟在他们所处的时代是能够做到与时俱进的。孔孟的

---

❶ "井田制"问题很复杂，有许多问题需要反思。一是它有难以解决的矛盾，"即使如租庸调制这样较为成功的制度，也存在难以避免的缺陷：一则抑制不了土地兼并，则政府就会无田授予农民，二则沉重的赋税徭役会迫使农民逃避政府的授田。所以租庸调制实行一段时间后即渐渐废弛，至杨炎为救时弊而推出'两税法'，租庸调制类的井田制即正式退出历史舞台。"（张传文．党领导的革命对中国传统革命的继承与超越 [A]．全国党史界纪念中国共产党成立90周年学术研讨会议论文集（上）[C]．北京：中共党史出版社，2011：275-283．）。二是"井田制"理想实现得最好的时候，它的经济成就也不能估计太高。"农业文明时代是进步缓慢的时代，生产力始终没有大的飞跃，总体上财富产出是有限的。中国历史上所谓的盛世，如汉代的文景之治、唐代的贞观之治、清代的康乾盛世等，人民充其量得以较为普遍的温饱而已。"（张传文．代际公平：任性时代的任性消费及其纠偏 [J]．河北学刊，2015（4）．）

主张对恢复春秋以来的"礼坏乐崩"是完全有针对性的,特别是被后世儒者指责为"不纯"的荀子,为救世弊大胆引进了法家等诸子的主张,所以荀子不仅是先秦儒学的集大成者,而且在某种意义上是先秦文化的集大成者。稷下学宫中"荀卿最为老师"(《史记孟子·荀卿列传》)就说明了这一点。荀子也天才地预见了后世秦汉的发展轨迹:"秦四世有胜,諰諰然常恐天下之一合而轧己也,此所谓末世之兵,未有本统也。……兼并易能也,唯坚凝之难焉。……故凝士以礼,凝民以政;礼修而士服,政平而民安;士服民安,夫是之谓大凝。以守则固,以征则强,令行禁止,王者之事毕矣"(《荀子·议兵》)。

思想流派间的相互借鉴、批判与融合,常常是思想发展的必要路径。荀子有杂家的嫌疑,但这也是他的成功之处。郭沫若说:"这种杂家的面貌也正是秦以后的儒家的面貌,汉武以后学术思想统于一尊,儒家成了百家的总汇,而荀子实开其先河。"❶ 其实不仅荀子借鉴了其他学派的思想,孔子、孟子也很难说不是。蔡元培说:"惟儒家之言,本周公遗意,而兼采唐虞夏商之古义而调燮之。理论实践,无在而不用折衷主义。"❷ 折中得好,就是综合,就是发展。孔、孟、荀等儒学的真义何在,值得三思。如何走出片面固守"家国同构"、血缘伦理的误区,是当代中国人"创造性转化和创新性发展"❸ 传统文化特别是儒家思想的关键所在。

第二,孟子的"性善论"也有一定的局限性。人性有善的一面,也有恶的一面,对此孟子也是清楚的,否则孟子就不会讲人只有善端,并且需要教化了。但孟子毕竟夸大了人性善的一面,有其偏颇之处。后来荀子为救其弊,而主张"人性恶",强调对人的恶性加以矫治,"古者圣王以人之性恶,以为偏险而不正,悖乱而不治,是以为之起礼义、制法度,以矫饰人之情性而正之,以扰化人之情性而导之也"(《荀子·性恶》)。荀子的弟子韩非在此基础上提出了系统的法制主张,崇尚法制的李斯则帮助秦始皇实现了大一统。此后,汉代的董仲舒提出"性三品说",扬雄提出"性善恶混说",董仲舒、扬雄都试图纠正孟子与荀子的单一性善论或性恶论的机械性。延至宋代,张载、二程提出"义理之性"与"气质之性"的二重人性论,较为圆满地回答了人性善恶问题。当然人性问题并非至此为终结,后

---

❶ 郭沫若. 十批判书 [M]. 北京:东方出版社,1996:258.
❷ 蔡元培. 中国伦理学史 [M]. 北京:商务印书馆,2004:30.
❸ 习近平. 习近平谈治国理政 [M]. 北京:外文出版社,2014:164.

世思想家对此反复加以研究。例如,马克思提出:"人的本质……在其现实性上,它是一切社会关系的总和。"❶ 恩格斯说:"善恶观念从一个民族到另一个民族、从一个时代到另一个时代变更得这样厉害,以致它们常常是互相直接矛盾的。"❷ 人性问题作为伦理学说的基石,是个永远需要深入思考的问题。

第三,孟子的差爱理论也有其不足之处。如上文所说,道家讲无爱,墨家讲兼爱,儒家讲差爱。当然后来佛家讲众生平等、普度众生,基督教讲博爱,都与墨家的兼爱有相通之处。无爱、差爱、兼爱各有其合理性,不能说哪一家绝对是正确的。道家讲的无爱,在许多情况下是合乎自然的,"鱼相忘于江湖"相比于"相呴以湿,相濡以沫"(《庄子·大宗师》),前者是太平社会,后者意味着战乱与饥荒。道家讲自爱,"拔一毛而利天下不为也",许多情况下也是正确的。正如西方人所说:"每个人首先和主要关心的是他自己。无论在哪一方面,每个人当然比他人更适宜和更能关心自己。每个人对自己快乐和痛苦的感受比对他人快乐和痛苦的感受更为灵敏。前者是原始的感觉;后者是对那些感觉的反射或同情的想象。前者可以说是实体;后者可以说是影子。"❸ 墨家的兼爱、基督教的博爱、佛教的爱众生,也有可取之处,孟子本人也未否定兼爱的崇高性,并且以"老吾老,以及人之老;幼吾幼,以及人之幼"(《孟子·梁惠王上》)曲折地维护这一价值。孟子等儒家所主张的差爱,与自爱与博爱两种极端的观点相比,看似不偏不倚,合乎中道,最为合理,其实也有弊端。林语堂说:"一个家族,加以朋友,构成铜墙铁壁的堡垒。在其内部为最高的结合体,且彼此互助,对于外界则取冷待的消极抵抗的态度,其结局,由于自然的发展,家族成为一座堡垒,在它的外面,一切的一切,都是合法的可掠夺物。"❹ 所以说,自爱、兼爱与差爱,都有其可取之处,也都有其偏颇之处,应相互补充。

总之,孟子作为中国传统文化的标志性人物,对于责任伦理有其丰富的论说。他的人性论、人伦说、制度构建等,在古代发挥了重要的作用,在现

---

❶ 中共中央马克思恩格斯列宁斯大林著作编译局,编译. 马克思恩格斯选集(第一卷)[M]. 北京:人民出版社,2012:135.
❷ 中共中央马克思恩格斯列宁斯大林著作编译局,编译. 马克思恩格斯选集(第三卷)[M]. 北京:人民出版社,2012:469-470.
❸ [英]亚当·斯密. 道德情操论[M]. 蒋自强,等译. 北京:商务印书馆,1997:282.
❹ 林语堂. 吾国与吾民[M]. 西安:陕西师范大学出版社,2002:166.

代仍然有其积极的意义。孟子思想也有其难以否认的历史局限性,对此一味指责或曲意维护,只能说明我们的浅薄与无能。对于当代的中国人来说,只有辩证地扬弃、超越孟子,我们才能更好地前行。

第三章 墨子责任思想

一、墨子生活之时代背景与人物生平

(一) 墨子生活之时代背景

墨子原名墨翟，生于春秋末期，卒于战国时期。墨子生活的时代恰逢中国古代社会的转型期。当时周王朝的分封制度已经走到尽头，政治形势风云变幻。周天子逐渐失去了对于诸侯国的控制权，天下四分五裂，诸侯雄起，战争不断。为了更好地理解墨子的责任思想及其肩负的历史重任，我们有必要先了解一下墨子生活的时代背景。

1. 周朝的衰落与诸侯国的崛起

在王朝建立之初，西周采用了宗族分封制度作为治理国家的基本方式。当时的周天子将天下划分为几十个小的地域，并把这些地域分封给自己的宗亲或者开国功臣。由此这些宗亲和开国元勋可以在自己的地域内建立诸侯国。这些诸侯国在享受封地的同时也肩负着责任与义务：一方面他们要为天子镇守疆土；另一方面他们要听从天子的政令，定期朝觐，并向天子纳贡。《左传》记载下了分封制国家的基本形态：

天子经略，诸侯正封，古之制也。封略之内，何非君土；食土之毛，谁非君臣。故诗曰：普天之下，莫非王土；率土之滨，莫非王臣。天有十日，人有十等。下所以事上，上所以共神也。故王臣公，公臣大夫，大夫臣士，士臣皂，皂臣舆，舆臣隶，隶臣僚，僚臣仆，仆臣台。马有圉，牛有牧，以待百事。[1]

以上引文的意思是说：天子划分出诸侯国的疆界，再由诸侯国对其封地

---

[1] 杨伯峻. 春秋左传注 [M]. 北京：中华书局，1990：1284.

进行管理，这是自古以来的制度。凡在疆界之内的土地，都是诸侯国国君的土地，凡是食用这片土地上所生长的谷物之人，都是国君的臣民。这是可以从《诗经》中得到印证的。正如一天有十个时辰❶，人也有十个等级。下级侍奉上级，上级侍奉天神。这十个等级分别是：天子、诸侯、大夫、士、皂（无爵禄而有编制的卫士）、舆（无爵禄无编制的卫士）、奴隶、僚（劳役奴隶）、仆人（戴罪的奴隶）、台（戴罪并曾经试图逃跑的奴隶）。在这种社会形态之中，马匹可以得到圈养，耕牛可以得到饲牧。由此一来便可以构成一个疆界分明、等级有序的分封制国家。

然而，《左传》所记载的分封制国家多少带有理想化的成分。在分封制施行的初期，各个诸侯国还能恪守自己的疆界，维护社会的等级秩序。然而随着历史的演进和社会的发展，这种理想化的分封制度开始变得难以为继。

导致西周分封制逐渐走向衰亡的原因很多，其中主要原因有以下三点。第一，分封不均。西周的分封制度是按照亲缘关系与论功行赏这两个基本原则进行的。换言之，与天子血缘关系近、功劳大的王公大臣封地多、封地肥沃，反之则封地较少、较贫瘠。诸侯国原始封地的多寡、好坏为它们之间贫富差距的扩大埋下了祸根。第二，生产能力的持续发展。在春秋时期，铁器、耕牛已经较为普遍地运用于农田劳作。由于生产能力的提高，人们开始有更多的精力和时间去开垦私田。这一方面增加了诸侯国的财富积累，积蓄了诸侯国的实力；另一方面也进一步拉大了诸侯国之间的贫富差距。对此《汉书》有着明确记载："周室既衰，暴君污吏慢其经界。徭役横作，政令不信，上下相诈，公田不治。"❷ 大致意思是说，周天子的权势日渐衰微，诸侯国怠慢、轻视他们的封地疆界。他们甚至乱征徭役，不听从上级政令，上下欺瞒，不管理公田而热衷于开垦私田。第三，诸侯国国君与周天子的亲缘关系日渐疏远。通过前文介绍可知，在分封制社会之中，天子与诸侯国之间的关系在很大程度上是依靠血缘关系和君臣感情维系的。然而随着世代的推演，这种血缘关系和君臣感情势必日渐疏远，随之而来的便是周王朝与诸侯国关系的疏远。这也是导致诸侯国置天子之威于不顾的另一个重要原因。

通过以上的梳理我们不难发现，在分封制社会发展的过程中，一方面，随着亲缘关系的淡薄，周王朝与诸侯国之间的权属关系日渐疏远；另一方面，

---

❶ 古人将一天分为十个时辰，自南齐《天文志》才有十二时辰之说。详见：杨伯峻. 春秋左传注［M］. 北京：中华书局，1990：1264.

❷ 班固. 汉书·食货志［M］. 颜师古，注. 北京：中华书局，1999：948.

随着生产能力的不断发展,诸侯国的实力越来越强大,它们彼此之间的贫富差距也日益加剧。据《汉书》记载:"及秦孝公用商君,坏井田,开阡陌。急耕战之赏,虽非古道,犹以务本之故,倾邻国而雄诸侯。然王制渐灭,僭差亡度。庶人之富者累巨万,而贫者食糟糠。有国强者兼州域,而弱者丧社稷。"[1] 这段引文意思是说,到了秦孝公时期,他任用商鞅进行变法,原来分封时期的井田制被破坏,开始大量地开垦私田,并且奖励人民耕种良田、参与战争。这虽然违背古制,但巩固了国家的根本,因此秦国的实力压倒了邻国并在诸侯中称霸。但是周朝的制度被逐渐破坏了,等级差别也逐渐被忽视。一些出身低贱的人拥有万贯家财,而贫苦的人只能吃糠咽菜。一些强大的诸侯国地域日益广阔,而一些弱国则丧失了自己的领地。

从这段引文中可以看出,随着诸侯国实力的逐渐强大,他们凭借自己的武装力量开始在领土、财富、权力等多个方面提出新的要求。鲁宣公十五年(公元前594年)实行的初税亩也是在这一基本形势下施行的。各个诸侯国在谋求自身发展的过程中先后打破了西周时期的土地分封制度,他们开始承认新垦私田的合法性,并对其进行征税,进而推进了土地私有化的进程。

综上所述,在春秋时期,周王朝与诸侯国之间的亲缘关系逐渐淡漠;诸侯国经济、军事实力不断提升;各国之间贫富差距不断加剧。在这三个主要因素的影响之下,诸侯国逐渐置周王朝权威于不顾,开始陷入了连年不断的兼并战争。根据《史记》记载:"春秋之中,弑君三十六,亡国五十二,诸侯奔走不得保其社稷者不可胜数。"[2] 由此可见兼并战争之混乱与惨烈。然而,正是在这乱世之中,每一个有志之士都在寻求着治国安邦之道,试图肩负起富国强民的时代责任。而墨子正是其中之一。墨子通过自己的努力创建了墨家学说,宣扬并践行着自己的治国安邦之道,承担起自己的历史重任。

2. 官学失势与私学盛行

在春秋战国时期,教育制度的变革是导致儒、墨、道、法等诸家思想兴起的另一个关键因素。在西周时期,教育权利及教育机构被牢牢掌控在贵族手中,当时只有王公贵族才享有接受教育的权力。早在西周时期,古代中国已经形成了一套非常成熟、完善的贵族教育体制,此即官学体制。当时周天子开办的学校被称为"辟雍",诸侯国开办的学校叫作"泮宫"。教育对象即

---

[1] 班固.汉书·食货志[M].颜师古,注.北京:中华书局,1999:949.
[2] 司马迁.史记·太史公自序[M].北京:中华书局,1959:3303.

是周朝及诸侯国的贵族子弟。教学的内容以礼、乐、射、御、书、数六艺为主。此外，根据教学学科的不同，这些学校还划分出不同的学院，根据《孟子》的记载："庠者，养也……序者，射也。"❶ 意思是说，"庠"是教授养老之礼的地方；"序"是教授射箭的地方。再如，"瞽宗"是专门教授音乐的地方。由此可见，在西周时期中国的官学体制是非常系统、完善的。

然而在春秋时期，伴随着诸侯国实力的不断强盛，周王朝逐渐丧失了对诸侯国的控制权。诸侯国连年征战，挑战着天子的权威，周室王权在风雨飘摇中惶惶度日。而此时的周王朝已经无暇、无力维护传统贵族专享的教育权利，民间私学开始兴起。根据《左传》的记载，当时"天子失官，学在四夷"。❷ 也即是说，天子所创办的官学逐渐失去主导地位，教育与学术开始流落到民间。而"夷"字仍然体现了传统贵族对于民间私学的歧视和鄙夷。当时官方并不承认民间教育的合法性。

春秋晚期，孔子一句"有教无类"犹如雄鸡破晓、雷惊早春，自此，平民接受教育的权利开始在学术理论上得到了肯定。儒家学派自其创立之初便以仿古著称，但孔子在教育方面却推行着前所未有的革新。在学理上，他通过"有教无类"肯定平民阶层接受教育的权利；在实践中，他不分地位等级、财富多寡对平民阶层同等施教。在孔子众多的弟子中，既有家财万贯的子贡，又有家境贫寒的颜回，还有出身鄙人的子张。由此可见，孔子在理论和实践两个层面都肯定了普通百姓接受教育的权利。

自周室王权日渐衰落以后，贵族专享教育权利的时代结束了。教育权利逐渐从贵族阶层流向平民。孔子"有教无类"更进一步，从学理和实践两个层面都肯定了普通百姓接受教育的权利。自此民间私学日渐兴盛，越来越多的受教者开始根据自己所学知识去针砭时弊、济世救国，他们提出了自己的学术观点和治国主张。墨子也正是在这一时代背景下成了一代名师。他招徒揽众，力图匡扶正义、济世救国，自此形成了名噪一时的墨家学派。

3. 士族阶层的兴起

春秋晚期，随着私学的兴盛，普通百姓接受教育的机会越来越多。这直接导致了士族阶层的兴起。在春秋时期，士的社会地位并不算高，他们在大夫之下，处于社会的中下阶层。诚然，士也并非位于社会底层，在士、农、

---

❶ 孟子. 孟子·滕文公上 [M]. 北京：中华书局，2006：105.
❷ 杨伯峻. 春秋左传注 [M]. 北京：中华书局，1990：1388.

工、商的社会地位排序中，他们位居首位。春秋时期的大多数士族依靠自己的田产度日，他们并不需要亲自躬耕劳作，这使得他们迅速成为第一批接受教育的平民。

春秋时期的士族主要由两类人构成：一类是没落的传统贵族，如孔子便是宋国贵族的后裔。这类人往往对古史、古制、传统礼教有着深入的了解和崇敬，他们学识渊博，同时道统观念比较深。另一类是通过自身学习而跃居士族行列的庶人，墨子即是这类人的典型代表。墨子出身低微，曾经做过工匠，经常自称"贱人""鄙人"。而这类人往往具有创新精神，注重社会制度的革新。这从墨子的兼爱精神当中可见一斑。

春秋晚期，各个诸侯国为了增强自身实力，逐渐开始革新国内的土地制度与赋税制度。在这个社会制度变革的时代，士族阶层的新思想、新主张成了诸侯国或盛或衰的关键。对于贤士的任用往往可以导致一个国家的繁荣与兴盛。那么，贤士们的思想为什么有如此大的威力呢？对于这一点，我们也可以从两个方面来阐释：一方面，士族阶层对于社会发展状况有着深入的了解。这主要是由士族的社会地位决定的。前文已述，士处于当时社会的中下阶层，他们既了解普通民众的状况、欲求，又了解王公贵族的策略和想法。在春秋时期，社会等级仍然森严有序，而此时，士则成为沟通社会上下阶层的桥梁。另一方面，在学术下私人的历史背景之下，士族阶层通过自身学习掌握了更多的历史、政治、文化知识。相较于传统贵族，他们有着更深刻的社会体验；相较于普通民众，他们有着更高的知识素养。因此，士族阶层便被推到了社会变革的风口浪尖，同时他们也责无旁贷地承担起了富国强民的重任。

《史记》记载："天下一致而百虑，同归而殊途。夫阴阳、儒、墨、名、法、道德，此务为治者也，直所从言之异路，有省不省耳。"[1] 大致意思是说，在同一个社会环境中，大家都在考虑着不同的治国之策。比如阴阳家、儒家、墨家、名家、法家、道家。他们都以治理国家为己任，只是他们所用的方法并不一样，有的明显、有的不明显罢了。

由此可见，在春秋战国时期那个动荡不安的年代，新崛起的士族阶层运用自己习得的知识，率先提出了各式各样的政治主张，并由此成就了一个诸家思想百花齐放、百家争鸣的时代。当时的哲学、政治、文化、教育等理论

---

[1] 司马迁. 史记·太史公自序 [M]. 北京：中华书局，1959：3288.

都得到了空前发展。虽然诸家思想多有不同，甚至曾经互相非难，但他们的目的只有一个：济世救国、匡扶正道。墨子作为当时低层劳动者的代表，他提出了兼爱、非攻、节用、节葬等一系列富有强烈社会责任感的新思想，并用他的学说影响着那个时代。

（二）墨子生平

墨子，原名墨翟。其生卒年月、原属里籍目前学界尚无定论。根据《史记》的记载："盖墨翟，宋之大夫，善守御，为节用。或曰并孔子时，或曰在其后。"[1] 也就是说，墨子曾经在宋国出任大夫一职，他善于军事防守，提倡节省用度。一说他与孔子同时代，另一说他在孔子之后。从墨子非难儒家思想的学术立场来看，墨子应该在儒学比较成熟以后才提出了自己的学术观点。从孟子批判墨家学说这一角度来看，孟子应在墨子之后。因此，墨子在孔子之后、孟子之前，这是基本可以确定的。晚清学者孙诒让以《墨子》所载历史事件为参考，推论墨子大约生于公元前468年，卒于公元前387年。[2] 梁启超根据《墨子》所载历史人物推论其应该生活在公元前463—公元前385年。[3] 综合诸家之言，可以基本确定墨子生活在公元前五世纪后半叶至公元前四世纪前半叶。此外，墨子的里籍究竟在哪一国至今还是个悬而未决的问题。学者杨向奎、顾颉刚等人沿用了《元和姓纂》的说法，认为墨子是宋国人。[4] 而根据《墨子》的记载，墨子常居鲁国，并且他曾经研习儒学，因此孙诒让等人认为墨子应为鲁国人。另外还有墨子是鲁阳人之说，甚至有印度人之说。事实上，春秋战国之际诸侯国连年征战，人口流动是一种非常普遍的社会现象。当时的名士为了宣扬自己的治国思想，更是奔走游说于诸侯国之间。墨子究竟是哪国人，这对于理解墨子思想的旨意影响并不大。本书著者认为，墨子是鲁国人的可能性比较大，对于这一点，孙诒让的论析还是比较充分的。

墨子出身比较低微，这一点是可以确定的。在《墨子》一书中，墨子经常自称为"贱人""鄙人"。在等级制度非常严苛的春秋时代，这绝不是一种自谦。墨子出身于工匠之家，很有可能做过木匠。墨子之"墨"与绳墨之

---

[1] 司马迁. 史记·孟子荀卿列传 [M]. 北京：中华书局，1959：2350.
[2] 孙诒让. 墨子间诂 [M]. 北京：中华书局，1986：641.
[3] 梁启超. 墨子年代考 [M]. 上海：上海古籍出版社，1982：249.
[4] 顾颉刚. 古史辨·禅让传说起于墨家考 [M]. 上海：上海古籍出版社，1982：68.

"墨"似有相通之处。庄子称墨子"以绳墨自矫"❶亦似一语双关。根据《墨子·公输》的记载,墨子善于制作各种防守器械❷,这也可能与墨子的工匠身份有关。

墨子早年曾经学习过孔子的儒家学说。根据《淮南子》的记载:"墨子学儒者之业,受孔子之术,以为其礼烦扰而不说,厚葬靡财而贫民,(久)服伤生而害事,故背周道而用夏政。"❸意思是说,墨子曾经学习儒家思想、孔子学说,但因为儒家所倡导的周礼过于繁缛复杂而没有信服。墨子认为厚葬制度过于靡费钱财,会使百姓贫苦,同样久丧制度也不利于百姓生产劳作。因此他放弃了儒学,而开始效仿夏禹的治国方式。在中国古代先贤之中,大禹是为了民众福祉而鞠躬尽瘁的一位典型代表。大禹治水之时,他"凿江而通九路,辟五湖而定东海,当此之时,烧不暇撌,濡不给抎,死陵者葬陵,死泽者葬泽,故节财、薄葬、闲服生焉"。❹意指大禹凿通了九路河渠、开辟了五个湖泊,最终使洪水流入东海。在治水的过程中,他身上的灰烬都来不及擦拭,衣服湿了也来不及拧干,死在山陵上的人就直接葬在山上,死在水泽里的人就直接葬在水里,因此他们有着节俭、薄葬、简服的传统。

在抛弃了儒学以后,墨子将大禹治水的精神融入到了自家学理之中。他认为,在连年征战、社会动荡的时代背景之下,人们应当重新发扬大禹勤奋、节俭的精神,节用、节葬,让百姓专心劳作,进而创造更多的社会财富。与此同时,墨子也开始批判儒家重视礼乐、厚葬久丧等观点。他认为,这些制度过分地强调社会的等级秩序而丝毫没有顾及普通百姓的疾苦。

墨子倡导民众兼相爱、交相利,主张"非攻",反对诸侯国之间的征伐战争。他批判儒家的礼乐和丧葬制度,认为这些陈腐的旧制度耗费了人民的大量精力和财力,耽误了人们发展农耕生产,不利于国家走向富强。墨子在推广自己的政治主张之时,也极力践行着勤奋、节俭的精神。《庄子》尝云:"后世之墨者,多以裘褐为衣,以屐蹻为服,日夜不休,以自苦为极,曰:'不能如此,非禹之道也,不足谓墨。'"❺意思是说,墨子及其后学都穿着粗布衣服,脚穿木屐草鞋,从白天到夜里劳作不止,将自己的刻苦、辛劳作为

---

❶ 方勇,译注. 庄子·天下 [M]. 北京:中华书局,2010:571.
❷ 方勇,译注. 墨子 [M]. 北京:中华书局,2011:472.
❸ 何宁. 淮南子集解 [M]. 北京:中华书局,1998:1459.
❹ 同上.
❺ 方勇,译注. 庄子·天下 [M]. 北京:中华书局,2010:572.

毕生的最高追求。他们认为，只有这样才称得上是大禹之道，才配得上"墨者"之名。由此可见，墨子及其墨家学派有着极高的社会责任感，并竭尽所能地承担着自己的社会责任。

在墨子的勤奋努力之下，墨家思想在当时日益盛行，墨家学派也随之不断发展壮大。战国时期，墨学弟子非常多，并且他们有着极其严格的组织制度，其首领被称为"巨子"，而每一位墨者"皆愿为之（巨子）尸"❶。根据《墨子·公输》的记载，当时墨家有"禽滑釐等三百人"❷，墨学徒众之多可见一斑。根据《吕氏春秋》的记载，墨子之学"从属弥众，弟子弥丰，充满天下，王公大人从而显之"❸。意指墨子后学遍满天下，就连王公贵族也都认可，并且宣扬墨子的思想。在墨子之后相当长的一段时间内，墨家思想与儒家思想平分秋色，各占主流思潮的半壁江山，《韩非子》云："世之显学，儒、墨也。儒之所至，孔丘也；墨之所至，墨翟也。"❹

总之，作为下层百姓的代表，墨子勤勉地推广并践行着自己的政治理想，积极地承担着自己的时代责任。在这一过程中，墨子批判贵族阶层陈旧、腐朽的礼乐制度，主张兼爱平等、倡俭治奢，表达了底层劳动人民的心声。通过以上梳理我们可以看出，在墨子思想之中始终流露着一种浓厚的责任意识，墨子积极承担济世救国之重任的精神也一直感染着华夏子孙。那么，是什么力量推动着墨子毅然承担起济世救国之重任呢？墨子所承担责任之具体内容又是什么呢？对于这些问题，我们试图通过梳理墨子思想，在下文中予以解答。

二、墨子责任思想探析

春秋战国时期，周王朝日趋软弱，齐、晋、楚、秦、吴、越等国相继称霸，诸侯各国陷入了争夺领地的连年征战之中。正如前文所述，随着教育平民化、大众化的展开，士族阶层带着他们深厚的学识素养和丰富的社会经验迅速登上了历史舞台。在这一时期，对于贤士的任用往往是一个国家兴衰成败的关键因素。"入国不存其士，国亡矣……缓贤忘士而能存其国者，未曾有

---

❶ 方勇，译注．庄子·天下［M］．北京：中华书局，2010：572.
❷ 方勇，译注．墨子［M］．北京：中华书局，2011：472.
❸ 王利器．吕氏春秋注疏［M］．成都：巴蜀书社，2002：234.
❹ 王先慎．韩非子集解［M］．北京：中华书局，2003：456.

也。"❶ 这句话表明，当时如果一个国家怠慢、忽略贤士，那么这个国家必然走向衰亡。

在这一时期，有识之士纷纷承担起定国安邦的历史责任，儒、墨、道、法之说蜂起，诸家贤士试图运用自己的学识、主张拯救那个诸侯混战的时代，探寻着治国安邦之道。而在诸家思想之中，墨家无疑是责任意识最为强烈的一个学派。可以说当时的墨子及其弟子在用他们的生命承担着定国安邦的历史责任。时至今日，我们仍有"墨突不黔"的说法。"突"指烟囱，"黔"指黑色。意思是说，墨家子弟们在自家烟囱还没有烧黑的时候，就已经奔赴下一个地方济世救民了。《淮南子》曾经说道："墨子服役者百八十，皆可使赴火蹈刃，死不旋踵。"❷ 孟子尝曰："墨子兼爱，摩顶放踵利天下为之。"❸ 从这些评论中可以看出，当时的墨者具有极高的社会责任感。为了国家的太平和民众的福祉，他们可以赴汤蹈火、舍生忘死。那么，墨子所承担的责任到底包括哪些内容？是什么力量带给墨者如此坚定的社会责任感？这正是我们下文要说明的问题。

（一）墨子责任思想的主要内容

承前所述，墨家思想流露出极其浓厚的社会责任意识，这集中体现于墨子及其弟子为了治国安邦不辞辛劳、终日奔波，甚至不惜付出生命的代价。在春秋战国之际，墨家之所以有如此独树一帜的鲜明特点，首先在于他们对传统思想有一种反抗和革新的精神。墨子反对"命定说"，也反对盲目地迷信权威。他认为国家、社会和个人的命运都掌握在我们自己手里，我们应当积极地承担自己应有的责任。而墨子所论责任的核心和主旨即是治国安邦、强国富民。面对"治国安邦"这样一个巨大的历史使命，墨子进一步提出了一系列政治主张，如兼相爱、交相利、非攻、节用等。这些政治主张是墨子所论社会责任的具体内容。

1. 墨子责任思想的起点：反抗精神

在墨子生活的时代，孔子开创的儒家学派已经基本成型，并且有逐步发展扩大之势。孔子学说的特点是言必称古制，行必合周礼。儒学的这种仿古

---

❶ 方勇，译注. 墨子 [M]. 北京：中华书局，2011：1.
❷ 刘安. 淮南子 [M]. 陈广忠，译注. 北京：中华书局，2012：1204.
❸ 万丽华. 孟子 [M]. 蓝旭，译注. 北京：中华书局，2008：302.

精神实际上并不利于当时人们思想的进步和制度的革新。儒学过分地强调君臣父子的等级秩序，这在一定程度上扼杀了人们的主动性和创造性。此外，当时社会上还流行着一种命定说："执有命者以杂于民间者众。执有命者之言曰：命富则富，命贫则贫；命众则众，命寡则寡；命治则治，命乱则乱；命寿则寿，命夭则夭。"❶ 这些命定说者认为，个人的贫富、家族的兴衰、国家的治乱都是命中注定的，并非人力可控，只可听天由命。这些思想与儒家思想颇有相似之处，它们都不利于社会的发展和制度的革新。在这种情况之下，墨子提出了"非命"说予以还击。墨子对于"命定说"以及儒家所倡导的等级观念都给予了严厉的批判。这正是他积极、主动地承担社会责任的开端。

首先，墨子指出，命定说腐蚀人的思想，消磨人的斗志。墨子认为，如果命定说得不到遏止，那么无论是寻常百姓还是公侯帝王，他们会把自己的一切都当作命中注定，进而丧失了自己的斗志，变得消极怠惰。墨子说：

昔上世之穷民。贪于饮食，惰于从事，是以衣食之财不足，而饥寒冻馁之忧至；不知曰我罢不肖，从事不疾，必曰我命固且贫。昔上世暴王，不忍其耳目之淫，心涂之辟，不顺其亲戚，遂以亡失国家，倾覆社稷；不知曰我罢不肖，为政不善，必曰吾命固失之。❷

这段引文的意思是说：从前有一些穷人，他们非常贪吃却懒得耕作，所以他们的粮食不够吃、衣服不够穿。当他们由于自己的懒惰而不得不忍饥挨饿的时候，他们并不认为这是自己懒惰无能所致，而是认为自己命中注定要挨饿。古代的暴君也是一样，他们不能克制自己的声色之欲，不能更正自己的错误想法，不会顾及亲属的建议，因此丧失了自己的国家。但他们仍不承认这是自己的错误所致，而是认为他们的国家注定是要走向衰亡的。

如此一来，如果"命定说"流布于世，那么民众就会变得懒惰倦怠，君王也会变得鲁莽自私、不负责任；民众不再辛勤劳作，国君也不再勤于朝政，一切都听天由命、放任自流，那么整个国家都会变得消极沉郁、死气沉沉。这种国家必定会走向灭亡。墨子之所以能坚毅地承担起自己的社会责任，之所以有着赴火蹈刃、视死如归的履责精神，就是因为他不相信"命定说"，他坚信自己的命运、国家的命运都可以通过努力而得到改变。

其次，"命定说"破坏社会秩序，毁坏赏罚制度。墨子进一步指出，如果

---

❶ 方勇，译注. 墨子 [M]. 北京：中华书局，2011：285.
❷ 方勇，译注. 墨子 [M]. 北京：中华书局，2011：292.

人们都相信命运是上天注定的，那么国家的赏罚制度也会遭到破坏，进而整个国家会陷入混乱无序的状态。

墨子云："上之所赏，命固且赏，非贤故赏也；上之所罚，命固且罚，不暴故罚也。是故入则不慈孝于亲戚，出则不弟长于乡里，坐处不度，出入无节，男女无辨。是故治官府，则盗窃；守城，则崩叛；君有难则不死，出亡则不送。"❶

这段引文的意思是说，根据"命定说"的逻辑，如果上级对下级进行奖励、赏赐，那么人们不会认为那是因为下级做了贤良之事才得到赏赐，而是认为他命中注定要得到这份奖赏。同理，人们在遭受惩罚之时，也会认为这是命中注定，而不会认为这是因为他们做了错误、残暴的事情。这样一来，人们在家里就不会再孝顺自己的父母，在外面不会尊长爱幼，举止没有规矩，出入没有礼节，男女没有分别。假如让这些人做官就会盗贼横生；让他们守城则会城毁人亡。君主陷于危难之时，他们不会拼死相救；君主流亡之时，他们也不会护送。由此可见，如果"命定说"大行其道，整个国家都会陷入混乱无序的状态。

此外，墨子还引证了大量的历史事实来佐证自己的观点。他说："世未易，民未渝，在于桀、纣，则天下乱；在于汤、武，则天下治。岂可谓有命哉！"❷ 墨子指出，同样的社会、同样的民众，在夏桀王、商纣王的统治之下则天下大乱；在商汤王、周武王的统治之下则天下太平，难道我们还可以说人力不可以改变现实、一切都是命中注定吗？

最后，墨子批判迷信权威，反对盲目信奉父母、君王、学者之言。诚如前文所述，在墨子生活的时代，儒学日趋兴盛。而儒家学说有着极其浓厚的仿古色彩，儒者们力图恢复并维护周朝的等级秩序。在这种等级秩序中，君臣父子的等级观念非常严格，臣子对君主、儿子对父亲都要绝对地尊重与服从。墨子认为，让人们绝对地遵从君主、父母、学者之言，这无疑扼杀了人们的创造力和积极性，因此他对这种观点进行了如下的批判。

然则奚以为治法而可？当皆法其父母，奚若？天下之为父母者众，而仁者寡。若皆法其父母，此法不仁也。法不仁，不可以为法。当皆法其学，奚若？天下之为学者众，而仁者寡。若皆法其学，此法不仁也。法不仁，不可

---

❶ 方勇，译注. 墨子［M］. 北京：中华书局，2011：290.
❷ 方勇，译注. 墨子［M］. 北京：中华书局，2011：287.

以为法。当皆法其君,奚若?天下之为君者众,而仁者寡。若皆法其君,此法不仁也。法不仁,不可以为法。故父母、学、君三者,莫可以为治法。❶

这段引文的意思是说:什么才可以作为治理国家的准绳呢?以父母之言为准绳,可以吗?然而天下的父母太多了,可是能称得上"仁"的却很少。如果我们以父母为标准,那么就是以"不仁"为标准,这是不行的。以学者之言为准绳,可以吗?然而,天下的学者很多,称得上"仁"的也很少,因此这也是不行的。以君王之言为标准,可以吗?同样,天下的君王很多,而称得上"仁"的君王却很少,因此这也不行。所以,我们不应当以父母、学者、君王的话作为治理国家的准绳。

墨子的这段话暗含着对儒家思想的批判,同时也是对盲目迷信权威的批判。儒学的核心内容即是维护社会等级秩序,孔子力图通过"仁"将等级秩序内化为每一个人的道德追求,通过"礼"将等级秩序外化为社会交往的制度保障,并依此构建一个等级有序、内外和谐的国家。在儒学之中,臣子对君主、儿子对父亲都要无条件地尊重并服从。《论语》之中"子为父隐"的故事倡导人们,如果父亲偷了羊,儿子要为其隐瞒。可见,在等级秩序与伦理情感的双重作用下,儒学似乎已经失去了判别是非的标准。与孔子相比,出身社会底层的墨子对社会现实有着更冷静、更客观的认识。墨子直言,君王、父母、学者并非个个都是仁者、圣贤,因此对于他们的盲目信奉和崇拜,无异于以"不仁"为行事的准则。

综上所述,在墨子的思想当中充斥着一种不信宿命、不信权威的反抗精神,而这种反抗精神正是墨子积极承担社会责任的起点。墨子认为,如果我们每个人都相信宿命,那么民众必定消极懒惰,君王必定残暴自私。同时,国家的赏罚制度会遭到破坏,整个社会会陷入昏沉怠惰、放任自流的失序状态。墨子批判人们盲目地崇拜权威,直言君王、父母、学者之言都不足以成为治国修身的准则。墨子及其弟子之所以能够积极地承担社会责任,为国家、社会、民众的福祉四处奔波、不辞辛劳、视死如归,这与他们反抗宿命、反对权威的精神有着密不可分的联系。墨子自己也曾说:

今天下之士君子,忠实欲天下之富而恶其贫,欲天下之治而恶其乱,执有命者之言,不可不非。此天下之大害也。❷

---

❶ 方勇,译注. 墨子 [M]. 北京:中华书局,2011:21-22.
❷ 方勇,译注. 墨子 [M]. 北京:中华书局,2011:293.

墨子在此意指如果天下的仁人志士想要国家富足、天下太平，那么就必须否定"命定说"。墨子指出，相信宿命是天下的一大危害！在否定了宿命与权威之后，墨子认为国家、社会、人民的命运完全掌握在我们自己手中。因此墨子及其弟子才能如此积极地承担着济世救国、匡扶正道的历史责任。由此可见，墨子否定宿命、反对权威的反抗精神，正是墨子及其后学积极承担社会责任的开端。

2. 墨子责任思想的核心：治国安邦、强国富民

诚如前文所述，墨子思想之中充满了强烈的反抗意识。墨子反对人们相信宿命、反对人们迷信权威。他认为人民和国家的命运都掌握在我们自己手中，可以通过我们的勤奋努力而得到改变。因此我们必须积极主动地承担并履行自己肩负的责任，进而实现治国安邦、强国富民的社会理想。通过系统地梳理墨子有关责任的论述，我们将墨子的责任思想概括为三个方面进行介绍，并力图以此证明，墨子责任思想的核心和主旨即是治国安邦、强国富民。

首先，墨子认为，社会各个阶层都有属于自己的责任，各个阶层都要积极地承担、履行自己的责任。因为只有这样才能实现国家强盛、人民富裕的社会理想，才能真正地增进人民的福祉。

墨子云："王公大人蚤朝晏退，听狱治政，此其分事也；士君子竭股肱之力，亶其思虑之智，内治官府，外收敛关市、山林、泽梁之利，以实仓廪府库，此其分事也；农夫蚤出暮入，耕稼树艺，多聚叔粟，此其分事也；妇人夙兴夜寐，纺绩织纴，多治麻丝葛绪綑布縿，此其分事也。"❶

这段引文意指：国王大臣早晨上朝、晚上退朝，治理朝政是他们分内的责任；贤士君子竭尽自己全身的力量，穷尽自己毕生的智慧，对内治理官府，对外力图从贸易、山林、川泽之中谋得福利，进而使粮米丰足、府库殷实，这是他们分内的责任；农夫早出晚归，勤于耕耘劳作，进而多收一些豆米粮食，这是他们分内的责任；农妇起早贪黑地纺纱织布，进而多生产一些布帛，这是她们分内的责任。

在墨子看来，社会之中每个阶层、每个人都肩负着他们应有的社会责任。上至君王大臣、下至普通百姓，人人皆是如此。墨子反对"命定说"，他坚信国家和人民的命运都掌握在我们自己手中。墨子云："赖其力者生，不赖其力

---

❶ 方勇，译注. 墨子 [M]. 北京：中华书局，2011：279.

者不生。"[1] 意指我们只有通过自己的勤奋努力才能谋得生存、获取成功；否则就会走向失败甚至衰亡。因此，墨子鼓励人们主动地承担起自己的社会责任，用自己的双手改变家、国、天下的命运。

墨子曰："彼（君王）以为强必治，不强必乱；强必宁，不强必危。故不敢怠倦……彼（大臣）以为强必贵，不强必贱；强必荣，不强必辱。故不敢怠倦……彼（农夫）以为强必富，不强必贫；强必饱，不强必饥。故不敢怠倦……彼（农妇）以为强必富，不强必贫；强必暖，不强必寒。故不敢怠倦。"[2]

这段引文意思是说：只要君王勤奋努力，国家必定得到治理，反之则必定陷入混乱；努力则国家安宁，反之则陷入危机，因此英明的君主不会有丝毫懈怠。只要大臣们勤奋努力，他们的声誉和地位就会得到提升，反之则会名誉扫地；努力则会得到嘉奖，反之则会得到惩罚，因此贤良的大臣不会有丝毫懈怠。只要农夫勤奋努力，他们必定会得到温饱富足，反之则会忍饥挨饿，因此勤劳的农夫不会有丝毫懈怠。只要农妇勤奋努力，她们必定会衣食无忧，反之则必定会饥寒交迫，因此她们也不会有丝毫懈怠。由此可见，墨子极力倡导人们勤奋努力，用自己的双手去创造美好的未来。他鼓励社会各阶层的人们积极主动地承担自己的社会责任，因为只有这样才能实现家庭富足、国泰民安。

其次，墨子着重论述了君主与官员的责任，尤其提到君主与官员都要尚贤、尚同。墨子认为，在一个国家之中，只有君主和官员都尚贤、尚同，这个国家才能富强昌盛、太平安宁。

关于尚贤，墨子说道：

是故国有贤良之士众，则国家之治厚；贤良之士寡，则国家之治薄。故大人之务，将在于众贤而已。[3]

墨子指出，一个国家，只有当它拥有众多贤士的时候，它才有着稳固、坚实的治国基础；反之如果贤士非常少，那么它的治国根基就非常薄弱。因此君主和官员的一项重要责任就是要聚揽贤良之士。那么，如何才能聚揽贤士呢？对此，墨子也给出了答案：

此（贤士）固国家之珍而社稷之佐也，亦必且富之、贵之、敬之、誉之、

---

[1] 方勇，译注. 墨子 [M]. 北京：中华书局，2011：279.
[2] 方勇，译注. 墨子 [M]. 北京：中华书局，2011：308.
[3] 方勇，译注. 墨子 [M]. 北京：中华书局，2011：49.

然后国之良士，亦将可得而众也。❶

墨子说，贤士犹如国家的珍宝，他们起着辅佐国家社稷的重要作用。因此君王必须给予他们财富、地位，并且尊敬他们、赋予他们荣誉，这样一来，辅佐国家的贤士就会越来越多。

此外，墨子还指出：

官无常贵而民无终贱。有能则举之，无能则下之。❷

也就是说，君主和官员在任用贤士的时候不应该只看重他们的出身地位，而应当任人唯贤、任人唯能。没有永远高贵的官员，也没有永远低贱的平民。应当建立一种流动机制。假如一个人有才能，那么就举荐他、重用他；反之则罢免他的官职。由此可见，墨子作为底层民众的代表，他一直在为普通百姓发声。他力图破除传统等级观念对治国理政的束缚，倡导一种任人唯贤、任人唯能的思想，而这一思想无疑更有利于国家治理和社会的革新。

关于尚同，墨子认为，社会陷入混乱的一个重要原因是人们评判是非的标准不一致。如果每个人都有自己评价是非的标准，那么整个国家就会有成千上万的是非标准。这样一来，就连父子之间都会争执不断，整个社会必然会陷入混乱无序的状态。因此，墨子提出"尚同"。

墨子云："上之所是，必皆是之；所非，必皆非之。"❸

这段意指上级与下级的是非标准应当一致，这样才能避免政令相违、国家混乱。但与此同时，墨子也指出，尚同并非是让下级盲目地听从上级的指令，当发现上级指令出现偏差和谬误时，下级就有责任提出建议。

墨子云："上有过则规谏之，下有善则傍荐之。"❹

意思是说，当上级出现过错，下级有义务对其进行劝谏，上级政令德善，下级则有责任竭力奉行。只有在这种情况之下，才能真正达到上、下级政令和谐，国家才能得到治理。总之，墨子认为，尚贤与尚同是君主和官员应当承担并履行的责任，他们履责的目的仍然是治国安邦、强国富民。而墨子所论兼爱、非攻、节用更像是整个社会应当承担的责任，对于这些内容我们将在后文中另作介绍。

最后，墨家子弟的责任，亦即贤士的责任：兴利除害。墨子曾经反复强

---

❶ 方勇，译注.墨子［M］.北京：中华书局，2011：50.
❷ 方勇，译注.墨子［M］.北京：中华书局，2011：52.
❸ 方勇，译注.墨子［M］.北京：中华书局，2011：86-87.
❹ 同上.

调，贤士应当承担的责任，亦即墨者应当履行的责任即是"兴利除害"。

子墨子言曰："仁人之事者，必务求兴天下之利，除天下之害。"❶ "今天下之君子，忠实欲天下之富而恶其贫，欲天下之治而恶其乱。"❷

这段文字意指，凡仁人志士都应当以兴利除害为己任，谋求天下富足而避免其贫困，谋求天下安定而避免其混乱。对此，墨子进一步阐释道：

夫一道术学业仁义也，皆大以治人，小以任官，远施周偏，近以修身。不义不处，非理不行，务兴天下之利，曲直周旋，（不）利则止，此君子之道也。❸

这段引文意思是说，作为有学识的贤士，他们所学的道理、学术、仁义，往大处说可以治理百姓，往小处说可以谋得官职，往远处说可以遍施天下，往近处说可以自律修身。但不符合仁义的事情他们坚决不做，不符合道理的事情他们坚决不行。贤士将为天下谋取福利作为自己必须履行的责任，屈伸周旋以达到这一目的。不利天下的事情他们绝不会做。这就是君子之道。

由此可见，在墨子看来，作为一名学人、学者或者学生，我们学习知识的最终目的只有一个：为天下谋求福利，祛除灾祸。这是我们每一个学人应当承担的责任。那么，如何才能为天下谋得利益呢？

墨子云："天下贫则从事乎富之，人民寡则从事乎众之，众而乱则从事乎治之。当其于此，亦有力不足、财不赡、智不智，然后已矣！无敢舍余力，隐谋遗利，而不为天下为之者矣！"❹

也就是说，如果国家贫穷，我们就要竭力让它富裕起来；如果百姓稀少，我们就要竭力让百姓繁盛起来；如果民众混乱，我们就要竭力让他们安定下来。面对这些事情，我们一定要到自己力量不足、财力不济、智谋用尽的时候才可以停止。不能保留自己的力量、掩藏自己的智谋、隐匿自己的财力，而不为天下谋利！要做到"有力者疾以助人，有财者勉以分人，有道者劝以教人。"❺ 只有这样，人民才能日渐富足，国家才能日趋强盛。

综上所述，墨子认为，在一个国家之中，每一个阶层的人们都肩负着自己的社会责任。人们不应该相信宿命之说，应当坚信国家、社会的命运就掌

---

❶ 方勇，译注. 墨子［M］. 北京：中华书局，2011：134.
❷ 方勇，译注. 墨子［M］. 北京：中华书局，2011：133.
❸ 方勇，译注. 墨子［M］. 北京：中华书局，2011：318.
❹ 方勇，译注. 墨子［M］. 北京：中华书局，2011：194.
❺ 方勇，译注. 墨子［M］. 北京：中华书局，2011：79.

握在我们自己手中。因此，社会各个阶层的人们都应当积极主动地承担起自己的责任，君王要勤于朝政，官员应造福一方，百姓应努力耕作。只有这样才能形成一个上下和谐的社会。此外，墨子还专门论述了君王和官员应当承担的责任，特别强调他们要尚贤、尚同。因为只有尚贤，国家才能得到治理；只有尚同，才能避免社会陷入混乱。最后，墨子认为，贤士，或者说一名合格的墨者应当承担起"兴利除害"的责任。学子们应当运用自己所学知识，为国家谋得利益和福祉。通过这样的梳理我们可以看出，墨子倡导每一个社会阶层、每一个人都要积极地履行自己的社会责任，而他们所承担的责任都有着一个共同的主题和目标：人民富足、国家强盛。因此我们说，治国安邦、强国富民是墨子责任思想的主旨与核心。

3. 墨子责任思想的具体内容：兼相爱交相利、非攻、节用节葬

在前文之中，我们介绍了墨子尚贤、尚同的思想。尚贤、尚同是墨子对君王和官员提出的建议。或者说，墨子认为这是君王和官员应当履行的义务和责任。关于尚贤、尚同的主要内容，前文中我们已经做出了介绍，在此不再赘述。除了尚贤、尚同之外，墨子还提出了兼相爱、交相利、非攻、节用、节葬等一系列新的命题。在墨子看来，这些命题包含的每一项内容都是我们每个人应当承担并履行的社会责任。

(1) 兼相爱、交相利。

墨子认为，社会当中的每一位成员都应当做到"兼相爱，交相利"。这是我们每个人都应承担并当履行的责任。因为只有做到兼相爱、交相利，我们才能共同创造出一个和谐、稳定、富强的国家。墨子对于兼爱的论述具有很强的逻辑性，在下文中我们将对墨子的论证思路做一个简单的介绍。

第一步，墨子指出，想要治理好国家，就必须找到国家陷入贫困、混乱的关键原因。

墨子云："圣人以治天下为事者也，必知乱之所自起，焉能治之；不知乱之所自起，则不能治。譬之如医之攻人之疾者然：必知疾之所自起，焉能攻之；不知疾之所自起，则弗能攻。"[1]

也就是说，圣者想要治理好天下，必须知道是什么原因导致了天下混乱，找到原因之后才能对其进行治理。这就好比医生治病，只有找到病根之后再用药，才能将其根除。那么，墨子认为是什么原因导致的天下混乱呢？这就

---

[1] 方勇，译注. 墨子 [M]. 北京：中华书局，2011：119.

涉及接下来的论证。

第二步，墨子认为，当时天下陷入混乱、贫困的关键原因是彼此不相爱。首先，墨子描述了当时社会混乱的现象：国与国之间相互征伐，家与家之间相互敌视，人与人之间相互伤害，君王不知施恩，官员不行忠义，父亲不慈爱，儿子不孝顺，兄弟之间彼此猜忌。如果一个国家存在这些现象，那么就意味着整个国家已经陷入了混乱失序的状态。通过对这些现象进行观察、分析我们就不难发现：导致这些现象产生的根本原因是人们彼此不相爱。

墨子云："然则察此害亦何用生哉？以不相爱生邪？子墨子言：以不相爱生。今诸侯独知爱其国，不爱人之国，是以不惮举其国，以攻人之国。今家主独知爱其家，而不爱人之家，是以不惮举其家，以篡人之家。今人独知爱其身，不爱人之身，是以不惮举其身，以贼人之身。是故诸侯不相爱，则必野战；家主不相爱，则必相篡；人与人不相爱，则必相贼；君臣不相爱，则不惠忠；父子不相爱，则不慈孝；兄弟不相爱，则不和调。天下之人皆不相爱，强必执弱，富必侮贫，贵必敖贱，诈必欺愚。凡天下祸篡怨恨，其所以起者，以不相爱生也。"❶

这段引文大体意思是说，以上谈到的那些祸害，都是因为彼此"不相爱"而产生的。君王只爱自己的国家，不爱别人的国家，因此会毫无忌惮地发动战争；户主只爱自己的家，不爱别人之家，因此才会夺取别家之利；人与人之间不相爱，才会互相伤害。君臣不相爱，则君不知施恩、臣不行忠义；父子不相爱，则父不慈、子不孝；兄弟不相爱则彼此猜忌。如此一来，强者必定欺负弱者，富者必定欺辱贫民，高贵者必定歧视低贱者，狡猾者毕竟欺骗愚钝者。由此可见，天下所有的祸端都起于人们彼此不相爱。

第三步，想要改变国家混乱的现状，就必须让每一个人都承担起"兼相爱、交相利"的责任。承上所述，墨子设问：什么样的方法才能改变国家混乱的现状呢？"子墨子言曰：以兼相爱、交相利之法易之。"❷ 墨子认为，只有通过兼相爱、交相利，才能改变国家混乱失序的现状。那么，为什么这一原则可以改变混乱的社会现状呢？

墨子云："视人之国若其国，视人之家若其家，视人之身若其身。"❸

也就是说，如果每一个人都承担起兼相爱、交相利的社会责任，那么大

---

❶ 方勇，译注. 墨子 [M]. 北京：中华书局，2011：125.
❷ 方勇，译注. 墨子 [M]. 北京：中华书局，2011：126.
❸ 同上。

家对待别人的国家就像对待自己的国家一样，对待别人的家庭就像对待自己的家庭一样，对待别人就像对待自己一样。这样一来，上文提到的所有祸端都可以得到解除，国家自然会得到治理，天下自然会变得太平。

第四步，墨子论证了兼相爱、交相利的可行性。通过以上的论述我们可以看出，如果真的每个人都能做到兼相爱、交相利，那么整个社会就会变得和谐稳定，天下自然太平。事实上，墨子也意识到了，对此可能有些人会质疑：兼爱之说虽然好，却难以实现。因此，墨子对"兼相爱、交相利"的可行性也进行了系统的论证。

首先，墨子从"上行下效"的治国原则出发，他认为只要君主推广、奉行兼爱之说，那么整个社会都会学习、效仿。对此，墨子列举了"楚灵王好细腰而臣以一饭为节"等一系列典故。墨子力图证明，如果有君王的支持，那么兼爱之说就很容易推行。

其次，墨子从功利角度出发，证明"兼爱之说"利国利民。

墨子云："夫爱人者，人必从而爱之；利人者，人必从而利之；恶人者，人必从而恶之；害人者，人必从而害之。"[1]

也就是说，如果我们奉行"兼爱之说"，从表面上看，我们似乎减少了对自己的关爱，减少了自己的利益。但我们在失去自身利益的同时，又获得了千百万人的关爱和馈赠；反之，我们则会招致千百万人的怨恨和猜忌。由此可见，兼相爱、交相利确实是一件利国利民的好事。

最后，墨子还列举了一系列实例，力图证明社会上的每个阶层都渴望兼爱之人。比如，当人们要出远门，自然会把自己的家业托付给有爱心的兼爱之士。再如，普通百姓都愿意追随有爱心的兼爱之君。对于国家来说，民众都愿意跟从有爱心的君主；对于自身来说，每个人都希望跟有爱心的人交朋友。由此可见，"兼相爱、交相利"并不难推行，它实际上是每个人内心深处的真正的渴望和诉求。

综上所述，墨子通过以上四个步骤充分论证了"兼爱之说"的合理性与可行性。墨子认为，当时社会陷入混乱的关键原因是人们彼此不相爱。因此他倡导每一个人都肩负起"兼相爱、交相利"的社会责任。与此同时，墨子还系统论证了兼爱之说的可行性。他指出，"兼相爱、交相利"是利国利民的根基，是人们进行社会生活、社会交往的最佳原则，同时也是每个人内心深

---

[1] 方勇，译注．墨子［M］．北京：中华书局，2011：127．

处的真实诉求。如果每个人都能认识到这一点，都能积极履行"兼相爱、交相利"的社会责任，那么社会必然安定，天下必然太平。

（2）非攻。

"非攻"，即否定、反对不义的战争。这是墨子思想之中另外一个特点鲜明的主张。根据史书记载，墨子曾经成功地劝阻楚国攻打宋国、鲁阳国君攻打郑国，还曾劝阻齐国攻打鲁国。墨子认为：

欲求兴天下之利，除天下之害，当若繁为攻伐，此实天下之巨害也……故当若非攻之为说，而将不可不察者此也。❶

也就是说，如果我们想要承担起"兴利除害"的社会责任，那么就必须反对战争。因为频繁的攻伐战争是天下最大的祸害之一，因此我们不得不明察"非攻"的道理。

墨子之所以反对战争，概括而言，其理由有三：

第一，战争不义。墨子指出，如果有人偷了邻居的钱粮牛马，杀了人，我们都知道这是不义的行为。那么我们在战争之中肆无忌惮地使用武力抢劫别人的钱财土地，杀死无数的士兵和百姓，这与抢劫杀人有什么区别呢？难道这可以称得上是仁义之行吗？

墨子云："今至大为攻国，则弗知非，从而誉之，谓之义。此可谓知义与不义之别乎？"❷

墨子意思是说，当前最大的不义就是去攻打别的国家，然而却没有人去反对这件事情，反而顺从甚至鼓励这种行为，甚至以此为"义"。这完全丧失了判别义与不义的标准。

总之，在墨子看来，因为战争是与抢劫、杀人一样的不义之举，因此墨子反对战争。

第二，战争耗财费力。墨子认为，战争是导致百姓寡少、国家贫困的一个主要原因，它直接导致了国家的动荡和社会的混乱，因此我们必须反对战争。

墨子云："与其牛马，肥而往，瘠而反，往死亡而不反者，不可胜数。与其涂道之修远，粮食辍绝而不继，百姓死者，不可胜数也。与其居处之不安，食饭之不时，饥饱之不节，百姓之道疾病而死者，不可胜数。"❸

---

❶ 方勇，译注. 墨子［M］. 北京：中华书局，2011：179.
❷ 方勇，译注. 墨子［M］. 北京：中华书局，2011：153.
❸ 方勇，译注. 墨子［M］. 北京：中华书局，2011：157.

这段引文意指，在参与战争的过程中，无数肥壮的牛马变得骨瘦如柴，无数百姓阵亡于沙场，粮食不够吃，家宅不得安，无数百姓忍受饥饿与伤痛的苦楚。

由此可见，战争是导致人民贫苦、天下动荡的一个罪魁祸首，因此我们必须反对战争。

第三，战争收益甚微。承前所述，战争消耗着大量的人力、财力，无数钱粮被消耗，无数百姓因此死亡，那么国君又能从中得到什么呢？墨子指出，即便是对战胜国来说，战争能带来的实际收益是非常微小的。在攻伐战争之中，国君为了获得一小块土地而损失了成千上万的百姓。而这些国君往往自己本国还有成片的土地荒芜，他们需要的不是土地，而是百姓。

墨子云："今又以争地之故，而反相贼也，然则是亏不足，而重有余也。"❶

也就是说，这些发动战争的国君，往往自己国内的土地还没治理好，现在又要牺牲民力而争取土地，这显然是让已经缺少的民力更加微薄，让已经多余的土地更加多余。这是多么荒谬的行为啊！

由此可见，在墨子看来，发动战争的国家削弱了自己本已不足的百姓，扩张了自己本已多余的土地，消耗着稀缺的东西而收获已经多余的东西，因此我们必须反对这种荒谬的行为。

综上所述，墨子认为，反对战争、维护和平是我们每一个人肩负的社会责任。因为战争是与抢劫、杀人一样不义的行为，它消耗着国家和社会的财富，荼毒百姓，而我们能从中获得的利益却少之又少。因此我们只有反对战争、维护和平，才能实现国家的繁盛和人民的富强。此外我们还需指出，墨子并不是盲目地反对战争，他认为当国家遭受侵略之时，我们仍然要起身反抗。但我们坚决不能发动战争去劫掠别国的土地、屠戮他国的百姓。

（3）节用、节葬。

在墨子生活的时代，虽然天下动荡，诸侯国连年征战，但是当时社会上却流行着一些不合时宜的风俗习惯。在墨子看来，在这些不良的社会风俗中，最应当批判的就是铺张浪费和厚葬久丧。在春秋战国时期，王公大臣衣食住行所使用的各种器具都是他们身份和地位的象征，华美的服饰和雄伟的宫室实际上都起到了维护等级制度的作用。当时厚葬久丧的制度也维护着传统的

---

❶ 方勇，译注. 墨子［M］. 北京：中华书局，2011：171.

伦理秩序。墨子认为这些制度务虚而不务实，都应当予以破除。

关于节用，墨子指出：

圣人为政一国，一国可倍也；大之为政天下，天下可倍也。其倍之，非外取地也，因其国家去其无用之费，足以倍之。❶

这句话意思是说，圣人、贤士治理国家，不需要争夺别国的土地、财产就可以让本国的财富加倍。如何让本国的财富加倍呢？那就是节省没有必要的用度。

接下来墨子指出，当今的奢靡之风实在是太严重了。王公大臣要求衣服华美、宫殿豪华，就连兵甲舟车也要进行复杂的装饰。实际上，衣服只要可以蔽体御寒就足够了，宫室可以遮风挡雨就足够了，兵甲只要坚固轻便就足够了，舟车只要轻巧便利就足够了。如果王公大臣们可以将这些没有必要的用度节省下来，那么一个国家的财富就可以成倍增加。

对此，墨子总结道：

去无用之费，圣王之道，天下之大利也。❷

关于节葬，墨子认为，厚葬久丧制度既不利于国家，也不利于百姓。墨子指出，如果大肆推行厚葬制度，那么要动用大量的人力物力为王公大臣修建陵墓，用大量的珍宝陪葬，甚至还要杀死上百人去陪葬。这是对人力和财力的一种巨大浪费。久丧制度存在着同样的弊端。它规定国君死了要服丧三年，父母、妻子、长子死了都要服丧三年，叔伯、兄弟、庶子死了要服丧一年，就连旁系亲属死了都要服丧五个月。在服丧期间，王公大臣不能专心治理朝政，百工不能从事生产劳作，农民不能耕耘稼穑，这也是对人力物力的一种巨大浪费。

墨子云："财以成者，扶而埋之；后得生者，而久禁之，以此求富，此譬犹禁耕而求获也，富之说无可得焉。"❸

也就是说，在厚葬久丧的制度之下，人们辛辛苦苦创造出来的各种财物、珍宝，转而又被重新埋葬起来；辛辛苦苦抚养长大的孩子，却禁止他们从事一切劳动。由此可见，在这种制度之下，我们想要国家富强就好比不耕田种地反而要求多产粮食，这注定不会使国家变得富强。

总之，墨子认为，奢靡之风和厚葬久丧都是有百害而无一利的遗风陋俗。

---

❶ 方勇，译注. 墨子［M］. 北京：中华书局，2011：180.
❷ 方勇，译注. 墨子［M］. 北京：中华书局，2011：184.
❸ 方勇，译注. 墨子［M］. 北京：中华书局，2011：198.

它们消耗了大量的民力物力，却丝毫不能促进国家的发展，不能增加社会的财富。因此，墨子提出节用、节葬这两个命题，对于奢靡之风和厚葬久丧制度进行了否定和批判。从这里我们也可以看出，作为当时底层百姓的代表，墨子为普通百姓争取着利益，反抗着社会上层对于普通民众的压榨，倾吐着普通百姓的诉求和心声。

通过以上的梳理、阐释，我们可以看出，首先，墨子责任思想发轫于墨子对于命运和权威的反抗精神。墨子认为，我们既不能相信宿命，也不能盲目地崇拜权威，而是要坚信国家、社会和人民的命运都掌握在我们自己手中。正因如此，墨子及其弟子才能以赴火蹈刃、视死如归的精神承担并履行着自己的社会责任。其次，墨子责任思想的核心即是治国安邦、强国富民。在墨子看来，社会中的各个阶层都有自己的社会责任。而各阶层所承担的责任有一个共同的主旨和目的，那就是谋求国家的强盛、人民的富裕和天下的安宁。最后，墨子的责任思想还包括兼相爱、交相利、非攻、节葬、节用等一系列具体内容。墨子作为底层百姓的代表，他从普通百姓的立场出发，探寻着治国安邦之道，进而提出了兼爱、非攻等一系列新的政治主张。墨子认为，如果我们每个人在社会生活中都能主动地承担并履行这些社会责任，那么我们必定可以营造一个团结、安定、富裕和强盛的国家！

（二）墨家承担责任的动力来源

在上文之中，我们系统梳理、介绍了墨子的责任思想。通过以上的梳理，我们可以看出，墨子及其创立的墨家学派之所以有着赴火蹈刃、舍生忘死的责任意识，这主要是因为墨者有着强烈的治国安邦、强国富民的政治责任感。正是这种强烈的政治责任感支撑着墨者承担并践行着自己兴利除害的社会责任。实现治国安邦的政治理想，这正是墨者承担社会责任的主要动力。然而，通过梳理墨子思想，我们还可以看出，实现治国安邦的政治理想仅仅是墨者承担社会责任的动力之一，或者说这仅仅是墨者承担责任的社会表层动力。墨者承担责任的动力还来自道德层面的"贵义"与超越世俗层面的"天志"。

1. 承担责任之社会动力：治国安邦

如前所述，墨子对天命和权威持否定态度，他认为我们既不能相信宿命，也不能盲目地相信权威。国家和人民的命运都掌握在我们自己手中。因此墨子鼓励大家积极地承担社会责任。墨子认为，社会中的每个阶层、每个人都肩负着属于自己的社会责任。如果我们每个人都能积极地承担起自己的责任，那么我们就能够实现"国家治则刑法正，官府实则万民富"❶的社会理想。

在墨子看来，身为一国之君，他就应当积极承担起治理朝政的责任；官员们应当承担起造福一方百姓的责任；贤士应当承担起兴利除害的责任；农夫、农妇要承担起耕织稼穑的责任。此外，为了实现强国富民的政治理想，墨子还将一些更为具体的内容赋予了"责任"。他认为君主和官员应当尚贤、尚同。尚贤的目的是为国家富强储备足够多的智力财富；尚同的目的是为社会提供一个统一的是非标准。而整个社会都要承担起兼相爱、交相利、非攻、节用、节葬的责任，这样一来社会才能稳定，国家才能富强。墨子认为，作为有理想、有抱负的贤士，他们有必要将这些思想散播于天下，济世救国。

墨子云："子墨子曰：凡入国，必择务而从事焉。国家昏乱，则语之尚贤、尚同；国家贫，则语之节用、节葬；国家憙音湛湎，则语之非乐、非命；国家淫僻无礼，则语之尊天、事鬼；国家务夺侵凌，即语之兼爱、非攻。故曰择务而从事焉。"❷

墨子认为，有识之士进入一个国家，必须承担起最为紧迫的社会责任。如果这个国家昏乱，我们就要告诉他们尚贤尚同的道理；如果国家贫穷，我们就要告诉他们节用、节葬的道理；如果国家沉湎于奢靡之风，就要告诉他们非乐、非命的道理；如果国家盲目自大，我们就要告诉他们尊天、事鬼的道理；如果国家恃强凌弱，我们就要告诉他们兼爱、非攻的道理。总之，墨子认为，只要整个国家都能肩负起这些责任和义务，那么必然可以达到治国安邦、天下太平的理想社会。

墨子云："有道肆相教诲，是以老而无妻子者，有所侍养以终其寿；幼弱孤童之无父母者，有所放依以长其身。"❸

也就是说，如果能用这些道理来教诲百姓，那么孤独的老人可以得到赡养，就连失去父母的孤儿也可以很好地成长。对于这种理想社会，墨子进一步描述道：

"天下之人皆相爱，强不执弱，众不劫寡，富不侮贫，贵不傲贱，诈不欺愚，凡天下祸篡怨恨可使毋起。"❹

---

❶ 方勇，译注. 墨子［M］. 北京：中华书局，2011：57.
❷ 方勇，译注. 墨子［M］. 北京：中华书局，2011：459.
❸ 方勇，译注. 墨子［M］. 北京：中华书局，2011：138.
❹ 方勇，译注. 墨子［M］. 北京：中华书局，2011：126.

这段话意思是说，如果天下所有的人都能承担起墨子所论述的这些社会责任，那么每个人都会爱护彼此，强者不欺凌弱者，多数人不会劫掠少数人，富者不会欺辱贫者，地位高的人不会歧视地位低的人，狡诈的人不会欺负愚钝的人，社会上的一切祸患都可以避免。这样一来，我们就可以共同创造一个和谐的社会，一个富强的国家。

由此可见，实现治国安邦、强国富民的政治理想，这正是墨者积极承担社会责任的第一层动力。

2. 承担责任之道德动力：贵义

承上所述，在墨子看来，人们承担社会责任的动力来自实现国泰民安的政治理想。如果能实现国泰民安的政治理想，那么这对于天下所有人来说都是有利的，所以我们应当积极承担、履行自己肩负的责任。但是，在墨子看来，这仅仅是人们承担社会责任的第一层原因。人们之所以应当积极承担自己的责任，其更深层原因是人们要使自己的言行符合"义"的道德标准。

墨子云："万事莫贵于义也。"[1]

也就是说，"义"是天下最尊贵的东西，我们之所以要承担自己的社会责任，同样是因为这是"义"对我们每个人提出的道德要求。

墨子云："是故古之知道者之为天下度也，必顺虑其义，而后为之行。"[2]

这句话意思是说，自古以来懂得天道的贤士都在为天下谋求福利，他们在行事之前必先考虑自己的行为符不符合"义"的标准，如果符合才去实行。

那么，怎样才算使自己的言行符合"义"的标准呢？

一方面，墨子指出，只要我们每个人都尽其所能地承担自己的责任，这就算是义行、义事。

墨子云："能谈辩者谈辩，能说书者说书，能从事者从事，然后义事成也。"[3]

也就是说，在社会生活中，如果我们能各尽其能、各尽其职，能辨明道理的就辨明道理，能解释经典的就解释经典，能行事的就努力行事，然后义事就自然形成了。

由此可见，墨子所谓"义"的一个重要内容就是主动承担、履行自己的

---

[1] 方勇，译注. 墨子［M］. 北京：中华书局，2011：411.
[2] 方勇，译注. 墨子［M］. 北京：中华书局，2011：167.
[3] 方勇，译注. 墨子［M］. 北京：中华书局，2011：395.

社会责任。或者说,承担责任是"义"对我们提出的一项道德要求。

另一方面,"义"的另外一项内容是匡扶正道,这也需要我们主动承担维护正义的责任。

墨子云:"大国之不义也,则同忧之;大国之攻小国也,则同救之;小国城郭之不全也,必使修之;布粟之绝,则委之;布帛不足,则共之。"❶

意思是说,大国出现不正义的行为,我们就共同为它担忧;大国攻打小国,我们就共同去援救小国;小国的城墙不完善,我们就去修理;粮食不足,我们就运输给它;钱币不足,我们就分给它。

由此可见,在墨子看来,当有不正义的事情发生时,我们有必要去承担匡扶正义的责任,这是"义"对我们每个人提出的道德要求。

通过以上的梳理,我们可以看出,在墨子看来,承担责任不仅仅是为了实现国泰民安的政治理想,它更是"义"对我们提出的一种道德要求。或者说,承担责任的动力更应该来自我们自身的道德追求。墨子认为,一方面,承担责任本身就是一种义行,它是义的一部分;另一方面,行义、匡扶正道必须依靠承担责任才能确保其施行于天下。由此可见,在墨子看来,承担责任不仅仅是治国安邦的社会要求,也是我们每个人提高自身修养的道德要求。或者说,承担责任的动力不仅仅来自国泰民安的现实功利,它同样来自我们每个人的道德修养。至此,我们寻找到了墨子承担责任的第二层动力:内在道德。

3. 承担责任之超世俗动力:天志

通过上文的梳理,我们可以看出,墨子认为,承担责任不仅仅是治国安邦的社会要求,也是我们匡扶正义的道德要求。然而,这两层含义都不是墨子承担责任的终极意义。在墨子看来,人们承担责任的最元初的动力来自于天志。上天的意志要求人们行义,而行义又要求人们必须承担责任、履行责任。至此,我们梳理出了墨子最深层的履责动力:超越世俗的上天意志。

首先,墨子认为上天意志是我们行事的最高标准。

墨子云:"我有天志,譬若轮人之有规,匠人之有矩。轮、匠执其规、矩,以度天下之方圆,曰:'中者是也,不中者非也。'"❷

这段引文意思是说,上天的意志,犹如制作车轮的工人手里的圆规,犹

---

❶ 方勇,译注. 墨子[M]. 北京:中华书局,2011:177.
❷ 方勇,译注. 墨子[M]. 北京:中华书局,2011:221.

如木匠手里的矩尺，工匠们用自己手中的圆规、矩尺衡量天下的方与圆是否符合标准。天志也是一样，它是衡量一切言行的最高标准。

其次，"义"出于"天"，"义"是上天意志的一部分。墨子认为，凡是普遍施行仁义的国家，都是安定太平的国家。由此我们可以知道，"义"一定来自于地位高贵、智慧非凡的人。那么天下谁的地位最高？谁的智慧最多？答案是：天。因此，墨子推论出：

天为贵、天为知而已矣。然则义果自天出矣。❶

也就是，天是地位最高的，智慧最多的，因此"义"一定是来自天。

墨子亦云："天下有义则生，无义则死；有义则富，无义则贫；有义则治，无义则乱。然则天欲其生而恶其死，欲其富而恶其贫，欲其治而恶其乱。此我所以知天欲义而恶不义也。"❷

也就是说，天下有义，百姓才能生存、富有，国家才能得到治理；相反，如果无义，则百姓将会陷入死亡、贫困，国家也会陷入混乱。上天希望百姓可以生活，希望他们富有，希望国家得到治理。

因此可以看出，上天是鼓励大家行义的。而"义"正是上天意志的一部分。

最后，正是因为义来自天，因此我们要积极承担起"行义"的责任。承上所述，在墨子看来，上天是希望人们行义的。我们必须履行上天的意志，积极地行义，而行义本身也就意味着主动地承担自己的社会责任。

墨子云："然则天亦何欲何恶？天欲义而恶不义。然则率天下之百姓，以从事于义，则我乃为天之所欲也。"❸

意思是说，上天希望人们匡扶正义，厌恶人们不仁不义，因此我们要鼓励、带领天下的百姓一起从事义行义事，一起去承担上天赐予我们的责任。至此，墨子将人们行义、承担责任提高到了上天意志的高度。此时，人们承担自己的责任，不仅仅是为了实现国泰民安的政治理想，也不仅仅是匡扶正义的内在道德要求，而是履行来自上天的责任与义务。

由此可见，在墨子责任思想里，对于责任的担当已经具有了超越世俗的性质，它是上天赐予我们的一种义务与责任。

综上所述，通过对墨子文本的梳理，我们可以看出，在墨子看来，人们

---

❶ 方勇，译注. 墨子 [M]. 北京：中华书局，2011：223.
❷ 方勇，译注. 墨子 [M]. 北京：中华书局，2011：215.
❸ 方勇，译注. 墨子 [M]. 北京：中华书局，2011：217.

积极承担社会责任的动力来自三个层面：第一层，为了实现国泰民爱、国富民强的政治理想，我们必须积极承担责任；第二层，为了完成匡扶正义的道德任务，我们必须积极承担责任；第三层，为了完成上天赋予我们的使命，我们必须积极承担责任。三重动力层层递进，以此从外部社会、内在道德、超越性天志三个层面论证了人们承担责任的必要性和紧迫性。来自这三个层面的动力为墨者提供了强大的能量，促使他们以视死如归的精神承担着自己的社会责任，创造了一个学派的灿烂与辉煌。

（三）墨子的实践精神

如前所述，墨子及其创立的墨家学派有着极其强烈的社会责任感。他们用一种舍生忘死的精神承担并履行着自己的社会责任。在"墨子救宋"的记载中，墨子听闻楚国要攻打宋国的消息以后，连续走了十天十夜，脚都磨破流血了也不停歇，急急忙忙赶到楚国都城去阻止楚国攻打宋国❶。墨子履行责任的实践精神由此可见一斑。就连对墨子一直持批判态度的孟子也不禁慨叹："墨子兼爱，摩顶放踵利天下为之。"❷ 通过梳理墨子相关文本，我们认为，墨子的实践精神主要体现在三个方面：第一，言行一致；第二，积极主动；第三，逆流而上。现对这三方面做出如下阐释。

第一，言行一致。墨子认为，我们在承担责任之时一定要做到言行一致、知行合一。墨子非常重视言行一致的问题，对此他说道：

言足以迁行者常之，不足以迁行者勿常。不足以迁行而常之，是荡口也。❸

意思是说，可以付诸行动的言论，我们要经常去说；不可以付诸行动的言论我们不要常说。经常说而不去实践，这无异于胡言乱语。墨子认为，我们说出的每一句话都是一个承诺、一份责任，我们必须义无反顾地履行这些承诺和责任。

墨子云："言必信，行必果，使言行之合犹合符节也，无言而不行也。"❹

这段引文意指，说出去的话一定要有信用，做出的行动一定要有结果，言论与行动就像符节一样吻合，没有一句言语是可以不实行的。

---

❶ 方勇，译注. 墨子 [M]. 北京：中华书局，2011：468.
❷ 万丽华. 孟子 [M]. 蓝旭，译注. 北京：中华书局，2008：302.
❸ 方勇，译注. 墨子 [M]. 北京：中华书局，2011：415.
❹ 方勇，译注. 墨子 [M]. 北京：中华书局，2011：141.

此外，墨子还特别指出，君主和参与治国的官员更要注意自己的言行，一定要做到言行一致，这样才能使天下归心。

墨子云："政者，口言之，身必行之。"❶

也就是说，如果君主和臣子言行不一，治国的策略朝令夕改，那么必然会导致国家大乱，朝堂也会失去权威感和信服力。因此从政之人一定要做到言必信、行必果。这样才能保证国家的稳定，才能使百姓有安全感。

由此可见，言行一致是墨子责任思想的重要内容。他既表达出墨子积极承担社会责任的实践精神，同时又是墨子责任思想的重要组成部分。事实上，只有我们用言行一致的实践精神去承担自己肩上的责任，我们才能改变整个社会和国家，才能创造出一个更为灿烂的明天。

第二，积极主动。在墨子关于责任的论述中，他非常强调我们在承担责任之时一定要做到积极主动。当时儒家流行着"君子如钟"之说。在儒家看来，君子就如同钟一样，叩击它，它才鸣响，不吉则不鸣。喻指君子平时应当有深沉之态，不肆意乱言。对此，墨子则提出了不同的看法。

墨子云："夫仁人，事上竭忠，事亲得孝，务善则美，有过则谏，此为人臣之道也。今击之则鸣，弗击不鸣，隐知豫力，恬漠待问而后对，虽有君亲之大利，弗问不言；若将有大寇乱，盗贼将作，若机辟将发也，他人不知，己独知之，虽其君、亲皆在，不问不言。是夫大乱之贼也。"❷

这段引文意思是说，君子贤士，应当竭尽全力侍奉君主、孝敬父母，君主施行善政就应当称赞，有过错就应当劝谏，这才是为臣之道。如果只是在君主询问的时候才应答，君主不问则默不作声，这样做就掩藏了自己的智慧和力量。如果沉默不语或者等待君主询问时才回答，倘若有人要作乱造反，或者偷窃抢劫，别人不知道而自己知道，虽然在朝堂之上，没人询问就默不作声，这哪里是君子，反而与乱臣贼子没有区别了。

从墨子对儒家"君子如钟"之说的批判可以看出，墨子鼓励人们积极地承担自己的责任。在墨子看来，我们在承担责任之时，不需要别人的询问，也不需要别人的督促，一定要做到"不扣亦鸣"。也就是说，在没人询问、督促的情况之下，我们也要严厉批判不正义的行为，与不义之事做斗争。赞美好人好事，批判贼人歹事，这是我们应当主动承担的社会责任。墨子积极履

---

❶ 方勇，译注. 墨子[M]. 北京：中华书局，2011：444.
❷ 同上.

责的精神，由此可见一斑。

第三，逆流而上。墨子还指出，在世风日下的社会之中，如果周围人都不积极地承担自己的责任，那么我们仍然要逆流而上，主动担责，不能与别人同流合污。对此，墨子通过一则小寓言表达了自己的观点。

子墨子自鲁即齐，过故人，谓子墨子曰："今天下莫为义，子独自苦而为义，子不若已。"子墨子曰："今有人于此，有子十人，一人耕而九人处，则耕者不可以不益急矣。何故？则食者众而耕者寡也。今天下莫为义，则子如劝我者也，何故止我？"❶

这段引文的意思是说，一天墨子从鲁国赶往齐国，在路上碰到了一位老朋友。这位朋友对墨子说："现在天下的人都不追求义行，唯独你不辞辛劳地推广仁义，我看还是算了吧。"墨子回答说："现在一个人有十个儿子，其中九个都东游西逛、不思劳作，只有一个儿子勤劳地耕田播种，那么，这个勤劳的儿子不得不加倍努力。为什么呢？因为白吃白喝的人太多而辛勤劳作的人太少。现在天下人都不施行仁义，与这种状况是一样的。你又为什么要劝我停止行义呢？"

在墨子看来，如果社会之中充斥着偷奸耍滑、推诿责任的不良风气，我们一定不能随波逐流。在这种情况之下，我们不仅要承担起自己的社会责任，与此同时还要承担起别人的社会责任。只有这样的人才称得上是一位为天下谋福祉的贤人良士。墨子逆流而上，一心为国家、百姓谋福祉的精神，在此表露无遗。同时，也让我们后世之人深深为之感动。

通过以上的梳理，我们可以看出，墨子确实有着非常强烈的社会责任感和非常积极的实践精神。墨子认为，我们说出去的每一句话都是一份承诺、一份责任，我们必须履行自己的承诺、承担自己的责任。在承担责任的过程中，我们一定要做到积极主动。在没有人询问、没有人监督的情况之下也要认真履责。最后，墨子还特别强调，在大家都推诿责任的情况之下，我们不能随波逐流，而是要主动承担起别人应当履行的责任，用自己的双手去改变国家和社会的命运，改变社会的不良风气。墨子责任思想之中的实践精神，直到现代社会依然适用，同样是我们每一个现代人积极履责的榜样！

---

❶ 方勇，译注. 墨子 [M]. 北京：中华书局，2011：412.

三、墨子责任思想简评

综上所述,我们系统梳理了墨子的责任思想。其中包括墨子责任思想的理论起点、主要内容,以及墨子积极履行责任的实践精神。作为底层民众的代表,墨子思想体现着一种极其鲜明的批判精神和反抗精神。他不相信宿命、不相信权威,坚信国家、社会、人民的命运只掌握在我们自己手中。他批判传统的等级制度,批判儒家对于传统礼教的维护,为底层百姓谋求着利益与福祉。在墨子生活的时代,他的思想处处体现着超越时代的先进性。他倡导兼爱、提倡平等,其思想当中体现出了与其他诸家格格不入的平民精神。通过对墨子责任思想的梳理,我们认为,墨子责任思想有着三个鲜明的特点,兹表述如下。

第一,实现治国安邦的政治理想是墨子责任思想的核心内容。正如前文所述,墨子责任思想的起点是墨家的反抗精神。墨子批判"命定说",他既不相信宿命,也反对人们盲目地相信君主、家长和学者的权威。墨子坚信国家的未来掌握在我们自己的手中,社会现状可以通过我们的努力得到改变。因此,墨子倡导我们每一个人肩负起自己的社会责任,共同缔造一个安定、强盛、富裕的国家。而治国安邦、强国富民正是墨子责任思想的一个核心议题。可以说,墨子关于责任的所有论述都是围绕着治国安邦而展开的。

墨子认为,处于社会之中的每一个人都有自己的社会责任。君主的责任是治理朝政;群臣的责任是造福百姓;贤士的责任是兴利除害;农夫的责任是躬耕劳作;农妇的责任是纺织布帛。如果我们每一个人都积极承担起自己肩负的责任,那么国家的安定、人民的富裕就指日可待了。除此之外,墨子还赋予了"责任"一些具体内容。在墨子看来,君主和群臣还应当承担起尚贤、尚同的责任。尚贤的目的是为了国家的发展储备足够多的知识和人才;尚同的目的是使整个社会有一个统一的是非评判标准。而贤士则应以兴利除害为己任,竭力谋求国家的稳定与富强。此外,墨子认为,有一些责任是需要全社会去共同承担的,它们包括:兼相爱、交相利、非攻、节用、节葬等。墨子认为,如果我们每一个人都将这些内容视为自己应当履行的责任,那么人民必然富裕,社会必然稳定,国家必然强盛。从以上的总结我们可以看出,实现治国安邦、强国富民的政治理想,确实是墨家承担并履行责任的核心要义。

第二,墨子代表底层民众的利益,为普通百姓发言。墨子出身于工匠之家，曾经做过木匠。在当时，出身低微的墨子是手工业者和底层民众的代表。在他的政治生涯中，墨子一直在为底层民众说话，倾吐着普通百姓的诉求与心声。

根据史书的记载，墨子的工匠身份一直遭受到王公大臣的攻击与非议。墨子曾经试图向楚惠王建言献策，但楚惠王却称墨子的学说是"贱人之所为"，并拒绝了他的要求。面对楚王的拒绝，墨子并没有气恼。他说：

唯其可行。譬若药然，一草之本，天子食之以顺其疾，岂曰"一草之本"而不食哉？今农夫入其税于大人，大人为酒醴粢盛，以祭上帝鬼神，岂曰"贱人之所为"而不享哉？❶

墨子的意思是说：虽然我的学说并非出自地位高贵之人，但它是非常可行的。可行的学说应当得到重视和使用。这就好比是治病的草药，君王吃了它就可以治病疗伤。难道君王会因为这些草药只是一些草根树皮就拒绝吃药吗？在社会中也是一样，官员们向农民征税，再用这些财税置办各种酒米用来祭祀上天和鬼神，难道君王可以因为这些财税来自贱民就不祭祀了吗？

由此可见，作为底层民众的代表，墨子一直在为普通民众发言，他希望底层民众能得到王公贵族的关注和肯定。与此同时，墨子也一直在为普通民众争取利益。墨子反对权威，倡导兼爱，劝谏人们非攻、节用、节葬以减轻底层百姓的负担。墨子的这些思想无一不体现出超越时代的先进性。可以说，墨子的这些思想时至今日仍不过时，仍然值得我们每一个当代人去认真思考并践行！

第三，墨子思想当中流露着实用主义与功利主义的色彩。通过以上介绍我们也可以发现，墨子思想表现出了实用主义的倾向，流露着功利主义的色彩。不过，无论是墨子的实用主义还是功利主义，它围绕的核心仍然是国家利益和社会利益。或者说，墨子的实用主义是对于治国安邦的"实用"，墨子的功利主义是对强国富民的"功利"，而绝不是针对自身私利的"实用"与"功利"。

从实用主义的角度而言，墨子坚持务实，坚决反对务虚。墨子认为，大到治理一个国家，小到维持一个家庭，都应当务实而不能务虚。关于这一点，墨子对儒家的"礼乐之说"进行了严格的批判。自儒学创建以来，孔子一直强调礼乐秩序，鼓励厚葬久丧。儒家的这些礼仪观念实际上是为了维护传统

---

❶ 方勇，译注. 墨子［M］. 北京：中华书局，2011：413.

的伦理等级秩序，孔子认为只有借助伦理秩序的稳固才能实现国家的安定。作为底层民众的代表，墨子对孔子的礼乐制度进行了无情的批判。他相继提出了非命、非乐、节用、节葬等一系列观点，批判儒家务虚而不务实。在墨子看来，儒学的礼乐制度、丧葬制度繁缛而严苛，它占去了百姓生产劳作的大量时间，消耗了人们的精力和体力，却丝毫不能积累一点社会财富，丝毫不能推动社会的发展。墨子正是本着一种务实的观念，倡导人们节用、简丧，进而保存更多的体力和预留更多的时间从事生产劳作，实现强国富民。

从功利主义的角度而言，墨子认为，是否符合强国富民的需要，这是评判是非功过的核心标准。这一点在墨子的"三表说"中体现得最为明显，

墨子云："何谓三表？子墨子言曰：有本之者，有原之者，有用之者。于何本之？上本之于古者圣王之事；于何原之？下原察百姓耳目之实；于何用之？废以为刑政，观其中国家百姓人民之利。此所谓言有三表也。"❶

墨子认为，评判言行、政令是否符合时宜有三条标准。正确的言行与政令应当有本、有原、有用。所谓有本，是指可以从古代圣王那里找到依据；有原是指能得到百姓的支持；有用是指施行以后可以为民众带来利益。这即是"三表"。

由此可见，在墨子眼中，是否可以为民众带来利益是评判是非功过的一项重要标准。不仅如此，墨子之所以可以打破常规，否定命运与权威，否定儒家的礼乐丧葬制度，究其原因是因为：在墨子看来，这些观念、制度都不能为国家、民众带来任何利益。而墨子之所以提出兼相爱、交相利、非攻、节用等一系列政治主张，正是因为这些主张有利于国家的强盛和人民的富庶。从中我们可以看出，墨子思想确实有着浓厚的功利主义色彩。但我们还要指出的是，墨子所论的功利，绝不是一己私利，而是整个国家和社会的共同利益。

墨子的务实精神、功利主张曾经遭到孔子后学的诸多非议。孟子曾经批判墨子抹杀了人伦纲纪。荀子也曾经斥责墨子："役夫之道也，墨子之说也。"❷ 荀子在此暗讽墨子学说只知道鼓励人们生产劳作，而忽略了伦理秩序与社会文明。墨学与儒学的论战，实际上是没落贵族阶层与平民阶层之间的论战。儒者一直以人们的伦理感情为武器，构造着属于自己的文化与文明。

---

❶ 方勇，译注. 墨子 [M]. 北京：中华书局，2011：286.
❷ 王元谦. 荀子集解 [M]. 北京：中华书局，1988：213.

而这种文明为了追求国家的稳定却捆绑住了人民的手脚，束缚住了人们的灵魂。历史的发展最终证明，只有努力务实才能免于落后，才能真正使国家走向繁荣与富强。

参考文献

[1] 方勇，译注．墨子［M］．北京：中华书局，2011.

[2] 孙诒让．墨子闲诂［M］．北京：中华书局，1986.

[3] 梁启超．墨子年代考［M］．上海：上海古籍出版社，1982.

[4] 吴毓江．墨子校注［M］．北京：中华书局，1993.

[5] 张纯一．墨子集解［M］．成都：成都古籍书店，1988.

[6] 杨义．墨子还原［M］．北京：中华书局，2011.

[7] 邢兆良．墨子评传［M］．南京：南京大学出版社，1995.

[8] 万丽华．孟子［M］．蓝旭，译注．北京：中华书局，2008.

[9] 方勇，译注．庄子［M］．北京：中华书局，2010.

[10] 王先慎．韩非子集解［M］．北京：中华书局，2003.

[11] 王元谦．荀子集解［M］．北京：中华书局，1988.

[12] 杨伯峻．春秋左传注［M］．北京：中华书局，1990.

[13] 王利器．吕氏春秋注疏［M］．成都：巴蜀书社，2002.

[14] 陈广忠，译注．淮南子［M］．北京：中华书局，2012.

[15] 何宁．淮南子集解［M］．北京：中华书局，1998.

[16] 司马迁．史记［M］．北京：中华书局，1959.

[17] 班固．汉书［M］．颜师古，注．北京：中华书局，1999.

[18] 顾颉刚．古史辨·禅让传说起于墨家考［M］．上海：上海古籍出版社，1982.

第四章　董仲舒责任思想

董仲舒（公元前179—公元前104年）是汉代最重要的哲学家，他的学术根底在春秋公羊学，他对于春秋公羊学的研究在西汉初期可谓首屈一指，私淑于董仲舒的司马迁在《史记·儒林列传》中对此有明确的表述："故汉兴至于五世之间，唯董仲舒名于《春秋》，其传《公羊氏》也。"❶ 董仲舒有志于为汉帝国政治意识形态的更化尽自己的责任，在他看来，"汉得天下以来，常欲善治而至今不可善治者，失之于当更化而不更化也"❷。他认为汉武帝初期的政治到了改弦更张的时候，而他利用的改革理论即是春秋公羊学。在他为汉帝国建言献策的过程中，他的责任意识促成了其对理想政治结构中三种成分的责任的思考。这三种成分（天、君、臣）的责任共同组成了董仲舒的责任思想。

一、天之责任

"天之责任"是董仲舒首先要思考的责任要素，"天"作为"天之责任"的承担者，为人世提供本体论和宇宙论的根据。他说：

天地者，万物之本，先祖之所出也。广大无极，其德昭明，历年众多，永永无疆。天出至明，众知类也，其伏无不炤也。❸

在他的责任思想中，"天"和"地"同构为"万物之本"，天地的和合化育了人类。然而"天"较"地"更为根本，董仲舒指出：

地出云为雨，起气为风，风雨者，地之所为，地不敢有其功名，必上之于天。命若从天气者，故曰天风天雨也，莫曰地风地雨也。勤劳在地，名一

---

❶ 司马迁. 史记（第十册）[M]. 裴骃集, 解. 司马贞, 索引. 张守节, 正义. 北京：中华书局, 1959：3128.
❷ 班固. 汉书（第八册）[M]. 颜师古, 注. 北京：中华书局, 1962：2505.
❸ 苏舆. 春秋繁露义证[M]. 钟哲, 点校. 北京：中华书局, 1992：269-270.

归于天，非至有义，其孰能行此？故下事上，如地事天也，可谓大忠矣。❶

在"天地同构"的本体——宇宙论中，"地"处于低下的地位，"天"处于高上的地位，"地"必须把化育之功归"天"，这种高下之判就像人类礼制社会中的尊卑之别。在董仲舒的责任思想中，"天"提供的本体论是阴阳之道，宇宙论是五行类归。

（一）化阴阳而统人秩

董仲舒指出："天之道，终而复始，北方者，天之所终始也，阴阳之所合别也。"❷ "天"通过"阴""阳"的变化统摄着人类的社会秩序。他认为：

惟圣人能属万物于一而系之元也，终不及本所从来而承之，不能遂其功。是以《春秋》变一谓之元，元犹原也，其义以随天地终始也。故人惟有终始也而生，不必应四时之变，故元者为万物之本，而人之元在焉。安在乎？乃在乎天地之前。故人虽生天气及奉天气者，不得与天元本、天元命而共违其所为也。❸

由此可见，圣人能深察天地的至理，将天地之道施用于现实。孔子被公羊学家视作圣人，他创作《春秋》是深察天道、名号人世，通过《春秋》昭示天地之至理，为后世立法。《春秋》所立之法并不简单地为现实的政治秩序提供理论支持，孔子深知人之心性与政治秩序是密不可分的，因此人性思想也是《春秋》所要彰显的重要内容。《春秋》首句为："元年春，王正月"，"元"即是天地之本原，他在天地之前，在宇宙之先，天地之化是"元"的具体表现，天道秉持着"元"的内涵。人之"元"即承继于天之"元"，天之"元"即是阴阳之道。

董仲舒说：

阴阳之气，在上天，亦在人。在人者为好恶喜怒；在天者为暖清寒暑。❹

在这里，他揭示了天道之阴阳在人性上的生理表现，天道之"阴"对应着人之"恶"与"怒"，天道之"阳"对应着人之"好"和"喜"。

而天道在人性上的道德表现则是"贪"和"仁"，董仲舒指出：

身之名，取诸天。天两有阴阳之施，身亦两有贪仁之性。天有阴阳禁，

---

❶ 苏舆. 春秋繁露义证 [M]. 钟哲, 点校. 北京：中华书局，1992：316.
❷ 苏舆. 春秋繁露义证 [M]. 钟哲, 点校. 北京：中华书局，1992：339.
❸ 苏舆. 春秋繁露义证 [M]. 钟哲, 点校. 北京：中华书局，1992：147.
❹ 苏舆. 春秋繁露义证 [M]. 钟哲, 点校. 北京：中华书局，1992：463.

身有情欲栀，与天道一也。❶

"贪"与"仁"明显带有道德判断的含义，"贪"的发展可变成人性之"恶"，"仁"的培养可促成心性之"善"。"恶"与"善"对应着天道之"阴""阳"，董仲舒用"圣人之性"来指称心性"全善"的状态，用"斗筲之性"来指称心性"全恶"的状态。"圣人之性"与"斗筲之性"是阴阳之道的一种表达。

董仲舒在人性论上的观点是：

圣人之性不可以名性，斗筲之性又不可以名性，名性者，中民之性。❷

这就是说，作为阴阳两极的"斗筲之性"和"圣人之性"都不是董仲舒政治思想中可以治理的心性状态，他认为可以教化的人性是"中民之性"。他将"中民之性"视为能治之性，并不是对"圣人之性"与"斗筲之性"的摒弃。在他看来，"圣人之性"和"斗筲之性"是现实存在的两种极端状态，前者无须治，而后者无法治，这正如孔子所说的"唯上智与下愚不移"。大多数的人性是复杂的，"圣人"与"斗筲"之性并非人性之常态，政治所要教化的是复杂的人性。

"中人之性"是"善"与"恶"混杂的状态，它是天道之阴阳和合在人性中的表现。董仲舒认为，正是因为大多数人性是复杂的，它才有教化的需要，才有教化成"善"的可能，他说：

性者，天质之朴也；善者，王教之化也。无其质，则王教不能化；无其王教，则质朴不能善。❸

在这里，他勾勒出人性与王教的关系，二者密不可分，天性是王教的人性基础，而王教是天性的外在手段。董仲舒对心性和王教的阐发近似于荀子"化性起伪"的思想，他的教化理论是心性与礼教的二元并存。人性的状态和人性的划分符合天道之阴阳，教化人性之礼同样符合天道之阴阳。

董仲舒指出：

礼者，继天地，体阴阳，而慎主客、序尊卑、贵贱、大小之位，而差外内、远近、新故之级者也，以德多为象。❹

由此可见，圣人所制定的礼也是因缘于阴阳之道，礼由主客、尊卑、贵

---

❶ 苏舆. 春秋繁露义证 [M]. 钟哲, 点校. 北京：中华书局，1992：296.
❷ 苏舆. 春秋繁露义证 [M]. 钟哲, 点校. 北京：中华书局，1992：311 - 312.
❸ 苏舆. 春秋繁露义证 [M]. 钟哲, 点校. 北京：中华书局，1992：313.
❹ 苏舆. 春秋繁露义证 [M]. 钟哲, 点校. 北京：中华书局，1992：275.

贱、大小出发设定了人类秩序的外内、远近、新故等。

礼的秩序和人心的秩序皆可由阴阳之道来解释，不仅如此，人主治理天下的方式亦根源于阴阳之道，董仲舒说：

为人主者，予夺生杀，各当其义，若四时；列官置吏，必以其能，若五行；好仁恶戾，任德远刑，若阴阳。❶

在阴阳之道中，"阳"高于"阴"，因此对应于"阳"的"德"高于对应于"阴"的"刑"。他并没有反对任刑，而是强调在二者并用时要重德治轻刑治，这也是先秦儒家的治道传统。

"天"为稳定的政治秩序和施政行为提供了本体的根据，然而治世之末往往是乱世的开始，治乱的结合亦符合阴阳之道。"天道"不仅为"治世"提供了一套形上的理论，而且也为"乱世"建构了本体的根据。孔子作《春秋》正逢春秋乱世，公羊学家认为《春秋》是为了彰显王道，《春秋》内涵的"通三统"的思想是他为"乱世"所开的"药方"，概而言之就是损益三代，拓古改制。董仲舒深谙公羊学的至理，他在《天人三策》中指出：

夏上忠，殷上敬，周上文者，所继之捄，当用此也。孔子曰："殷因于夏礼，所损益可知也；周因于殷礼，所损益可知也。其或继周者，虽百世可知也。"此言百王之用，以此三者矣。❷

夏、殷、周三代是春秋公羊学"通三统"思想中的三个朝代，公羊学家以"三统三正三色"来对应这三个朝代，董仲舒认为夏朝是正黑统，建寅（以一月为正月），色尚黑；殷朝是正白统，建丑（以十二月为正月），色尚白；周朝是正赤统，建子（以十一月为正月），色尚赤。通三统包括"存三统"和"通三统"等内涵。所谓"存三统"是指"新王建朝，必须保留前两朝之后，为他们封土建国，允许保留各自旧朝的制度，以与新王朝并存"❸。而"通三统"则强调新朝制度对旧朝的损益，正如蒋庆所说："通三统是指王者在改制与治理天下时除依自己独有的一统外，还必须参照其他王者之统。"❹笔者认为，公羊学"通三统"的思想也体现着阴阳之道。

董仲舒说：

王者以制，一商一夏，一质一文，商质者主天，夏文者主地……主天法

---

❶ 苏舆. 春秋繁露义证 [M]. 钟哲, 点校. 北京：中华书局，1992：467-468.
❷ 班固. 汉书（第八册）[M]. 颜师古, 注. 北京：中华书局，1962：2518.
❸ 汪高鑫. 董仲舒与汉代历史思想研究 [M]. 北京：商务印书馆，2012：152.
❹ 蒋庆. 公羊学引论：儒家的政治智慧与历史信仰 [M]. 福州：福建教育出版社，2014：243.

商而王，其道佚阳，亲亲而多仁朴……主地法夏而王，其道进阴，尊尊而多义节……主天法质而王，其道佚阳，亲亲而多质爱……主地法文而王，其道进阴，尊尊而多礼文。❶

在这里，他勾勒了政治历史演变的"四法"之说。"四法"说实际上是"三统"说的进一步延伸，二者在内涵上是一致的。"三统"说以夏、殷二代为基础，夏主文、上忠，殷主质、上敬，二者的文质变化是三代变化的基本模式。周又主文、上文实际上是损益了殷代之质而融合了夏代之文。"四法"说无非是在"三统"说的基础上继续延展。在董仲舒看来，王朝所法不同，其礼乐制度则随之不同。他通过对历代礼乐制度演变的考察，认为主要就是商、夏、质、文"四法"的循环。他指出：

四法休于所故，祖于先帝，故四法如四时然，终而复始，穷则反本。❷

从上述"四法"的实质内容可以看出，"法商"与"法质"的礼乐制度大同小异，"法夏"与"法文"之礼乐制度亦大相径庭。从本体论的角度来观察，文与质对应着天道之"阳"与"阴"，文、质的损益实际上就是阴阳的和合，阴阳的和合并不是一方消灭另一方，而是螺旋式地不断演进，这正符合新朝在旧朝的基础上对自身礼法的不断改进。公羊家"通三统"的思想是通过文与质的损益来化解"乱世"，建立"治世"。

综上所述，人性的状态、人性的划分、政治的秩序、施政的手段和新朝的建立都在阴阳之道的统摄之下。阴阳之道是"天"的本体论，是"天"对人世责任的体现。"天"为人世立法，实际上是圣人洞察天机、名号人世的结果，圣人将人世融入宇宙的秩序中去，促成了人世秩序的稳定。

（二）列五行而正官秩

阴阳之道是"天"提供的本体论，但这并不是"天之责任"的全部。天道之阴、阳通过和合变化，衍生出了四时，四时又可分为五季，五季即内蕴着五行类归。董仲舒说：

天地之气，合而为一，分为阴阳，判为四时，列为五行。❸

五行类归是"天之责任"的宇宙论，是"天之责任"在现实社会中更加细化的表达。五行通过相生相克的方式为现实社会的复杂关系提供了稳定的

---

❶ 苏舆. 春秋繁露义证 [M]. 钟哲，点校. 北京：中华书局，1992：204-211.
❷ 苏舆. 春秋繁露义证 [M]. 钟哲，点校. 北京：中华书局，1992：212.
❸ 苏舆. 春秋繁露义证 [M]. 钟哲，点校. 北京：中华书局，1992：362.

宇宙论根据。

五行是人类在认识世界的过程中,将万物类归为五种最基本的元素,它们是木、火、土、金、水。五行可以对应五季,即春、夏、长夏、秋、冬;可以对应五脏,即肝、心、脾、肺、肾;可以对应五官,即司农、司马、司营、司徒、司寇。古人根据万事万物所具有的属性特征,下意识地将这些特征与五行相对应,如此五行思想成为了解释世界的理论。五行类归源于阴阳之道,它在解释世界的过程中扮演着宇宙论的角色。在董仲舒的责任思想中,五行类归是"天之责任"的一部分,它所统摄的政治秩序具有特殊的意义。

董仲舒在《春秋繁露·五行相生》中说:

东方者木,农之本。司农尚仁,进经术之士,道之以帝王之路,将顺其美,匡救其恶。执规而生,至温润下,知地形肥硗美恶,立事生则,因地之宜,召公是也。亲入南亩之中,观民垦草发淄,耕种五谷,积蓄有馀,家给人足,仓库充实。司马实谷。司马,本朝也。本朝者,火也,故曰木生火。❶

木元素意味着生长,在古人的认识世界中,东方是太阳升起的地方,是阳气萌生的地方,是农业之本。因此木、阳气、东方、生长、农业就有了实然的联系。其他四种元素与宇宙世界的联系与此是同一道理,古人将世界万物联系在一起,类归为五种元素,构建了一个稳定的世界。木与农业相关,自然就与主管农业的司农联系在一起。因此,司农的所有政治行为就在木元素所包含的性质中逐渐展开。根据五行相生的原理,木生火,火生土,土生金,金生水。古人就将政治生活中最重要的五个官职相生地联系在一起,即司农生司马,司马生司营,司营生司徒,司徒生司寇,司寇生司农,如此五官就形成了逐一负责的政治秩序。《春秋繁露·五行相胜》中记载:

木者,司农也。司农为奸,朋党比周,以蔽主明,退匿贤士,绝灭公卿,教民奢侈,宾客交通,不劝田事,博戏斗鸡,走狗弄马,长幼无礼,大小相虏,并为寇贼,横恣绝理。司徒诛之,齐桓是也。行霸任兵,侵蔡,蔡溃,遂伐楚,楚人降伏,以安中国。木者,君之官也。夫木者农也,农者民也,不顺如叛,则命司徒诛其率正矣,故曰金胜木。❷

五行有相生义,也有相胜义,具体而言,即木胜土,土胜水,水胜火,火胜金,金胜木。因此,司农在政治行为上做出了不轨的行动,司徒就要来

---

❶ 苏舆. 春秋繁露义证 [M]. 钟哲,点校. 北京:中华书局,1992:362-363.
❷ 苏舆. 春秋繁露义证 [M]. 钟哲,点校. 北京:中华书局,1992:367.

矫正他。同理，司马在政治行为上发生了偏差，则有司寇指正；司营犯了错误，则由司农来矫枉；司徒在政治行为上做错了事，则由司马来指正；司寇犯了错，则有司营来指正。如此，五官之间就形成了相隔而相正的政治格局。

五官的相生相胜是古人独特的认识论的结果，其政治意义在当下仍有启示。当代西方有三权分立的政治制度，即立法权、执法权和监督权各行其是。三权分立用严格的政治区分保证了三个部门执政的公平性和正义性，但是由于三者之间没有直接的结合，使得政治在执行的过程中缺乏互助。中国古代的五官相生相胜的政治模式，不仅保持了政治秩序的稳定性，而且在互相促进和相隔制衡中保证了政治执行的顺畅，并且避免了腐败的发生。五行类归作为一种宇宙秩序为中国古代的政治秩序提供了理论支持，影响着中国古代王朝政治的运行方式。

（三）爱人君而降灾异

阴阳之道与五行类归分别是"天"提供的本体论和宇宙论，是"天之责任"的重要内涵，二者是圣人"深察名号"的结果。而在中国古代，圣人的认识论难免带有"神道设教"的因素，这就使得圣人在解释"天之责任"时带有人格神的色彩。冯友兰在《中国哲学史》中论"天有五义"：曰物质之天，即与地相对之天。曰主宰之天，即所谓皇天上帝，有人格的天、帝。曰运命之天，乃指人生中吾人所无奈何者，如孟子所谓"若夫成功则天也"之天是也。曰自然之天，乃指自然之运行，如《荀子·天论篇》所说之天也。曰义理之天，乃谓宇宙之最高原理，如《中庸》所说"天命之谓性"之天是也。《诗》《书》《左传》《国语》中所谓之天，除指物质之天外，似皆指主宰之天。《论语》中孔子所说之天，亦皆主宰之天也。[1] 在先秦儒家典籍中，"天"之内含是混杂的，但都带有"主宰之天"的含义，将"天"人格化可以说是先秦儒家的时代共识。但是，即便为时代意识所影响，先秦儒家仍表现出用"理性"之维来看待"主宰之天"的倾向，例如孔子就说要"敬鬼神而远之"。冯达文认为在孔子那里，"'天'的人格神形象都已经被淡化"[2]。时降西汉，以董仲舒为首的儒家知识分子并没有继续先秦儒家对"天"之人格神淡化的过程，而是不断地强化对"天"的人格神化的进程。然而，需要

---

[1] 冯友兰. 中国哲学史（上）[M]. 上海：华东师范大学出版社，2000：35.
[2] 冯达文. 新编中国哲学史（上）[M]. 北京：人民出版社，2004：29.

指出的是，他对"天"人格神意义的强化并不能简单地视为一种迷信的思想，而应该被理解为一种权力制衡。董仲舒生逢中央集权的汉代，为了避免政治权力模式由集权转变成专制，他所能凭借的思想资源就是用"君权神授"的时代共识，用"主宰之天"来限制有权之天子。

在董仲舒所向往的政治结构中，"天"是高于天子的，而在先秦儒家的典籍中一直存在着"天视自我民视，天听自我民听"❶的思想，这就意味着"天"与民在政治结构中具有同等的地位，"天"所要表达的意志都可以在民身上体现出来。因此，"天民同构"的政治秩序必然内蕴着民的地位也是高于天子，如此"天"对天子的制衡就转换成民对天子的制衡。他说：

为礼不敬则伤行，而民弗尊，居上不宽则伤厚，而民弗亲；弗亲则弗信，弗尊则弗敬。❷

这意味着民在现实政治结构中具有最高的地位，民是可以裁判天子之得失的。

董仲舒说：

故其治乱之故，动静顺逆之气，乃损益阴阳之化，而摇荡四海之内。❸

他将阴阳的变化与治乱的原因直接相连，阴阳之道通贯于人世之间，它们的消长决定着人世的吉凶。然而天道的变化并不是在为非作歹，而是在警示君主。人世间一切灾异的出现，都是"天"督促"君之责任"实现的方式，因此：

国家将有失道之败，而天乃先出灾害以谴告之；不知自省，又出怪异以警惧之；尚不知变，而伤败乃至。以此见天心之仁爱人君而欲止其乱也。❹

因此，灾异的出现实际上是"天"有意为之，其中体现了"天"在政治秩序中的责任，体现了"天"对人主的关爱。

"天"降灾异只是警示天子在政治行为上失当，然而具体失当的内容却不是一般人所能参透的。有鉴于此，古人通过阴阳之道所衍生的五行类归，来具体阐释失当之原因。以木行为例，董仲舒说：

木者春，生之性，农之本也。劝农事，无夺民时，使民，岁不过三日，行什一之税，进经术之士。挺群禁，出轻系，去稽留，除桎梏，开门阖，通

---

❶ 焦循．孟子正义（第二册）[M]．沈文倬，点校．北京：中华书局，1987：646.
❷ 苏舆．春秋繁露义证 [M]．钟哲，点校．北京：中华书局，1992：256.
❸ 苏舆．春秋繁露义证 [M]．钟哲，点校．北京：中华书局，1992：466.
❹ 班固．汉书（第八册）[M]．颜师古，注．北京：中华书局，1962：2498.

障塞。恩及草木，则树木华美，而朱草生；恩及鳞虫，则鱼大为，鳣鲸不见，群龙下。如人君出入不时，走狗试马，驰骋不反宫室，好淫乐，饮酒沈湎，纵恣，不顾政治，事多发役，以夺民时，作谋增税，以夺民财，民病疥搔，温体，足胻痛。咎及于木，则茂木枯槁，工匠之轮多伤败。毒水渰群，漉陂如渔，咎及鳞虫，则鱼不为，群龙深藏，鲸出现。❶

在这里，他首先勾勒了"木之行"完好的治世状态，又阐述了君主在失德情况下出现的灾异。臣子可以通过现实社会中发生的种种异常来推断君主在五行中的哪一行出现了偏差。在五行类归的统摄下，各种祥瑞和灾异都被具体化，变得有案可查，这为政治秩序的稳定发展和矫枉过正提供了具体的保证。

综上所述，"天之责任"是董仲舒责任思想中颇为重要的一环。"天之责任"是圣人认识论下所产生的一种责任成分。董仲舒继承并发展圣人的理路，积极地阐发"天之责任"的重要性，"天"为人类生活提供本体论和宇宙论的根据，并且担当起警示天子的责任。可以说，"天之责任"的存在使得古代的人们生活在一个有根据的世界秩序之中，使得每个人具有了信仰和存在的意义。尤其在汉代这一以农业为主要文明形态的时期，"天之责任"为农业生活提供了一套稳定的形上基础。但是，社会秩序不可能永恒稳定，在董仲舒看来，政治的破稳源于天子的失当，而"天"必须为天下的不稳定负责，"天"必定会用灾异来警示天子，力图在根源上化解天下的不稳定。他认为，现实社会的灾难和问题实际上是"天"之作为，是"天"在警示君主责任的缺失，"天"通过人格化的表现来警示君主要尽其责任。因此，在"天之责任"的背后是"君之责任"的出场。

二、君之责任

在中国的传统社会，君主对天下的兴衰负有极大的责任，"君之责任"是董仲舒责任思想的重要一环。董仲舒身逢汉武之世，在元光元年五月的"贤良对策"中❷，通过"天人三策"阐明了他对汉帝国未来发展的理想图景。他的学说根底在春秋公羊学，他赋予君之责任也带有强烈的公羊学色彩，汉

---

❶ 苏舆. 春秋繁露义证 [M]. 钟哲, 点校. 北京：中华书局, 1992：371－373.
❷ 陈苏镇先生据《天人三策》中"今临朝而愿治七十余岁矣"一句断定董仲舒对策的时间在元光元年，其说可信。详见：陈苏镇.《春秋》与"汉道"：两汉政治与政治文化研究 [M]. 北京：中华书局, 2011：224.

武帝在治国理政过程中的若干决策亦符合公羊学的精神。汉武帝吸收春秋公羊学的精神来施政具有一个过程，从上位伊始的"博开艺能知路，悉延百端之学"到董仲舒对策之后的逐渐"罢黜百家，表彰六经"，汉武帝在政治决策中逐渐地向儒家治道模式靠近。汉武帝在政治上的决策可以看出他作为一位君主在治国过程中责任的体现，也可以为我们研究董仲舒的责任思想打开一扇窗。

(一) 因时改制

君主作为帝国政治的掌舵人，他必须对帝国的发展蓝图具有清晰的意识，他具有在不同帝国发展阶段制定帝国发展目标的责任。"因时改制"是"君之责任"的重要内容，董仲舒是春秋公羊学的大师，春秋公羊学的一个核心思想是"张三世"，公羊学"张三世"的思想即为君主提供了"因时改制"的理论基础。公羊家认为，孔子作《春秋》的目的是托事明义和托古改制，孔子假托《春秋》，把自鲁隐公到鲁哀公之间二百四十二年的历史分为三个不同的历史时期。这三个不同的历史时期，是据乱世、升平世和太平世。此三世以孔子诞生为基点，分为孔子所传闻世、孔子所闻世和孔子所见世。所传闻世历经隐、桓、庄、闵、僖五世，共九十六年；所闻世历经文、宣、成、襄四世，共八十五年；所见世历经昭、定、哀三世，共六十一年。三世的发展实际上是治法和信仰的背反，这就是刘逢禄在其《公羊何氏释例·张三世例》所说的"世愈乱而《春秋》之文益治"。在董仲舒的认识中，《春秋》并不是一部历史著作，孔子作《春秋》的目的是要托鲁国十二世的历史来表达自己王心所加之义，托孔子所见之乱世为太平世，以明孔子对人类历史演变的看法以及不同历史时期治世的基本方法。通过这一托事明以之方法，孔子的最终目的是托古改制，为后世立法。

在春秋公羊学三世说的学说背景下，董仲舒带着这种历史观为汉帝国建言献策，在他看来，汉武帝所处的历史时期正对应着三世中的"太平世"。董仲舒说：

今陛下并有天下，海内莫不率服，广览兼听，极群下之知，尽天下之美，至德昭然，施于方外。夜郎、康居，疏方万里，说德归谊，此太平之致也。然而功不加于百姓者，殆王心未加焉。[1]

---

[1] 班固. 汉书（第八册）[M]. 颜师古，注. 北京：中华书局，1962：2503.

他认为汉武帝处于"太平之致"的时期，太平景象已开始出现，但是还没有达到"太平世"的最终理想图景，百姓并没有蒙受"太平世"的功业。其中的关键原因，是帝王并没有对帝国做出正确的历史定位和相应的政治决策。

董仲舒将汉武帝的时期定位为"太平世"的开端，实际上带有自身理想的成分。"太平世"作为儒家最高的信仰之世，存在于每位儒生的心灵世界之中，董仲舒希望在有生之年实现"太平世"正体现了他的这一心态。在今人看来，用信仰去构建历史，显然背离了理性的客观规律。然而否弃理性，立足信仰恰恰是公羊学的历史观。在公羊家看来，用理性是诠释不了历史的，《春秋》二百四十二年间，随着历史的发展，伴随着历史倒退的事实，在春秋十二世之中弑君三十六、亡国五十二。这种历史的发展不是按照所谓理性来发展的，而是背离理想的不断堕落。因此，在公羊学的视域中，理性是解释不了历史的，只有超越理性用信心和勇气去证悟，才能在信仰中重建人类的希望和未来。董仲舒对当时的天下图景表现出了一种满意，在他看来，汉武之世已经具备了成为"太平世"的政治基础，而在他眼中汉武帝就是实现"太平世"的有德之君。他认为实现"太平世"是汉武帝的责任，汉武帝必须在这一大的理想治世中推出自己相应的政策。

据乱世、升平世和太平世各有其治法，概而言之，三世的治法呈现出一种先正己再正人，王化由内到外、由近及远的治道演进。在太平世，人类的道德水平达到了很高的程度，文明程度也得到了极大提升，天下不再有大国和小国的区别，文明也不再有先进和落后的差异。在这样一种世界中，没有了国界和种界，天下一家，人人平等。因此，汉武帝要想实现"太平世"，他最核心的政治决策就是"治夷狄"。《史记》卷一一七《司马相如列传》载当时"通西南夷道，发巴、蜀、广汉卒，作者数万人"，许多人"诘难之，以风天子"，司马相如因此作文，欲"令百姓知天子治意"。文中说："今封疆治内，冠带之伦，咸获嘉祉，靡有阙遗矣。而夷狄殊俗之国，辽绝异党之地，舟舆不通，人迹罕至，政教未加，流风犹微……父兄不辜，幼孤为奴，系累号泣，内向而怨，曰'盖闻中国有至仁焉，德洋而恩普，物靡不得其所，今独曷为遗己'。举踵思慕，若枯旱之望雨。鳌夫为之垂涕，况乎上圣，又恶能已？"[1] 由司马相如的这番言论中可以看出，当时与汉武帝共世的朝臣在为政

---

[1] 司马迁.史记（第九册）[M].裴骃集，解.司马贞，索引.张守节，正义.北京：中华书局，1959：3048.

古今中外名家论责任

理念上与汉武帝是一致的。汉武帝时期的君臣在开"太平世"这一政治蓝图上保持着同等的信心和强烈的抱负,这也是汉武帝开创汉代盛世的政治基础。

君主作为国家政治的掌舵人,他必须构建国家未来的宏伟蓝图,当代中国的政治领袖无一不具有这种品质。距今两千多年前的汉武帝亦具有这种发展国家的意识,他自觉吸收董仲舒所提出的公羊学理论,用三世说中的"太平世"对应当前的社会发展,用自己的雄心壮志塑造了强大的汉帝国。汉武帝在"因时改制"的"君之责任"方面为后世帝王做出了表率。

(二) 无为用贤

"无为用贤"是"君之责任"的另一内容。《汉书》卷五六《董仲舒传》载汉武帝册问诏曰:"盖闻虞舜之时,游于岩廊之上,垂拱无为,而天下太平。周文王至于日昃不暇食,而宇内亦治。夫帝王之道,岂不同条共贯与?何逸劳之疏也?"❶ 在册问中,汉武帝比较了造就两种治世的圣王的用功差异,虞舜无为而天下太平,周文王忙不暇食物而宇内得治。武帝的疑问是在帝王治理方式相同的情况下,为何会出现闲逸和劳累的区别。在此,武帝的潜台词是如何能无为而治,不致劳累。

董仲舒在对册中言明了虞舜和周文王治理天下的方式。

(舜)以禹为相,因尧之辅佐,继其统业,是以无为而天下治……文王顺天理物,师用贤圣,是以闳夭、大颠、散宜生等亦聚于朝廷。爱施兆民,天下归之,故太公起海滨而即三公也。当此之时,纣尚在上,尊卑昏乱,百姓散亡,故文王悼痛而欲安之,是以日昃而不暇食也……帝王之条贯同,然而劳逸异者,所遇之时异也。❷

董仲舒肯定了汉武帝对圣王治理天下具有一贯的方式,具体而言,就是帝王能任用贤人。虞舜之所以能无为而治,是他任用大禹为相,并因袭了唐尧时代的股肱大臣。而周文王同样使用贤圣,在自己的身边围绕着闳夭、大颠、散宜生等治世贤才。而虞舜和周文王在治理天下时出现了逸劳之别,主要是因为二者遭遇了不同的时代,虞舜继位于唐尧,得理治世,而文王身逢商末,不得不殚精竭虑。

在虞舜和周文王治理天下的过程中,通贯着两位圣王的治世之德。在儒

---

❶ 班固.汉书(第八册)[M].颜师古,注.北京:中华书局,1962:2506.
❷ 班固.汉书(第八册)[M].颜师古,注.北京:中华书局,1962:2509.

家的治道思想中，无为而治的实现是需要帝王具有高尚的政治德行的。在董仲舒看来，具备德行是帝王治世的基础，也是他给汉武帝提出的道德要求。在这里，德行已经成为一种责任赋予了汉武帝。

具备治世之德是君主的责任，是君主无为而治的基本条件。一个有德之君是董仲舒的理想政治图景中不可缺少的一环。君主之德就像一个磁铁，它能够吸引身边的贤才，为己所用，最终形成一个强有力的政治共同体。然而，好的德行是君主自身可以修养形成的，贤才作为政治共同体的另一个组成要素，他们不是君主凭借臆想就能获得的。因此，君主要在制度上为贤臣的出现提供支持，让人才源源不断地出现，董仲舒认为这种制度莫过于设立太学，设立太学也成为君主的一个重要的责任。

汉武帝在与董仲舒的对策中问道："朕夙寤晨兴，惟前帝王之宪，永思所以奉至尊，章洪业，皆在力本任贤。今朕亲耕藉田以为农先，劝孝弟，崇有德，使者冠盖相望，问勤劳，恤孤独，尽思极神，功烈休德未始云获也。今阴阳错缪，氛气充塞，群生寡遂，黎民未济，廉耻贸乱，贤不肖浑（淆）【殽】。"❶ 面对汉武帝的疑问，他给出的回答是："士素不厉也。"他把汉武帝时期社会治理的不尽如人意归结为治理社会的人才质量的低下。董仲舒认为：

夫不素养士而欲求贤，譬犹不（瑑）【琢】玉而求文采也。

这意味着，获得治世之才必须要培养人才。

而培养人才的具体措施是设立太学，他指出：

故养士之大者，莫大（虐）【乎】太学；太学者，贤士之所关也，教化之本原也。今以一郡一国之众，对亡应书者，是王道往往而绝也。臣愿陛下兴太学，置明师，以养天下之士，数考问以尽其材，则英俊宜可得矣。❷

他希望君主能以兴太学为己任，这一举措不仅表现了君主对知识的尊重，亦可以为君主的"无为而治"提供制度的保证。

君主有德行是实现"无为而治"的德行基础，而君主用尊重知识的良好德行所确立的"兴太学"的政策是"无为而治"的制度基础。"无为而治"是儒家理想政治格局中君主的施政行为，君主的"无为"实际上是"为德"，儒家知识分子相信君主以德治国，必定能最大限度地发挥身边臣子的作用，实现国家的大治。儒家的"无为"是对历史上有功之君主施政行为的总结，

---

❶ 班固. 汉书（第八册）[M]. 颜师古，注. 北京：中华书局，1962：2513.
❷ 班固. 汉书（第八册）[M]. 颜师古，注. 北京：中华书局，1962：2512.

它不同于道家因顺自然的"无为"治国，也不同于法家法术治国的"无为"施政，它要求君主在礼制的社会中，用自己的德行去感化人心，用自己的仁德去汇聚人才。孔子说："为政以德，譬如北辰，居其所耳众星拱之。"❶ 儒家的"无为而治"必定伴随着对人才的使用，而"兴太学"是获得人才最好的方式。儒家的"无为而治"是让君主为德，为德实际上也是一种"有为"。在董仲舒所设定的"无为用贤"的"君之责任"中，"无为"和"有为"是一体之两面。而在他的责任思想中，"统一政制"是君主另一个至关重要的责任，因为"政制"的统一是在礼法上为人类社会典籍，它是通往"无为而治"的康庄大道。

（三）统一政制

在中国的传统社会中，追求社会的安宁和稳定为每一个普通百姓所希望，而社会稳定的前提之一是帝国政治制度的统一。在董仲舒的责任思想中，"统一政制"是君主必须尽力谋划的重要责任，《天人三策》中记载：

《春秋》大一统者，天地之常经，古今之通谊。今师异道，人异术，百家殊方，指意不同。是以上亡以持一统，法制数变，下不知所守。臣愚以为诸不在六艺之科孔子之术者，皆绝其道，勿使并进。邪辟之说灭息，然后统纪可一而法度可明，民知所从矣。❷

董仲舒的这段话历来被后人视为"罢黜百家，独尊儒术"的出处。然而考察《汉书》却并未出现"罢黜百家，独尊儒术"的说法，在《汉书》卷五十六《董仲舒传第二十六》中有"推明孔氏，抑黜百家"的说法，在同书卷六《武帝纪第六》班固的赞辞中有"孝武初立，卓然罢黜百家，表章六经"❸ 一句。根据笔者的考证，"独尊儒术"一语在"中华民国"以前的文献中仅出现一次，南宋史浩（1106—1194年）在其撰著的《鄮峰真隐漫录》卷三十《谢得旨就禁中排当剳子》中有言："下陋释老，独尊儒术。"

由此可见，"独尊儒术"在中国古代社会的出现是与宋代儒力排二教、致力复兴的大背景有密切的关系。由于"独尊儒术"历来与文化的专制相关联，而根据笔者以上的论述这一用语最早出现在宋代，由此可见学界历来对"独尊儒术"的理解存在偏差，因此，有必要对"罢黜百家，独尊儒术"做全面

---

❶ 刘宝楠. 论语正义（第一册）[M]. 高流水，点校. 北京：中华书局，1990：37.
❷ 班固. 汉书（第八册）[M]. 颜师古，注. 北京：中华书局，1962：2523.
❸ 班固. 汉书（第一册）[M]. 颜师古，注. 北京：中华书局，1962：212.

的厘清。

根据笔者的考证,"罢黜百家"与"独尊儒术"的连用始于 1916 年。易白沙在《青年杂志》上发表《孔子评议》一文,文中称:"汉武当国……罢黜百家,独尊儒术,利用孔子为傀儡,垄断天下之思想,使失其自由。"作为"罢黜百家,独尊儒术"的提出者,易白沙的思想带有强烈的新文化运动情节,他追求西方式的民主、自由,继而否定了汉武帝时期君主专制的治国模式。在易白沙看来,在汉武帝时期,孔子成为专制政权的傀儡,而"独尊儒术"直接造成了文化专制。民国时期的两大思想家徐复观和钱穆分别从各自的史学立场对易白沙观点所带来的思想史误区进行了矫正。徐复观对汉代政治与文化的基本认定是,汉代政治是专制的,汉代的儒家文化却是积极的,因此他认为将董仲舒定性为汉代文化专制的发起者是学术史的"冤狱"。他继而说:"在对策中说:'诸不在六艺之科,孔子之术者,皆绝其道,勿使并进'的话,实际上这是指当时流行的纵横家及法家之术而言。他的反纵横家,是为了求政治上的安定。他的反法家,是为了反对当时以严刑峻罚为治。他的推明孔氏,是想以德治转移当时的刑治,为政治树立大经大法。而他的所谓'皆绝其道,勿使并进',指的是不为六艺以外的学说立博士而言。汉初承秦之旧,立博士并无标准。汉文帝时有博士七十余人,方士亦在其列;而六艺中仅有诗经博士。董氏的意见,并不是要禁止诸子百家在社会上的流通。董氏这一建议,只考虑到当时的政治问题,立论诚然容易被统治者所利用,而发生很大的流弊。但即使在两汉的经学盛时,也不曾影响到知识分子在学术上的态度。要由此而把两千年学术不发达的罪过一起加在他身上,这把一个书生所能发生的影响力,估计得太高,有点近于神话了。"❶ 钱穆同样将董仲舒在对策中言语的目的定性为只立儒家博士官,但他并不认为董仲舒为汉朝统治者所利用,而认为汉代的治理是君臣互动的结果,钱穆说:"武帝从董仲舒请,罢黜百家,只立五经博士,从此博士一职,渐渐从方技神怪、旁门杂流中解放出来,纯化为专门研治历史和政治的学者。"❷

徐复观和钱穆将"独尊儒术"与博士官的设立相联系,这在一定程度上化解了汉代文化专制的问题。值得注意的是,他们的观点有一个共同点是将《天人三策》的发生时间确定在建元元年,此时的一个重要政府决策是只设儒家博

---

❶ 徐复观. 两汉思想史(一)[M]. 上海:华东师范大学出版社,2001:113.
❷ 钱穆. 国史大纲(上)[M]. 北京:商务印书馆,1996:145.

士官。如《汉书》卷六《武帝纪第六》所载："建元元年冬十月，诏丞相、御史、列侯、中二千石、二千石、诸侯相举贤良方正直言极谏之士。丞相绾奏曰：'所举贤良，或治申、商、韩非、苏秦、张仪之言，乱国政，请皆罢。'奏可。"❶ 然而且不论《天人三策》正确发生的时间当为元光元年，上述引文中的罢黜对象为"所举贤良"中治法家、纵横家的言论与徐、钱的纯化"博士官"的观点就相去甚远。因此徐、钱的观点并不能正确地对易白沙的观点进行否定。

要化解董仲舒对策之言是否为文化专制推波助澜还得回到对策的实文，笔者认为，必须用"统一政制"的"君之责任"来理解他的"推明孔氏，抑黜百家"。

董仲舒上述对策的第一句是：

《春秋》大一统者，天地之常经，古今之通谊也。

因此要理解他的这句话必须理解什么是"《春秋》大一统"。《春秋》首书："元年春王正月。"《公羊传》曰："元年者何？君之始年也。春者何？岁之始也。王者孰谓？谓文王也。曷为先言王而后言正月？王正月也。何言乎王正月？大一统也。"何休在"大一统"后注曰："统者，始也，摠系之辞。夫王者始受命改制，布政施教于天下，自公侯至于庶人，自山川至于草木昆虫，莫不一一系于正月，故云政教之始。政，莫大于正始。故《春秋》以元之气，正天之端；以天之端，正王之政；以王之政，正诸侯之即位；以诸侯之即位，正境内之治。诸侯不上奉王之政则不得即位，故先言正月而后言即位；政不由王出则不得为政，故先言王而后言正月也；王者不承天以制号令则无法，故先言春而后言王；天不深正其元则不能成其化，故先言元而后言春。王者同日并见，相须成体，乃天人之大本，万物之所系，不可不察也。"蒋庆在《公羊学引论：儒家的政治智慧与历史信仰》中认为，"大一统思想的形上含义""主要有两个方面，一是以元统天，一是立元正始"，"所谓以元统天，就是以元来作为宇宙万物的本体，来作为一切存在的基始"，"所谓立元正始，是指从价值上来讲，宇宙中的万事万物与人类历史中的政治活动和政治制度都必须有一个纯正的开端，有了此一存在的开端，宇宙中的万事万物与人类历史中的政治活动和政治制度才会纯正，从而才会获得意义与价值（正即意义与价值）"❷。因此，"《春秋》大一统"思想是以"天"作为本体

---

❶ 班固. 汉书（第一册）[M]. 颜师古，注. 北京：中华书局，1962：156.
❷ 蒋庆. 公羊学引论：儒家的政治智慧与历史信仰[M]. 福州：福建教育出版社，2014：228-231.

根据，以改正朔作为改制的方式，对新朝之政治秩序在时间上做出更化的政治理论。董仲舒对策之时，汉代的国祚已经延续了七十多年，但董仲舒仍然认为汉代没有完成"《春秋》大一统"改正朔的时代使命，因此他才会用在对策的末尾提出这一想法。

董仲舒在对策的末尾强调：统纪可一而法度可明，民知所从矣。

他的意思很清楚，统一法度的最终受益者是百姓，让百姓在统一的礼制生活中稳定地存活。而要统一法度，最先要做的就是改正朔，使整个王朝在一个新的统治秩序中有序展开。他的这一建议正是针对汉武帝时期"法制数变"的政治现实。建元元年，汉武帝重用窦婴、田蚡、赵绾、王臧等儒家官员，试图用儒家意识形态取代武帝之前汉代采用的黄老道家的意识形态。然而，由于当时汉代的实际掌权者是武帝的祖母窦太后，崇好黄老的窦太后毅然终止的建元新政。直至建元五年，窦太后死后，武帝才重新使用田蚡为丞相，进行了一系列的儒学改制。因此，在董仲舒元光元年对策之前，汉武帝在即位的六年间就三次改变了国家的意识形态。虽然当时的汉帝国已走出了窦太后摄政的政治现实，国家的治理也正朝着用儒学治国的道路前进，但是他清醒地意识到，人治是影响政治走向的重要因素，而比人治更为根本的是影响人的思想，因此要实现汉帝国长久地使用儒家思想作为意识形态，必须在思想上实现儒家学术的一统。因此董仲舒才提出要"推明孔氏，抑黜百家"。

董仲舒"抑黜百家"的提法亦是针对当时的政治现实，当时围绕在汉武帝身边的官员，有儒家（如田蚡），有黄老道家（如司马谈），有法家（如张汤），亦有纵横家（如主父偃）[1]。在他看来，如此混杂的官僚思想系统，必然影响着汉武帝在政治决策上的判断。因此，他提出要从乡校开始，让儒家知识分子服务于最基础的教化阵地，让师不"异道"，人不"异论"。因此，从统一政制的角度来理解董仲舒的"推明孔氏，抑罢百家"才能真正化解历来的文化专制论。他的"抑黜百家"的目的是汉帝国政治秩序的稳定，稳定的政治秩序才能带来社会经济、文化的繁荣发展，从当代中国政府力求意识形态稳定的现实来观察董仲舒的对策亦可对其有正确的理解。

---

[1] 《汉书》卷三十《艺文志》纵横家类有"《主父偃》二十八篇"。

三、臣之责任

在现实社会的政治架构中，君、臣是政治实施中最重要的两环。董仲舒的哲学由天道之阴阳而兴发，阴阳之道同样是君臣之理的形上根据，他说：

凡物必有合。合，必有上，必有下……阴者阳之合，妻者夫之合，子者父之合，臣者君之合。物莫无合，而合各相阴阳。阳兼于阴，阴兼于阳，夫兼于妻，妻兼于夫，父兼于子，子兼于父，君兼于臣，臣兼于君。君臣、父子、夫妇之义，皆取诸阴阳之道。❶

在他的思想体系中，君与臣的高下之别首先是一个事实判断，这一事实判断源于本体论中"阴""阳"的高下之分，君臣的地位差等是天道所赋予的，人们不应该为此叛逆，而应当顺受此理。既然君臣的高下之别是天理之自然，在政治运作的过程中，君臣就要互相配合，共同促进好的政治秩序的形成。正如本书第一章所指出的，礼制是儒家认可的好的政治体的秩序图景，在礼制中的每个人都有责任为稳定的政治秩序贡献自己的力量。董仲舒作为汉武帝的臣子，他的作为正可以让我们认知他的责任思想中之臣之责任。

（一）推阴阳以错行

天道的阴阳和合与五行变化是宇宙中蕴藏的规则，圣人最先发现了它，并用它来解释现实世界，以董仲舒为首的儒家臣子借鉴圣人的"深察名号"来化解现实世界的问题。兹以"求雨"与"谏言"为例来说明臣子的这一责任。

中国古代是以农业生产为主要的经济生产方式，雨水的充足是保证农业生产顺利进行的客观因素。然而，天有不测风云，干旱是人们生活中最不愿意遇到而又时常经历的情况，在这种情况下深察天机的儒家臣子需要通过求雨的方式，让"天"开恩。《春秋繁露》中记载：

春旱求雨，令县邑以水日祷社稷山川，家人祀户，无伐名木，无斩山林，暴巫，聚尪，八日于邑东门之外，为四通之坛，方八尺，植苍缯八，其神共工，祭之以生鱼八、玄酒、具清酒、膊脯，择巫之洁清辩利者以为祝，祝斋三日，服苍衣，先再拜，乃跪陈，陈已，复再拜，乃起。祝曰："昊天生五谷以养人，今五谷病旱，恐不成实，敬进清酒膊脯，再拜请雨。雨幸大澍，即

---

❶ 苏舆. 春秋繁露义证 [M]. 钟哲, 点校. 北京：中华书局, 1992：350.

奉牲祷。"❶

董仲舒在《求雨》中描述了臣子在春天求雨的具体措施,毫无疑问,在他的思维世界中,"天"是人格化的,因此,在春天求雨就必须履行符合"天"所规定的春天的稳定秩序。《汉书·董仲舒传》记载:"仲舒治国,以《春秋》灾异之变推阴阳所以错行,故求雨,闭诸阳,纵诸阴,其止雨反是;行之一国,未尝不得所欲。"❷ 可见,董仲舒的求雨是通过现实社会的阴阳有序来匡正天道所表现出的阴阳失衡。可以说,"求雨"是臣子通过个人的努力来维护现实社会的稳定,但这只能治标未能治本,天道的阴阳失衡实际上是"天"在警示君主的失当,因此臣子为了现实社会的稳定,必须对君主进行谏言。

谏言和纳谏是良好的君臣关系的体现。孔子曾说:"君事臣以礼,臣事君以忠。"在儒家知识分子的君臣关系中,君臣有地位的高下之分,没有人格的贵贱之判。因此臣子谏言是义正词严,君主纳谏应当是虚怀若谷。然而,《汉书·董仲舒传》记载了一则董仲舒向天子谏言未果的案例。"先是辽东高庙、长陵高园殿灾,仲舒居家推说其意,草稿未上,主父偃候仲舒,私见,嫉之,窃其书而奏焉。上召视诸儒,仲舒弟子吕步舒不知其师书,以为大愚。于是下仲舒吏,当死,诏赦之。仲舒遂不敢复言灾异。"❸ 从这则案例可以看出,火灾作为一种现实社会的异态,是足以引起执政者的关注的,执政者与人们一样,生活在同样的天道信仰之下。当出现灾异时,有责任的执政者会产生警觉,反省自己是否犯错。因此,在辽东高庙、长陵高园火灾时,汉武帝才会召集忠臣来直言进谏。然而由于臣子的学术根底有异,个人情趣不同,当面临同样的灾异时,不同的臣子可能会有不同的谏言。在不同的解释下,执政者的反思度和容忍度直接决定了哪种谏言会被采纳。董仲舒性格刚直,他在这次对策中可能触及了汉武帝不愿意接受和悔改的内容,因此他被下狱,这在君主集权的汉武帝时代并不是不能理解的。然而,董仲舒下狱的事件却让我们反思,在君主集权的汉代,臣子究竟能在多大程度上影响君主?

公羊家有"尊王"的思想,董仲舒在《天人三策》中确立了君主对现实政治的决策权,用"天"和民来制衡君主的权力。在这种制衡结构中,"天"实际上是"失语","民"事实上是"无权"的,因此对君主之过失的矫正最

---

❶ 苏舆. 春秋繁露义证 [M]. 钟哲,点校. 北京:中华书局,1992:426-428.
❷ 班固. 汉书(第八册)[M]. 颜师古,注. 中华书局,1962:2524.
❸ 同上。

终要靠臣子的谏言来实现，而在中央集权的政治体制中，臣子在地位上是不足以制衡君主的。由此可见，董仲舒所坚持的政治制约模式极有可能导致君主专制，这也许是以他为首的儒生所始料不及的，他在之后的人生中"不敢复言灾异"也体现出了当时谏言臣子的压抑心境。

（二）法《春秋》而决狱

推阴阳以错行是臣子对君之失当所负有的责任，法《春秋》而决狱则是臣子对民之失当所负有的责任。臣子在使用《春秋》大义决狱之前，首先要将《春秋》所秉持的决狱思想引入司法实践之中，汉武帝在董仲舒对策后开始逐渐改革，其中一项就是"更定律令"。据《史记》记载，张汤、赵禹共定律令始于元光五年，第二年，赵禹迁中尉，而张汤至元朔三年才"以更定律令为廷尉"[1]。公羊家的"《春秋》决狱说"对汉武帝时期的"更定律令"产生了直接影响。

众所周知，在汉武帝以前的时期，汉代的法度主要是继承了秦朝的法制，在文景时期，朝廷实行休养生息的治国之策，秦制在汉代实际上有"虚悬"的迹象。然而秦制之严酷，令每个知法者都不由惊怖，人们也常常把秦帝国的灭亡与秦法之严酷联系起来。在这种情况下，立志更制的汉武帝必然要反思秦朝法律过苛的事实，变法成了汉帝国需要面对的时代议题。然而，如何变法，却不是汉武帝一个人所能参透的。在汉帝国的时代问题面前，董仲舒彰显了一个臣子所应具有的责任，在贤良对策中，他力倡"尊儒"，力图用儒家的仁爱之术与法家的严酷之制做一调和。《春秋繁露》记载：

春秋，缘人情，赦小过，而传明之曰：君子辞也。孔子明得失，见成败，疾时世之不仁，失王道之体，故缘人情，赦小过，传又明之曰：君子辞也。[2]

很明显，董仲舒力图将儒家的缘情赦国融入秦制中去，这正符合《春秋》决狱的精神。

在董仲舒为官的岁月中，他亦用《春秋》决狱的相关理论来裁决相关的刑狱。据《春秋繁露义证》所记载的他决狱的案例：

甲无子，拾道旁弃儿乙，养之以为子。及乙长，有罪杀人，以状语甲，甲藏匿乙。甲当何论？仲舒断曰：甲无子，振活养乙，虽非所生，谁与易

---

[1] 司马迁. 史记（第九册）[M]. 裴骃集，解. 司马贞，索引. 张守节，正义. 北京：中华书局，1959：3107.

[2] 苏舆. 春秋繁露义证[M]. 钟哲，点校. 北京：中华书局，1992：163.

之?……《春秋》之义,父为子隐,甲宜匿乙,诏不当坐。❶

董仲舒的这次判决的最早依据是孔子"亲亲相隐"的伦理命题,作为父亲的儿子,在情感上理应隐瞒父亲的罪过,也许这并不能带来法律的正义,但这种方式能保守人类最基本的道德底线。即便在当代的中国,"亲亲相隐"也为法律所吸收。法律无情,然而我们渴望的是一个有情有义的社会。在这一点上,《春秋》决狱肯定了儒家的这一情感基点,并将它用在了具体的社会治理方面。

李泽厚对汉代《春秋》决狱的评价是:"自汉代以来,体现着'实用理性'精神的'儒法互用',即儒家重人情、重实质的世界观,融入重形式、重理智的法家体制,获得长期的社会稳定和人际和谐的传统经验"❷。《春秋》决狱肇始了礼义与法律制度的结合,其目的正在于弥补秦制的缺陷,从而构建汉家制度。在董仲舒为首的儒家臣子的共同努力下,汉代的法制实现了情与法的融合,这种范式影响了之后的中国古代社会。

(三) 辨义利而安民

义利之辨是儒家哲学的主题之一,儒者有责任宣传正确的义利思想。在先秦时期,儒家先哲就极其重视辨解义利。孔子对义利之辨的哲学思考可以概括为"义以生利",据《左传·成公二年》记载,孔子曾说过:"名以出信,信以成器,器以藏礼,礼以行义,义以生利,利以平民,政之大节也。"❸在这里,孔子所阐发的义利观是以好的政治之要旨为讨论背景的。孟子作为孔子之后的儒家代表人物,他发展了孔子的义利思想,并在自己的仁政思想的框架内将其转化为"重义轻利"的观点。在《孟子·梁惠王上》之开篇,就记载了孟子在义利观上的重要思想,他说:"王何必曰利?亦有仁义而已矣。王曰'何以利吾国'?大夫曰'何以利吾家'?士庶人曰'何以利吾身'?上下交征利而国危矣。万乘之国弑其君者,必千乘之家;千乘之国弑其君者,必百乘之家。万取千焉,千取百焉,不为不多矣。苟为后义而先利,不夺不餍。未有仁而遗其亲者也,未有义而后其君者也。王亦曰仁义而已矣,何必曰利?"❹ 在孟子与梁惠王的对话中,孟子强调"重利"对于国家政治的危害

---

❶ 苏舆. 春秋繁露义证 [M]. 钟哲, 点校. 北京: 中华书局, 1992: 93.
❷ 李泽厚. 课虚无以责有 [J]. 读书, 2003 (7): 59.
❸ 洪亮吉. 春秋左传诂 (下) [M]. 李解民, 点校. 北京: 中华书局, 1987: 437.
❹ 焦循. 孟子正义 (上) [M]. 沈文倬, 点校. 北京: 中华书局, 1987: 36-43.

性，在对立的方面，他提倡"仁义"在社会治理所能产生的重要作用。到了董仲舒这里，他主张：夫仁人者，正其谊不谋其利，明其道不计其功。❶

从表面上看，他的义利观可概括为"谋义不谋利"，实际上，他在这里表达了更为深刻的内涵。董仲舒的义利观在继承先秦儒家先哲的基础上，主张官员与庶民义利观的分途，概而言之，就是官员（"仁人"）"谋义不谋利"，而百姓可以守义好利。他认为官员与百姓"义利观"的分途，能够起到安民的作用，而这正是一个臣子应尽的责任。

要理解董仲舒所主张的官员与庶民"义利观"的分途，还得从他对人之本性的理解说起。董仲舒说：

天之生人也，使人生义与利。利以养其体，义以养其心。心不得义不能乐，体不得利不能安。义者心之养也，利者体之养也。体莫贵于心，故养莫重于义，义之养生人大于利。❷

他认为，重义与重利是人天性之本然，因此具有两种共存、对抗的状态，它们是天道之阴阳在人性中的另一种表现。重义居于这对范畴的高位，重利居于这对范畴的低位，因此义高于利，人也应该重义而轻利。然而，董仲舒认为，既然重利是人天生的两种心理状态，所以我们就不应该摒弃它，而应该对重利进行社会角色的区分。官员是国家的上层人士，他们有足够的俸禄养家糊口，因此官员如果与民争利就会导致社会财富的严重失衡。基于这种思考，他提出：

故受禄之家，食禄而已，不与民争业，然后利可均布，而民可家足。❸

官员不与民争业，可以实现利的"均布"，这也是孔子一直提倡的国家"不患寡而患不均"的思想。但是，允许民的好利，并不等同于允许民争利，百姓争利的结果必然导致社会道德的滑坡。董仲舒清楚地认识到：

古者修教训之官，务以德善化民，民已大化之后，天下常亡一人之狱矣。今世废而不修，亡以化民，民以故弃行谊而死财利，是以犯法而罪多，一岁之狱以万千数。❹

如果不对民施以教化，使民争利，必然导致社会的混乱。因此，在董仲舒分解官员与百姓义利观的背后，实际上是教化的出场。

---

❶ 班固. 汉书（第八册）[M]. 颜师古, 注. 北京：中华书局，1962：2524.
❷ 苏舆. 春秋繁露义证 [M]. 钟哲, 点校. 北京：中华书局，1992：2633.
❸ 班固. 汉书（第八册）[M]. 颜师古, 注. 北京：中华书局，1962：2521.
❹ 班固. 汉书（第八册）[M]. 颜师古, 注. 北京：中华书局，1962：2515.

臣子是国家知识层度最高的一群人，他们有责任将正确的义利观传输给身边的每一个人，以维护国家政治秩序的稳定。臣子辨解义利首先要矫正自己的义利观，不与民争利，继而将守义好利的思想教授给百姓，让人民富起来。辨义利以安民的臣子责任对汉代的发展产生了巨大的影响，在董仲舒过世后的盐铁会议上，儒家诤臣就以官府不与民争利的核心观点与桑弘羊等财政大臣进行深入的辩论，最终"盐铁之议"以儒家的胜利而宣告结束。

综上所述，臣之责任主要有：推阴阳以错行、法《春秋》而决狱和辨义利以安民，臣子履行这三种责任的最终目的是国家政治秩序的稳定。臣子作为国家的知识精英，他们有责任为君主和百姓服务，在董仲舒看来，臣子必须为国分忧而不是逐利享乐。同时我们需要注意，在中央集权和郡县立国的汉代，君臣的关系已经不如从前平等。虽然儒家臣子仍然保守和宣传着"君使臣以礼，臣事君以忠"的理想君臣模式，但是在客观时势面前，臣子对君主已无法形成有效的制约。在这种历史背景下，臣子的责任不能淋漓尽致地发挥。

四、时代启示

董仲舒的责任思想可以分为"天之责任""君之责任"和"臣之责任"三个部分。"天"为人类社会提供形上的支持并监督着天子责任的实施，"君"和"臣"是现实政治中责任的践行者，"天""君"和"臣"的责任组成共同为天下服务，为万民服务。董仲舒的责任思想带给当代社会的启示主要有天道信仰、为政以德和权利监督三个内容。

（一）天道信仰

在董仲舒的责任思想中，"天"既是一种责任成分，同时又是其余两种责任成分的本体论和宇宙论。"天之责任"通过阴阳化育、五行类归和灾异警君得以实现。"天之责任"实际上是为人类的政治生活"立法"，让人类在同一个天道信仰下和谐地生存。"阴阳"是天道最简易的表达，它存在于人类社会的每一个角落，"五行"是"阴阳"的进一步演化，它通过五种基本的生存元素将复杂的人类社会类归起来。"阴阳五行"使汉代人民的生活自然而有序，特别对中国农业文明的发展和持续意义重大。在中国古代，"阴阳五行"作为一种信仰一直存在。

天道信仰在汉代"天人之际"的问题意识下被许多思想家深入的挖掘，

董仲舒作为"儒林领袖",他倡导天道信仰和礼制社会的合一。当天道为礼制社会提供形上支持时,一个稳定的人类社会得以实现,人类生存于同一片天空,分享同一个信仰,认同"阴阳五行"的一致原则。笔者认为,天道信仰使汉人在自然中得到和谐,在稳定中获得安详。但是,礼制的长时间稳定会让向往生活多元化的知识分子厌倦,这是魏晋士人打破社会常规,追求异样生活的原因。值得注意的是,魏晋士人虽然在批判名教,他们所向往的精神境界恰恰是汉代统摄礼制的天道信仰。魏晋士人心灵世界中名教与自然的分裂,实际上是在继承汉代天道信仰的基础上来重构人类生活。魏晋士人哲学与生活的尝试,促进了道家文化在唐代的抬头,也帮助了佛教思想在中国大地的生根。唐代作为一个治世,它的兆基君主李世民用包容的政策致使了儒家、道教和佛教的共存。但由于三家中,佛的天道信仰有别于儒家和道教,三家的合一还需要哲人更长久的工作。笔者认为,三家合一的实现在宋代,它的哲学形态是道学。被朱熹视为道学宗主的周敦颐在《太极图说》中阐发了"阴阳五行"如何形成人类社会的基本格局。道学家的天道信仰与汉代哲学别无二致,所不同的是宋代道学在佛教的影响下致力于讨论心性问题,因此天道信仰在更大的层面与心性理论相结合。在宋代道学的推动下,天道信仰不再单一地化解"天"与礼制的关系问题,并且开始讨论"天"与心性的关系,在人通过体验直接感悟天道信仰时,人在精神境界上成为一个独立的个体。朱熹对个体境界的追求可以用"存天理,灭人欲"来概括,在他看来,人的私欲会影响人对天理的认知,人类社会是在"天理"下展开的。陆九渊是与朱熹同时期的儒家大儒,他不反对朱熹对天道信仰的阐发,但不苟同朱熹对心性的理解。在陆九渊看来,心性的本真状态与天道至理是合一的,因此天道信仰就在人的心中,人类确定信仰的方式不必向外探求,只需向内求索。陆九渊将天道信仰内置于心性秩序开启了道学的一个分支——心学,明代大儒王阳明继承了心学并将它发展到极致。当心学思维植入儒者的心中,儒家精英社会的"准佛教"正在慢慢形成,儒者所关注的是通过体悟去证悟天道。这种思想背景促使了注重实践的清代实学的产生,清代的儒者更重视对礼制的践行,而尽量避免空谈心性。清代的实学精神将天道信仰与现实礼制重新合一,重塑了汉代的哲学样态。然而,清代的人们无法享受太久的天人和谐,当西方的坚船利炮打开王朝的国门时,中国的知识分子开始反思我们既有的生活方式。1914年"新文化运动"的宗旨就是用西方的进步与科学更化中国落后文化,用西方民主制度代替中国礼制秩序。礼制秩序的崩塌直接导致了天道信仰的虚无,从新文化运动开始,"虚无主义"在中国社会弥漫开来。

当代中国社会,儒家文化正在复兴,笔者认为,儒家的回归必须伴随着天道信仰的重塑。接受天道信仰是儒家回归当代社会的一种文化带入,其最大价值是使人类认识自己的存在方式,为人自身树立明确的本体根据。纵观中国历史,天道信仰的存在是社会秩序稳定的基础,天道信仰的丧失是"虚无主义"的开始。在中国大多数人民的心中是认同儒家文化、并践行儒家伦理的,然而面临多元文化的冲击,我们不免对传统进行反思。摆在我们面前一个棘手的问题是,如何赋予"阴阳五行"的天道信仰以现代科学的意义。笔者认为,在既往的哲学研究中,学者过分重视对天道信仰的哲学分析,而弱化了现实效用的理解。借用康德的哲学概念,天道信仰是"物自体",现实效用是"现象",人类的理性永远无法澄清天道信仰,但我们可以通过解释现实效用来理解我们的信仰究竟为何。最能体现"阴阳五行"的现实效用就是中国医学,在科学兴盛的当代,没有人会否认中医的切实效用。中医通过"阴阳五行"的辨证施治让中国人在漫长的历史中战胜了无数疾病,守护住了中华民族的健康。在中医背后,实际上是人的生理结构,如果人身上没有"阴阳五行"的先天元素,中医是无法切实有用的。而在人多背后则是人类伦理的形式。当我们在确证人的"阴阳五行"的先天性时,我们实际上已经在探寻天道的内涵,触到了中国礼制秩序创造性发展的问题。当然天道信仰决定于人类认识论是否愿意将现实效用与天道内涵相结合。在这种哲学的结合上,我们需要有更多科学理论的支持,以及更多"类中医理论"的挖掘。

(二) 为政以德

在董仲舒的责任思想中,君主是现实政治秩序最大的责任人,君主执政的好坏直接影响到天下人的幸福和帝国的兴衰。在春秋公羊学"尊王"思想的影响下,汉武帝的权力地位得到了理论的支持。公羊学的"尊王"思想并不是独裁统治,它是将君主置于稳定的天人同构的政治架构中,赋予君主人间最高的权力地位和责任义务。实际上,君主在现实政治中的至高地位在先秦儒家那里就得到阐发,孔子说:"为政以德,譬如北辰,居其所耳众星拱之。"很明显,孔子不仅规定了君子的至上地位,而且也赋予君主以德行的要求。

我们可以把孔子所谓的"为政以德"视为董仲舒赋予君主的责任,这种责任确立了"金字塔"形的权力结构，但并不等于君主一人的独断专行。君主作为现实政治的总负责，必须学会善用身边的人才，使他们像"星星"一样环绕在自己的周围，共同治理国家。在这一过程中，国家的政治团体为民众服务，倾听民众的声音，化解民众的问题。"为政以德"的政治方式的最终目的是"民本"，与这种形式有别的是发源于西方社会的"民主"制度。西方式"民主"的背后是自由和平等，毋庸置疑，自由和平等是每一个人都追求的价值。民主制是一个"倒三角"的权力模式，是一种还政于民的政治模式。毫无疑问，民主制是当今世界为多数国家所采用的一种政治模式，然而我们的反思是，自由和平等一定要以"民主"为前提吗？当每一个人都在追求自由的人格和平等的权利时，国家的精英能够最大限度地发挥他们的价值吗？大多数人的诉求真的能带来最大的国家利益吗？笔者的疑虑是，大多数人所追求的福利到底是一己之利还是国家大义？笔者同样疑虑，大多数人的决定一定是最具有智慧的吗？历史的无数事实证明，真理往往掌握在少数智慧者的手中。我们不要忘记，西方先哲亚里士多德并不认为民主制是一种最好的制度。我们也必须提防民主可能会导致民粹，而最终破坏国家的发展。我们同样要关注西方当代学者对于民主的反思，曾经不断提倡民主制的学者福山近来反复强调"强有力的政府是国家的福音"，福山的论述实际上是对中国自古以来"为政以德"的政治模式的肯定。

毫无疑问，民主制与强有力的政府有一种内在的紧张，在当代世界的发展中，民主是一个趋势。但民主的形式值得每一个国家去反思。同样，随着中国政府的强力作为，东方的政府智慧同样值得人们去反思。笔者在此不想用是非题的方式来解决这一问题，而是想用取长补短的形式为不同国家的政治模式做出借鉴。民主的最佳运作是民智的大开，如果每一个人都有足够的智慧去帮助国家化解问题，并用最理性的方式去做出决策，这无疑是民主的胜利。而在民智未足的情况下，政府通过"为政以德"的方式，利用权力而不滥用权力，用德行来推动"民本"初衷，用法制来"把自己关进权力的牢笼"，这同样是政治运行的良好形势。

"为政以德"的中国政治模式无疑是充满智慧的，在西方价值盛行的今天，中国人民不应该唯西方是从，更不应该看轻自己的历史与文化。我们正确的做法是用同情理解我们的过去，用自信使用我们的资源，用包容借鉴西方的智慧，创造出有中国特色的政治模式，屹立于世界的政治文明之林。

（三）权利监督

在董仲舒的责任思想中，"天"与"民"是同构的，共同监督着"君之责任"的运行。"天"之喜怒就是"民"之喜怒，如若万民皆悦，则是太平盛世；如若万民皆苦，则是帝国末日。这就督促着"君"必须构建一个好的政治体，为民服务。同时，他提出了"民"与"君"是同权的，"民"在历史的进程中必将成为"君"。在董仲舒的政治历史观中，存在着一个三王、五帝、九皇和民这样一个由近至远的历史系统。"三王"之上还有"五帝"，而三王、五帝之上则有"九皇"，"九皇"之上，则"下极其为民"。董仲舒在《三代改制质文》中提出：

故圣王生则称天子，崩迁则存为三王，绌灭则为五帝，下至附庸，绌为九皇，下极其为民。❶

他认为，"民皇帝王"这样一个历史系统虽然是不变的，可对应的具体历史王朝却是处在不断变化之中的。概而言之，三统移于下，则王朝依次上绌。董仲舒说：

汤受命而王，应天变夏作殷号，时正白统。亲夏故虞，绌唐谓之帝尧，以神农为赤帝。作宫邑于下洛之阳，名相官曰尹，作《濩乐》，制质礼以奉天。文王受命而王，应天变殷作周号，时正赤统。亲殷故夏，绌虞谓之帝舜，以轩辕为黄帝，推神农以为九皇。……《春秋》应天作新王之事，时正黑统。王鲁，尚黑，绌夏，亲周，故宋。❷

此时黄帝则上绌为"九皇"，而原先的"九皇"则"下极其为民"。"下极其为民"的另一种表达是"上极其为民"，当"新皇"从"旧帝"中产生时，"旧皇"成为"新民"。同理，"旧民"也就成为"新王"。董仲舒这一政治历史观，实际上将民纳入政权的轮转之中，民不再是被统治者，而是在历史的运行中必然获得统治权，正是在这一意义上，"民"与"君"是同权的。

自先秦以来，儒家的政治哲学是"君""臣"分职的，"君"主政，"臣"主治。在《论语》中的"问政"语录中，孔子对"君"之"问政"每每答以"君"之德行的提高；孔子对"臣"之"问政"的回答除了德行的要求，主要是如何治理国邦。董仲舒集成了先哲的政治思想，并在汉代神权大张的时

---

❶ 苏舆．春秋繁露义证［M］．钟哲，点校．北京：中华书局，1992：202.
❷ 苏舆．春秋繁露义证［M］．钟哲，点校．北京：中华书局，1992：186-189.

代背景下，申明了具有人格色彩的"天"所应具有的责任，并力图用"天之责任"来限制"君之责任"，以避免现实政治从中央集权转变为君主专制。但是，"天"是失语的，它只能通过灾异来"警示"君主，而君主对"天"的诉求的直观感受是"民"的喜和怨。虽然董仲舒通过理论的构建，在历史运行中创造性地提出了"君民同权"，但是在现实政治中"民"的地位是无法与"君"同等的，无位的"民"在现实政治中是无权的。因此，董仲舒责任思想中真正能够制约"君"的并不是"天"，而只能是"臣"。

"臣之责任"对于董仲舒来说是切己的，作为帝国最富知识的一群人，他们有责任用正确的思想矫正国君和服务万民。但是，在汉代，"臣"对"君"的制约是通过"天"示灾异来实现的，这已失去了先秦儒家"君使臣以礼，臣事君以君"的"君臣平等"的政治格局。"天之责任"的出场实际上是"臣之权力"的后腿，在中央集权的汉帝国，似乎真正能够制约"君"的恰恰是"君"自身。在"人治"时代，"君"有德则国治，"君"无德则国丧，这一定律主导了中国的古代社会。如何制约君权，"将权力限制在笼子里"亦成为当代社会广泛讨论的话题。

董仲舒的责任思想，通过对"天""君"和"臣"三种责任元素的思考，勾勒了一个理想的人类生活的秩序。天道信仰、为政以德和权力监督是三种责任元素所承担的责任，以及它们对当代社会的启示。董仲舒的责任思考不可在当代复制，然而他所内蕴的启示具有永恒的价值。他的政治理想并未能在汉代完美地实现，而他的责任思想的启示正在当代中国经历着考验和反复的讨论。当代有志之士唯有理解董仲舒的责任思想，才能真正地继承并发展董仲舒责任思想所带给我们的时代启示。

第五章　顾炎武责任思想

顾炎武（1613—1682年），江苏昆山人，清代著名思想家、史学家、语言学家，学者尊为亭林先生。遵祖训，顾炎武发愤治"经世致用"之实学，并参加昆山抗清义军。"他后来弃家远游，到老不肯过一天安逸日子。"❶ 晚年寓居关中，卒于山西曲沃。顾炎武学问渊博，于国家典制、郡邑掌故、天文仪象、河漕、兵农，以及经史百家、音韵训诂之学，都有研究。晚年治经重考证，开清代朴学风气。梁启超称为"清学开山鼻祖"，"清代许多学术，都由亭林发其端，而后人衍其绪"❷。他整整影响了有清一代的学术。特别是他的名言"天下兴亡，匹夫有责"，更是影响深远，至今仍然是对广大民众进行爱国主义教育的最好教材之一。

一、顾炎武的生平事迹和他所处的时代

（一）顾炎武的生平事迹

顾炎武于1613年7月16日出生于南直隶（清改为"江南省"）苏州府昆山县（今江苏苏州昆山）一个官僚地主家庭，原名绛，字宁人，明朝秀才。明亡后，因为羡慕文天祥的学生王炎午的为人，随改名炎武，字宁人；后来因为家祸避难，曾一度改名为蒋山佣，离家外出经商。顾炎武是明末清初著名的思想家、学者，与黄宗羲、王夫之并称"明末清初三大儒"，亦是"明末清初三大思想家"。

顾炎武所在的顾氏家族是江东世族，其曾祖顾章志，曾任有明一朝南京兵部右侍郎；后来家道中落，祖父顾绍芳仅任左春坊左赞善，到顾炎武父亲

---

❶ 梁启超. 中国近三百年学术史 [M]. 北京：生活·读书·新知三联书店，2006：39.
❷ 梁启超. 中国近三百年学术史 [M]. 北京：生活·读书·新知三联书店，2006：58.

顾同应这一代就没有人在官场任职了，顾同应只是国子监荫生。顾炎武原为顾同应之子，襁褓中过继给早逝未婚的堂伯顾同吉为嗣；寡母王氏，是辽东行太仆寺少卿王宇之孙女，太学生王述的女儿，系顾同吉的未婚妻子。顾同吉死后，遵礼教，她主动要求到顾家为未婚夫守孝。于是，她十六岁未婚守节，孝顺公婆，独力抚养嗣子炎武成人。她"昼则纺织，夜观书至二更乃息"❶，教给炎武以岳飞、文天祥、方孝孺的忠义之节，在炎武幼小的心灵里就埋下了爱国主义的种子。嗣祖顾绍芾对炎武影响最大，亲自教炎武读书，并要求他做经世致用的实学。顾炎武十四岁考取秀才。初入科场的顾炎武意气风发，与同邑同年同学归庄，志趣相投，结为终身好友；崇祯二年（1629年）炎武和归庄共同加入复社，互相"砥行立节，落落不苟于世，人以为狂"。俩人个性特立耿介，时人号为"归奇顾怪"，以"行己有耻""博学于文"为做人和治学的宗旨。顾炎武屡试不中，又"感四国之多虞，耻经生之寡术"，以为"八股之害，等于焚书；而败坏人才，有盛于咸阳之郊"，故退而读书。自27岁起，顾炎武断然弃绝科举帖括之学，遍览历代史乘、郡县志书，以及文集、章奏之类，辑录其中有关农田、水利、矿产、交通等记载，兼以地理沿革的材料，并"历览二十一史、十三朝实录、天下图经、前辈文编说部，以至公移邸抄之类，有关民生之利害者随录之"，于崇祯十二年（1639年）开始撰述《天下郡国利病书》和《肇域志》。崇祯十四年（1641年）二月，嗣祖顾绍芾病故，为争家产，家难始作。崇祯十六年（1643年）夏，炎武以捐纳成为国子监生。

清兵入关后，顾炎武侨居常熟、昆山两县之间的语濂泾，经由昆山县令杨永言推荐，投入南明弘光政权，任兵部司务。为总结晚明政权得失，顾炎武撰有《郡县论》《钱粮论》《生员论》《军制论》《形势论》《田功论》《钱法论》等文章，为复明大业出谋划策。清军攻陷南京后，顾又转投王永祚义军，与归庄联合吴志葵、鲁之屿军队，欲解昆山之围，终至功败垂成。南京失守后，随致顾炎武生母何氏遭清军断去右臂，嗣母王氏绝食而亡。嗣母王氏临终遗命曰："我虽妇人，身受国恩，与国俱亡，义也。汝无为异国臣子，无负世世国恩，无忘先祖遗训，则吾可以瞑于地下。"❷ 于是，顾炎武遵母命，终身不做清朝的官，也不与清廷合作。

---

❶ 顾炎武. 顾炎武文选［M］. 苏州：苏州大学出版社，2001：237.
❷ 同上。

清顺治二年（1645年）五月，顾炎武取道镇江回到昆山，处理家事。顾氏有世仆陆恩，因见顾家日益没落，炎武又久出不归，于是背叛主人，投靠地方豪绅叶方恒（叶氏也是顾家近亲，系顾炎武妹夫的妹夫），俩人且图谋以"通海"（与闽浙沿海的南明集团有联系）的罪名告发顾炎武，欲置其于死地。顾炎武回昆山后，秘密处决陆恩，而叶方恒又与陆恩之婿勾结，私下将顾炎武绑架关押，并胁迫顾炎武，令其自裁。一时"同人不平"，士林大哗。所幸炎武知友路泽溥（字苏生）与松江兵备使者有交情，代为说情，"顾炎武一案"才得以移交松江府审理；最后，以"杀有罪奴"的罪名结案。当炎武身陷囹圄的危急时刻，归庄无计可施，只好向钱谦益求援。钱谦益，字受之，号牧斋，常熟人，清顺治初年曾任礼部右侍郎，是当时文坛的领袖。钱氏声言："如果宁人是我门生，我就方便替他说话了。"归庄不愿失去钱氏这一援手，虽然明知炎武不会同意作钱谦益的门生，但他还是代炎武拜钱谦益为师。炎武知道后，急忙叫人去索回归庄代书的门生帖子，而钱谦益不与；炎武便自写告白一纸，声明自己从未列于钱氏门墙，托人在通衢大道上四处张贴。钱谦益大为尴尬，自我解嘲道："宁人忒性急了！"

永历九年［清顺治十二年（1655年）］因"怨家欲陷之"，炎武剃发变衣冠，更名为商人蒋山佣，离家外出避难。顺治十三年（1656年）春，炎武出狱。尽管归庄等同邑知名之士极力排解，而叶方恒到此时仍不甘心，竟派刺客跟踪。是年仲夏，顾炎武返钟山，行经南京太平门外时突遭刺客袭击，"伤首坠驴"，幸而遇救得免；此后，叶方恒又指使歹徒数十人洗劫顾炎武家老宅，"尽其累世之传以去"，（归庄《送顾宁人北游序》）好在没有伤及性命。这之前的几年当中，炎武曾数次准备南下，赴福建参加沿海地区风起云涌的抗清复明事业，均由于各种原因最终都未能成行。至此，顾炎武决计北上游学，一为联络各地抗清志士，考察北方山川形势，徐图复明大业；二为离开是非之地，远行避祸。

安葬嗣母王氏后，顾炎武弃家远游，北上考察地域山水，遍访名贤大儒，历经山东、山西、河南、河北、陕西等地，"往来曲折二三万里，所览书又得万余卷"。永历十三年［清顺治十六年（1659年）］，至山海关，凭吊古战场；晚年，始定居陕西华阴。康熙七年（1668年），又因莱州"黄培诗案"入狱，得友人李因笃等营救出狱。康熙十年（1671年），游京师，住在外甥徐干学家中；大学士熊赐履设宴款待炎武，邀修《明史》，炎武拒绝说："果有此举，不为介之推逃，则为屈原之死矣！"表明他始终不与清廷合作的志向。

顾炎武弃科举帖括之学后，致力于学术研究，用心治"经世致用"之学。他"足迹半天下，所至交其贤豪长者，考其山川风俗、疾苦利病，如指诸掌。精力绝人，无他嗜好，自少至老，未尝一日废书"。❶他对宋明所传心性之学，深感不满，主张"著书不如抄书"。晚年侧重经学的考证，考订古音，分古韵为 10 部，认为"读九经自考文始，考文自知音始"。著有《日知录》《音学五书》等书。他是清代古韵学的开山祖，成果累累；对切韵学也有贡献，但不如他对古韵学的贡献大。

1678 年，康熙一朝开博学鸿儒科，招揽明朝遗民中的著名学者，又有人推荐了顾炎武。但是顾炎武矢志不渝，三度致书叶方蔼，表示"耿耿此心，终始不变"，"七十老翁何所求？正欠一死！若必相逼，则以身殉之矣！"以死拒绝应试。康熙二十一年（1682 年）正月初四在山西曲沃韩姓友人家，顾炎武上马时不慎失足，呕吐不止，初九丑刻卒，享年七十。

（二）顾炎武所处的时代

顾炎武所处的时代，正值明、清两朝更替的历史大动荡的时代。历史学家陈祖武认为：明朝灭亡，清朝主政，并非是明崇祯十七年三月十九日朱明王朝统治结束，也不是同年五月清世祖颁诏"定鼎燕京"，而是长达一个世纪的过程。"其上限可追溯到明万历十一年（1583 年），清太祖努尔哈赤以七大恨告天兴兵，其下限则迄于清康熙二十二年（1683 年），清廷最终清除亡明残余，统一台湾。"这一百年，正是顾炎武一生（1613—1682 年）所在之时期。也就是说，顾炎武的一生是处于明、清两朝更替的"拉锯战"的动荡时代，这对于一个具有强烈爱国主义精神的思想家来说是多么痛苦！

这样一个动荡时代的突出特点表现为以下五点。

一是晚明社会政治腐朽，官员贪污腐败，土地兼并及大户隐瞒土地现象严重；再加之自然灾害频频发生，老百姓生活在水深火热之中。据崇祯二年（1629 年）四月二十六日礼部郎中马懋才《备陈大饥疏》呈言："臣乡延安府，自去岁一年无雨，草木枯死。八九月间，民争采山间蓬草而食。其粒类糠皮，其味苦而涩。食之，仅可延而不死。至十月以后而蓬尽矣，则剥树皮而食。诸树惟榆皮差善，杂他树皮以为食，亦可稍缓其死。迨年终而树皮又尽矣，则又掘其山中石块而食。石性冷而味腥，少食辄饱，不数日则腹账下

---

❶ 顾炎武. 日知录集释·潘耒原序 [M]. 上海：上海古籍出版社，2006：1073.

坠而死。"(《明季北略》卷五)大灾固然会造成民生疾苦,但只要政府能够真正为老百姓着想,也不至于大范围饿死人。更为可怕的原因是官员的腐败和不作为。崇祯帝的《罪己诏》可作为官员贪腐不作为的佐证:"张官设吏,原为治国安民。今出仕专为身谋,居官有同贸易。催钱粮先比火耗,完正额又欲羡余。甚至已经蠲免,亦悖旨私征;才议缮修,(辄)乘机自润。或召买不给价值,或驿路诡名轿抬。或差派则卖富殊贫,或理谳则以直为枉。"(《明季北略》卷十三)腐败官员的贪腐行为使自然灾害雪上加霜。更有豪强大户隐瞒地亩,并将这些隐瞒地亩的赋税加派在贫困农户头上,更叫农民无法生存。据顾炎武的《天下郡国利病书》卷八十四《浙江二》记载:素以重赋著称的浙江嘉兴县,"一人而隐田千亩","其隐去田粮,不在此县,亦不在彼县,而置于无何之乡"。江苏武进县,一豪绅"隐田六百余亩,洒派各户,己则阴食其糈,而令一县穷民代之总计"。(顾炎武《天下郡国利病书》卷二十三《江南十一》)这种劫贫济富的做法,更加速了明朝的灭亡。土地兼并,在中国封建社会是一个无法解决的社会问题。明朝末年,不唯地主豪绅巧取豪夺,更有官庄肆意侵吞。崇祯十二年(1639年),御史郝晋上疏惊叹:"万历末年,合九边饷止二百八十万。今加派辽饷至九百万,剿饷三百三十万,业已停罢,旋加练饷七百三十余万,自古有一年二括二千万以输京师,又括京师二千万以输边者乎?"在如此重压下,人民生计荡然,到崇祯末年,已是"蓬蒿满路,鸡犬无声"了。再加之"阉寺弄权,士绅结党,贪风炽烈,政以贿成,一片亡国景象"❶。

二是社会动荡,战火频仍,山河破碎,盗贼蜂起,民不聊生。明末的经济社会已经是一个烂摊子,清军入关后,连连用兵,战火不熄,生产力遭到严重破坏,经济久久不能复苏,连清世祖都承认,清顺治中叶的社会,依旧是"民不聊生,饥寒切身","吏治堕污,民生憔悴"。三藩平乱后,康熙帝也曾说过:"今乱贼虽已削平,而疮痍尚未全复。""师旅疲于征调","闾阎敝于转运"。于是他要求内外官员:"休养苍黎,培复元气。"❷ 作为一个有社会责任感的思想家,以天下兴亡为己任,亦以"救世济民"为终身志向,故而,他无暇吟风弄月,无心为他人歌功颂德,而只关注国计民生,只能做"经世致用"的实学。对于战乱,顾炎武的切身体会是:"秋山复秋山,秋雨

---

❶ 陈祖武. 顾炎武评传 [M]. 北京:中国社会出版社,2010:2-3.
❷ 陈祖武. 顾炎武评传 [M]. 北京:中国社会出版社,2010:4-5.

连山殂。昨日战江口，今日战山边。已闻右甄溃，复见左拒残。旌旗埋地中，梯冲舞城端。一朝长平败，伏尸遍冈峦。"❶ 就连昆山这个不足 5 万户的蕞尔小城，在"昆山之乱"中死难人数就达 4 万之众。亲人死伤，挚友殒命，锥心刺骨，痛彻心脾。正是这样的时代造就了顾炎武这样一位旷世大儒，只有在这样的时代背景下塑造出的思想家才能喊出"天下兴亡，匹夫有责"的时代最强音。

三是满汉文化的剧烈冲突，剃发易服，圈地掠奴，大兴"文字狱"，迫害有民族气节的学人，引起了广大有正义感的知识分子的强烈不满。由于每一个民族都有其自己的文化传统，所以他们的衣饰装束、丧葬嫁娶、饮食住行，都形成了自己的习惯，这本是应该得到尊重的。但是，满洲贵族不可能有这样的历史自觉，便强令汉人依照满人习惯，改变衣冠服饰，甚至还要求汉人蓄留与满人一样的发饰。满人强制汉人的"剃发易服"，引起了汉族民众的强烈不满。顺治二年（1645 年）清廷明令："各处文武军民，尽令剃发，倘有不从，以军法从事。"而后又多次下文，要求老百姓改变"衣帽装束"，且责成礼部，强制"一体遵行"。这一"剃发易服"的禁令，在全国引起了强烈的"反抗奴化"的怒潮。❷ 于是，国内满汉文化冲突更加激烈，与此同时，清廷的大规模文字冤狱也频频发生。从庄廷鑨的"明史案"，到戴名世的"著述案"，雍正、乾隆年间文网密布，冤案丛集，清统治者疯狂屠杀有异志的知识分子。

四是入关的满人贵族，圈占民间土地和逼民"投充"为奴，这样做既破坏了劳动生产力，又激起了汉人的强烈反抗，使得清初社会愈加动荡不安。满人贵族统兵入关，数十万王公、亲贵、八旗兵丁陆续东来，皆需于京城及京郊或外省八旗驻地安置，占用土地。于是，满人贵族以占用无主荒地为名，野蛮圈占民间田地，使众多人民背井离乡，流离失所，弄得怨声载道，民不聊生。更为可恶的是，满人贵族先是圈占汉人田地，而后又借口给"失业""无生计"的农民"找活计"，将这些"被强占土地"的人收为"农奴"，在被他们"圈占"来的土地上干活，美其名曰"投充"。而且，这些人中的大多数是因种种原因"逼勒投充为奴"的。更令人发指的是，清廷还大肆"缉捕逃人"，残酷镇压收留逃人的"窝主"，以保证满人贵族的既得利益。所谓

---

❶ 顾炎武. 顾亭林诗文集［M］.2 版. 北京：中华书局，1983：265 – 266.
❷ 陈祖武. 顾炎武评传［M］. 北京：中国社会出版社，2010：6 – 7.

"逃人",实际上就是逃亡的八旗奴仆,也就是"投充"后不甘屈服的汉人。这种拉历史倒车的做法,不仅大大激化了社会矛盾,而且也严重阻碍了社会的进步。

五是畸形的社会造就畸形的人格。在满汉文化的剧烈冲突中,人心不古,士人分裂,私欲膨胀,操行失守,告密诬陷,杀人越货,为了一己私利,无所不用其极。家仆陆恩背叛,至亲为争夺家产而落井下石,以及他的两次牢狱之灾,都说明了动乱的社会对社会人格的扭曲,最终导致像顾炎武这样有真才实学、有高尚道德品质的俊彦硕儒,被迫隐姓埋名,远走他乡,以避杀身之祸。这就是顾炎武早年谋求富国强兵之策,中年奔走于反清复明大业,晚年一心关注民间疾苦,以"活民"为终身大计的直接的社会原因。这真是民族的不幸,国家的不幸,社会的不幸!也正是这样一个黑暗的社会造就了顾炎武这样一位出淤泥而不染、以天下兴亡为己任的伟大的思想家。

二、顾炎武责任思想的主要内容

谈到顾炎武的责任思想,人们会不假思索地说出:"天下兴亡,匹夫有责。"这句话影响深远。原话是这样说的:有亡国,有亡天下。亡国与亡天下奚辨?曰:易姓改号,谓之亡国;仁义充塞,而至于率兽食人,人将相食,谓之亡天下。……保国者其君其臣肉食者谋之;保天下者,匹夫之贱与有责焉。[1]

这里最关键的一句话是:"保天下者,匹夫之贱与有责焉。"后来就演变为:"天下兴亡,匹夫有责。"在顾炎武的责任思想里,"天下"为"社会","国"才是"国家"。实际上,在中国传统社会里,国家和社会是不能截然分开的。社会动乱必然会导致国家的更替,国家的衰退也必然导致社会的凋零。因而,"亡国"与"亡天下"对于老百姓来说,都是灾难性的。从总的方面来说,顾炎武的责任思想的根基是建立在忧国忧民的思想基础之上的。他赋予"责任"的含义是"担当",是在"特定历史条件"下,公民"自觉"承担的对"国家""社会"所"应该承担"的"义不容辞"的"任务"。顾炎武的责任还不是当代责任伦理所倡导的人应该承担的所有伦理责任。他的理想抱负是:"为天地立心,为生民立命,为往圣继绝学,为天下开太平。"这几句话虽然是张载说的,但是顾炎武的思想却是和张载一脉相承的,抓住了

---

[1] 顾炎武. 日知录集释(中)[M]. 上海:上海古籍出版社,2006:756-757.

这一根本，就不难理解顾炎武的责任思想了。

顾炎武所处的时代是明、清更替的历史大动荡的时代，也是一个历史转型的时期。他所处的17世纪的中国，民族矛盾突起，阶级矛盾空前剧烈，政治黑暗，军事不堪一击，经济衰退，民生凋敝，清军长驱直入，农民起义势已燎原，终致明朝灭亡，清廷兴起，满汉文化之间又引发了剧烈的冲突。这也激起了一些具有民族气节的汉族知识分子强烈的爱国主义思想——反清复明意识，顾炎武就是其中最杰出的一位，他的责任思想也发端于此。

在顾炎武的青少年时代，也就是晚明时期，"经世致用"的实学思想已经蔚然成风。农民起义，风起云涌；清军入侵，长驱直入。这一国计艰危、民生凋敝的败局，将顾炎武从科场角逐中惊醒，他写道：

秋闱被摈，退而读书，感四国之多虞，耻经生之寡术，于是历览二十一史以及天下郡县志书，一代名公文集及章奏文册之类，有得即录，共四十余帙。❶

以为其今后治国救世之用。可见，顾炎武把"治国救世"放在个人的"功名利禄"之上，这也是一个学者对其爱国情怀的身体力行。

（一）顾炎武的责任思想，来源于他的价值取向与学术追求的高度统一

其一，顾炎武的责任思想来源于他的价值追求。

谈到顾炎武的价值观不能不谈到他的身世，他的家庭教育对他价值观的形成起到了重要的作用。

顾炎武出身于一个官僚地主家庭，且为世代书香的大家族，从小就受到良好的传统文化教育。顾炎武的嗣祖顾绍芾为顾章志的仲子，自幼随父宦居四方。顾氏世代书香，至炎武高祖时，家中藏书已达六七千卷，后遭倭寇洗劫，焚毁无遗。经章志、绍芾父子多方求购，至炎武开始读书时，顾家藏书又达五六千卷。绍芾精于史学，谙熟朝章国故，于一时政局变迁，具晓其中曲折，对晚明《邸报》最为留意。明天启二年（1622年）明军在辽东遭后金军重创，山东白莲教民变亦起。炎武时年十岁。一天，绍芾指着庭院中的草根对炎武喟叹曰："尔他日得食此幸矣！"从此，他悉心督导炎武阅读古代兵家孙子、吴子的著作和《左传》《国语》《战国策》《史记》等，且以《资治

---

❶ 顾炎武．顾亭林诗文集［M］．北京：中华书局，1983：131．

通鉴》为教本，亲为讲授。❶ 在南京沦陷后，顾炎武的生母何氏遭清军断去右臂，嗣母王氏绝食十五天而亡，且遗命炎武终身不准事清。生母和嗣母的言传身教，使炎武终身不忘。所以，强烈的爱国主义思想是顾炎武贯其一生的最基本的价值观。这一价值观必然要求他忧国忧民、以天下兴亡为己任。

其二，顾炎武的责任思想来源于他的学术倾向。

人的价值观多是后天形成的，这与他所处历史环境和所受教育、所读书籍等关系都非常密切。在治学上，顾炎武秉承其嗣祖顾绍芾提出的"士当求实学"的家训，终身追求"经世致用"之学。顾绍芾说："士当求实学，凡天文、地理、兵农、水土，及一代典章之故，不可不熟究。"❷ 明清之际，特别是晚明以后，迫于国势衰微，民生凋敝，知识界发起新一轮的"经世致用"和"实学救国"的思潮。虽然"中国古代儒学，以务实为一优良传统，自孔孟程朱，至明清诸大儒，先后接踵，一脉相承"，但是，明清之际的实学，与传统的实学有所不同。"晚明的经世思潮，是一个旨在挽救社会危机的学术潮流，它具有益趋鲜明的救世色彩。"❸ 这一思潮与顾炎武强烈的民族主义思想一拍即合。作为思想家和学者的顾炎武，很自然地用他的笔书写他的爱国情怀和经世思想，发出"拯斯人于涂炭，为万世开太平，此吾辈之任也"❹ 的呐喊。

其三，顾炎武的价值观和他的学术思想高度统一。

若是作为一名军人，在国家面临危亡的时刻，可能驰骋沙场，杀敌立功；而作为一名学者，便只能用他的笔：献计谋，出方略，歌英烈，斥败类，以唤起民众。所以说，顾炎武的爱国主义情怀同他的"经世致用"的学术倾向是高度吻合的。无论是他的《军制论》《形势论》《田功论》《钱法论》，还是他的《郡县论》《钱粮论》《生员论》，都一以贯之地表达了他的"经世致用"的学术思想和反清复明的爱国主义情怀。顾炎武的价值观，既来自他的问学、治学途径，也来自他对社会存在的深刻的阶级矛盾和尖锐的民族矛盾的深切体悟和理解。"经世致用"和"救国利民"是他一生追求的价值取向；他的人生价值观在他的社会活动和人生实践中的表现，构成了他的社会责任思想。

由此可见，顾炎武的家学渊源和他所处的时代、所受的教育，决定了他

---

❶ 陈祖武．顾炎武评传［M］．北京：中国社会出版社，2010：20－21．
❷ 顾炎武．顾亭林诗文集［M］．北京：中华书局，1983：155．
❸ 陈祖武．顾炎武评传［M］．北京：中国社会出版社，2010：25．
❹ 顾炎武．顾亭林诗文集［M］．北京：中华书局，1983：48．

的价值观；他的价值观又决定了他的学术观；而他的学术思想和学术活动，又是其价值观在他的社会实践中的集中体现，二者是有机统一的，统一在其"天下兴亡，匹夫有责"的责任思想上。

（二）顾炎武的责任思想，集中表现在他"为国家大事效力"上

在"经世致用"和"实学"思想的指导下，顾炎武认同《宋史》所载刘忠肃戒弟子言："'士当以器识为先，一命为文人，无足观也。'仆自一读此言，便绝应酬文字，所以养其器识而不堕于文人也。"❶ 一个人的精力有限，如果不把一生的主要精力用在他所选中的主要事业上，是很难做出大成就的。顾炎武深谙此理，所以他"悬牌在室，以拒来请，人所共见……抑将谓随俗为之，而无伤于器识邪？"❷ 有时候，他拒绝重金聘请为文，有时候，拒绝老朋友盛情邀请为文。这看似不近人情，但是在顾炎武看来，士人应该为国家大事效力，而不应该在个人私事和儿女情长上浪费时间和精力，故而，"中孚为其先妣求传再三，终已辞之，盖止为一人一家之事，而无关于经术政理之大，则不作也"❸。中孚，即清初著名学者李颙，人称"二曲先生"，也是顾炎武的好友，亦是有民族气节并且不在清朝做官的著名学者。

顾炎武之所以能以一己之力，在战火纷飞之中，在颠沛流离之际，能做出如此大的学问，是与他的治学方法和他的治学途径分不开的。顾炎武一生所取得的学术成就，是常人难以企及的。今有上海古籍出版社出版的《顾炎武全集》22（册）卷本、近千万字，的确难得。梁启超说："亭林之著述，若论专精完整，自然比不上后人。若论方面之多，气象规模之大，则乾嘉诸老，恐无人能出其右。要而论之，清代许多学术，都由亭林发其端，而后人衍其绪。"❹ 据梁启超统计，顾炎武的著述有：《日知录》32卷，顾亭林的所有学问心得，都在这部书中见其梗概，正如他所说："平生之志与业皆在其中。"《日知录》这部大书是他用力最多、成就最大、也是他平生最得意的一部巨著。《天下郡国利病书》100卷，《肇域志》100卷，这两部书都是他年轻时的著作，其内容是：

历览二十一史及天下郡县志书，一代名公文集及章奏文册之类，有得即

---

❶ 顾炎武. 顾炎武文选［M］. 苏州：苏州大学出版社，2001：140.
❷ 同上。
❸ 同上。
❹ 梁启超. 中国近三百年学术史［M］. 北京：生活·读书·新知三联书店，2006：58.

录，共成四十余册。一为舆地之记，一为'利病'之书。❶

他作这两部书的目的是为实现其"救世济民""富国强兵"的伟大抱负而做的准备。《音学五书》38卷，这部大书由五部分组成：①《古音表》3卷；②《易音》3卷；③《诗本音》10卷；④《唐韵正》20卷；⑤《音论》3卷。他说："某自五十以后，笃志经史，其于音学深有所得。今为以续三百篇以来久绝之传。"❷顾亭林其他的著作还有：《金石文字记》6卷，《五经同异》3卷，《左传杜解补正》3卷，《九经误字》1卷，《五经考》1卷，《求古录》1卷，《韵补正》1卷，《二十一史年表》10卷，《历代宅京记》20卷，《十九陵图志》6卷，《万岁山考》1卷，《昌平山水记》2卷，《岱岳记》8卷，《北平古今记》10卷，《建康古今记》10卷，《营平二州史事》6卷，《官田始末考》1卷，《京东考古录》1卷，《山东考古录》1卷，《顾氏谱系考》1卷，《谲觚》1卷，《菢录》15卷，《救文格论》《诗律蒙告》《下学指南》各1卷，《当务书》6卷，《菰中随笔》3卷，《文集》6卷，《诗集》5卷。还有许多零星文字不计在内。由此可见，顾炎武的著述是何等的丰富，对后世影响巨大，真是一般的学者难以望其项背的。

顾炎武尝说：

君子之为学，以明道也，以救世也。徒以诗文而已，所谓"雕虫篆刻"，亦何益哉！❸

"明道""救世"是顾炎武的学术指向，也是他积极的爱国主义思想的现实体现。无论是谁，理想要落实在行动上，责任要贯彻在实践中。空喊"天下兴亡，匹夫有责"有什么用？光能作几首诗歌又有多少影响力？"凡文之不关于六经之指、当世之务者，一切不为。"❹学者之所以要提倡"经世致用"，就是要使我们的学术能够为"扶世立教""富国利民"发挥出积极的推进作用。

（三）顾炎武严谨笃实的治学方法，也是他在做学问上极端负责任的表现

顾炎武所处的时代是一个明清交替的动荡时代。从明万历十一年（1583

---

❶　顾炎武．顾炎武文选［M］．苏州：苏州大学出版社，2001：131.
❷　顾炎武．顾炎武文选［M］．苏州：苏州大学出版社，2001：98.
❸　顾炎武．顾炎武诗文集［M］．2版．北京：中华书局，1983：98.
❹　顾炎武．顾亭林诗文集［M］．2版．北京：中华书局，1983：91.

年）到清康熙二十二年（1684年），这一个世纪，正好是顾炎武生活其中的一个世纪，也是顾氏家族由鼎盛走向衰败的一个世纪。在这样一个朝代更替、社会转型、家族衰败的过程中，顾炎武决心以"学术救世"，于是"天下兴亡，匹夫有责"的思想也就逐渐形成了，这首先表现在他读书、治学和做学问的方法上。

1. 读"经世"之书，治"致用"之学

前文已说，昆山顾氏是江南望族。顾炎武祖上世代为官，且是书香世家，他的高祖任官给事中，曾祖父顾章志官至南京兵部右侍郎，祖父顾绍芳也任左春坊左善赞。随着家世衰落，到他的父亲这一代就没有做官了。但是顾氏家中藏书丰富，到炎武问学时，家里藏书仍有五六千卷。在炎武的一生中，嗣祖顾绍芾对他影响最大。绍芾自幼随父官游四方，对晚明《邸报》最为留意，且"阅邸报，辄手录成帙。……而自万历四十八年七月，至崇祯七年九月，共二十五帙"❶。这对于炎武后来治"经世致用"之学大有补益。但是，仅有好的学习环境还不一定就能做经世致用的学问，关键是顾炎武从小就立下了"心忧天下"的志向，面对这个逐渐衰败的家、国，他立志做"经世致用"之学问，干"经天纬地"之事业。顾炎武年幼时，随父游历宦海、学识渊博、具有强烈爱国主义思想的嗣祖顾绍芾亲自为他授课。这不仅为炎武了解当时的政治和社会情况准备了条件，也给炎武的治学方向和治学方法以极大的熏陶和影响，且在炎武幼小的心灵里埋下了关心国家大事、关注民生疾苦的爱国主义种子，也加深了他终身为国为民服务的思想，更坚定了他"以天下为己任"的信念和理想。

顾炎武一生治学严谨，学风笃实，交友论学，虚怀若谷。他不仅博览群书，而且持之以恒。他曾说：

人之为学，不日进则日退。独学无友，则孤陋而难成；久处一方，则习然而不自觉。❷

这一段话里有三层意思：一是为学要日日进取，不可有一日停顿，停顿就要落后；二是为学要有诤友，要有人砥砺切磋，"独学而无友，则孤陋而寡闻"；三是为学要开阔眼界，不要囿于一人一派一地之学，要广采博览。

若既不出户，又不读书，则是面墙之士，虽子羔、原宪之贤，终无济于

---

❶ 顾炎武. 顾亭林诗文集[M]. 2版. 北京：中华书局，1983：155－156.
❷ 顾炎武. 顾亭林诗文集[M]. 2版. 北京：中华书局，1983：90.

天下。子曰："十室之邑，必有忠信如丘者焉，不如丘之好学也。"夫以孔子之圣，犹须好学，今人可不勉乎？❶

眼界高，视野阔，心胸宽，抱负大。炎武的眼界高得益于他的家教，心胸宽得益于他的阅读，两者是相辅相成的。有什么样的眼界读什么样的书，读什么样的书决定了他做什么样的人。这就是家庭和学校、家长和老师的教育对子弟成人成才的规定和影响。如果说环境对人的影响大，那么家庭环境和学校环境对青少年的成长，特别是对一个人少儿时代的影响是决定性的。社会大环境固然很重要，但是，"国破河山在"，人民处于"水深火热"之中时，有人像顾炎武那样"以天下为己任"，但是也有人不惜出卖人格、国格以求过着醉生梦死的生活，其中不乏一些"学富五车"的"大儒"，这是为什么？正如孔子所说："道不同，不相为谋。"但这不同的"道"是从哪里来的？大多是因为一个人在青少年时期所受的家庭教育和学校教育所造就的。

2. 著书不如抄书，在治学上不做重复劳动

现在普遍认为，抄袭是做学问的下流手段，但是在顾氏先祖看来，"著书不如抄书"。承先祖遗训，炎武"毕生学问都从抄书入手。换一方面看，也可以说他'以抄书为著书'。如《天下郡国利病书》《肇域志》，全属抄撮未经泐定者，无论矣。若《日知录》，实他平生最得意之作。我们试留心细读，则发表他自己见解者，其实不过十之二三，抄录别人的话最少居十之七八。故可以说他的主要工作，在抄而不在著"❷。千万不要以为炎武的"抄书"和现在的"文抄公"有某种相似之处，炎武是最反对剽窃的，他说：

凡作书者莫病乎其以前人之书改窜为自作也。❸

他又说：

晋以下人，则有以他人之书而窃为己作，郭象《庄子注》，何法盛《晋中兴书》之类是也。若有明一代人，其所著书，无非窃盗而已。❹

那么顾炎武为什么要抄书呢？因为他对著书要求特严，按他的要求，既是著书，就须是"必古人所未及就，后世之所不可无，而后为之"❺。顾炎武眼中的著书，必须是百分之百的原创，而且这原创必须是后世所必不可少的

---

❶ 顾炎武. 顾亭林诗文集［M］. 2版. 北京：中华书局，1983：90.
❷ 梁启超. 中国近三百年学术史［M］. 北京：生活·读书·新知三联书店，2006：55－56.
❸ 顾炎武. 顾亭林诗文集［M］. 2版. 北京：中华书局，1983：30.
❹ 顾炎武. 日知录集释［M］. 上海：上海古籍出版社，2006：1073.
❺ 顾炎武. 日知录集释［M］. 上海：上海古籍出版社，2006：1074.

有大用处的东西；如果自己所著的书不如古人已有之书，则不如把古人的东西抄录下来，窃古人之书以为己有，是可耻的。还应该说明的是，顾炎武所抄之书：一是要说明抄自何处，绝不贪天功为己有，绝不把古人的东西、他人的东西作为自己的东西以欺世；二是他所抄之书必是当下读者所急需的东西，也是最经典的东西，绝不随意抄一点东西以充著述；三是他所抄之书必是一般人很难看到的东西，有"为往圣继绝学"的功效。可见，顾炎武的抄书，不仅丰富了学术内容，而且还扩大了人们的眼界；不仅接续了前代学术，而且也启示后人不要重复前人，不要做无用的重复劳动。要接着说，不要照着说，更不要改头换面地剽窃、抄袭。

3. 精心考证，务求精确

做"实学"和"经世致用"的学问，必须是从实际出发的学问，更必须是有针对性的"管用"的学问。这样的学问既不能主观臆断，也不能事实不清，必须字字有理，步步有据。因而，顾炎武特别注意一些历史事实的考据，务求结论的科学和事实的准确。他这样做的目的既是对当下的读者负责，也是对历史负责，更是对子孙后代负责。比如他的《北岳辨》一文，就是他经过近半年的时间，做了大量的考证和调研，才写出的一篇纠正当时许多人的错误，还历史以本来面貌的考证文字。康熙元年（1662年），顾炎武离开山东，再赴北京。是年3月29日，他专程赶往昌平，凭吊崇祯陵。当时京中盛传一桩涉及礼制的大事，即北岳恒山的祭祀地点问题。顾炎武谙熟历史，对于明朝的典章国故尤其熟悉，对清廷贸然改祭深感义愤。于是这年夏天他先到河北曲阳谒北岳庙，将尚存唐宋碑刻一一拓印摩写。然后再到山西，至浑源县寻觅所谓北岳庙遗址。历经近半年时间，他终于弄明真相，写出《北岳辨》，还历史以本来面貌。炎武在文中写道：倪岳等"皆据经史之文而未至其地。予故先至曲阳，后登浑源，而书所见以告后之人，无惑乎俗书之所传焉"。❶

顾炎武善于作历史的考察，以求疏通源流。他在研究古音的演变时，指出沈约的四声谱用的都是东汉以后诗赋的音韵，与古代是不同的。且古代流传下来的音韵到这时（汉代）为之一变，到宋代则宋韵行而汉韵亡，又起了变化。在做了这样的考证后，他说：

于是据唐人以证宋人之失，以古经以正沈氏、唐人之失，而三代以上之

---

❶ 顾炎武. 顾亭林诗文集[M]. 北京：中华书局，1983：9.

音部分秩如，至赜而不可乱。乃列古今音之变，而究其所以不同。❶

他对古今音韵做比较考察，进而在历史的联系中探索音韵的古今之变。

同时，他对经学也做了同样的历史考察：

经学自有源流，自汉而六朝、而唐、而宋，必一一考究，而后及于近儒之所著，然后可以知其异同离合之指。❷

顾炎武在写作《日知录》时，必对经、史、政、财、礼、艺等众多方面做精细的考察，"一一疏通其源流，考证其谬误"（潘耒《日知录·序》）体现了他严谨的历史态度和科学的批判精神。

顾炎武做学问，不拘泥于个别特殊场合下的称谓和口头评语。作为学者的著作，是要流传后世的，是要经得起历史检验的，不可以现实中某种特殊场合的"礼仪"用语作为历史评价的结论。他说：

君子将立言以垂于后，则其与平时之接物者不同。……今子欲以一日之周旋，而施诸久远之文字，无乃不知春秋之义乎？❸

这才是学者对历史负责的做法，也是学者对后人负责的表现。

4. 实地考察，走访确切

顾炎武认为，做学问、搞研究必须系统地占有资料，特别是要实地调查，一定要以博学为前提，"历九州之风俗，考前代之史书"❹。要系统地取得直接和间接的经验，亲身经历尤为重要。为了写好《天下郡国利病书·嘉定县志水利考》，他在亲自考察苏州、嘉定一带水利问题时指出：凡论及东南水利的都推崇宋代郏亶、单锷，这两个人是有贡献，可时间已经过去五百年了，河道水域情况都发生了很大的变化，如果还按他们的结论去勘察当今水利能行吗？所以，"以书御马者，不尽马之情；以古治今者，不尽今之变。善治水者，固以水为师耳"❺。治水人要"以水为师"，亲身去了解水流的情况。他每到一地都要作实地考察，找人谈话，了解各方面的实际情况。他在给黄宗羲的信中说："至北方十有五载，流览山川，周行边塞，粗得古人之陈迹。"❻为求行文准确无误，他还运用比较法和归纳法，反复比较考证，纠偏补漏，

---

❶ 顾炎武. 顾亭林诗文集［M］. 北京：中华书局，1983：25.
❷ 顾炎武. 顾亭林诗文集［M］. 2版. 北京：中华书局，1983：91.
❸ 顾炎武. 顾亭林诗文集［M］. 2版. 北京：中华书局，1983：92.
❹ 顾炎武. 日知录集释［M］. 上海：上海古籍出版社，2006：1652.
❺ 冯契. 中国古代哲学的逻辑发展（下册）．［M］. 上海：上海人民出版社，1985：1056.
❻ 顾炎武. 顾亭林诗文集［M］. 2版. 北京：中华书局，1983：238.

不留谬误。正如潘耒在《日知录·序》中所说:"有一疑义,反复参考,必归于至当;有一独见,援古证今,必畅其说而后止。"❶ 这一认真负责任的著书态度真是值得当今的著述者学习。

顾炎武著文,必验之于实事实物,不断更新自己的认识。他一再强调:

君子之为学,以明道也,以救世也。

引古筹今,亦吾儒经世之用。❷

有着这样一个伟大的使命在催促着自己,当然不能敷衍塞责,应当用实际事物来检验自己的见解。顾炎武"所至厄塞,即呼老兵逃卒,询其曲折,或与平日所闻不合,则即坊肆中发书而对勘之"。❸ 这说明顾炎武善于向普通老百姓学习,用老百姓的实际经验来检验自己的学问。他这样做的原因是,"非好学之深,则不能见己之过。"❹ 可见,实地考察,走访群众,实事求是,毋求确切,是顾炎武做学问的一贯风格;无论是博览群书,还是多方考证,都证明了这一点。所以《四库全书》"日知录提要"指出:"炎武学有本原,博瞻而能贯通。每一事必详其始末,参以证佐,而后笔之于书,故引据浩繁,而抵牾者少。"此亦证明了顾炎武做学问的认真和追求真理的执着。

梁启超曰:"亭林读书,并非专读古书。他最注意当时的记录,又不徒向书籍中讨生活,而最重实地调查。潘次耕说:'先生足迹半天下,所至交其贤豪长者,考其山川风俗疾苦利病,如指诸掌。'"❺ 可见,顾炎武是非常重视社会实际、实践检验和社会调查的。梁启超还认为:炎武研学之要诀在于,"论一事必举证,尤不以孤证自足,必取之甚博,证备然后自表其所信。其自述治音韵之学也,曰:'……列本证,旁证二条。本证者,诗自相证也。旁证者采之他书也。二者俱无,则宛转以审其音,参伍以谐其韵'"。❻ 他之所以要这样做,目的是他的学问要能够指导社会实践,要能够"经世致用",要能够经得起历史的考验和时间的检验。这是与他的政治抱负和治学方法紧密地联系在一起的。

---

❶ 顾炎武. 日知录集释·潘耒原序 [M]. 上海:上海古籍出版社,2006.
❷ 顾炎武. 顾亭林诗文集 [M]. 2版. 北京:中华书局,1983:93,98.
❸ 冯契. 中国古代哲学的逻辑发展(下册)[M]. 上海:上海人民出版社,1985:10569.
❹ 顾炎武. 顾亭林诗文集 [M]. 2版. 北京:中华书局,1983:95.
❺ 梁启超. 中国近三百年学术史 [M]. 上海:上海三联书店,2006:55.
❻ 梁启超. 清代学术概论 [M]. 朱维铮,导读. 上海:上海古籍出版社,1998:12.

（四）顾炎武把解救民生疾苦，拯救民族危亡，当作自己的神圣责任

顾炎武是一位"以天下为己任"的学者。他早年奔走国事，中年图谋匡复，晚年志在天下，著述经世，鞠躬尽瘁，死而后已。到晚年，他更加关注民生疾苦，把"为天下民众的疾苦而呼号"作为自己神圣的责任。他认为：

天下之病民者有三：曰乡宦，曰生员，曰吏胥。[1]

三者互相勾结，除满足自己的享乐之外，将一切官方和社会上所需要的应该由全体社会成员承担的"杂泛之差"，全部加在"老百姓"身上，他们（乡宦，生员，吏胥）也将自己应该承担的部分加在老百姓身上，所以顾炎武称他们为"病民者"。

康熙二十年（1682 年）他在《病起与蓟门当事书》中写道：

今有一言而可以活千百万人之命，而尤莫切于秦、陇者，苟能行之，则阴德万万于于公矣。请举秦民之夏麦秋米及豆草一切征其本色，贮之官仓，至来年青黄不接之时而卖之，则司农之金固在也，而民间省倍蓰之出。且一岁计之不足，十岁计之有馀，始行之于秦中，继可推之天下。然谓秦人尤急者，何也？目见凤翔之民举债于权要，每银一两，偿米四石，此尚能支持岁月乎？捐不可得之虚计，犹将为之，而况一转移之间，无亏于国课乎？然恐不能行也。……至于势穷理极，河决鱼烂之后，虽欲征其本色而有不可得者矣。救民水火，莫先于此。病中已笔之于书，而未告诸在位。比读国史，正统中，尝遣右通政李畛等官籴米得银若干万，则昔人有行之者矣。特建此说，以待高明者筹之。[2]

他不仅关注民生疾苦，而且还为当政者出谋划策，可见其忧虑之深，关心之切，用心之良，建言之准，目的在于"拯斯人于涂炭"。

在《答徐甥公肃书》中，他更是忧国忧民，痛心疾首：

昊天不吊，大命忽焉，山岳崩颓，江河日下，三风不儆，六逆弥臻。以今所赌国维人表，视昔不得二三，而民穷财尽，又倍蓰而无算矣。……关辅荒凉，非复十年以前风景，而鸡肋蚕丛，尚烦戎略，飞刍挽粟，岂顾民生。至有六旬老妇，七岁孤儿，挈米八升，赴营千里。于是强者鹿铤，弱者雉经，

---

[1] 顾炎武. 顾亭林诗文集 [M]. 2 版. 北京：中华书局，1983：9.
[2] 顾炎武. 顾亭林诗文集 [M]. 2 版. 北京：中华书局，1983：49.

阖门而聚哭投河，并村而张旗抗令。此一方之隐忧，而庙堂之上或未之深悉也。❶

顾炎武以近七十岁的高龄写这样的信给当官的外甥反映民生疾苦，建言献策，可见其忧愤之切，焦虑之深，思虑之诚。

顾炎武虽然是一位学者，但他绝不是独坐书斋的学究，当清军攻占南京后，他毅然"从军于苏"，也曾为反清复明做过许多军事、政治和文化方面的努力。他的"乙酉四论"（《军制论》《形势论》《田功论》《钱法论》）均是从弘光政权据南京立国的实际出发，针对明末在军制、农田、钱法诸方面的枳弊而提出的应急救国主张。

（五）顾炎武把"博学"和"知耻"作为学者的基本责任

顾炎武在《与友人论学书》中写道：

愚所谓圣人之道者如何？曰："博学于文"，曰："行己有耻"。自一身以至于天下国家，皆学之事也；自子臣弟友以至于出入往来辞受取与之间，皆有耻之事也。耻之于人大矣！不耻恶衣恶食，而耻匹夫匹妇之不被其泽。……呜呼！士而不先言耻，则为无本之人；非好古而多闻，则为空虚之学。以无本之人而讲空虚之学，吾见其日从事于圣人而去之弥远也。❷

"博学于文"和"行己有耻"，一为做学问的方法，一为做人的方法。做学问要博览群书，广泛搜求，勿要捉襟见肘，主观武断。他反对向内的主观的学问，提倡外向的客观的学问。

自宋以后，一二贤智之徒，病汉人训诂之学得其粗迹，务矫之以归于内；而"达道""达德""九经""三重"之事置之不论，此真所谓"告子未尝知义"者也。❸

这是说做学问不能"抓住芝麻而丢掉西瓜"，而是要抓住"经世致用""救世立教"的大学问。他还认为，做学问要专心致志，不要三心二意；要全力以赴，不要心不在焉、丢三落四。他说：

"学问之道无他，求其放心而已矣。"然则但求放心，可不必于学问乎？与孔子言"吾尝终日不食，终夜不寝，以思，无益，不如学也"者，何其不同耶？……孟子之意盖曰，能求放心，然后可以学问。"使弈秋诲二人弈，其

---

❶ 顾炎武. 顾亭林诗文集［M］. 2版. 北京：中华书局，1983：138.
❷ 顾炎武. 顾亭林诗文集［M］. 2版. 北京：中华书局，1983：41.
❸ 顾炎武. 日知录集释［M］. 上海：上海古籍出版社，2006：436.

一人专心致志，惟弈秋之为听。一人虽听之，一心以为有鸿鹄将至。……此放心而不知求者也。然但知求放心而未尝'穷中罫之方，悉雁行之势'"，亦必不能从事于弈。❶

而且，顾炎武为了"博学于文"，从不懈怠，把博学作为终身追求。他说：

赤豹，君子也，久居江东，得无有陨获之叹乎？昔在泽州，得拙诗，深有所感，复书曰："老则息矣，能无倦哉？"此言非也。夫子"归于归于"，未尝一日忘天下也。故君子之学，死而后矣。❷

学者以学问为终身志回，生命不息，学习不止，奋斗不止。只有有了这种"君子之学，死而后矣"的精神，才配得上"博学于文"。

"行己有耻"是对自己为人处世、安身立命的要求，亦是确立特行独立的方正人格的要求。晚明社会政治混浊，社会混乱，人际关系紧张，士人虚伪，清军入关后，风气变得更坏，令顾炎武深恶痛绝。他写道：

古之疑众者行伪而坚，今之疑众者行伪而脆，其于利害得失之际，且不能自持其是，而何以致人之信乎？故今日好名之人皆不足患，直以凡人视之可尔。❸

言行不一，八面玲珑，以权谋私，不负责任，是通病。

读屈子《离骚》之篇，乃知尧、舜所以行出乎人者，以其耿介。同乎流俗，合乎污世，则不可与入尧、舜之道矣。❹

为了克服这一弊端，顾炎武提出了一个"耻"字：

礼义廉耻，国之四维。四维不张，国乃灭亡。……然而四者之中，耻尤为要。故夫子之论士，曰："行己有耻"；孟子曰："人不可以无耻，无耻之耻，无耻矣。"又曰："耻之于人大矣。为机变之巧者，无所用耻焉。"所以然者，人之不廉而至于悖礼犯义，其原皆生于无耻也。故士大夫之无耻，是谓国耻。❺

士大夫的无耻是国耻，拿今天的话来说，知识分子和那些当了官的知识分子无耻就是国家的耻辱，这一耻辱是教化的耻辱，是用人的耻辱，是体制

---

❶ 顾炎武．日知录集释［M］．上海：上海古籍出版社，2006：437-438．
❷ 顾炎武．顾亭林诗文集［M］．2版．北京：中华书局，1983：92．
❸ 顾炎武．顾亭林诗文集［M］．2版．北京：中华书局，1983：95．
❹ 顾炎武．日知录集释［M］．上海：上海古籍出版社，2006：778．
❺ 顾炎武．日知录集释［M］．上海：上海古籍出版社，2006：442．

的耻辱。顾炎武的观点难道不值得我们深思吗?!

顾炎武的"博学于文",是作为一个学者的责任,非如此,不能算是一个真正的负责任的学者;"行己有耻"是作为一个"知识分子"个人应有的责任,如果连一个受过"高等教育"的知识分子都不能"知耻",还能期望普通大众能有"知耻"的品德吗?因而,"博学于文"和"行己有耻"是各种责任中最基本的责任。我们之所以说它是最基本的责任,是因为"博学于文""行己有耻"关系到社会精英层的知识能力和道德品质。如果作为社会精英的"士大夫"阶层都视"无耻"为"常态",甚至不以"无耻"为"耻",则是社会最基本的价值观的错位,更是社会的灾难。

三、顾炎武责任思想评析

顾炎武被称作"清学开山"祖师,是著名的经学家、史学家和音韵学家。他学识渊博,在经学、史学、音韵、小学、金石考古、方志舆地诸学上,都有较深造诣。他继承明季学者的反理学思潮,清算了陆王心学的贻误。顾炎武为学以"经世致用"的鲜明旨趣,朴实归纳的考据方法,创辟路径的探索精神,以及他在众多学术领域的成就,宣告了晚明空疏学风的终结,开启了一代朴实学风的先路。顾炎武还提倡"利国富民"思想,认为"善为国者,藏之于民"。他大胆怀疑君权,提出了具有早期民主启蒙思想色彩的"众治"主张。更为可贵的是他提出了"天下兴亡,匹夫有责"的口号,其意义巨大,影响深远,成为激励中华民族奋发有为的精神力量。他提倡"经世致用",反对空谈,注意广求证据,提出:"君子为学,以明道也,以救世也。徒以诗文而已,所谓雕虫篆刻,亦何益哉?"历史学家钱穆称其重实用而不尚空谈,"能于政事诸端切实发挥其利弊,可谓内圣外王体用兼备之学"。

顾炎武的责任思想可从以下五个方面来评析。

第一,顾炎武治学的"三人特点",彰显了他强烈的社会责任思想。

梁启超把"贵创""博证""致用"作为顾炎武治学的三大特点,这是很有见地的。先说"贵创"。我们知道,做学问贵在创新,"不创新,毋宁死"被一些学人奉为圭臬。顾炎武也把"创新"作为治学的根本。他的创新首先表现在反对抄袭上。他说:

有明一代之人,其所著书无非窃盗而已。[1]

---

[1] 顾炎武. 日知录集释[M]. 上海:上海古籍出版社,2006:1073.

他认为所谓著书：

必古人之所未及就，后世之所不可无，而后为之。❶

这既说明了"创新"（必古人所未及就），又说明了"经世致用"（后世之所不可无）。

他还说：

近代文章之病，全在摹仿，即使逼肖古人，已非极诣。❷

故其著书无一语蹈袭古人。他还在《与人书十七》上说：

君诗之病在于有杜，君文之病在于有韩欧。有此蹊径于胸中，便终身不脱"依傍"二字。

这也说明顾炎武不仅是要求治学术要创新，而且作诗做文也要创新。创新是为学为文的命脉，是个原则问题，不可调和，不可放弃。关于顾炎武的"博证"和"致用"，本章已有多处介绍，在此不再赘述。

第二，他把"明道救世"作为"治学立文"的最高责任。

面对明末清初黑暗的社会现实，顾炎武认为学者著书立说的当务之急在于探索"国家治乱之源，生民根本之计"。❸ 在他纂辑的《天下郡国利病书》中，首先关注的是土地兼并和赋税繁重、财富分配不均等社会积弊，顾炎武对此进行了有力的揭露。他指出"世久积弊，举数十屯而兼并于豪比比皆是"，乃至出现了"有田连阡陌，而户米不满斗石者；有贫无立锥，而户米至数十石者"等贫富巨大悬殊和赋税严重不均的情况。在他所撰写的《军制论》《形势论》《田功论》《钱法论》和《郡县论》中，探索了造成上述社会积弊的历史根源，表达了要求进行社会改革的强烈愿望。他痛恨"郡县之弊已极"，症结就在于"其专在上"❹，初步触及了封建君主专制制度问题，从而提出了变革郡县制的要求。他指出：

法不变不可以救今已。居不得不变势，而犹讳其变之实，而姑守其不变之名，必至于大弊。❺

他明确地宣称自己撰写《日知录》的目的就是：

意在拨乱涤污，法古用夏，启多闻于来学，待一治于后王，自信其书之

---

❶ 顾炎武. 日知录集释 [M]. 上海：上海古籍出版社，2006：1083.
❷ 顾炎武. 日知录集释 [M]. 上海：上海古籍出版社，2006：1097.
❸ 顾炎武. 顾亭林诗文集 [M]. 2版. 北京：中华书局，1983：238.
❹ 顾炎武. 顾亭林诗文集 [M]. 2版. 北京：中华书局，1983：12.
❺ 顾炎武. 顾亭林诗文集 [M]. 2版. 北京：中华书局，1983：122.

必传。❶

并强调"君子之为学,以明道也,以救世也"❷。

顾炎武在"明道救世"这一经世思想的指导下,提倡"利民富民"。他认为:

今天下之大患,莫大乎贫。用吾之说,则五年而小康,十年而大富。❸

因而他认为"有道之世""必以厚生为本",他希望能逐步改变百姓穷困的境遇,达到"五年而小康,十年而大富"。他不讳言"财""利"。他说:

古之人君未尝讳言财也。……民得其利则财源通,而有益于官;官专其利则财源塞,而必损于民。

他认为问题不在于是否言财言利,而在于"利民"还是"损民",在于"民得其利"还是"官专其利"。他认为自明万历中期以来,由于"为人上者"只图"求利",以致造成"民生愈贫,国计亦愈窘"的局面。由此,他主张实行"藏富于民"的政策,认为"善为国者,藏之于民"。并且指出只有这样,才是真知其"本末"的做法。❹ 顾炎对老百姓的"私"给予了肯定,并对"公"与"私"的关系做了辩证的论述。他说:

天下之人各怀其家,各私其子,其常情也。

这就把人之有私看作完全合乎情理的现象,并且认为:

用天下之私,以成一人之公而天下治。❺

合天下之私以成天下之公,此所以为王政也。❻

顾炎武认为,百姓之私,乃王者之公。他的这一利民富民和"财源通畅"的主张,以及对百姓"私心"的肯定,都反映了当时资本主义生产关系萌芽状态下新兴市民阶层的思想意识。

顾炎武从"明道救世"的经世思想出发,萌发了对君权的大胆怀疑。他在《日知录》中针对日益强化的封建君主专制,提出"分天子之权"的"众治"思想。他旁征博引地论证了"君"并非封建帝王的专称,并进而提出反对"独治"主张"众治",所谓"人君之于天下,不能以独治也。独治之而

---

❶ 顾炎武. 顾亭林诗文集 [M]. 2版. 北京:中华书局,1983:139.
❷ 顾炎武. 顾亭林诗文集 [M]. 2版. 北京:中华书局,1983:98.
❸ 顾炎武. 顾亭林诗文集 [M]. 2版. 北京:中华书局,1983:15.
❹ 顾炎武. 日知录集释 [M]. 上海:上海古籍出版社,2006:704-705.
❺ 顾炎武. 顾亭林诗文集 [M]. 2版. 北京:中华书局,1983:14.
❻ 顾炎武. 日知录集释 [M]. 上海:上海古籍出版社,2006:148.

刑繁矣，众治之而刑措矣"❶，强调"以天下之权寄之天下之人"❷。他虽然还未直接否定君权，也未能逾越封建的藩篱，但他这种怀疑君权，提倡"众治"的主张，却具有反对封建专制独裁的早期民主启蒙思想的色彩。顾炎武"明道救世"的经世思想，更为突出的是他提出了"天下兴亡，匹夫有责"的响亮口号。顾炎武所说的"天下兴亡"，不是指一家一姓王朝的兴亡，而是指广大的华夏人民生存和整个中华民族文化的延续。因此，他提出的"天下兴亡，匹夫有责"的口号，就成为一个具有深远历史意义和普遍影响的口号，成为激励中华民族积极奋进的精神力量。在顾炎武的一生中，也确实是以"天下为己任"，奔波于大江南北，即使在他重病中，还在呼吁：

天生豪杰，必有所任。……今日者拯斯人于涂炭，为万世开太平，此吾辈之任也。❸

充分表达了他"天下兴亡，匹夫有责"的高尚情操。

第三，他批评陆王心学和程朱理学为"空疏之学"，主张以"经学"代"理学"。

晚明以来，阳明心学以至于整个宋明理学已日趋衰颓，思想界和学术界出现了对理学进行批判的实学思潮。顾炎武顺应这一历史潮流，在对宋明理学的批判中，建立了他的以"经学"济"理学之穷"的学术思想。

顾炎武对宋明理学的批判，是以总结明亡的历史教训为出发点的，其锋芒所指，首先是王阳明的心学。他认为，明朝的覆亡乃是王学空谈误国的结果。他写道：

以明心见性之空言，代修己治人之实学。股肱惰而万事荒，爪牙亡而四国乱，神州荡覆，宗社丘墟。❹

他对晚明王学末流的泛滥深恶痛绝，认为其罪"深于桀纣"。他进而揭露心学"内释外儒"之本质，指斥其违背孔孟旨意。他认为儒学本旨：

"其行在孝、悌、忠、信"，"其职在洒扫、应对"，"其文在《诗》《书》《礼》《易》《春秋》"，"其用之身在出处、去就、交际"，"其施之天下在政令、教化、刑罚。"❺

---

❶ 顾炎武. 日知录集释 [M]. 上海：上海古籍出版社，2006：366.
❷ 顾炎武. 日知录集释 [M]. 上海：上海古籍出版社，2006：541.
❸ 顾炎武. 顾亭林诗文集 [M]. 2版. 北京：中华书局，1983：48.
❹ 顾炎武. 日知录集释 [M]. 上海：上海古籍出版社，2006：402.
❺ 顾炎武. 日知录集释 [M]. 上海：上海古籍出版社，2006：1045.

他十分赞同宋元之际著名学者黄震对心学的批评：

近世喜言心学，舍全章本旨而独论人心、道心，甚者单撅"道心"二字，而直谓"即心是道"，盖陷于禅学而不自知，其去尧、舜、禹授天下本旨远矣。❶

既然陆王心学是佛教禅学，背离了儒学"修齐治平"的宗旨，自当摒弃。在顾炎武看来，不惟陆王心学是内向的禅学，而且以"性与天道"为探究对象的程朱理学亦不免流于禅释。他批评说：

今之君子……是以终日言性与天道，而不自知其堕于禅学也。❷

又说：

今日《语录》几乎充栋矣。而淫于禅学者实多，然其说盖出于程门。❸

他还尖锐地指出：

孔门未有专用心于内之说也，用心于内，近世禅学之说耳。……今传于世者，皆外人之学，非孔子之真。❹

这不仅是对陆王心学的否定，也是对程朱理学的批评。但是，在面临以什么样的学术形态去取代陆王心学和程朱理学时，却受到时代的局限。他无法找到更科学、更新颖的理论思维形式，只得在传统儒学的遗产中寻找出路，从而选择了复兴经学的途径："以复古作维新"。顾炎武采取复兴经学的学术途径，不是偶然的，而是学术自身发展的结果。从明中叶以来学术发展的趋势来看，虽然"尊德行"的王学风靡全国，但罗钦顺、王廷相、刘宗周、黄道周，重"学问思辨"的"道问学"也在逐渐抬头。他们把"闻见之知"提到了重要地位，提倡"学而知之"，强调"读书为格物致知之要"，重视对儒家经典的研究。而在嘉靖、隆庆年间，归有光就明确提出"通经学古"（《归震川先生全集》卷七）的主张，认为"圣人之道，其迹载于六经"（同上），不应该离经而讲道。钱谦益更是与之同调，认为"离经而讲道"会造成"贤者高自标目，务胜前人，而不肖者汪洋自恣，莫可穷诘"（《初学集》卷二八）的不良后果，他提倡治经"必以汉人为宗主"（同上书，卷二九）。以张溥、张采、陈子龙为代表的"接武东林"的复社名士，从"务为有用"出发，积极提倡以通经治史为内容的"兴复古学"（《复社记略》卷一）。这就

---

❶ 顾炎武. 日知录集释 [M]. 上海：上海古籍出版社，2006：1048.
❷ 同上.
❸ 顾炎武. 顾亭林诗文集 [M]. 2版. 北京：中华书局，1983：131.
❹ 顾炎武. 日知录集释 [M]. 上海：上海古籍出版社，2006：1047.

表明复兴经学的学术途径，已在儒学内部长期孕育，成为顾炎武"经学即理学"、用"经学"以济"理学之穷"思想的先导。

顾炎武也正是沿着明季先行者的足迹而开展复兴经学的学术途径的。他在致友人施愚山的书札中就明确提出了"古之所谓理学，经学也"的主张，并指斥说"今之所谓理学，禅学也"。❶ 他认为，经学才是儒学正统，批评那种沉溺于理学家的语录而不去钻研儒家经典的现象是"不知本"。他号召人们"鄙俗学而求六经"，主张"治经复汉"。他指出：

经学自有源流，自汉而六朝而唐而宋，必一一考究，而后及于近儒之所著，然后可以知其异同离合之指。❷

在他看来，古代理学的本来面目即是朴实的经学，正如全祖望所概括的"经学即理学"（《鲒埼亭集》卷一二），只是后来由于佛教的渗入而禅化了。因此，他倡导复兴经学，要求依经而讲求义理，反对"离经而讲道"。顾炎武认为，只有这样才能称为"务本原之学"。

此外，顾炎武还倡导"读九经自考文始，考文自知音始"❸ 的治学方法。他身体力行，潜心研究，考辨精深，撰写出《日知录》《音学五书》等极有学术价值的名著。正如《四库全书总目提要》所指出的："炎武学有本原，博瞻而能贯通。"顾炎武的学术主张使当时学者折服而心向往之，在学术界产生了很大影响，在一定程度上起到了转移治学范式的作用，使清初学术逐渐向着考证经史的途径发展。梁启超在《清代学术概论》中提出顾炎武开创了一种新的学风，即主要是指他治古代经学的学风。汪中也曾说："古学之兴也，顾氏始开其端。"（《国朝六儒颂》）顾炎武成为开启一代经学的先导。

第四，把"博学于文"和"行己有耻"作为修身圭臬。

"博学于文""行己有耻"二语，分别出自《论语》的《颜渊》篇和《子路》篇，是孔子在不同场合答复门人问难时所提出的两个主张。顾炎武将二者结合起来，并赋予了时代的新内容，成了他的为学宗旨与处世之道。他说：

愚所谓圣人之道者如之何？曰"博学于文"，曰"行己有耻"。自一身以至天下国家，皆学之事也；自子臣弟友以至出入往来、辞受取与之间，皆有耻之事也。

---

❶ 顾炎武. 顾亭林诗文集［M］.2 版. 北京：中华书局，1983：58.
❷ 顾炎武. 顾亭林诗文集［M］.2 版. 北京：中华书局，1983：91.
❸ 顾炎武. 顾亭林诗文集［M］.2 版. 北京：中华书局，1983：73.

顾炎武"博学于文"的为学宗旨的一大特色，是他不仅强调读书，而且提倡走出书斋、到社会中去考察。他说：

人之为学，不日进则日退。独学无友，则孤陋而难成。……犹当博学审问。……若既不出户、又不读书，则是面墙之士，虽子羔、原宪之贤，终无济于天下。

他提倡读书与考察相结合的方法，就是我们今天所说的理论和实践相结合的方法。这一方法的提出和运用，开创了清初实学的新风气。他所理解的"博学于文"是和"家国天下"之事相联系的，因而也就不仅仅限于文献知识，而且还包括广闻博见和考察审问得来的社会实际知识。他指责王学末流"言心言性，舍多而学以求一贯之方，置四海之困不言而终日讲危微精一之说"，说明他所关心的不仅仅是"四海之困穷"的天下国家之事，而且还把"经世致用之实学"和学者的理论联系实际结合起来，把"知"和"行"结合起来。可见，"博学于文"既是顾炎武的为学宗旨，也是顾炎武的修身宗旨。

顾炎武的另一修身宗旨是"行己有耻"。所谓"行己有耻"，即是要用羞恶廉耻之心来约束自己的言行。顾炎武把"自子臣弟友以至出入往来、辞受取与"等处世待人之道都看成是属于"行己有耻"的范围。有鉴于明末清初有些学人和士大夫寡廉鲜耻、趋炎附势而丧失民族气节，所以他说：

以格物为"多识鸟兽草木之名"，则末也。知者无不知也，当务之为急。❶

"当务之急"是什么？是国家治乱之源，生民根本之计。因此，他认为只有懂得羞恶廉耻而注重实学的人，才真正符合"圣人之道"；否则，就远离了"圣人之道"。所以，"博学于文""行己有耻"，既是顾炎武"经世致用"的为学宗旨和立身处世的为人之道，也是他"崇实致用"学风的出发点和归宿，更奉为个人修身的圭臬。

第五，顾炎武治学的目的是"为往圣继绝学，为万世开太平"。

顾炎武倡"实学"以"经世致用"，讲"廉耻"而"利国富民"。顾氏此举，不仅仅是为了一时的"救世""济民"，而是"为万世开太平"的"长治久安"做的基础性工作。而他治《音韵五书》《五经同异》和《五经考》等古籍，则是为了"弘扬民族文化"而"为往圣继绝学"，顾氏"皓首穷经"

---

❶ 顾炎武. 日知录集释[M]. 上海：上海古籍出版社，2006：377.

以疏通本意、订正古籍讹错，是为了让后学有一个可信的古籍读本，不要以讹传讹，贻误后学。

顾炎武把古韵分为 10 部，其中有 4 部成为定论，即歌部、阳部、耕部、蒸部。其余几部也都初具规模，后来各家古韵分部，都是在顾氏分部的基础上加细加详。顾炎武在音韵学上的最大贡献是用离析"唐韵"（实际是《广韵》）的方法研究古韵。宋人也曾研究古韵，但把《唐韵》的每一个韵部看成一个整体，没有想到把它们拆开，因此，尽管把韵部定得很宽，但仍然不免出韵。另一个极端是遇字逐个解决，没有注意到语音的系统性。顾炎武则把某些韵分成几个部分，然后重新与其他的韵部合并。这样有分有合，既照顾了语音的系统性，又照顾了语音的历史发展。他首先废弃平水韵，回到"唐韵"。比如，把尤韵一部分字如"丘""谋"归入"之咍"部，这就是"离析唐韵"，回到古韵。再比如，把支、麻、庚三韵各分为二，屋韵分为三，令它们归入不同的古韵部，充分体现了古今语音系统的差别。他的这种离析工作直到今天还被大家公认是很有价值的。其次，他最先提出用入声配阴声。《诗经》常常有入声字跟阴声字押韵，以及一个字有去、入两读的现象，顾炎武从这些现象中认识到，除了收唇音的入声缉、合等韵没有相应的阴声韵以外，入声都应该配阴声。在古音学的分部问题上，有阴、阳、入三分法，有阴、阳两分法，按"两分法说"，他的做法是对的。

顾炎武在古音学的研究中，一方面有理论的建树，另一方面有对大量材料的分析，所以后来被学者誉为"古音学的奠基者"。他的研究成果集中反映在《音学五书》中。其次，顾炎武对"五经"的研究，也为有清一代的经学研究开风气之先。这些都可以理解为顾炎武为往圣"绝学"的继承和发扬所做的努力，也可以看作顾炎武"以天下为己任"的"学者"责任心的一种表现。

当然，由于时代的局限，顾炎武的治学与行为，不是没有毛病的。比如，他否定王阳明的心学和批评程朱的理学，但他并没有提出更符合时代需要的新的学术思想，而是回到更古老的经学，是一种以"新"的"偶像"代替"老"的"偶像"，以"新"的"教条"代替"老"的"教条"的做法，也就是刚刚逃脱出一种思想禁锢，又投入了另一种思想禁锢。同时，他把明朝的灭亡完全归结为王学的"祸害"也是不正确的。一个王朝的灭亡与其所倡导的学术思想固然有不可分割的关联，但统治者的政治主张、制度设计和政策导向，更负有不可推卸的直接责任。当然，这些缺点和偏颇，并不影响顾炎武作为一位伟大的思想家和伟大的学者矗立在中华民族的史册上,他永远活在中国人的心里。他的"天下兴亡,匹夫有责",永远是中华民族的精神瑰宝,激励着一代又一代的炎黄子孙为国家富强和人民幸福而奋斗!

四、顾炎武责任思想对后世的影响

作为清初三大儒之一的顾炎武,他对后世的影响巨大。梁启超认为顾炎武对后世的影响主要表现在两个方面:"第一,在他做学问的方法,给后人许多模范;第二,在他所做学问的种类,替后人开出路来。"[1] 作为清学的"开山之祖",顾炎武对清代学术影响巨大,梁氏所说两点,可谓一语中的。但是从历史发展的角度来看,顾炎武对后人的影响主要表现在思想上,而不是仅仅表现在其治学的方法上。我们以为,顾炎武对现代中国的影响主要表现在以下四个方面。

一是强烈的爱国主义思想。

顾炎武的爱国主义思想是与他的强烈的民族精神分不开的。顾炎武生于明末,长于清初,他的拒不仕清,既是他民族主义精神的表现,也是他爱国主义思想的表现。因为他目睹了清军入侵时生母被砍去一臂,又眼睁睁地看着嗣母绝食而亡,且叮嘱他终身不得仕清;他还目睹了清人入主中原后,疯狂屠杀复明志士,拼命毁坏汉人文化,逼汉人剃发,且大兴"文字狱",残害亲明士人,这一切都在青壮年时期的顾炎武心中烙下深深的烙印。这个时候顾炎武的民族精神就是他的爱国主义精神。复明希望破灭后,晚年的顾炎武表现出的富民强国和忧国忧民思想,可认为是他在清朝生活时期所表现出来的爱国主义思想。如他在康熙十九年(1680年)于陕西华阴写给他外甥徐元文的信中说:

夫史书之作,鉴往所以训今。忆昔庚辰、辛巳之间,国步阽危,方州瓦解,而老成硕彦,品节矫然。下多折槛之陈,上有转圜之听。思贾谊之言,每闻于谕旨;烹弘羊之论,屡见于封章。遗风善政,迄今可想。而昊天不吊,大命忽焉,山岳崩颓,江河日下,三风不儆,六逆弥臻。以今所赌国维人表,视昔十不得二三,而民穷财尽,又倍蓰而无算矣。[2]

再如他在《病起与蓟门当事书》一文中说:

---

[1] 梁启超. 中国近三百年学术史[M]. 北京:生活·读书·新知三联书店,2006:55.
[2] 顾炎武. 顾亭林诗文集[M]. 2版. 北京:中华书局,1983:138.

今日者拯斯人于涂炭，为万世开太平，此吾辈之任也。救民水火，莫先于此。病中已笔之于书，而未告诸在位。……特建此说，以待高明者筹之。❶

顾炎武不是一个泥古不化之人，既然复明无望，那么，他还是要对新的国家的建设做出自己应有的贡献。从表面上看，是他给外甥的家书，或是给朝廷命官的私信，但实际上是他给当局提出"可以活千百万人之命"的兴国救民的建议。因为他外甥等当时担任清朝廷之重臣，给他们写信，是想将自己的建议通过他们对当局发挥作用。以顾炎武当时一介平民的身份，不好直接给朝廷上书，但通过在朝的亲友表达建议，是最好不过的"曲线救国"的方式了。这也是顾炎武"经世致用"思想的一贯表现。顾炎武的心始终是热的，他的爱国为民思想始终没有变。只不过是在不同的时期有不同的表现罢了。

顾炎武的爱国主义思想不仅表现在他本人的"经世致用"和"建功立业"上，而且还表现在他对爱国仁人志士和有民族气节的英雄模范的景仰上。如他的《三朝纪事阙文·序》一文，就是通过对祖父的怀念，塑造了一位爱国隐士的形象。文中除写了祖父对"我"的教育和爱心外，还写了祖父关心"国计民生"，关心国家安危的爱国主义情怀。文中写道：

臣祖年七十余矣，足不出户，然犹日夜念庙堂不置。阅邸报，辄手录成帙。而草野之人独无党，所与游之两党者，非其中表则其故人，而初不以党故相善。❷

这与他的"君子之为学，以明道也，以救世也"的思想是一贯的。"明道"和"救世"就是爱国为民。再如《吴同初行状》《书吴、潘二子事》同样是对爱国烈士的褒奖。顾炎武的民族精神和爱国主义思想对后世的影响巨大，我们现在提倡的以爱国主义为核心的民族精神不仅在顾炎武身上得到体现，并且在他身上得以发扬光大。

二是"以天下为己任"的责任思想。

顾炎武以一个具有强烈民族主义精神的爱国主义者的身份出现，在他身上必然表现出强烈的"以天下为己任"的责任意识。这是他为个人的角色定位决定的。有什么样的角色定位，就会有什么样的责任担当。无论是他主张"实学"提倡"经世致用"的学术主张，还是他"关注民生"和"富民强国"

---

❶ 顾炎武.顾亭林诗文集［M］.2版.北京：中华书局，1983：48-49.
❷ 顾炎武.顾亭林诗文集［M］.2版.北京：中华书局，1983：155.

的思想，都与他"以天下为己任"的爱国主义者的角色定位有着密切联系，或者说，他的"天下兴亡，匹夫有责"的担当就是他"以天下为己任"的角色定位在行动上的表现。无论是他青年时代编纂《天下郡国利病书》《肇域志》，还是后来的学术巨著《日知录》，以及后来的《音学五书》《顾亭林诗文集》的结集，都表明顾炎武的每一著述都不是为了一己一家之私利，而是为了国家和民族的繁荣富强之大计。虽然顾炎武只是一介平民，但是作为一位博古通今的大儒，他时时刻刻都在为"国家富强、人民幸福"思虑，他总是想，一旦他的著述被当政者选用，就能为国为民发挥出巨大作用，做出巨大的贡献。也正如他本人所预期的那样，他的《郡县论》等文章所寄寓的是"富国之策"，"后之君苟欲厚民生，强国势，则必用吾言矣"。所以，他的一贯主张是：文章"止为一人一家之事，而无关于经术政理之大，则不作也。"❶ 正是基于这一原则，顾炎武的好朋友李中孚屡次请他为其母作传，都被他婉言谢绝。❷ 可见，一个人的志向、胸怀和眼界，与他的事业、贡献和境界，是联系在一起的，眼界高，则境界高；胸怀大，则事业大，贡献也大。而这一切，都与其志向一致。所以古人说："功崇惟志，业广惟勤。"这一思想在中华民族影响深远，激励着中华民族一代又一代学人为国计民生而奋斗。"天下兴亡，匹夫有责"成了中华民族爱国主义思想的一个重要组成部分。

三是强国富民的救世情怀。

顾炎武的强国富民的救世情怀与他的爱国主义思想是一脉相承的。爱国主义表现在什么地方？民族情怀表现在什么地方？"经世致用"又表现在什么地方？只能表现在强国富民上。那么强国富民又表现在什么地方呢？在顾炎武看来，强国表现为利国，亦表现在国防强大、社会健康向上、制度优越上。他的《天下郡国利病书》和《肇域志》两书的编纂，就是他"感四国之多虞，耻经生之寡术"。于是，顾炎武博览历史文献，普遍考察历史上的治世之经验，编就两书，"一为舆地之记，一为'利病'之书"，目的是"存之箧中，以待后之君子斟酌去取云尔"。或是期望："俾区区二十余年之苦心不终泯没尔。"❸ 也正像他在《初刻日知录自序》中所说：此刻的目的是为了："明学术，正人心，拨乱世以兴太平之事。"❹ 明学术，正人心，拨乱世以兴

---

❶ 顾炎武. 顾亭林诗文集 [M]. 2版. 北京：中华书局，1983：96.
❷ 顾炎武. 顾亭林诗文集 [M]. 2版. 北京：中华书局，1983：81.
❸ 顾炎武. 顾亭林诗文集 [M]. 2版. 北京：中华书局，1983：131.
❹ 顾炎武. 顾亭林诗文集 [M]. 2版. 北京：中华书局，1983：27.

太平之事，都是强国富民之举。如果学术不明，人心不正，社会动乱，则必然导致国家领导层昏聩，制度秩序紊乱，会形成一盘散沙的局面，离分崩离析也就为时不远了。正如清代经学大师黄以周所说："学术不明，治术因之亦敝！"（黄以周：《儆季杂著》之五，《文钞一·颜子见大说》）顾炎武亦是非常强调社会舆论的引导作用和文化的社会整合作用的。在强国和富民问题上，顾炎武非常注意社会"公正"的作用，而社会公正的形成则要靠社会公正舆论的形成。顾氏把社会公正舆论叫作"清议"。他说：

天下风俗最坏之地，清议尚存，犹足以维持一二。至于清议亡而干戈至矣。❶

所以他认为，社会改造实现的根本途径在于提高老百姓的文化水平和文化教养：

教化者，朝廷之先务；廉耻者，士人之美节；风俗者，天下之大事。朝廷有教化，则士人有廉耻；士人有廉耻，则天下有风俗。❷

因而，办好乡间教育又是正风俗、树廉耻的重要途径。

那么顾炎武认为要怎样做才能富民呢？顾氏认为，要富民，首先是当政者要关注民生。顾炎武的一生始终牵挂民生。他始终以"国家治乱之源，生民根本之计"为怀，从早年的"奔走国事，中年图谋匡复，暮年独居北国"，依依不忘"东北饥荒"和"江南水旱"，直到病魔缠身，生命垂危，还念念不忘以"救民出水火"为己任。他始终以"拯斯人于涂炭，为万世开太平，此吾辈之任也。仁以为己任，死而后已。"❸ 他的《钱粮论》就是为"活民""富民"向当局提出的"救世"之方略。文中写道："谷日贱而民日穷，民日穷而赋日诎。"最终导致关中一带，"则岁甚登，谷甚多，而民且相率卖其妻子。"于是他提出以"实物为赋"的方案，他认为这是"一举而两利焉"的上上之策："无蠲赋之亏，而有活民之实；无督责之难，而有完逋之渐。今日之计，莫便乎此。"❹

四是求真务实的科学精神。

顾炎武求真务实的科学精神首先表现在他的务实学风上。为改变明朝空疏的学风，顾炎武开清初倡实学的先路。他务实学风的形成也有一个不断学

---

❶ 顾炎武. 日知录集释[M]. 上海：上海古籍出版社，2006：766.
❷ 顾炎武. 日知录集释[M]. 上海：上海古籍出版社，2006：773.
❸ 顾炎武. 顾亭林诗文集[M]. 2版. 北京：中华书局，1983：48.
❹ 顾炎武. 顾亭林诗文集[M]. 2版. 北京：中华书局，1983：17-19.

习、不断实践的过程。他的务实学风主要表现为崇实致用；所谓崇实，就是摒弃"明心见性之空言"，代之以"修己治人之实学"，故而"鄙俗学而求《六经》"，求"以务本原之学"。所谓致用，就是努力探索"国家治乱之源，生民根本之计"；学以修身，救世济民，谋"为万世开太平"之策。

顾炎武的务实之学具体表现为"博学于文"。他所谓"博学于文"，绝不仅仅是"文字""文章"之文，而是人文，包涵着广泛的社会文化因素。他说：

"君子博学于文"，自身而至于家、国、天下，制之为度数，发之为音容，莫非文也。❶

顾炎武的务实学风还表现为他的刻苦学习和努力奋斗的精神。顾炎武自幼至老，一直奉行务实求学，刻苦钻研，著述力求精准，不作虚浮空泛之文。以下载录他的一篇短文，可间接窥知他为学为文的科学精神。

自此绝江逾淮，东蹑劳山、不其，上岱岳，瞻孔林，停车淄右。入京师，自渔阳、辽西出山海关，还至昌平，谒天寿十三陵，出居庸，至土木，凡五阅岁而南归于吴。浮钱塘，登会稽，又出而北，度沂绝济，入京师，游盘山，历白檀，至古北口。折而南谒恒岳，逾井陉，抵太原。往来曲折二三万里，所览书又得万余卷。爰成《肇域记》，而著述亦稍稍成帙。然尚多纰漏，无以副友人之望。又如麟士、年少、菌生、于一诸君相继即世而不得见，念之尤为慨然！❷

以上这篇文字，既是顾炎武对自己行踪的记述、对友人的怀念，也体现出他做学问的认真和科学态度。读万卷书，行万里路，不作虚文，不写虚事，求真务实，实事求是，在这一篇短文中表现得淋漓尽致。

以上四个方面，既是顾炎武"经世致用"情怀的表现，亦是他"以天下为己任"的责任思想表现。这两个方面对后代学人影响巨大。我们学习顾炎武，也主要学习他的利国福民思想和"以天下为己任"的负责精神。

---

❶ 顾炎武. 日知录集释［M］. 上海：上海古籍出版社，2006：403.
❷ 顾炎武. 顾亭林诗文集［M］. 2版. 北京：中华书局，1983：221.

参考文献

[1] 顾炎武.顾亭林诗文集[M].北京：中华书局，1959，1983.

[2] 顾炎武.日知录集释[M].上海：上海古籍出版社，2006.

[3] 顾炎武.音学五书.韵补正[M].上海：上海古籍出版社，2012.

[4] 钱仲联.顾炎武文选[M].张兵，选注评点.苏州：苏州大学出版社，2001.

[5] 梁启超.中国近三百年学术史[M].北京：生活·读书·新知三联书店，2006.

[6] 梁启超.清代学术概论[M].朱维铮，导读.上海：上海古籍出版社，1998.

[7] 陈祖武.顾炎武评传[M].北京：中国社会出版社，2010.

[8] 冯契.中国古代哲学的逻辑发展（下册）[M].上海：上海人民出版社，1985.

第二编　西方责任思想

第六章 柏拉图责任思想

柏拉图学说中所提出的有关责任的各种问题，直到今天依然值得人们反复思索，而他研究这个问题的基本思路和方法也对西方的历史发展产生了持续而深刻的影响。澄明柏拉图对于责任问题的反思，对于我们提高公民素质、改善当前的政治生活，都具有重大的理论和现实意义。

一、公民责任的寄寓主体——城邦共同体

对于柏拉图来说，城邦首先是承担和具有价值性和规范性原则的共同体，是政治与道德的统一体，它承担着人们生活中的道德伦理目的，城邦的目的就是为了实现人的德行，实现城邦内公民的责任。在他看来，城邦并不仅仅只是发挥其维持特定社会秩序的共同体，更是具有超越性价值目的即至善的共同体。生活在城邦之中的人一方面都为了能够使城邦追求至善、达致至善而努力，另一方面城邦至善的整体性目标的实现也需要发挥和实现人的德行本质，而德行优良的城邦反过来又能够引导生活在其中的公民获得美德。这样，城邦德行与个人德行就成为一个问题的两个方面，是同一的，而并不是如现代人一样将个人德行与社会公德区分开来，城邦整体幸福的实现需要德行，而这正是在城邦内将公民所承担的不同责任实现的关键所在。在现代，社会责任尤其是社会公德更多地体现为一种义务，如斯金纳就曾评论说从现代共和主义的角度看社会德行与公民个人就表现为一种义务的关系，共和主义只是将自由视为实现不同目标的手段，而这只是一种消极的自由，"共和主义的作家们从来就没有诉诸一种'积极'的社会自由观。也就是说，他们从未论证说，我们是具有某些终极目的的道德存在，因而惟有当这些目的得以实现时，我们才能最充分地享有自由"。[1] 但城邦内具有责任的生活却并非如

---

[1] 应奇，刘训练. 公民共和主义 [M]. 北京：东方出版社，2006：77.

此，因为城邦本身就是一个具有伦理性质的政治共同体，城邦政治生活的最终目的是为了实现一种具有德行的优良生活。

换言之，城邦作为以自足、完美的生活为目标的共同体具有整体性、伦理性的特质，而城邦整体责任的实现也并不只是单独倚靠个人的责任累积就能够达成，这更多地体现在对城邦内个体道德完善性的要求上，体现在对于个体责任的要求上。这里需要注意的是，城邦与近代的"国家"是完全不同的，国家只是社会生活的一部分，而城邦生活却被认为是等同于社会生活，城邦就是人的社会生活的全体。

因此，作为在城邦内生活的个体，公民责任的存在和发挥只有首先依托于城邦才能够真正实现。在柏拉图看来，在城邦生活中的个人所应具有的责任是与城邦的整体目标相一致的，城邦并不是个人追求和实现其物质利益的工具和手段，这样的城邦只能是"猪的城邦"。柏拉图对于城邦的理解，本身就是建立在这种整体性原则基础之上的，因此他们对于城邦生活的反思和规划，目的之一就是为了克服城邦中个体的任意性对于公共生活的侵扰。

下面就先来着重分析一下城邦的整体特征和伦理特征，以期对公民责任的生长空间有更为详细的了解。

（一） 城邦的整体性原则

1. 整体性高于个体性

在卡尔·波普尔看来，古希腊城邦的整体性之所以优于个体性，是因为人类本性中所固有的局限使其不可能达到自给自足，而个体只有处在城邦中才能使自己得到适宜的"社会栖息环境"，失去了这种环境只能使人退化。[1] 人作为个体的不自足性决定人要实现更好地生活，就首先需要互相合作，所以从根本上说人的社会本性是由于个体的不完善性所产生的，因此城邦必须被置于比个体更高的地位上。

在柏拉图看来，人作为个体的不自足性首先只有通过城邦共同体才能得以消除和克服，城邦作为一个整体是首要的，生活在城邦中的人只是这个整体的组成部分，个体责任的目的便在于如何通过自身的作用和功能使城邦作为共同体达致自身的至善。所以柏拉图强调构设优良城邦的首要原则和目标

---

[1] ［英］卡尔·波普尔. 开放社会及其敌人（第一卷）[M]. 郑一鸣，等译. 北京：中国社会科学出版社，1999：151－152.

便是全体公民的最大幸福而不是某一个阶层或团体单独的幸福。

2. 公民个体责任的有效发挥依赖于城邦共同体

首先,生活在城邦中的个体对于城邦的依附性主要表现在,城邦中的成员不能与他所在的共同体整体分离,个体只有通过城邦才能改善自身所存在的不足之处和缺陷,也只有依附于共同体才能成为自给自足和完善的人,才能成为负责任的人,"个人在只依靠自己而没有任何外在利益时是最狭窄的,而当他作为一部分存在和行动时,并将自身利益等同于他所属的整体的利益时,他就是最宽广的。个人能在其中扮演的角色的整体越是宽广,他拥有的利益总额就越大"。[1] 此个体只有依附共同体,致力于追求共同的善,他才能在这个过程中实现其自身的善,从而有效承担起自己的责任。并且,将城邦整体性的善作为个体共同追求的目标也能够将城邦中的个体紧密联系在一起,从而使其成为一个真正的整体。柏拉图的责任思想正是建立在个体与城邦这种关系的基础上并按照这样的关系去设计相应的政治结构和政治制度的。

(二) 城邦是具有伦理性质的政治共同体

对于柏拉图来说,城邦首先是承担和具有价值性和规范性原则的共同体,是政治与道德的统一体,它承担着人们生活中的道德伦理目的。城邦的目的就是为了实现人的德行,为了实现至善的生活,这样才能将责任真正落实。整个城邦的幸福也就是城邦内公民的幸福和追求目标,是城邦个体公民的责任目的所在,而这不仅仅只是把"特殊利益作为共同利益予以关怀"(黑格尔语)。城邦共同体就是为了追求整体性的至善而建立的,为了实现责任而建立的,伦理道德成为判定城邦生活的合法性根据。柏拉图在纯粹善的视域中设计和建构理想的城邦生活,他旨在探究如何使城邦成为德行优良的城邦,如何使城邦生活成为美德的实现领域。因此他对于城邦的政治设计和安排都是从德行原则出发,又以德行为最终的旨归。在他看来,城邦并不仅仅只是发挥其维持特定社会秩序的共同体,更是具有超越性价值目的即至善的共同体。生活在城邦之中的人一方面都为了能够使城邦追求至善、达致至善而努力,另一方面城邦至善的整体性目标的实现也需要发挥和实现人的德行本质,而德行优良的城邦反过来又能够引导生活在其中的公民获得美德。这样,城邦

---

[1] [英]厄奈斯特·巴克. 希腊政治理论——柏拉图及其前人 [M]. 卢华萍,译. 长春:吉林人民出版社,2003:321.

德行与个人德行就成为一个问题的两个方面,是同一的,而并不是如现代人一样将个人德行与社会公德区分开来,城邦整体幸福的实现需要德行。在现代,社会公德更多地体现为一种义务,责任更是如此。如斯金纳就曾评论说从现代共和主义的角度看社会德行与公民个人就表现为一种义务的关系,共和主义只是将自由视为实现不同目标的手段,而这只是一种消极的自由。"共和主义的作家们从来就没有诉诸一种'积极'的社会自由观。也就是说,他们从未论证说,我们是具有某些终极目的的道德存在,因而唯有当这些目的得以实现时,我们才能最充分地享有自由。"❶ 但城邦的德行却并非如此,因为城邦本身就是一个具有伦理性质的政治共同体,城邦政治生活的最终目的是为了实现一种具有德行的优良生活,实现至善,可以说德行原则贯穿于城邦生活的始终。

二、德行——责任的真正本源所在

责任的基本含义是指一个人分内应该做好的事,而柏拉图对于德行的定义恰恰就是其对责任最好的阐释。那么,责任与德行究竟是什么关系呢?在柏拉图看来,如果一个人要承担起他自身的责任,做好他自己的分内事,那么他就是一个有德行的人,也是一个正义的人。

德行作为事物的本质性规定,从根本上说就是对人的存在意义和生活方式做出应然性规定,提供是非善恶的原则和标准,探讨什么应该做、什么不应该做的问题。这不可避免地会涉及什么是"好",人怎样才能过上好的生活,这种"好"又是依据怎样的标准而得出,这种标准是群体性还是个体性的,是所有人都认可的,还是各有各的标准。德行原则作为一种价值性的判断,首先是一种价值导向与追求,这样个体与城邦之间便通过这种德行获得了一致,良好的政治生活必然是体现道德原则的政治。道德原则对城邦生活给予应然性的回答和判断,为政治生活提供"好"与"坏"、"善"与"恶"的原则和标准。因此,一方面,要实现良好的城邦秩序和理想的政治生活,首先要解决的就是德行问题,改善和提高公民的德行也就成为治理城邦的首要任务,通过对公民德行的培养能够使公民将秩序内化到人的心灵中从而保持城邦秩序的和谐;另一方面,公民的德行也只有通过城邦作为载体才能实现,城邦作为一个整体能够极大地影响个人的德行状况。城邦的生活不仅仅

---

❶ 应奇,刘训练. 公民共和主义 [M]. 北京:东方出版社,2006:77.

只是单纯地为了满足人的需要，也是为了实现人的德行。

在这里需要注意的是，在柏拉图看来，德行首先是一种优良的品质，是事物的本性，是人基于以品质为中心的判断，他们是为了让人们获得德行的品质而非将其作为一种外在的要求、义务抑或是将功利所带来的快乐或幸福的多少作为道德的评判标准，因此，那时的责任与现代社会所说的责任同样存在着一些区别。古希腊情境中的这种德行与现代的德行概念有所不同，现代人习惯于将公共德行与个人德行进行区分，责任亦是如此，现代的公共德行在很大程度依赖于制度的确立和运行，而且德行的"义务"层面往往高于个体本身自律和自觉的层面。

柏拉图基于品质为中心而作出判断的德行判断，首先是从对"善"的界定和阐释开始的。因为"善"作为城邦生活的最高价值追求和目的，是人类社会美德的根本性原因和依据，只有首先解决"善"从何而来并如何可能的问题，才能在此基础上进一步指出应该如何安排城邦的政治生活。其次，在指出"善"是什么，以及怎样奔向至善的基础上，柏拉图进一步探究了德行作为人和城邦的基本存在和生活方式的问题，即城邦和人为什么会将善作为至高的价值追求，德行究竟为什么会又怎样成为城邦和人自身的本性和品质的问题。

柏拉图对德行的探讨，一方面继承了苏格拉底关于德行源于至善的思想，认为德行原则是城邦政治生活的普遍价值原则，另一方面他也对"善"进行了重新理解和定义，解决了苏格拉底当时所面临的一些困难和问题。柏拉图认为，只有首先确定"善"是什么，它从何而来，澄清"善"的自身意义，对"善"给予确定的内涵和绝对性的界定，为城邦和人的德行找到确定性的依据和基础，才能为城邦的政治生活树立普遍而确定的价值标准。为了避免和克服主观主义和相对主义，柏拉图首先给予了德行一个绝对确定的形上本体论设定——善的理念。

(一) 关于"善的理念"

柏拉图关于"善"的界定，我们可以从本体论、知识论和价值论的角度进行阐释和分析，以期揭示"善"自身的含义。这样做不仅能够解释城邦政治生活所要倚靠的价值准则的生成和来源，而且还能够从根本上澄明"善"的本体性地位，以及指明如何把握"善"的方法性问题。城邦和人都是趋向于善并以善为目标的，柏拉图通过对善的价值设定，将灵魂和城邦对责任的追求与获得置于一个形上绝对的永恒世界——理念世界，由此也可以发现柏拉图对于德行问题所采取的独特方式及由此所体现出的理想性倾向。

首先，从本体论的角度看，善即是"善的理念"，善的理念是一切理念和现实世界的绝对依据，由于其自身形上超验的绝对确定性，显示了至善理念的理想性的特质。

柏拉图将世界分为两个部分，即理念世界和现实世界，在他看来，现实世界只是对理念世界的分有和模仿，无法达到理念世界那般完美和纯净，而理念世界才是真正真实的世界，也是现实世界存在的依据和基础。现实世界是易于流变和消逝的，而理念世界则是形上静止的永恒存在，它是由理念所组成的本体世界，是一个纯粹、永恒、确定的实体世界。所谓理念，指的是一种自在之物，它才是真正的存在，理念是使事物成为其自身的终极原因。理念是一种客观性的实体，是现实事物分有的原型和真正本体，而在理念世界中，各种理念并不是无序混乱地存在着，而是根据一定的等级和秩序来排列的，有一种理念被柏拉图称为"理念中的理念"，它处在理念世界的最高位置，这就是"善的理念"。善的理念作为一个自在完满的终极实体，是现实世界存在根据的理念世界得以存在的根本原因和依据，是用以评判城邦生活的终极性原则和标准，人们的生活和各种行为只能依据善的理念进行评判而非相反。

其次，从认识论的角度看，善的理念"是指通过理智与理性把握的关于存在的永恒、绝对的本质，是知识的对象，他将这种思想、概念所把握的存在的普遍本性或本质、绝对真理、对象化为一种客观的实在"。[1] 这也就是如何认识及如何把握善的理念问题，即关于如何获得关于善的理念的知识的问题。柏拉图通过理念世界与感性世界、知识与意见的区分与对立，说明了来源于理念世界的知识的本真性，而知识只能通过超越感性经验而通过理性才能获取的方式，也赋予了其知识论理想主义的特征。

柏拉图通过对理念世界和感性世界的划分区分了知识与意见，只有通过知识才能把握理念世界，而对由具体事物构成、一直处于变化之中的感性世界的认识只能是意见，知识只能通过人的理性才能够真正获得。在他看来，知识是先天地存在于人的灵魂之中的，只是人由于在感性世界中的生活而被遮蔽了，所以人们在感性世界中获得的都是意见，只有当灵魂中的理性凝视

---

[1] 姚介厚. 西方哲学史（第二卷）[M]. 南京：江苏人民出版社，2005：576.

和把握善的理念，人才能获得对理念世界的认知，从而"回忆"起真正的知识而非意见。因此，善的理念是最大的、最为根本的问题，善的理念是使人的灵魂具有认识能力的根本原因，也是使其他理念获得正当性的根本原因，同时还是使知识具有本真性的根本依据。

最后，从价值论的角度看，善的理念是现实生活世界所须遵循的根本性价值原则的来源，也是判断现实生活世界"好"与"坏"的规定者，是城邦和个体所欲求的终极至上的价值目标。善的理念只能存在于纯粹的理念世界而非可感世界，所以进行道德判断的根本依据也不可能存在于可感的现实世界中。善的理念作为最高的道德范畴，是人和城邦的最终目的。善的理念使城邦及其中的每一个灵魂都将其作为自己全部行动的根本价值目标，这也是责任的真正源头所在。

（二）责任是完善的个体与优良城邦的应然本性

虽然柏拉图通过善的理念这个自在完美的本体为德行原则设定了一个绝对确定的形上根基，解决了城邦秩序原则和标准的根本性、绝对性和普遍性问题，但是对于他来说，绝对性、普遍性的德行原则是必须通过和依靠人的理性才能获得的，也只有这样，人才能真正成为能担负起其相应责任的人。柏拉图固然将"善"设定为最高的绝对理念，但他并不想使这个绝对理念悬离于现实世界之外，而是力图将其建构或内化到人的心灵之中，理念世界需要通过与人的心灵相连接才能对人的生活产生作用，才能为人类社会生活的秩序确立依据，才能产生责任，才能成为城邦生活的最高原则和根本目的，才能使价值判断具有普遍性和统一性，所以柏拉图对于如何实现优良城邦和成为完善的人的德行探求，实际上首先转换成关于解答人类是如何通达作为绝对实在的善的理念的问题，即客观的理性是如何给予作为有限存在的人的。

1. 理性与责任

在柏拉图看来，人的灵魂中其实先天地被赋有作为原型和价值原则的理念，只是在其生活的感性现实世界中被遮蔽了。虽然人的本性都是向善的，但只有通过灵魂中的理性，人才可以达至对至善理念的揭示和把握。超验的理念世界为德行价值和目标确立了绝对确定性的形上根基，而人则通过理性达到对超验的理念世界的把握，人的理性是通达善的理念的唯一方式，只有理性才能使其对善的把握成为可能。所以，理性就成为人的灵魂中一个最为重要的部分。人的灵魂中除了具有理性，还包含有激情和欲望，柏拉图认为这是人灵魂的三个组成部分。对于他来说，德行首先是指事物发挥其功能的根据，是事物的一种特定本性，而人的德行，相应地就是人的灵魂中各个部分能够发挥自己特定功能的那一种品质。理性是人的灵魂中用以思考和推理的那一部分，是灵魂的最高原则，发挥领导的作用，具有智慧的美德，统领灵魂中的其他部分；激情是使人借以发怒的那个部分，它可以使人具有强烈的竞争精神，作为理性的盟友，当灵魂中各部分出现分歧时它往往站在理性的一边，它具有勇敢的美德；而欲望，就是人的灵魂中要求得到自己本性所要求得到的那个东西，它属于冲动的部分，它并无能力对外在的对象作出判断和反思，它的特点就是使人不断地欲求，欲望的本性是贪婪的，是非理性的，它相应的美德是节制。只有当灵魂中这几个部分达到一种有序的状态时，各自担负起自己所承担的角色时，各部分相应的德行以及作为一个整体的德行才能够真正得以发挥和凸显，灵魂才能获得纯粹。而只有当理性处于灵魂中的支配地位时，整个灵魂才能达到一种稳定的秩序。如果没有理性的领导，欲望和激情只让人寻求感性世界的表象的快乐，而理性才能引导灵魂通向至善。并且只有理性发挥其统领作用时，灵魂中的各部分才得以发挥其真正的德行：当理性支配整个灵魂时，才体现出智慧的美德；当激情受到理性的控制和调节时，才表现出勇敢的美德；当欲望受到理性的引导和支配时，才体现出节制的美德。

柏拉图关于"灵魂马车"的比喻，就形象地阐释了灵魂只有依靠理性，才能获得完全意义上的德行，也才能真正承担起相应的责任。他将人的灵魂从整体上看作是一个驾驭者支配着驯马与劣马的组合，人的灵魂就如这架马车，驾驭者如灵魂中的理性部分，而那两匹马则象征着灵魂中的激情和欲望的部分。当驾驭者看到美少年也就是他所爱的人的时候，他便无法抑制住自己的情欲，代表着欲望的劣马就会拖着整个马车拼命地奔向少年，而代表着激情的驯马则由于感到羞耻而停留在原地，当驾驭者"回忆"起真正的美和节制的理念时，他便与激情的驯马一起极力控制和约束劣马，虽然在这个过程中，劣马会多次摔倒在地，但经过反复地控制和训练，驾驭者终于可以支配劣马，使其与驯马达到很好的配合并一同前进。

2. 城邦共同体的责任

在柏拉图看来，城邦共同体所要担负起的责任首先是源自于个体的，是来源于城邦中相应的人的，因此人灵魂中的各个组成部分所应担负的责任其实也就是城邦中各个阶层所应担负的责任。城邦中不同阶层所要承担的责任，正是来自灵魂中不同组成部分所具有的品质和功能。

智慧这种美德是城邦中的统治者阶层专有的，也是这个阶层需要相应承担起的责任，智慧是与知识直接相关联的，但并不是关于具体技艺的知识，而是关于谋划和治理整个城邦的知识，只有起领导和统治作用的极少数的城邦统治者才能掌握这种知识，具有智慧的美德。勇敢这种美德则主要体现在城邦护卫者阶层中，这并不是一般意义上的无所畏惧的那种勇猛，而是基于在区分可怕事物和不可怕事物的基础上所做出的符合法律精神的正确信念的完全保持。而节制则是属于城邦中所有阶层都具有的德行，是对于欲望和快乐的有效控制和调节，是占城邦大多数的普通人的欲望被优秀的统治者的智慧所支配和统治的一种状态。正是节制这种德行不仅使城邦的统治者与被统治者在由谁进行统治的问题上达成一致的信念，也使个体灵魂中的不同部分在谁应当进行统治、谁应当被统治的问题上表现出了一致性。因此，节制这种德行并不像智慧和勇敢那样分别存在于城邦的不同阶层之中，而是关乎城邦的所有阶层，目的便是使城邦中的全体公民联合起来，和谐有序地生活。

而如果这几种德行已经在城邦中被各个阶层所具有、在城邦中实现，那么这个城邦也就能够成为正义的城邦，城邦作为一个整体的责任也便得以实现。也就是说，正义涵括了其他所有德行，同时，也只有在这样一种城邦共同体中，各种德行才能发挥各自应有的属性和功能而不发生质变，从而保持共同体和灵魂的正义性。相比其他三种德行，正义德行并不是一种具有超越性地位或优先性的美德，只是当这三种德行在城邦和个体中予以发挥的时候，正义的德行也就自然实现了，因此可以说正义是一种整体性的美德，依附于其他三种德行之中，同时也能够使其他三种德行在整体中作为其中的一个部分而分别发挥各自的作用。

在对于城邦整体之善和整体德行的追求过程中，柏拉图对于城邦的不同阶层进行了秩序性排列，对各阶层所相应具有的不同责任予以分析，但为了使整个城邦共同体在德行上趋于优良，排除个人私利对于城邦整体利益的瓦解，理想国中的制度安排是以消解整体城邦中的个体性及其现实生活中的特殊性为代价的。正是在向善旨归的目的之下，通过理性的指导和支配，城邦中的各阶层才能处在与之相匹配的位置上发挥其所具有的德行，承担起相应的责任，也只有在不同阶层的美德都得以发挥的时候，城邦才能够成为一个美德共同体，才是至善的。

这样，柏拉图不仅对善予以了一种形上超验的绝对性和普遍性的界定，将善作为人和城邦的根本目的和最高价值原则，而且强调理性对于现实世界的超越性作用。人只有依靠其理性在渴求至善的过程中才能获得智慧、勇敢、节制、正义等德行，从而实现自身的完善，真正担负起自身的责任。而城邦在追求善的过程中，各阶层只有发挥相应的德行，各种德行被有效地"编织"整合在一起，这样才能实现德行优良的城邦，发挥出城邦整体的责任。

三、教育——责任落实的途径

对于柏拉图来说，责任感的培养只能够通过教化才能完成，而通过教化塑造人的美德是城邦最为重要的大事，从一定程度上来说正是教育直接决定了人能否成为负责人，城邦能否成为优良的城邦。通过从政治生活领域对教化做出的反思，我们可以发现柏拉图教化思想是其政治的重要组成部分。在柏拉图看来，造成当前政治生活混乱的根本原因之一就是城邦教育的失败，城邦中的大部分人对于至善的追求和向往都被各种感性世界的纷杂事物予以遮蔽，以至于能够把握至善的哲学家处于了"全像一个人落入了野兽群中一样"的境况，甚至迫使他们远离城邦的政治生活。因此，要改善城邦政治生活，使人真正能够担负起自己的责任，首先要做的就是从根本上对教化给予端正，使其以德行为自身目的，与德行相结合。而通过教化掌握知识实际上就是一个"回忆"和"转身"的过程：知识是先天性地存在于人的灵魂之中的，而由于现实感性世界的侵扰和遮蔽，人们暂时将知识遗忘了，只有当人的灵魂"转身"得以观看至善理念的时候，先天所具有的知识才能够被"回忆"起来，而这些都是需要通过教化来完成的。

通过正确的教化而使人掌握知识是极其重要的，是为城邦的道德生活所必需的，统治者通过他掌握的至善知识对公民进行引导，使生活在城邦中的人由此赋有德行，也只有通过教化才能将人灵魂中先天被赋有而在感性现实中被遮蔽或遗忘的理念和知识给予澄明，从根本上克服现实政治生活缺乏绝对、确定根据的缺陷，使人通过超越感性的世界而奔向至善。

柏拉图曾通过著名的"洞穴比喻"，揭示了是否接受教化对人的本性至关重要的影响和作用，而这也是他能否承担起自身责任的关键所在。这个比喻形象地描述人从"洞内"到"洞外"，从"下"到"上"，由黑暗到光明，从可见世界上升到理念世界，并以至善理念为旨归的解放过程。我们也可以从另一个角度来看，即教育在这个过程中发挥了至关重要的作用。因为这个过程本身就是对人是否接受过教育的本质性对比，只有经过教化，人才能一直趋向于光的方向，才能可以通过自己灵魂的转向从而完成洞穴内的转身，才能感受到洞穴之外的理念世界的美好。而当他看到了善的理念，获得了最高的德行时，又以自身德行作为其政治的担当，由"上"往"下"返回了洞穴之中。教化的作用我们可以从如下几个方面予以明晰。

首先，对于柏拉图来说，对于教育的思考和目的也是从应然的德行出发，教育的目的便是要塑造人的德行，消除感性世界对人灵魂的遮蔽，使其获得凝视至善理念的能力。"教育实际上并不像某些人在自己的职业中所宣称的那样。他们宣称，他们能把灵魂里原来没有的知识灌输到灵魂里去，好像他们能把视力放进瞎子的眼睛里去似的……但是我们现在的论证说明，知识是每个人灵魂里都有的一种能力，而每个人用以学习的器官就像眼睛。——整个身体不改变方向，眼睛是无法离开黑暗转向光明的。同样，作为整体的灵魂必须转离变化世界，直至它的'眼睛'得以正面观看实在，观看所有实在中最明亮者，即我们所说的善者……它不是要在灵魂中创造视力，而是肯定灵魂本身有视力，但认为它不能正确地把握方向，或不是在看该看的方向，因而想方设法努力促使它转向。"❶ 也就是说，教育更为注重的是引导人们的灵魂实现正确的"转向"，而非单纯地知识灌输，知识本身是先天地存在于人的灵魂之中的，是每个人的灵魂中都具有的一种能力。但是，当灵魂寄寓到人的身体后，由于受到感性现实世界的侵扰或玷污，从而遮蔽了灵魂中原来已经存在的关于理念的知识，要祛除外在世界的遮蔽，就需要发挥理性的作用，超越感性世界的困扰和遮蔽，将知识重新"回忆"起来，"既然灵魂是不朽的，重生过多次，已经在这里和世界各地看见过所有事物，那么它已经学会了这些事物。如果灵魂能够把关于美德的知识，以及其他曾经拥有过的知识回忆起来，那么我们没有必要对此感到惊讶。一切自然物都是同类的，灵魂已经学会一切事物，所以当人回忆起某种知识的时候，用日常语言说，他学会了一种知识的时候，那么就没有理由说他不能发现其他所有知识，只要他持之以恒地探索，从不懈怠，因为探索和学习实际上不是别的，而只不过是回忆罢了。"❷ 但知识并不是"善的理念"本身，而只是使人们通达"至善"的一种手段和方法，是对"善的理念"的一种把握，这也是为什么柏拉图认

---

❶ [古希腊] 柏拉图. 理想国 [M]. 郭斌和, 张竹明, 译. 北京: 商务印书馆, 1986: 277-278.

❷ [古希腊] 柏拉图. 柏拉图全集（第一卷）[M]. 王晓朝, 译. 北京: 人民出版社, 2002: 507.

为教育本身并不是向人们直接传授和灌输所谓具体知识的原因，其最为根本的目的是对人的灵魂进行适当地"引导"而摆脱感性世界侵扰的"回忆"，是引导人们实现"灵魂的转向"——向"至善"方向的前进。

其次，在柏拉图看来，教育的目的还在于调整人灵魂中的欲望，使之服从理性的领导，使人灵魂内部的欲望、激情和理智这三个部分友好和谐，各负其责，各就其位，理智起领导作用而激情和欲望一致赞成由它领导而不反叛。而这正是责任得以发挥的本质要求。教育可以使人的灵魂祛除感性世界的侵扰与遮蔽，趋向纯净，可以使人的身心趋于"健康明智"的状态。柏拉图通过描述灵魂的各部分在人的梦境中的不同状态，即人梦境的良好与非法状态，区分和对比了教育对于调整人灵魂中各部分的状态，以及使其整体秩序和谐一致的重要性。

再次，教育可以使灵魂和城邦以其为连接和桥梁，在对至善的向往和追求中达成一致。在柏拉图看来，对理想的城邦的建构需要借助一定的措施和手段，以此来使公民获得知识、培育公民的德行，而这就是教育。通过教化使公民具有德行，懂得如何进行统治与被统治，从而产生和保持政治生活的和洽。也就是说，城邦的统治与被统治的秩序原则从根本上取决于德行而非法律或者制度等"硬性"的规定，而这正是依靠教化所能够达到的。

最后，教育也是连接超验主义的道德价值准则与现实的城邦政治生活之间的桥梁，使人以至善为旨归实现其德行，使这种作为城邦政治生活的终极性价值准则与判断标准寓于现实的政治生活之中。可以在某种程度上说，柏拉图的理想城邦正是依靠着其完善、严密的教育体系而建立起来的。在柏拉图看来，只有当教育真正发挥作用时，德行才可以得到保障，城邦中生活的各个阶层才能真正承担起相应的责任，城邦的政治生活才能实现良好地运转。教育正是其在城邦政治生活中确定价值判断标准并使城邦公民得以遵守的措施和手段。

在教育的内容设置和实行措施上，柏拉图设置了算术、平面几何、立体几何、音乐、天文学及最高阶段的辩证法，但这些科目的设计并不只是仅仅培育人的技能或某种技巧，使其成为某一方面的专家，而是为了能够从根本上唤起灵魂对于至善的渴望。教育旨在使人的灵魂达到和谐有序的状态。而作为能够提供理性思考和解答的最高学问的辩证法，"能够不用假设而一直上升到第一原理本身，以便在那里找到可靠根据的。当灵魂的眼睛真的陷入了无知的泥沼时，辩证法能轻轻地把它拉出来，引导它向上，同时用我们所列举的那些学习科目帮助完成这个转变过程。"❶ 而关于至善的知识就是关于超越现象与感性的形而上的学问,具有先验性、逻辑性与系统性,而只有当人掌握辩证法时,他才能够克服自身的局限性去追求超越现实的理想性的东西,这是从实际生活的现实世界为出发点所无法达到的,因为任何经验本身都无法验证或推翻这样的结论,相反,经验只有被置于这样的框架中才能够获得理解。

四、确保责任落实的制度保障

为了各个阶层的责任及实现城邦的整体责任,柏拉图则进一步揭示了在这个过程中所必需的制度维护和保障。正是依靠着这些措施和制度,城邦中的各阶层才能够在和洽的社会关系中有效地担负起各自相应的责任。

护卫者阶层是柏拉图建构理想城邦的关键因素,这是因为不论是对于城邦外部的防御与抵抗,还是对于城邦内部秩序的维持,都需要护卫者阶层发挥作用。而且,城邦中的统治者往往也是从护卫者阶层中选拔而来。所以,护卫者的品质尤为重要,而优秀的品质源于平时严格的培养教育和竞争选拔。因此,柏拉图针对护卫者阶层制定了严格的培养制度和选拔程序,致力于把其培养成真正优良的人。这些品质本身就说明了护卫者对至善理念的向往和努力追求。所以,柏拉图尤其担忧护卫者阶层的腐败问题,认为这甚至能够导致城邦的毁灭。其实这也就是关于如何让个体和各阶层各司其职、各自承担起其相应责任的问题。如何使护卫者阶层始终保持着对"至善"理念的追求与向往,如何防止其腐败和分裂,使其始终保持着整体一致的至善指向和状态,是柏拉图需要解决的首要问题,为此他制定了具体的制度。制度的着力点正是致力于维持城邦作为一个整体的秩序一致性。当然,对于制定这些制度和措施,柏拉图首先需要的考虑因素并不在这些制度是否现实可行这个问题上,能否在制度和措施的作用下凸显城邦的正义、在城邦共同体中产生指向至善的和洽关系才是他首要关注的问题。

(一) 共产制——防止公权腐败的制度设计

在柏拉图看来,最好政治制度的必要前提是需要使城邦成为一个统一的整体,使城邦内的全体公民在各负其责的同时团结一致,只有这样才能达到

---

❶ [古希腊] 柏拉图. 理想国 [M]. 郭斌和,张竹明,译. 北京:商务印书馆,1986:300.

至善的目标。当一个城邦团结一致到如同一个人的时候，城邦的政治制度也不会发生变动，这个城邦便可以成为管理得最好的国家，便拥有最为优良的政体。为了使城邦作为一个整体保持高度的统一，成为绝对的"一"，柏拉图试图将特殊性从城邦整体中排除出去。只有根除任何威胁和损害城邦整体性和一致性的因素，不管这种因素是物质上的还是精神上的，都需要一并根除，只能也只有这样才能从根本上确保城邦的整体性与一致性，才能保证城邦以至善为指向的最终目标，从而也才能保证各阶层各占其位、各司其职的正义。"在共产主义的整个计划中，无论是财产方面还是婚姻方面，都存在着一个假设，即要通过废除与之相联系的物质性条件来革除精神上的罪恶是大有可为的。必须记住，精神上的'节食'是柏拉图首要的和最基本的'疗法'；但对物质的东西进行无情的'手术'也是他的手段之一。因为物质条件是与精神上的罪恶相伴随的，所以物质条件对他来说在很大程度上是这种罪恶的根源；而既然消除原因就是消除影响，他就着手对生活的物质条件进行彻底地改革。"❶尽管这些制度和措施在发挥其应有作用的时候甚至是以牺牲人的个体权利和特殊性为代价，但我们更应该意识到这些制度本身是为了达到城邦的整体性和高度一致性的目的，是为了建构柏拉图理想中的纯粹正义性国家。

首先，柏拉图主张在城邦的护卫者阶层中实行共产制。在柏拉图看来，财产的私有会给护卫者阶层造成城邦内的纠纷和危机。柏拉图对于实行共产制的目的非常明确，他是为了使护卫者阶层和城邦统治者的灵魂不被私欲所侵占而仍然保持着心灵上的绝对纯粹，保持着对"至善"向往从而使其灵魂中的各个部分仍然保持着秩序与结构的和谐。在护卫者阶层取消财产私有，能够有效地防止其腐败和分裂成小集团，"当全体公民对于养生送死尽量做到万家同欢万家同悲时，这种同甘共苦是不是维系团结的纽带？……一个国家最大多数的人，对同样的东西，能够同样地说'我的''非我的'，这个国家就是管理得最好的国家"。❷

其次，柏拉图在主张护卫者阶层财产共有的同时，认为妇女和儿童也需要共有。换言之，女人归男人共有，他取消了一夫一妻小家庭的存在。同时，对于儿童实行公共养育制，父母不知道自己的子女是谁，子女也不知父母是谁。柏拉图设立这样的制度，其实并不是仅仅只为了取消家庭，更不是一种

---

❶ [英]厄奈斯特·巴克. 希腊政治理论——柏拉图及其前人[M]. 卢华萍, 译. 长春: 吉林人民出版社, 2003: 314-315.

❷ [古希腊]柏拉图. 理想国[M]. 郭斌和, 张竹明, 译. 北京: 商务印书馆, 1986: 197.

原始的倒退，他的目的有二：一是出于城邦健康发展的目的，他认为优秀的女人应该和优秀的男人相结合，以便生育出优良的后代，从而有利于城邦的整体发展；二是柏拉图认为"一夫一妻的小家庭"这种形式仍然容易使护卫者产生私有观念，而私有观念会造成人们的分裂从而造成城邦秩序的混乱甚至冲突，是导致城邦衰败甚至破灭的根源。当取消家庭后，与家庭直接连接的私人情感的纽带也就不复存在了，人们的情感会变得更加无私。取消家庭虽然违背了人类的天性和习俗，但却可以实现最大限度的整齐划一，可确保整个城邦秩序及结构的和谐有序，最大限度地凸显城邦对于至善的追求。

但在这里我们需要注意的是，虽然柏拉图主张妇女共有，但这并不代表他轻视女性，他是极力主张实行男女平等的。通过以上分析我们知道，婚姻制和养育制是柏拉图为了凸显以至善为确定目标和价值根据、为了实现正义而做的制度安排。在他看来，在治理国家方面只要是男人能够承担的女人也同样能够承担。女性与男性一样可以担任与其禀赋相称的工作。因为男女的生理差别并不是关键性因素，重要的是人的灵魂的自身禀赋与内心秩序的保持，而这种秩序的维持恰恰源自灵魂对于至善的向往，所以他甚至认为，女性一样可以胜任统治者的工作。

当然，除了财产公有及妇女和儿童实行共有之外，柏拉图对于正义的制度保障所不可忽略的另外关键设计便是哲学家应当成为统治者。在柏拉图看来，要使城邦真正地成为正义的城邦，统治者就必须是真正的爱智者，而不是那些爱利者或爱权者，他必须具有理性或智慧的美德，只有这样，他才能以知识和智慧为基础去掌握和运用权力，去分配每个人应当担负起的责任，而不是以权力本身或利益为目的。另外，柏拉图认为，由于大部分人只能囿于"现实世界"的表象而无法达致"理念世界"，无法认识到现象背后的终极性根据——"善"的理念，而只有哲学家，才能拨开现象的重重迷雾掌握通过对至善的追求而掌握正义本身，从而使城邦的生活归于向善的秩序原则，走向正义。因此哲学家执掌政权只是因为只有他们才能触及"善的理念"，才能把握城邦正义生活的要求和原则，这对于柏拉图来说更属于一种逻辑上的顺延和城邦正义的必然要求，而非单纯的是柏拉图"在其背后隐藏着是对权力的追求"（波普尔语）抑或极权主义的体现。

（二）意识形态的教化

为了保证理想的城邦能够始终体现正义的本质，除了制度设计之外，柏拉图还力主对城邦各个阶层的人进行一种意识形态的教化，以培养城邦公民的正义人格。

在柏拉图看来，正是依托于城邦的教化公民才能使自身的灵魂祛除遮蔽处于一个有序的状态，从而进一步发挥自身的德行而成为正义的人。也就是说，教化在关于正义人格的养成上发挥了至关重要的作用。而柏拉图对于正义个体教化和培养的另一重要方面则涉及城邦的意识形态问题。城邦中不同阶层的划分源于人们具有不同的秉性，对于人们为什么会具有不同的能力与秉性，柏拉图曾借用了"高贵的谎言"：老天在铸造人类的时候在不同的人身上加入了不同的质地的金属，即黄金、白银和铜铁，从而注定使人们成为不同阶层的人，即统治者、辅助者和生产者。柏拉图借用"谎言"的本意并不是实现统治阶层对于其他阶层的专制统治，其首要目的一是为了使公民相信他们都是"一土所生"，地球是他们的母亲，因此他们一定要有如家人一般地团结一致，共同保卫城邦；二是让城邦内的人相信自己所在阶层就是最适合自己的阶层，力图保持各个阶层基本结构的稳定而不互相僭越，从而保持整个城邦的正义。在柏拉图看来，如果阶层间互相僭越，各自承担的责任发生混乱，如城邦的生产者阶层不再集中精力好好生产而意图成为统治者，那么城邦和洽的秩序就会被破坏，正义也就随之瓦解。对于这种意识形态的灌输和教化，主要的目的就是为了使城邦的阶层结构在公民个体中得到最大限度的认同，使其自觉服从城邦的秩序性结构安排。

柏拉图试图依靠意识形态来实现对不同阶层人的划分，更多的是源于他们具有不同的德行，肩负着不同的担当，源于他们对于至善理念的不同把握，意指智慧、德行这些灵魂中追求"至善"的东西而无关人的先天宿命问题。并不是仅仅意味着柏拉图试图依靠比喻和神话达到对被统治阶层的专制，而对于阶层的划分柏拉图也尤其强调其对于指向"至善"的城邦秩序的保持与维护，毋宁说分工和不同阶层划分的原则并没有贵贱之分，而只是根据不同德行功能而安排的等级秩序原则。所以这种阶层的划分仍然是致力于能够使城邦的各个阶层担负起不同的职责，从而使整个城邦成为一个聚合性的整体。

需要我们格外注意的是，柏拉图在依托意识形态保持城邦的秩序性结构状态的同时，也为不同阶层之间的互相流通和变动提供了空间。在他看来，正是因为城邦的结构安排是正义的保障，所以即使如果不同阶层的后代由于偶然原因混入了代表其他阶层的金属，那么就应该根据这种变动对其进行相应的阶层调整。比如,如果统治者的后代心灵中混入了废铜烂铁,那么就应将他们相应地安置于农民、工人之中;而如果在农民、工人的后代中发现了赋有金银属性的人,就应将他们相应地提升到护卫者阶层中去。从城邦各阶层间的可流动性也可发现,意识形态的灌输和阶层的划分并不是必然意味着要将权力集中于某一特定的人群,而是意图将具有不同天赋的人归位于适合其天性的位置和阶层中,从而从根本上保持城邦的秩序和结构状态的稳定,保障城邦的正义原则。

柏拉图深知,对于这些制度和措施的设定,已超出了常人的认知和能力范围之外,不仅制度的现实可行性成为疑问,而且还会因此让人们对制度设定的依据——"善"的理念也产生怀疑,"要说明这些不容易;这里比前面讨论的问题,有更多的疑点。因为人们会怀疑,我所建议的是不是行得通;就说行得通吧,人们还会怀疑这做法是不是最善。因此,我的好朋友啊,我怕去碰这个问题,怕我的这个理论会被认为只是一种空想"。❶ 如果人们仅仅只从可行性的角度予以考虑,这些制度是存在疑问的,但我们更应该将其置于理想性的整体视域中,考察这些制度是否根据至善的指向而设定,是否能够体现出正义的秩序性和结构性的状态和要求,而这才是柏拉图首要关切的问题。

尽管为了使指向至善的正义原则达到绝对的有效性,使共同体的秩序达到绝对的确定性,柏拉图不得不消除人的个体间的差异性,对人的本性进行改造。也就是说,柏拉图为了达到现实存在与正义理念的绝对本质的同一,追求现实与绝对理想的统一,采取了消除人的个体差异性的做法,"排斥主观自由原则的观点,乃是柏拉图的理想国中之主要特征。国家的基本精神在于从各方面使固定了的个性消溶于共性之中,把所有的人仅仅当作一般的人"。❷ 其实,"一般的人"的产生往往只是为了使城邦整体的存在理性得到最大意义上的凸显。正是从这个意义上来看,波普尔和哈耶克将柏拉图的理想国看作极端压抑人性和排斥人的自由的典型。但如果我们从正义理念所在的理想性视域来看,柏拉图所设定的每一制度和安排,其实都是为了从根本上实现城邦与个体的正义,达到社会的整体和洽与灵魂的内在统一,这些看似不合实际的非理性措施恰恰是为了使正义得到最大限度上的彰显。尽管对于人类存

---

❶ [古希腊] 柏拉图. 理想国 [M]. 郭斌和,张竹明,译. 北京:商务印书馆,1986:179.
❷ [德] 黑格尔. 法哲学原理 [M]. 范扬,张企泰,译. 北京:商务印书馆,1979:262.

在官能和个体特殊性的改造和消除往往使制度的现实可行性问题被一再提及，但制度背后所致力于表达的使城邦具有指向至善、实现正义的秩序要求及其向善的价值性之维的根本目标，同样是我们需要着重理解和把握的。

第七章 亚里士多德责任思想

责任问题在亚里士多德伦理思想中占有重要的位置,因为责任问题关联着一个人的好生活,以及自我与他人、与城邦的伦理关系。换言之,我们对责任的履行不但涉及我们为什么及如何对他人怀有友爱的情感,更涉及我们对他人和城邦是否负有责任及如何负有责任。

在讨论亚里士多德责任思想之前,我们需要对希腊社会的特点、希腊人生活方式的特质做出简要解释。因为,那个时代的希腊人的生活方式、社会价值取向、伦理学的发展等因素构成了亚里士多德责任思想的背景。在这个粗略的时代图景之上,我们才能更清晰地看到亚里士多德的责任思想所处的位置及其独特的价值与贡献。

一、亚里士多德责任思想的时代与背景

亚里士多德在前人思想的基础上综合创新,形成了自己的伦理思想体系。同时,亚里士多德的伦理思想成果也是他所置身的时代和民族精神的产物。古希腊的城邦文化、国家形态,以及从苏格拉底到柏拉图的伦理学,即西方理性主义伦理学的思想文化背景,尤其是柏拉图学园的传统,孕育了亚里士多德的伦理思想。亚里士多德的责任思想同样离不开此时代文化背景。本节的主旨就是从城邦的特点、人文主义的兴起、伦理学的发展三个方面阐述亚里士多德责任思想产生的时代与背景。

(一) 城邦的特点

城邦(polis),英文译为 city–state,是古希腊政治内涵的主要概念。"所谓城邦,就是一个城市连同其周围不大的一片乡村区域就是一个独立的主权国家。"[1]

---

[1] 顾准. 顾准文稿[M]. 北京:中国青年出版社,2002:462.

公元前 15 世纪到公元前 13 世纪，希腊出现过"迈锡尼文化"繁荣时期。"迈锡尼文化"衰落后，希腊的各个氏族分散到各地，相互结合成为城邦的雏形。希腊城邦是公元前 8 世纪到公元前 4 世纪的希腊城市国家，它以反君主专制的形式而诞生并由大小不一的氏族组成。城邦不同于传统的国家形式，其规模一般较小。城邦居民可以视为一个共同体，他们因长期生活在一起而在血缘、语言、传统习俗等方面具有共同性。

城邦首先是一个共同体，是自然生发而形成。从时间上来看，城邦起源于人们的自然需求，是自然生长、演化的产物。从男女结合、主奴、家庭到村坊，逐步演化为人们为了过上良好生活而共同集合成的城邦。在此意义上，城邦也是满足人们过一种优良生活的高级需求之一。同时，城邦也是人们获得自己幸福的最重要的共同体。城邦的共同体性质在亚里士多德的思想中就表达为伦理共同体，并以"善"为最高指向。在《政治学》一书中，亚里士多德开宗明义指出："我们见到每一个城邦（城市）各是某一种类的社会团体，一切社会团体的建立，其目的总是为了完成某些善业——所有人类的某一种作为，在他们自己看来，其本意总是在求取某一善果。既然一切社会团体都以善业为目的，那么我们也可以说社会团体中最高而包含最广的一种，它所求的善业也一定是最高而最广的：这种至高而广涵的社会团体就是所谓'城邦'，即政治社团（城市社团）。"❶城邦以善为目的，城邦的善业在现实中是为了"优良的生活"。在亚里士多德看来，城邦这一共同体不同于一般的共同体，它的成员要共同分享某种东西，它将其他的共同体包含其中，且以至善为共同追求的目标。

城邦共同体的核心构成是公民，其在本质上是公民共同体。一方面，公民是城邦的核心构成，城邦可以被视为公民集合而形成的公民集体。公民在城邦中享有自己的权利，公民可以不同程度地参与城邦的内政、外交、选举等事务。在城邦内部，公民之间应该是平等的。城邦政府的职责之一就在于维护公民团体的稳定，使公民依身份享有平等的公民权利。权利与义务，与公民履行的具体责任是相依存的。"一个公民需要理解，他的角色包括地位、忠诚感、职责担当、权利享有，但重要的并不是与作为一个人的联系，而是与一个抽象概念即国家的联系。"❷另一方面，城邦追求的是一种整体主义，公

---

❶ [古希腊]亚里士多德. 政治学 [M]. 吴寿彭，译. 北京：商务印书馆，1965：3.
❷ [英]希特. 公民身份——世界史、政治学与教育学中公民思想 [M]. 郭台辉，余慧元，译. 长春：吉林出版集团，2010：4.

民个人的价值在城邦中获得实现。或者说,城邦对公民而言具有逻辑的在先性,在本性上先于公民。这一思想在亚里士多德的《政治学》一书中有过明确表述,即"城邦(虽在发生程序上后于个人和家庭),在本性上则先于个人和家庭……我们确认自然生成的城邦先于个人,就因为(个人只是城邦的组成部分)每一个隔离的个人都不足以自给其生活,必须共同集合于城邦这个整体(才能让大家满足其需要)"。❶ 这意味着城邦必须确立正义的原则,依据法律进行治理。公民不但享有法律规定的权利,而且更要履行法律规定的义务,承担具体的责任、职责。同时,城邦的整体利益处于第一位,并将人们统一于相应的秩序下。城邦的这一特点,以及对此特点的理解,都直接影响到亚里士多德责任思想的形成与内容。

城邦不但是一个共同体,同时还具有自给自足的特点。城邦的疆域大小、人口多少等都应适中。按照柏拉图的观点,城邦应该是小国寡民,理想的城邦应该有5040名公民。亚里士多德也认为,城邦要有自己适中的限度,人数过多难以形成秩序,更无法形成一个立宪的政体。而城邦的适度规模就在于其能够自给自足。城邦的自给自足需要客观条件、制度的保障,需要不同阶层的人们各守其位。亚里士多德在《政治学》一书中对城邦的自给自足的条件做过详尽的研究,"粮食供应为第一要务。其次为工艺。第三为武备。第四为财产。第五为祭祀。第六为裁决政事、听断私讼的职能(议事和司法职能)"。❷ 根据亚里士多德的观点,上述任何一项事物和业务丧失,城邦的生活都无法实现自给自足。自给自足是城邦的重要特点,它体现在城邦的经济、政治、军事及公民的日常生活里。城邦的自给自足保证了公民生产资料、公民自身的生产和再生产的自足。在满足人们生存的基础上,城邦的目的在于为人们的经济生活、道德生活和政治生活创造条件。城邦的自给自足、相对独立为公民提供了必要的法律、教育等方面的基础,而这些也构成了公民自我完善、做一个有责任的公民的外在条件。

城邦具有自然、约定、政治、理念、善等多重理解维度。亚里士多德的思想则将城邦发展为自然、政治与善三个维度的统一。自然透视城邦发展的自然演进之路,它合于人的自然本性。城邦的自然性既不同于阿里斯托芬意义上的城邦"约定论",也不同于柏拉图意义上的"言辞中的城邦"理念。

---

❶ [古希腊] 亚里士多德. 政治学 [M]. 吴寿彭, 译. 北京: 商务印书馆, 1965: 9.
❷ [古希腊] 亚里士多德. 政治学 [M]. 吴寿彭, 译. 北京: 商务印书馆, 1965: 371.

人的自然合群本性使人趋于城邦生活，而城邦生活是一种政治生活。在城邦的至善理想中，超越个人利益分殊，在政治的公共生活中激发人们对"共同善"的追求。可以说，"城市国家的出现意味着人得到了'在他私人生活之外的第二种生活，他的政治生活。现在每个公民都属于两种存在秩序，而且在他私有的生活和公有的（koinon）生活之间存在一道鲜明的界线。'"❶ 此处的城市国家可以理解为城邦。城邦出现带来的私人生活领域与公共生活领域的划分也意味着，公民在私人领域与公共领域所享有的权利、负有的责任亦存在着界线。换言之，当谈论责任问题时，我们可以依据私人领域与公共领域划分出不同的类型与类别。

（二）人文主义的兴起

随着城邦经济的发展、社会的繁荣和外来文化的影响，人们开始以更为开放的视野审视世界。自然哲学家在关于宇宙、自然的思考中开始融入道德思考与人文关怀。这种人文主义的兴起以对自然界的思考开始，并逐步发展为希腊人对艺术、文学、伦理问题的考察。人文情怀的标志在于人们在思考中所融入的对人类社会问题的终极关怀，反思自然界、人类社会发展的始基。

希腊哲学发端于自然哲学和哲人们对宇宙问题的思考。在关于自然的讨论中，实体问题开始出现。而关于实体问题的论争直接影响到亚里士多德的哲学观念。从泰勒斯认为水是万物的始基开始，人们就已经在思考和观察维持生命需要的最根本要素是什么。而阿那克西曼德则认为万物的始基不是泰勒斯所设想的水，而是一种永恒不灭的实体——无限。无限意味着不可穷尽。无限的永恒运动分离出不同的其他实体，比如热、冷、空气等。根据梯利的观点，阿那克西曼德的思想已经在泰勒斯的基础上前进了。"第一，他试图把泰勒斯认为是原质的因素解释为演化出来的东西。第二，他试图描绘变化过程的一些阶段。而且他似乎有了某种物质不灭的观念。"❷ 而阿那克西米尼认为万物的始基在于实体，但实体不是不明确的无限而是气。我们生命灵魂与宇宙都有赖于生生不息的气，气通过冷热表现出区别并形成万物。关于实体的讨论直接具体化为亚里士多德的实体概念，"这某物"。实体是独立不依赖他物的存在，同时实体也具有本原、原因的含义。这种科学的精神演变为关

---

❶ [美] 阿伦特. 人的境况 [M]. 王寅丽, 译. 上海：上海人民出版社, 2009：15.
❷ [美] 梯利. 西方哲学史（增补修订版）[M]. 葛力, 译. 北京：商务印书馆, 1995：14.

于生活世界、伦理生活的理性言说，并以此方式讨论城邦的伦理性。城邦作为一个共同体，也可视为一个伦理实体，自然演化，自给自足。

自然哲学家在有关宇宙秩序、世界起源等问题的思考中已经包含人文关怀，但仍然未将人、人的生活、人伦关系等作为直接探讨的问题。可以说，"直接提出人的存在意义、体现人文思考的，只有到一群'智者'出现之后才开始……开始了人们的世界观从'自然'（physis）向'人本'（nomos）的转变"。❶智者周游各地，参加教育和社会活动。他们教授思维和论辩术，注意考察道德和政治问题。智者派主张每一件事物都有两种正相反对的说法，肯定知识有赖于具体的情形和具体的认知者。这种观点有相对主义的倾向，并有可能导致否认客观真理的存在。在此种情形下，普罗泰戈拉提出：人是万物的尺度，是存在者存在的尺度，也是不存在者不存在的尺度。普罗泰戈拉的这一主张提高了人在世界中的地位，承认人的特殊性。但同时，这一主张也有可能导致伦理上的怀疑主义。它有可能直接导致人们在自己的行为上以自己为判断标准，是非善恶的标准都在行为者自身。但是，"人是万物的尺度"这一主张属于人本主义观念中的一种类型。

更为重要的是，智者派以教育的方式实现人文主义的启蒙。智者派主张打破人与人的不平等，根据需要进行因人施教、自由教育，改变希腊城邦传统的家庭式教育。智者派推行的教育在一定程度上激发了人们的求知欲，发展人的德行与卓越的品质。他们根据孩子们（青年）的特长、特点、天赋、喜好等进行教育，使得教育起到启蒙的作用，是关于人的人文精神觉醒的教育。

希腊文学艺术的发展也起到了传播人文精神的作用，并对人们德行的养成起到导向的作用。希腊的史诗、雕塑、悲剧等文学艺术形式无不对希腊人、希腊精神的形成产生推动作用。《荷马史诗》中的英雄形象是希腊人的人格典范，他们崇尚勇敢、智慧、忍耐、正义等德行，更体现了希腊人主智主义的特点。而这些德行品质又分别通过英雄对故乡、对家族的爱而呈现理性中的丰富情感，也可以说是体现了德行的情感内涵。

希腊人的精神、希腊人对世界的理解也通过文学艺术的形式得以再现。比如在《奥德赛》中，英雄奥德修斯在特洛伊战争后历尽磨难归乡。在长达十余年的归乡路途中，奥德修斯凭借着自己的智慧、忍耐、谋略、尚武等精

---

❶ 宋希仁. 西方伦理思想史［M］. 北京：中国人民大学出版社，2003：18-19.

神最终回到故乡。他对家族、祖国充满了爱与责任。当然奥德修斯离不开神的庇护，他有着对神的意志的畏惧与服从。英雄人物形象的塑造蕴含着希腊人对民族信仰、道德标准、德行养成、完善自身等诸多问题的思考。如同汉密尔顿所言，"作为有理性的人去观察他们周围的世界，不草率、不逃避、不脱离实际空想、然后能感到它们的美——这就是希腊诗人观察世界的方法。"❶ 与此相应，悲剧是希腊人的首创。当人们越是深入思考人生，就越是会发现人生的不确定及世界的邪恶。于是，诗人们以悲剧去探索人生的美该如何理解。在历经与承受苦难的过程中，悲剧关注的不是苦难，而是苦难中彰显的人的尊严和意义。

（三）伦理学的发展

尽管亚里士多德是一位"百科全书式"的思想家，但他的责任思想更多受到当时的哲学尤其是伦理学发展的影响。我们说智者派已经开始直接讨论政治、德行、教育等问题，但他们的学说有可能导致相对主义和主观主义。进一步而言，这些学说有可能导致价值相对主义乃至于价值虚无主义，其结果将产生人们道德观念的混乱。与之相对，苏格拉底则在与智者的对话中尝试探索价值标准的客观性，追求客观的、普遍有效的道德理性。是非善恶不仅仅是人们的主观价值判断，而是一种普遍客观的存在。

苏格拉底在对话中不断地把人带向"美德是什么"这一问题，他从人如何成为一个有美德的人来反思美德是什么。这种反思是对人的能力、责任的反思，其在认知或知识的意义上隐含着"自知"或者说"认识你自己"这个基础前提。如同苏格拉底所言："那些认识自己的人，知道什么对于自己合适，并且能够分辨，自己能做什么，不能够做什么，而且由于做自己懂得的事就得到了自己所需要的东西，从而繁荣昌盛。"❷ 一个人只有正确认识自己、认识事物，才有可能实现善。正是在活得好、活得高尚具有一致的意义上，或者说在以善为目的意义上，苏格拉底认为无人愿意作恶。苏格拉底强调人要不断地认识、反省自己，并试图追问美德的本质，但是，他并未给出"美德"的定义。苏格拉底认为："对于美德也一样，不论它们有多少种，而且如此不同，它们都有一种使它们成为美德的共同性；而要回答什么是美德这一

---

❶ ［美］汉密尔顿. 希腊精神［M］. 葛海滨，译. 北京：华夏出版社，2008：53.
❷ ［古希腊］色诺芬. 回忆苏格拉底［M］. 吴永泉，译. 北京：商务印书馆，1984：149-150.

问题的人，最好着眼于这种共同本性。"❶ "这种共同本性"究竟是什么，苏格拉底并没有给出具体答案。但如果这种共同本性指知识并且知识中包含了一切最好的东西，那么美德可以相当于知识。这里的知识也指关于善恶的知识、关于事物的认识、关于自身的认识，以及一定的专业知识都对道德行为产生影响。苏格拉底对知识的理解既以善目的为基础，又突出知识的实践属性；基于"人对善的认识"，理解"人如何才是道德的"。人也正是通过反省自身、认识善恶而真正获得或拥有对美德的认识，进而成为一个有美德的人。

柏拉图继承了苏格拉底对"道德本质"的追问，并从形而上学知识论的意义上理解道德。在灵魂追求善、以善为行动目的问题上，柏拉图与苏格拉底持相同观点。但灵魂所追求的善究竟是什么，柏拉图提出了"善理念"，并认为："善的理念是最大的知识问题，关于正义等的知识只有从它演绎出来的才是有用和有益的。"❷ 理念是思想的对象，属于理智世界。在现象界，柏拉图用形象的比喻说明：太阳（善在现象界的儿子）、眼睛（灵魂）、光（真理和知识）。"给予知识的对象以真理给予知识的主体以认识能力的东西，就是善的理念。它乃是知识和认识中的真理的原因……太阳不仅使看见的对象能被看见，并且还使它们产生、成长和得到营养……知识的对象不仅从善得到它们的可知性，而且从善得到它们自己的存在和实在。"❸ 可以看出，道德在柏拉图的思想中是知识，各种美德的最高阶段就融合为形式的"善理念"。

柏拉图对"道德本质"问题的思考，揭示了美德、知识与善之间的关系，"善不但是伦理范畴，在柏拉图看来它还在本体论和认识论上成为最高的范畴。他发展了苏格拉底的'善'的学说，使它系统化"。❹ 一方面，善是知识与真理的原因，但知识和真理不是善本身；另一方面，知识的对象从善获得自身的实在性，但善本身高于实在。由于善理念属于思想的对象，而不属于现象界。柏拉图的善理念作为最高的、最终的理念，只能通过纯粹理性知识获得对善的认识。正如波普尔的批判，"柏拉图善的理念实际上空洞无物。在道德的意义上，也即我们该如何做上，他没有就善是什么给我们以启示……

---

❶ 北京大学哲学系，编译.古希腊罗马哲学［M］.北京：生活·读书·新知三联书店，1961：135.
❷ ［古希腊］柏拉图.理想国［M］.郭斌和，张竹明，译.北京：商务印书馆，1986：260.
❸ ［古希腊］柏拉图.理想国［M］.郭斌和，张竹明，译.北京：商务印书馆，1986：267.
❹ 汪子嵩，等.希腊哲学史（第二卷）［M］.北京：人民出版社，1993：785.

我们所听到的一切是善处于形式或理念王国里的最高层次，是一种超理念"。❶尽管柏拉图在《斐莱布篇》对善的思想进行了修正和发展，提出"善"的五个等级的划分，但是，柏拉图的理性主义原则并未改变。理想城邦里将知识、美德融于一身的"哲学王"就是最好的说明。

亚里士多德认为，关于美德的普遍定义的探索和归纳推理方法的运用是苏格拉底的卓越贡献。但是亚里士多德也指出："苏格拉底认为德行就是逻各斯（他常说所有德行都是知识的形式）。而我们则认为，德行与逻各斯一起发挥作用。"❷对美德的定义不能仅强调理性的自我约束及道德的普遍要求，它必须与人的欲望、情感相结合。理性意义上的道德会摒弃灵魂的非理性、感性部分的欲望。因此，亚里士多德对德行的理解乃至对道德责任的分析都考虑到灵魂的非理性因素。同时与他的老师柏拉图不同，亚里士多德不再将人视为完善存在物的不完善模本。亚里士多德同样认为存在完善的世界，并认为完善世界里的幸福生活是沉思的生活，它由努斯推动，是一种人身上的神性的生活。但是，对一般人而言，他们的幸福生活是合乎德行的生活，过一种理性与情感相混合的生活。善的理念与具体的善、具体的人的行为是统一的，而不是分离的。柏拉图将苏格拉底的伦理思想进行深化，并发展了城邦伦理思想。但是与苏格拉底不同，柏拉图将城邦与人的灵魂类比，并将人作出优劣高下的区分。亚里士多德则在柏拉图的基础上构建出较为完善的伦理学体系，我们对亚里士多德责任思想的理解也正是基于这样一种体系学说。

二、亚里士多德责任思想的主要内容

责任是当代伦理学的重要术语，它源于拉丁文 respondo（我作答）。"人们负有的责任，主要是对行为及其后果的责任，但有时也包括对其他问题的责任。一个对一种行为负有责任或应负有责任的人，要因这一行为而承受诸如责备、赞扬、惩罚或奖赏等反应。"❸在伦理学的发源地古希腊，亚里士多德在《尼各马可伦理学》《优台谟伦理学》等一些篇章中系统地讨论了责任问题，主要涉及道德责任问题。但是，他没有给出责任的定义也没有对道德

---

❶ [英]波普尔. 开放社会及其敌人（第一卷）[M]. 陆衡，等译. 北京：中国社会科学出版社，1999：268（注释2）.

❷ [古希腊]亚里士多德. 尼各马可伦理学 [M]. 廖申白，译. 北京：商务印书馆，2003：189 - 190.

❸ [英]布宁. 西方哲学英汉对照辞典 [M]. 余纪元，译. 北京：人民出版社，2001：881.

责任和法律责任做出区分。

亚里士多德对道德责任问题的讨论注重意愿、选择与责任的关系，以及履行责任需要的外在条件等。换言之，亚里士多德从行为主体的主观意愿角度展开关于责任问题的讨论。我们尝试从道德责任的内涵、判断道德责任的根据、道德责任的目标三个方面阐述亚里士多德责任思想的主要内容，并认为亚里士多德持有一种美德/品格论的责任观。

（一）道德责任的内涵：品格习性

亚里士多德围绕"一个人在什么意义上能够对他的行为负责"这一问题展开关于人的道德责任的论证。但是与现代伦理学从行为的动机论、效果论、自由意志与决定论等角度探讨道德责任不同，亚里士多德诉诸一种以逻各斯（理性）为中心的实现活动的品质，凸显道德责任所蕴含的主体性精神与道德活动的特殊性。对于亚里士多德而言，道德责任不同于道德规范对行为主体提出的道德要求。道德责任是人们对自己品格所负的责任，它在现象层面直接表现为人们对行为的责任。行为先于品格，品格养成于习惯。道德责任的履行归根结底是成为一个有德性的人。

亚里士多德认为："人的德行就是既使得一个人好又使得他出色地完成他的活动的品质。"[1] 德行是人通过道德实践而获得的品质，是相对于活动而言的品质。德行使人们倾向于做、行动，并且合乎理性地去做和行动。可以这样说，德行不是一种被动的情感或自然本能，它是道德主体（行为者）通过行动、活动而实现并获得的一种品质。任何德行的获得都是一种实现活动，它需要具体的实践。就如同健康的身体来自合理的饮食与积极的锻炼，德行是来自具体实现活动中的道德判断、选择与行动，道德责任就与这种实践活动相伴随，并以人最终养成的品格习性为根本规定。

这样的品格习性也就是亚里士多德讲的人的两种德行品质，即道德德行与理智德行。道德德行以追求适度为目的，适度是道德德行的特点。适度是"两种恶即过度与不及的中间；它以选取感情与实践中的那个适度为目的"[2]。适度是两种恶的中间，它是道德主体在实现活动中做到的感情与实践之间的适度。它的适度意味着道德主体能够在适当的时空条件下，出于适当的理由，

---

[1] ［古希腊］亚里士多德. 尼各马可伦理学［M］. 廖申白，译. 北京：商务印书馆，2003：45.
[2] ［古希腊］亚里士多德. 尼各马可伦理学［M］. 廖申白，译. 北京：商务印书馆，2003：55.

以适当的方式做事、做人，履行自身的道德责任。在这一意义上，先贤儒家与亚里士多德对德行的理解存在相通之处，"成仁""敏于行"与"化性起伪"等一些观点都在说明：德行需要通过践行而获得。"德行不仅产生、养成与毁灭于同样的活动，而且实现于同样的活动。"❶ 如果说道德德行的特点是适度，这种适度是一种行为的恰到好处。那么我们就需要知道如何在实践中做到适度。

做（行为）的适度性就涉及了合乎逻各斯的理智德行，即道德主体要合乎理智地欲求与行动。德行指向具体的实现活动，需要实践理智的指引。理智的最高状态就是明智（实践智慧），德行的实现要求道德主体具有一种实践智慧。因为在具体的道德行为中，德行的获得还取决于道德主体所采取的恰当方式和手段。德行是一种品质，问题的关键是人以何种态度、何种方式获得这种品质。有实践智慧的人（明智的人）善于在具体的变化中考虑对他自身是善的和有益的事情，运用理论知识与实践知识选择善的手段以实现善目的。具体而言，亚里士多德用"明智"表达人的实践智慧。第一，具有实践智慧的人，或者说明智的人要"善于考虑对他自身是善的和有益的事情。不过，这不是指在某个具体的方面善和有益，例如对他的健康或强壮有利，而是指对于一种好生活总体上有益"。❷ 明智的人考虑的是人生的总体，并从好生活这一总体目标权衡自己的选择。第二，"明智是一种同善恶相关的、合乎逻各斯的、求真的实践品质"。❸ 具有实践智慧的人要能够了解具体情境，对变动不居的实践作出正确的判断。亚里士多德认为，与道德德行帮我们确定目的相比，理智德行帮助我们选择实现目的的正确手段，"离开了明智，我们的选择就不会正确"❹。换而言之，正是在理智德行的引导下，通过正确的判断，道德上恰当的行为选择才能得以发生，道德责任的履行与完成是人的道德德行与理智德行和谐一致的结果。

亚里士多德的伦理思想在一般的意义上揭示了道德的实践性品格特质。德行不是在先的，而是通过实践活动获得的。德行以行为者为中心，在道德行为中获得真实的存在。道德是需要实现的品质，是生成的品质，是在实践活动中成己成物的品质。"德的真谛就在乎中庸。就是对于情欲适得其中，不

---

❶ [古希腊]亚里士多德. 尼各马可伦理学 [M]. 廖申白，译. 北京：商务印书馆，2003：39.
❷ [古希腊]亚里士多德. 尼各马可伦理学 [M]. 廖申白，译. 北京：商务印书馆，2003：172.
❸ [古希腊]亚里士多德. 尼各马可伦理学 [M]. 廖申白，译. 北京：商务印书馆，2003：173.
❹ [古希腊]亚里士多德. 尼各马可伦理学 [M]. 廖申白，译. 北京：商务印书馆，2003：190.

听其侵陵理性，亦不沦于冷酷无情。"[1] 实践智慧的中道在于运用理性合理地节制欲望与情感，在感情与行为上做到适度。对于道德主体而言，仅有对道德的"知"是不够的，还必须有通过"行"而努力地获得德行品质。道德德行与理智德行是不同的，一个指向行为的目的，强调我们关于善的总体的知识；另一个指向行为的方法手段，强调如何付诸实践和实践中的具体选择。比如，你不但知道你应该帮助处于危难中的人，而且知道如何采取正确的措施帮助危难中的人并能够在实践中做出决断和选择。换言之，你不但知道自己应该承担的道德责任，而且还应知道如何承担道德责任；反之亦然。

既然道德责任的根本内涵是人的品质习性，而品质习性又是通过人的行为实践而最终形成，那么我们就需要考察亚里士多德借用什么样的概念范畴分析道德责任，并得出责任的品质论的观点。亚里士多德的讨论基于他曾提出理论之学、实践之学与制作之学，并认为实践领域的知识的要旨在于行动。这就涉及亚里士多德展开道德责任讨论的前提概念，知识与行为，也可以称为理论理性与实践理性。对于亚里士多德而言，理论理性要处理的是不变的事物，其表现为人们对某种普遍的"形式"的认识能力，具有事实性。而实践理性要处理的是可变的事物领域，它无法通过把握不变事物的知识与智慧来完成。具体到道德行为领域指人不但要有关于"善"的普遍知识，不能是非善恶不分，同时还要使得善的知识与行动能够保持一致。

在知识与行动、理论理性与实践理性相区分基础上，亚里士多德在具体道德实践中讨论行为者究竟是否应该承担道德责任，如何承担道德责任的问题，也就是如何判断具体道德行为中的具体责任的标准问题。在此问题上，亚里士多德以行为者有无道德行为的意愿作为道德责任的主要判断标准。

（二）道德责任的根据：意愿与责任

亚里士多德认为，判断人们对自身行为是否承担道德责任的根据是他/她是否自愿做出这一行为，人们对自愿的行为负有相应的道德责任。"如果一个人做出的行为是出于意愿的，他就是在行公正或不公正；如果那行为是违反他意愿的，他就不是——或只在偶然上是——在行公正或不公正。因而，一个行为是否是一个公正的或不公正的行为，取决于它是出于意愿还是违反意

---

[1] ［英］斯塔斯. 批评的希腊哲学史［M］. 庆彭泽，译. 北京：商务印书馆，1931：258.

愿的。"❶ 在此问题上，亚里士多德的主张其实是与柏拉图相一致的。比如在《美诺篇》中讨论美德是否可教时，苏格拉底和美诺的对话已揭示"品德就是愿意要好的东西并取得它的能力"。❷ 但是不同在于，亚里士多德进一步详细论证了什么样的行为是出于意愿的行为，如何理解意愿与责任的关系？

亚里士多德将行为分为出于意愿的行为、违反意愿的行为和非意愿（无意愿）的行为三种类型，并通过对违反意愿行为的探究首先在否定层面达成共识，进而澄清出于意愿的行为。所谓"违反意愿的行为是被迫的或出于无知的"❸。由此可见，违反意愿的行为至少有两种类型。第一种类型是"被迫的"，或者说"始因是外在"的行为。这是指一个行为的原因完全外在于行为者，他对之没有选择的可能的行为。此种情形下，我们很难对行为当事人提出道德责任要求。第二种类型是混合型行为，也就是部分出于意愿、部分违反意愿的行为。比如，紧急情形下抛下财物以保全生命。因为一般情形下，没有人会愿意抛弃自己的财物，但在紧急关头人们为了挽救自己乃至同胞都有可能选择抛下财物。对于行为当事人而言，他的行为选择既有出于意愿的因素，也有违反意愿的外在条件限制。亚里士多德将此种情形下的混合行为区分出四种可能："（1）为着伟大而高尚（高贵）的目的，这种行为甚至受到称赞；（2）只为着微小的善的，这种行为受到谴责，是坏人的品性；（3）由于超出人性限度的压力而做出的错误的行为，这种行为接近于然而又不是被迫的行为，这种行为常常得到原谅；（4）极其耻辱或卑贱的、人们通常宁可饱受蹂躏而死也不大会做的行为，一个人如果做了这种行为，即使是由于超出人性限度的压力，也常常得不到原谅。"❹ 在混合型行为中既有外在条件的动因也有出于意愿的动因，行为者最终还是要通过自己的决定、选择，折服或对抗外部压力。正是在此意义上，亚里士多德认为我们可以对混合型行为进行道德评价，行为主体需要为这种行为负责。

混合型行为的划分已经呈现道德生活、道德实践的复杂性与特殊性。无论外在环境对行为者给出怎样的压力与限制，人们仍然要对自己的行为负有道德责任。但同时，当旁观者对道德行为做出评价、对道德责任给出量化时，需要尽可能考虑行为当事人面对的诸种可能。需要注意的是，在此基础上如

---

❶ [古希腊] 亚里士多德. 尼各马可伦理学 [M]. 廖申白, 译. 北京：商务印书馆, 2003：151.
❷ [古希腊] 柏拉图. 柏拉图对话集 [M]. 王太庆, 译. 北京：商务印书馆, 2004：166.
❸ [古希腊] 亚里士多德. 尼各马可伦理学 [M]. 廖申白, 译. 北京：商务印书馆, 2003：58.
❹ [古希腊] 亚里士多德. 尼各马可伦理学 [M]. 廖申白, 译. 北京：商务印书馆, 2003：60.

何理解意愿？出于行为者意愿的行为是否是承担道德责任的充分条件？亚里士多德引入了一个重要的条件"无知"，考察出于意愿行为的特殊情形。

所谓"无知"是指一个人不知道什么是真正的善，进而无法正确作出判断、决定及承担的道德责任。当我们说一个人"无知"时就已经预设了"知""正确"的可能，预设了客观价值的存在。这种客观价值既可以指是非善恶的普遍知识，也可以指我们评价人们道德行为的客观标准。亚里士多德将"无知"区分为"出于无知"和"处于无知"两种可能。"出于无知的行为，即由于对行为本身和环境无知识或不知情而作出的行为……处于无知状态的行为，即对行为本身和环境处于无意识状态……"❶ "出于无知"，是行为者的不知情、不具备相应的知识而无法做出正确判断的行为。但"处于无知"，是行为者的无意识的无知状态下做出的行为。这二者的区别在于是否具有知识，以及是否运用了知识。对于"出于无知"的行为也存在着对普遍道德知识的无知和对具体道德境遇中的相关知识的无知。对于"处于无知状态"的行为，是亚里士多德在《优台谟伦理学》中讲到的有知识但没有运用知识的行为。比如喝醉酒驾车撞人的行为就不被认为是"出于无知"的行为，而是"处于无知"状态的行为。事实上，他可以避免酒后驾车，避免处于无知状态。如果酒后驾车对他人造成了伤害，那么即使伤害他人违背驾车者的意愿，那么他也应该为自己的行为承担责任。

亚里士多德对"无知"之下的行为的分析回应了苏格拉底以来的传统，即无人愿意作恶，作恶是因为无知。他通过对"无知"的划分提出恶与善均可能出于意愿，都应该承担道德责任。即使是出于无知的行为，亚里士多德也已经指出：尽管出于无知的行为不是出于意愿，但是也只有出于无知且事后对自己行为的伤害性行为感到内疚和悔恨的行为才是真正的违反意愿的行为；而此时感到不悔恨也不内疚的行为属于无意愿的行为。相比之下，"处于无知"状态的行为是由于无意识等原因，使得行为当事人对具体道德行为条件的判断出现错误、非理性等状况，导致错误行为的发生。

严格来讲，处于无知状态的道德行为可以避免。根据亚里士多德的观点，具有正常理性能力的行为者能够运用自己的实践推理来作出行为决定和选择。也就是说，人们不但具有关于"什么是善"的普遍知识，而且具有在特殊境遇下运用这些知识作出正确判断并付诸实践的能力。同时亚里士多德还考虑

---

❶ ［古希腊］亚里士多德. 尼各马可伦理学［M］. 廖申白，译. 北京：商务印书馆，2003：61.

到了特殊的情形。比如我知道杀人是犯法的,但由于有人雇用我,并且我的佣金超出了我的想象,结果我没有抵挡住诱惑而杀了人。按照柏拉图的观点,我杀人就意味着我对杀人犯法这件事是无知的,而我的行为也就不是出于意愿的。但按照亚里士多德的观点,我虽然知道杀人犯法,但我有可能出现不能自制、冲动等举措而杀人,而我的行为并非是违背意愿的,我应该为我的行为承担责任。

亚里士多德通过对"违反意愿"的讨论,得出何谓意愿行为。一个人是什么样的人,最终会通过他意愿做出的事情显现。而出于意愿的行为之所以能够成为理解道德责任的依据也正在于它反映了我们是什么样的人。亚里士多德关于出于意愿的行为至少包含三重含义:第一,出于意愿而行为不等于出于欲望而行为。因为欲望包含了感官感受、激情等,出于意愿的行为应该是理性的行为。亚里士多德看到了行为与情感的关系,但不主张单一地从情感出发理解道德行为及其责任。第二,出于意愿的行为不等于按照某人的选择来行事。因为一个人可能因一时冲动、无意识而做某事,没有经过理性的选择权衡,这其中就包含了处于无知状态的行为,以及一些混合行为。第三,出于意愿的行为在理想状态下应该是"合于对周围环境合理知识地行动,除非确实不可能相反地行动"。❶ 出于意愿的行为还要通过行为者的决定、选择去付诸实践。真正的选择是指当事人要事先考虑自己的行为。毕竟当一个人只是有作恶或行善意愿而不诉诸实践时,我们无法对其提出道德责任的要求。每个人都会追求他认为好的东西,而决定、选择就反映了一个人追求什么价值,以及如何实现这些价值。这也说明,我们之所以能够通过人们出于意愿和选择的行为来确认道德责任就在于,人们通过自己的意愿和选择来发展自身或者说发展自己的人格;一个人对自己的行为负责事实上就是对自己的品质人格的形成负责。

是否出于意愿是道德责任是否可能的重要条件。亚里士多德通过"出于意愿"的行为、"违反意愿"的行为、"非意愿"的行为之间的区分使得我们在"出于意愿"行为的反面达成共识;通过"出于无知""处于无知"的区分,赋予"出于意愿"更复杂的含义。在这个过程中,将道德责任判定的根据聚焦于"意愿",从普遍道德知识的存在过渡到行为当事人对特殊道德境遇

---

❶ [英]巴恩斯. 剑桥亚里士多德研究指南 [M]. 廖申白, 等译. 北京: 北京师范大学出版社, 2013: 284.

的判断和选择。与现代责任观不同，亚里士多德没有区分人基于身份、境遇的各种不同的道德责任问题。但是，他以一种自然目的论的方式对道德责任的限度给出论证。

（三）道德责任的限度：运气与能力

亚里士多德的讨论最终会引向一种责任的"品格论"观点，也就是行为当事人要对自己的善恶之行及自己品格的形成负有责任。但是究竟如何承担责任，承担什么样的责任，不但受行为主体的主观意愿的影响，而且还要受到自身能力、运气、社会环境等多方面因素的影响。所以，尽管在亚里士多德的论证中，我们很难说人可以不对自己的行为负责，但是这不等于亚里士多德不在意行为者自身的能力以及行为外在条件。

在关于"出于意愿"的行为的讨论中，亚里士多德曾谈及"德行是在我们能力之内的。恶也是一样。因为，当我们在自己能力范围内行动时，不行动也在我们的能力范围之内，反之亦然"。❶ 这里包含的意思是，如果做或不做一件事情都在我们的能力范围之内，那么行动的原因就在于我们自身。同时，如果不存在外部条件的胁迫强制，那么这个行为就是出自我们意愿的行为，我们应该为行为负责。我们能够看出，一方面，如果德行内在于我们的能力，那么人似乎就必然要为自己的行为承担责任。另一方面，如果有外在强制条件及超出能力范围之外的行为，人们承担责任的问题似乎就有些复杂。此处，我们着重从第二个方面考察责任的限度，从行为者的外部环境与行为者之间的关系展开思考。

道德责任源于人的意愿，并内在于人的能力之中。但是这并不等于道德行为及其结果可以免受行为主体能力以外其他因素的影响，比如运气。运气的存在不是指因果关系本身的缺乏，或者事情的发生是种任意的随机性。"由'运气'引发的事件只是指它不是主动促成的，不是人造或人为的，是碰巧发生的。"❷ 既然行为主体的活动不可避免地受运气的影响，那么，道德责任、道德行为是如何受到运气的影响？

在道德活动中，运气是由行为主体无法控制的事情或因素引起的。事实上，人成为主体的过程不可避免地受到运气的影响，它甚至对生活有着决定

---

❶ [古希腊] 亚里士多德. 尼各马可伦理学 [M]. 廖申白，译. 北京：商务印书馆，2003：72.
❷ [美] 纳斯鲍姆. 善的脆弱性——古希腊悲剧和哲学中的运气与伦理 [M]. 徐向东，陆萌，译. 北京：译林出版社，2007：4.

性的影响。运气对于人的道德品格的构成具有原生性。具体而言，所谓原生性指倾向、潜能、气质本身都受到社会环境、家庭环境等因素的作用，它更多是一种影响人的性格进而被人所体验到的一种运气。对于行为主体而言，这种运气含有先天的意味、具有某种先验性质。人们所身处的时代、种族、民族、家庭、甚至先天的体力、智力状况都是不能够被人自愿选择的，但却对人的道德行为、品格生成具有构成性的、先在的意义。从道德责任的角度看，这种具有先天性质的原生性运气有两方面影响。其一，这种具有先天、先验性质的运气影响行为主体品格的形成，比如一个人可能因为成长于道德冷漠的环境、而自身的智力接受也存在问题，那么我们无法要求这些人对他们的行为负道德责任。其二，在极端外部环境情形下，我们无法要求一个人为自己的行为负全部的责任。比如，德国法西斯纳粹等极端特殊的时代。为德国法西斯纳粹行为承担责任的不再是某一个具体的人，而是一个集体、一个时代。如果用现代道德责任的观点分析，我们可能会得出阿伦特所说的因将责任归于集体而致使无人承担责任的可能。但如果在亚里士多德的分析框架下，我们会发现此种情形下无法要求行为主体承担所有责任，但会要求行为主体为自己的品格负责。在不要求行为者负全部责任的情形下，我们还需要区分外部运气的完全不可控制，以及环境和教育对人们道德行为的决定性影响。

　　运气的存在并不等于否定、回避道德责任。毕竟，承认道德运气、如何看待运气带有一定的主观性。具有自我意识和自由意志的人需要经过自己的认知来判断某一偶然事件对自身的道德行为所可能产生的影响和意义。当这种偶然性事件所产生的影响是由于行为主体的能力不足所造成的，那么可以通过后天自身的努力进行弥补。而如果运气完全超出行为主体的能力，那么采取何种态度、何种精神去面对运气依然取决于行为主体自身的选择。当然，无论从原因还是从结果来看，道德运气的确在影响着人们的道德实践和责任担当。

　　如若恰当地理解道德价值就必须要正视运气对道德的影响，而这并不必然导致一种悲观主义的观点。根据亚里士多德的解释，运气虽然对道德实践有着深刻的影响，但是幸福的获得、道德价值的实现不是运气的恩赐，而是人们通过实践、学习或者说训练而成就的。一方面，否定好的生活是完全受运气摆布与控制的，亚里士多德强调人应该在运气中有所作为，哪怕面对的是厄运；另一方面，又承认获得幸福的实际活动受到运气的推动或妨碍，人不可避免地受运气影响，运气能够推动或阻碍人们的决定、选择和行动，甚至影响人们行动的结果。尽管亚里士多德承认生活需要运气，但是幸福的获得是合乎德行的活动。能够合乎德行活动的人、一个拥有美好德行和实践智慧的人能够以恰当的方式接受运气，甚至面对厄运而不憎恨、不抱怨、不放弃。正如亚里士多德所言："一个真正的好人和有智慧的人将以恰当的方式，以在他的境遇中最高尚（高贵）的方式对待运气上的各种变故。"❶ 亚里士多德强调道德需要外在的善，运气对于人的幸福的获得具有重要性，但是他更强调人的实践智慧。对于一个具有实践智慧的人，偶然性的运气很难真正干扰他（她）的生活。或者可以说，一个具有实践智慧的人在具体的道德实践中、在运气面前不会教条而刻板地服从某些规范，而是会根据具体的道德情境选择最好的行动可能性。

亚里士多德承认运气、外部环境对人们的行为及其结果的影响，人们如果在成长中没有受到正确的观念的教育和影响，那么他们就几乎无法成为一个有德性的人，也无法真正对其行为负责。如梅耶尔所言："和柏拉图一样，亚里士多德敏锐地意识到，只有当某人在理想的环境被培养起来，才能有关于什么是高贵、什么是可耻的正确看法。"❷ 但是，亚里士多德没有对运气做详尽划分。而内格尔将运气分为四种类型："你是这样一种人，这不只是你有意做什么的问题，还是你的倾向、潜能和气质的问题。另一种是人们所处环境的运气；人们面临的问题和情境。还有两种涉及行为的原因和结果：人们如何由先前环境决定的运气，以及人们的行动和计划结果造成的运气。"❸ 同时，亚里士多德正视人的能力的有限、人承担的具体道德责任的有限，但他不认为人在运气中无所作为。亚里士多德的论证在于善恶均出于人的意愿，能够从人的能力中找到行为的内部力量。

在人们应该为什么行为负责的问题上，亚里士多德把人的"意愿"作为承担责任的必要条件。这会导致我们从亚里士多德的论证中很难找到关于具体责任划分及人们对责任的规避、免责等的清晰界限。这与亚里士多德最终强调的是一种责任的品格论的观点紧密相关，因为"公正是公正的人在选择做公正的事时表现出的品质"。亚里士多德提出了人之为人应该为自己的品格

---

❶ [古希腊] 亚里士多德. 尼各马可伦理学 [M]. 廖申白，译. 北京：商务印书馆，2003：29.
❷ [美] 克劳特·布莱克维尔《尼各马可伦理学》指南 [M]. 刘玮，陈玮，译. 北京：北京大学出版社，2014：166.
❸ [美] 内格尔. 人的问题 [M]. 万以，译. 上海：上海译文出版社，2004：31.

负责，这是无法推卸的责任。但同时，提出我们应面对复杂且特殊的道德环境，考虑具体道德行为的时空、结果、行为当事人的思虑、选择等因素，以保证人们能做有道德的事情，并成为有德性的人。

三、亚里士多德责任思想的价值与意义

亚里士多德基于行动的意愿展开关于道德责任的具体论述，并提出了与现代规范伦理学不同的责任观。在一定意义上，我们可以将其称为"美德论的责任观"，也可以称为"自我完善的责任观"。我们对亚里士多德责任思想的价值与意义的理解主要是从以下三个方面进行的。其一，亚里士多德责任思想论证的方法论价值与意义。其二，亚里士多德责任思想内容的当代价值与意义。其三，亚里士多德责任思想的局限。

（一）分析方法：经验与理性

亚里士多德对道德责任的分析基于他对伦理学本身的理解和他的方法论。在亚里士多德的观点中，伦理学研究可以视为理性与经验结合的研究。这里的理性不同于理论理性的实践理性。实践理性以具体、个别为对象，是关于实践智慧的，它要处理的是可变的事物领域，这无法通过把握不变事物的知识与智慧来完成，只能"因时因地制宜，就如在医疗与航海上一样"，因而其"只能是粗略的、不很精确的"。实践理性不同于理论理性，它是善的一般目标在具体、个别化对象中的不确定活动。实践理性也不同于"技艺"。技艺有具体操作"法则"，实践理性没有此种具体法则。[1] 当然如果以为实践理性真的不存在某种"法则"，那么就与亚里士多德所强调的"善"的目的性、"幸福"追求这一人生存在与活动目的性相矛盾了。实践理性有普遍法则，这种法则也很抽象、普遍。亚里士多德所说"善"的目的性本身即是。只是，这种普遍法则的实践却是"粗略"的，这种粗略表现在这种法则本身的多样性，以及实践环境、境遇的个别性等方面。理论理性以普遍本身为对象，处理的是不变的事物及其知识。相比之下，实践理性由于其面对的研究对象的特殊性等，它追寻的确定性只能是此情形所可能还有的确定性。这同时要求伦理学研究的出发点应该基于人们的经验生活，换言之，理解人们的不同的生活经验的差异并在其中寻找具有普遍性的道德价值。

---

[1] [古希腊] 亚里士多德. 尼各马可伦理学 [M]. 廖申白, 译. 北京：商务印书馆, 2003：35-38.

第七章 亚里士多德责任思想

于是，对人们生活经验的尊重和观察成为亚里士多德论证道德责任思想的直接出发点。在《尼各马可伦理学》第三卷关于行为的讨论中，亚里士多德开篇提出，通常来看，人们会对出于意愿的感情和实践给予赞扬或谴责，而对违反意愿的感情和实践给予原谅和怜悯。以此种方式，亚里士多德引入了大多数人的普遍意见作为谈论的出发点。在此借用克劳特的观点："他的看法就是当我们研究一个主题时，必须首先认真关注对所有人、大部分人，或一个特殊的小群体（也就是已经研究过这个主题的人）而言情况如何。"[1] 此种看待问题的方法与亚里士多德强调道德作为实践智慧的含义有关，具有实践智慧的人更有洞见、更明智。此外我们还需要注意的有两个方面的问题，第一，亚里士多德考虑的是具有一般理性能力的人。所以，在论证责任的归属时需要讨论"无知"的多种可能状态。第二，亚里士多德尊重对某一主题做过研究的人，他们的研究中应该既有值得肯定的东西，也有应该否定的东西。但是，这些研究与意见中包含着对道德价值真理的部分把握。在收集与充分考虑已有研究和意见的基础上，以逻辑论证的方式对这些意见去伪存真，得出更为合理的结论和主张。

根据克劳特的观点，亚里士多德下一步的工作是尽可能保留所有的意见，找出并解释错误。保留意见的意图在于，一方面要考察看似矛盾冲突的意见是否具有一致性，另一方面如果其中有的意见正确、有的意见错误，那么需要进一步解释错误的原因何在。在此基础上，还需继续反思为什么会有人接受这种错误，以及为什么错误的事物看起来似乎是正确的。人们究竟应该接受哪一种意见、拒绝哪一种意见，亚里士多德诉诸的是哲学论证的说理来给出答案。在相互冲突的意见、观点和材料中，亚里士多德尝试建立一个前后较为一致的道德责任观念。

已有研究者将亚里士多德的此种论证方法称为"常识道德"，即从一般的常识的观点，从作为众人的我们出发开始思考。我们可以将这种从常识道德出发的研究方法追溯到苏格拉底。西季威克认为，"亚里士多德在伦理学方面摒弃柏拉图的先验主义的同时，又从柏拉图的教导中汲取了最初源于常识并为常识所证明的苏格拉底的归纳法……这种苏格拉底式的对常识观点的遵从不仅体现在亚里士多德借以得出其基本观念的方法之中；它同样体现在其对

---

[1] ［美］克劳特.布莱克维尔《尼各马可伦理学》指南［M］.刘玮，陈玮，译.北京：北京大学出版社，2014：84.

基本观念本身的论述中。"❶ 在具体关于责任的讨论中，亚里士多德就是从"意愿"问题的一般常识性意见开始，并在讨论中不断假设、提出新问题、找到意见间矛盾的症结，归纳出有可能不同于常识的意见。在这个意义上，"常识对亚里士多德来说是一个大致可靠的向导。但同时，重要的是找到常识之中的真实的'具有一致性'的联系。而不是把常识的观察不加区分地接受"。❷ 以基于常识的道德为切入点，但亚里士多德并没有停留于常识。论证的有效不但要从消极否定的一面让人们清楚不正确、错误的事物错在何处，还在于它还应该从积极正确的一面持有一种主张和见解。可以说，从意见的辩驳和对错误、偏见的阐述中还有着他对人的终极目的的关怀。也就是说，我们履行道德责任的目的是什么？我们的善行的目的是什么？有没有一个最终的目的是人应该追求的？

亚里士多德的《尼各马可伦理学》以讨论"善"为开端，并认为人们的实践与选择以善为目的。但是善既有可能是具体的善、某种善，也有可能是最终的善、最高的善。人们总是在选择某种善，那么这里最高、最终的善是什么？按照亚里士多德的解释，第一，善是人们能够实现并获得的。这其中包含了对柏拉图"善形式的理论"的批判。第二，"始终因其自身而从不因他物而值得欲求的东西称为最完善的"。❸ 这种最高的善不以其他某种善为目的，而是最终的目的。伦理学的任务之一在于全面地理解这种最高的善。一个人对道德责任的履行也最终指向这种最高的善。第三，这种最高的善就是幸福。这里的幸福至少包含两重含义："对于一个城邦而言，就是城邦的一种繁荣昌盛、欣欣向荣的存在状态和发展态势；对于一个人而言，就是他的一种欣欣向荣、完满幸福的生活状态和生存态势。"❹ 这里可以看出，幸福不是一个只蕴含单纯主观感受的主观幸福论范畴，它具有社会性、构成性等特质。同时，它要具体化为人们"生活得好或做得好。"人的幸福、好生活就构成了人们实践活动的目的，而这样的幸福也是灵魂合于完满德行的实现活动。这样，人的实践活动的目的就是出于人的本性的自然展开，并以自身为目的。基于此，

---

❶ [英] 西季威克. 伦理学史纲 [M]. 熊敏, 译. 陈虎平, 校. 南京: 江苏人民出版社, 2007: 53-54.

❷ 廖申白. 亚里士多德友爱论研究 [M]. 北京: 北京师范大学出版社, 2009: 264.

❸ [古希腊] 亚里士多德. 尼各马可伦理学 [M]. 廖申白, 译. 北京: 商务印书馆, 2003: 18.

❹ 马永翔. 出于/为了自身——道德哲学致思的亚里士多德—康德范式（上）[J]. 道德与文明, 2012 (4): 83.

亚里士多德对道德责任的评判标准、责任根据等的论证必然会从人们的行为追溯到人们的品格习性，并以人的合乎德行的行为来看待道德责任的可能进路与履行责任可能遭遇的重重困难。

先搁置责任的内容，我们从论证方法看，这种"自然目的论"的思想也是亚里士多德责任思想论证的独特价值之所在。这与后来功利主义的代表穆勒的论证方法完全不同。对于穆勒来说，"终极目的问题是无法直接证明的……任何事物凡能被证明是善的，必定是因为我们能够说明。它可以用作一种手段，使人获得某种无须证明就被认可为善的事物"。❶但亚里士多德与穆勒不同，亚里士多德对终极目的思考在于给幸福以丰富的内容和实质规定来寻求道德论证的确定性。亚里士多德通过具体解释什么是幸福，什么是好的行为，逐渐展开幸福的结构内容，由此才能得出人类最高的善是幸福，是人类有德性的活动。而德行/品格成为理解道德责任内涵的重要元素也就不言而喻。

（二）美德论的责任观

从亚里士多德伦理学的结构看，责任思想是其中的重要内容。责任一方面将人的德行品格与人的行为联系在一起，另一方面又将自我与他人、与社会联系在一起。在这种建立联系的过程中，责任将德行、实现德行的活动与人的幸福联系起来。同时，亚里士多德从常识道德、大多数人的意见出发，并诉诸生活经验的检验。总体来看，亚里士多德的责任观是一种完善论的责任观，或者说，是美德论的责任观。这种基于道德主体自我完善、美德的责任观与近代规范论的责任观有明显差异，且具有独特的价值。

亚里士多德在行为主体对个人行为及其结果负责的意义上使用道德责任概念，将行为者的主观意愿作为构成道德责任的重要概念。后世研究者也基本赞同将亚里士多德的责任观视为基于美德论的责任观，这里的美德是作为人的品质的美德。人们通过道德责任的履行确立的是人之为人的美德精神和完善的道德人格。美德论的道德责任观启示人们责任源于行为主体内在的情感、认知、选择等，这种观点不同于将责任视为一种外在规范要求的观点，它更关注行为主体，而后者更关注行为。麦金泰尔在解释现代社会道德变迁问题时指出了现代人面临着身份的多重化、责任的多样化和生活的碎片化，

---

❶ ［英］穆勒.功利主义［M］.徐大建，译.上海：上海人民出版社，2008：5.

而如果这种多重身份与多样责任之间如果没有统一性,那么人就无法获得一个完整的存在。而使得人的存在获得完整性与统一性的恰恰就是人的美德。"美德能够使人获得作为一个整体来设想和评价的生活,使得自我具有统一性。这种自我的统一性存在于一种将出生、生活与死亡作为叙事的开端、中间与结尾连接起来之叙事的统一性。"❶ 麦金太尔在反思现代人的生活境遇后提出"追寻美德"的意义,确立现代人的道德精神。与现代规范论的责任观相比,亚里士多德的美德论的责任观维度亦是不可或缺。

与美德论的责任观相对,规范论的责任观起于康德。康德以绝对命令的形式提出一种普遍有效的道德责任要求。尽管严格来讲,康德将义务与责任做出了区分。"义务是某人有责任采取的行动。因此,义务是责任的质料,而且,义务(在行为上看)可能是同样的义务,尽管我们可能以不同的方式有责任。而责任是服从理性的绝对命令式的一个自由行动的必然性"❷ 康德清楚地意识到善的道德责任必须具有普遍性,即使人们履行责任的方式是特殊的。但是绝对命令式的普遍道德责任要求仍然无法避免形式主义,即普遍道德责任如何转化为行为实践和行为者的动机。如耶格尔所言,"无论在伦理学还是在形而上学中,亚里士多德都与康德有一段距离相近,但是他里面的某种东西使得他在最后的结论面前撤退了。无论是纯粹的经验科学的自足还是单纯的道德责任意志的确定性,都不能满足他的现实感觉和生命感受。"❸ 耶格尔的观点阐明了亚里士多德责任思想与康德责任思想的重要区别之一。康德更多以形式化、绝对命令的方式确定人的善的道德责任的无条件性,在对责任的研究中阐述人的平等及人的尊严。亚里士多德则在充分考虑人的差异性和生活环境的差异等前提下,尽可能地表达个人内在的对道德尊严的感受和看法,在对责任的研究中阐述人的尊严和完善的道德人格的构成。

美德论的责任观与规范论的责任观的分歧还带来了伦理学史上关于"善"与"正当"何者更为优先的讨论。按照康德的解释,"在一切道德评判中最重要性的就是以极大的精确性注意到一切准则的主观原则,以便把行动的一切

---

❶ [美] 麦金太尔. 追寻美德 [M]. 宋继杰,译. 北京:译林出版社,2003:259-260.
❷ [德] 康德. 康德著作全集(第6卷)[M]. 李秋零,编. 北京:中国人民大学出版社,2007:229-230.
❸ 耶格尔. 亚里士多德:发展史纲要 [M]. 朱清华,译. 北京:人民出版社,2013:341.

道德性建立在其出于义务和出于对法则的敬重的必然性上"。❶ 一个人的行为的道德合理性根据在于其是否出于以善自身为目的的善良意志，为义务而义务。康德的责任观蕴含着现代社会的权利—义务关系。现代社会奉行人格的平等与独立，恪守权利与义务相统一的立场。但是，一方面责任命令不能沦为空洞、专横的教条，另一方面人们不能以权利为理由遮蔽、无视甚至侵蚀美德。就此而言，美德论的责任观可以为规范论的责任观提供有益的补充。按照亚里士多德的解释，"公正是一切德性的总括"。❷ 人们的具体德行应该能够体现公正，同时亚里士多德也认为公正最终要落实在法律政治制度之中。由于他对人的行为是否公正、是否应该负有责任的考虑是基于德行，这就导致在讨论责任的归属时他会上溯到与人的美德相对应的人格。但规范论的责任观，乃至当代的责任观念在讨论责任的归属时会上溯到与人的权利平等相对应的身份。

与此同时，亚里士多德的美德论责任观侧重阐述人如何通过自己的意愿实现道德、实现好生活。也正是因为如此，道德动机、道德行为、意愿的形式都被纳入亚里士多德对道德责任的考察，人格的道德自主意识得以凸显。责任体现为行为，行为体现的是人的品格。善恶之行的评价首先不应指向一个人对他人的行为，而是应该指向一个人品格本身高贵与否。当然，品格的高贵与否也体现在一个人的行为之中，尤其是一个人如何看待和选择自己的责任。这样一种向行为主体内部寻求德行力量的方式对当下人们将道德变成规范要求是一种警醒，毕竟一味地向外诉求有可能导致人们以外在的名利等为标准，而缺乏对人的内在心灵的反省。

（三）可能的局限

亚里士多德的责任思想也有其自身的局限性，我们需要将这种局限性置于他的哲学思想及其所处的时代背景中进行理解。亚里士多德从人们的日常观念和意见出发，找出这些观念和意见合理与否的理由，进而将合理的解释系统化。他的责任思想有着自身的局限，但一定意义上这种局限也是他的思想的价值，而且呈现了希腊时期人们可能如何理解责任。

---

❶ [德] 康德. 实践理性批判 [M]. 邓晓芒，译. 杨祖陶，校. 北京：人民出版社，2004：111.
❷ [古希腊] 亚里士多德. 尼各马可伦理学 [M]. 廖申白，译. 北京：商务印书馆，2003：130.

亚里士多德对道德责任的理解与近代伦理学对道德责任的理解有着明显的差异。一方面，近代伦理学对道德责任的理解主要是行为本身，而亚里士多德关注的是行为主体的整个人生所应追求的善；另一方面，近代伦理学更为关注道德行为的规范、原则，而亚里士多德却更为关注人为了幸福和生活得好应该具有的德行和品格。按照此种方式，道德责任的价值及责任评判标准都要与行为主体的品格相联系并加以解释。"亚里士多德的证成并不是试图说服持不同意见的人，也不是要把想象中的伦理怀疑论者变成好人。它试图超越自己并向他人学习，这样做的目标是实现经过证成的自我确定，而非共识。"❶ 而现代社会离不开基于不同价值观念、身份地位的人在道德活动中所形成的共识。由此，亚里士多德的责任观在当下至少会遭遇两种类型的问题。第一，在现代多元价值社会中，不同的价值、价值体系之间面临冲突的可能，而每一种价值都有可能在其自身内部获得合理解释。我们期待道德圣贤，但同样要求人们对自己责任的恪尽职守、遵守原则。美德论的责任观念有可能更多地将人们引向注重个人品格操守的内在修养领域。第二，现代社会的发展带来了美德论责任观的失落，人们只是按规则行动。在注重权利、利益的当下，"伦理学也就变成了一门以'立法'来寻求个人的自由和尊严的道德规范学说"。❷ 与法律制度的外在强制不同，道德规范是内在的强制。但是，道德规范的内在强制能否起作用是与行为者的美德品性紧密相关的。问题在于现代社会应该如何找回德行品格的力量。

正是由于亚里士多德将责任的标准诉诸行为者的意愿，并进一步诉诸他的决定、选择和品格，我们才有可能将亚里士多德的责任观视为美德论的责任观。人格的自我完善也因此而具有重要的价值。但是也正是因为此缘故，已有学者认为亚里士多德的思想中有利己主义的倾向。例如，罗斯认为："亚里士多德道德体系的大部分内容明显是自我中心的。我们被告知，是他自己的'幸福'才是人们的目标和理应的目标……利他主义已经完全缺席了。"❸ 虽然此种评价有些偏颇，但是其至少揭示了亚里士多德伦理学，以及他的责

---

❶ ［美］克劳特·布莱克维尔《尼各马可伦理学》指南［M］．刘玮，陈玮，译．北京：北京大学出版社，2014：101．

❷ ［古希腊］亚里士多德．尼各马可伦理学［注释导读本］［M］．邓安庆，译．北京：人民出版社，2010：35．

❸ ［美］余纪元．德性之镜：孔子与亚里士多德的伦理学［M］．林航，译．北京：中国人民大学出版社，2009：356．

任思想面临的难题。如果履行责任的根基在于自我完善,那么我们如何理解责任与他人的善的关系,我们为什么要对他人负有责任等。诚然,我们可以在亚里士多德关于正义、友爱的讨论中看到他虽然突出了行为主体(自我)的责任意识、美德观念,但这里的行为主体(自我)总是家庭、商业、城邦共同体中的自我。"惟有公正'才是对他人的善',不公正主要有违法和不平等。这同样涉及一人是否是出于意愿而做公正或不公正之事,并为此承担相应的责任。"❶ 而在友爱中,亚里士多德也提出人们对朋友的友爱和善行只为着那个朋友之故。根据余纪元的解释,"利他主义并不独立于人的自我幸福之外而被考虑。一个对他人的善的真正关切是一个人自我幸福的内在部分"❷。在亚里士多德的思想中,利己与利他并不像罗斯所言的没有为利他留下空间。但是,亚里士多德也没有将利己与利他做出清晰区分。

从亚里士多德的责任思想来看,人的能力和品格通过人在具体的实践生活中的判断、选择和行动来得以实现和培养。但问题的关键在于,实践面对的总是具体的、个别的事物,不同的人在实践理性的引导下的判断、选择会有所差异,那么实践理性的合理性标准是什么呢?我的意愿有无合理性?亚里士多德给出的标准是"中道"。道德行为所处的时空、场景总是动态的、发展的、开放的,行为也总是要在偶然与必然的交叉点上发生、发展,获得自身的结果。实践理性所能达到的中道在于运用理性合理地节制欲望与情感,在情感与行为上做到适度,以恰当的方式实现道德价值。亚里士多德的解释为我们理解实践样式的多重可能性提供了理论基础,但是这也易于使得我们对道德行为的解释滑向相对主义乃至怀疑主义。在道德责任的问题上,这种相对主义的倾向有可能导致最终取消、规避责任问题。尽管亚里士多德在尽可能避免智者派的相对主义,并采取了理性与经验相结合的论证策略及自然目的论的方法。当然,"亚里士多德的目标并不是给出一种十分确定的关于人类善的理论,而是在实践方面对构成人类善的最重要要素给出说明"❸。哲学伦理学上的反思能够更有助于人们找到彼此观点的分歧与一致,在总体上给

---

❶ [古希腊]亚里士多德. 尼各马可伦理学[M]. 廖申白,译. 北京:商务印书馆,2003:130-134.

❷ [美]余纪元. 德性之镜:孔子与亚里士多德的伦理学[M]. 林航,译. 北京:中国人民大学出版社,2009:334.

❸ [英]西季威克. 伦理学史纲[M]. 熊敏,译. 陈虎平,校. 南京:江苏人民出版社,2007:55.

出道德实践的方向。

亚里士多德责任思想虽然存在自身的局限，但是他的思想内容及思考方法对当下中国道德建设仍具有启示性。我们不但需要正义的制度规范，通过正义的制度安排来培养人们的责任意识与美德。同时，制度也有赖于美德的滋养。在我们理解道德责任时，社会的道德规范与个体的品格美德这两个方面不可或缺，也不可相互取代。从行为主体的角度而言，它既要有亚里士多德所言的正义这一总体德行，也要有对他人的仁爱之心。而社会应致力于构建正义、健康的制度，培养人们良好的品性习惯。对于正在从传统走向现代的中华民族而言，我们不能因经济物质的发展而牺牲制度的正义之德，以及人们的仁爱之心。同时，我们国家有着丰富的美德伦理资源，也需要同亚里士多德这样代表西方文明精神的美德论责任思想进行对话。

参考文献

[1] [古希腊] 亚里士多德. 尼各马可伦理学 [M]. 廖申白, 译. 北京：商务印书馆, 2003.

[2] [古希腊] 亚里士多德. 尼各马可伦理学 [注释导读本] [M]. 邓安庆, 译. 北京：人民出版社, 2010.

[3] [古希腊] 亚里士多德. 政治学 [M]. 吴寿彭, 译. 北京：商务印书馆, 1965.

[4] [美] 阿伦特. 人的境况 [M]. 王寅丽, 译. 上海：上海人民出版社, 2009.

[5] [英] 巴恩斯. 剑桥亚里士多德研究指南 [M]. 廖申白, 等译. 北京：北京师范大学出版社, 2013.

[6] [古希腊] 柏拉图. 柏拉图对话集 [M]. 王太庆, 译. 北京：商务印书馆, 2004.

[7] [英] 波普尔. 开放社会及其敌人（第一卷）[M]. 陆衡, 等译. 北京：中国社会科学出版社, 1999.

[8] [英] 布宁. 西方哲学英汉对照辞典 [M]. 余纪元, 译. 北京：人民出版社, 2001.

[9] [美] 汉密尔顿. 希腊精神 [M]. 葛海滨, 译. 北京：华夏出版社, 2008.

[10] [美] 克劳特. 布莱克维尔《尼各马可伦理学》指南 [M]. 刘玮, 陈玮, 译. 北京：北京大学出版社, 2014.

[11] [德] 康德. 康德著作全集（第6卷）[M]. 李秋零, 编. 北京：中国人民大学出版社, 2007.

[12] [英] 穆勒. 功利主义 [M]. 徐大建, 译. 上海：上海人民出版社, 2008.

[13] [美] 麦金太尔. 追寻美德 [M]. 宋继杰, 译. 北京：译林出版社, 2003.

[14] [美] 内格尔. 人的问题 [M]. 万以, 译. 上海：上海译文出版社, 2004.

[15] [美] 纳斯鲍姆. 善的脆弱性——古希腊悲剧和哲学中的运气与伦理 [M]. 徐向

东，陆萌，译．北京：译林出版社，2007．

[16] [英] 斯塔斯．批评的希腊哲学史 [M]．庆彭泽，译．北京：商务印书馆，1931．

[17] [古希腊] 色诺芬．回忆苏格拉底 [M]．吴永泉，译．北京：商务印书馆，1984．

[18] [美] 梯利．西方哲学史（增补修订版）[M]．葛力，译．北京：商务印书馆，1995．

[19] [英] 希特．公民身份——世界史、政治学与教育学中公民思想 [M]．郭台辉，余慧元，译．长春：吉林出版集团，2010．

[20] [英] 西季威克．伦理学史纲 [M]．熊敏，译．陈虎平，校．南京：江苏人民出版社，2007．

[21] [德] 耶格尔．亚里士多德：发展史纲要 [M]．朱清华，译．北京：人民出版社，2013．

[22] [美] 余纪元．德性之镜：孔子与亚里士多德的伦理学 [M]．林航，译．北京：中国人民大学出版社，2009．

[23] 北京大学哲学系，编译．古希腊罗马哲学 [M]．北京：生活·读书·新知三联书店，1961．

[24] 顾准．顾准文稿 [M]．北京：中国青年出版社，2002．

[25] 廖申白．亚里士多德友爱论研究 [M]．北京：北京师范大学出版社，2009．

[26] 宋希仁．西方伦理思想史 [M]．北京：中国人民大学出版社，2003．

[27] 汪子嵩，等．希腊哲学史（第二卷）[M]．北京：人民出版社，1993．

第八章 亚当·斯密责任思想

一、亚当·斯密的生平与《道德情操论》的写作背景

(一) 亚当·斯密的生平

众所周知,亚当·斯密不仅号称"经济学之父",也是一位杰出的伦理学家。他受影响于:亚里士多德、霍布斯、洛克、哈奇森、休谟、孟德斯鸠等人。施影响于:马尔萨斯、李嘉图、密尔、凯恩斯、马克思、恩格斯、米尔顿·弗里德曼等人。

1723年,亚当·斯密出生在苏格兰法夫郡(County Fife)的寇克卡迪(Kirkcaldy)。亚当·斯密的父亲也叫亚当·斯密,是律师、也是苏格兰的军法官和寇克卡迪的海关监督,在亚当·斯密出生前几个月去世;母亲玛格丽特(Margaret)是法夫郡斯特拉森德利(Strathendry)大地主约翰·道格拉斯(John Douglas)的女儿,亚当·斯密一生与母亲相依为命,终身未娶。他16岁时与正在写作《人性论》的哲学家大卫·休谟相识,并成为终身挚友。1740年,斯密获得了奖学金,进入著名学府牛津大学学习,认真研究了《人性论》等作品,1778年担任爱丁堡大学讲师,1749年编写了经济学讲义。1751年成为格拉斯哥大学的逻辑学教授,1752年开始担任道德哲学课程,一直到1764年辞职。1759年,他出版了《道德情操论》,这本书便是根据他在课堂上的讲义整理而成的。他在《国富论》一书赢得巨大声誉后,在责任感的驱使下还费尽心思,对《道德情操论》作了大幅修改,在临终前两年推出了第六版。

18世纪初的英国市场经济已经兴起,追求个人利益成为经济发展的动力,人类传统的利他美德还能不能维系,或者要不要维系,已成为一个大问题。当时,英国出现了两种相反的学说:一种是坚持原有的伦理观念,对因追求

个人利益最大化而导致的腐败、欺骗的盛行忧心忡忡，从而否认市场经济；另一种是为私利及各种罪恶辩护，认为人性本恶。认为正是私人邪恶的本性才促进整个社会的繁荣，因而是公众的福祉，极力推崇市场经济。针对这两种对立的观点，亚当·斯密既试图肯定市场经济的利己的作用，又试图在强调市场经济条件下利他道德的重要性，这也就是《道德情操论》的主题。

在亚当·斯密生活的那个时代，"道德情操"这一短语，是用来说明人的能判断克制私利的能力。因此，亚当·斯密竭力要证明利己的人应该克制自己，遵守社会准则实现社会秩序。《道德情操论》和《国富论》不仅是他进行交替创作、修订再版的两部著作，而且也是其整个写作计划和学术思想体系的两个有机组成部分。《道德情操论》所阐述的主要是伦理道德问题，《国富论》所阐述的主要是经济发展问题。

（二）关于亚当·斯密悖伦

在思想史上亚当·斯密被认为是"现代经济学的鼻祖"，他作为经济学家的名气要大过于他作为伦理学家的名气。事实上确实是在他《道德情操论》出版17年后出版的《国富论》的影响大于《道德情操论》，并且与《道德情操论》主张同情心、利他等原则不同，《国富论》认为追求个人利益最大化是市场经济发展的动力。或者说正像很多人认为的那样，斯密研究道德世界的出发点是同情心，研究经济世界的出发点是利己主义。在19世纪后期，德国历史学派的代表布伦塔诺提出了《国富论》与《道德情操论》在人性的看法上是矛盾的，于是提出了"斯密悖伦"。国内对"斯密悖伦"的解释主要有两种：一是认为亚当·斯密两种不同人性的理论是他在不同时期、不同认识的结果；二是认为《道德情操论》与《国富论》一样都是以利己作为出发点的，只是《道德情操论》讨论的是如何约束利己之心。对此，国内学者卢周来提出了这样的观点：第一种解释是站不住脚的，原因有二：一是斯密时代经济学和伦理学是融合在一起的学科，斯密本人也是在讲授道德哲学过程中讲授的经济学，因此斯密的伦理学身份和经济学家的身份的划分不是那么明确；二是虽然《国富论》出版在后，但其间亚当·斯密对《道德情操论》进行了多次修改，可以说二者是交替进行的，因此说亚当·斯密在写《道德情操论》时期的思想是利他，而在写《国富论》时期的思想是利己，这很显然是错误的。第二种解释虽然没有把《国富论》与《道德情操论》对立起来，但在一定程度上消解了《道德情操论》在道德教化和呼吁人性美方面的意义。

卢周来认为，在人性方面人是丰富的，既有利己之心，又有同情之心。在社会领域，我们要做的是约束自己的利己之心，这样才能建立"公民幸福生活"的社会。在经济领域，人们更多的是遵守利己法则，追求个人利益的最大化。就如一个人在买菜的时候为五分钱与商贩讨价还价，但却很大方地捐给灾区上千元一样。这个人在买菜的时候是经济人追求的是个人利益最大化，是利己的法则，而在捐钱的时候就变成了道德人遵守的是社会领域的原则即利他原则。但现实生活中，这两个领域并不能划分得十分明确，甚至有重叠，亚当·斯密提出了虚拟的心中的伟大居民、公正的旁观者，且很多学者把其延伸为道德高尚的人或者政府，即强调政府的干预。总之，正如诺贝尔经济学得主弗里德曼所说，不读《国富论》，就不知道应该怎样才叫"利己"；读了《道德情操论》，才知道"利他"才是问心无愧的"利己"。

二、亚当·斯密责任思想探析

亚当·斯密在《道德情操论》中提倡用"同情弱者""悲悯苦难""爱他人""正义""人性""谨慎""责任感"等去支配世界，最终的目标是实现公民的幸福生活。责任感是亚当·斯密伦理学的重要范畴之一，在亚当·斯密伦理学责任感范畴中，论述了责任感的含义及其产生、责任感与宗教、法律及美德之间的关系、责任感特点及培养责任感的方法等内容。

（一）责任感的含义和产生

亚当·斯密认为，"对那些行为准则的尊重，恰当的说法是责任感，是人生中一项最重要的原则，是大部分人类唯一借以指导自己行为的原则。"❶

亚当·斯密提到的"那些行为准则"简单说就是道德准则。在亚当·斯密看来，人类在判断自己情感和行为的时候，对"值得赞赏"比受到"赞赏"更喜爱，对"该受责备"比受到"责备"更畏惧。但我们在对自己做评判的时候，"对我们自己产生不好的想法是最不快的事，因此我们经常故意把视线从那些产生不利判断的情况中转移开来"。❷亚当·斯密把这称为是"自我欺骗"，并认为这是人类致命的弱点，是人生发生混乱的部分原因。而他又认为："造物主并没有让这种如此重要的弱点完全无法补救；他也没有放弃我

---

❶ [英] 亚当·斯密. 道德情操论［M］. 宋德利，译. 北京：译林出版社，2011：155.
❷ [英] 亚当·斯密. 道德情操论［M］. 宋德利，译. 北京：译林出版社，2011：150.

们，任由我们完全听从自恋的欺骗。"❶ 斯密认为，补救的方法就是"我们继续观察他人的行为……针对什么事情适合我们做，什么事情不适合我们做，或者我们加以回避的问题，来为自己制定些基本法则"。❷ 他认为，我们的有些行为让我们在别人心目中变得丑陋、可鄙，应该受惩罚，我们就把这些行为归为被禁之列；反之，就归为我们遵守和提倡的行为之列。"道德的一般准则就是这样形成的。它们最终就是建立在具体经验上，建立在我们的道德观念、我们对得体性和是非曲直表示赞成或反对之上。"❸ "一般准则的形成，是要根据从经验中发现的某种行为，或者实际做出的行为，是受欢迎呢，还是遭反对。"❹

这也从个人人性的角度揭示了责任感产生的源泉，在斯密看来，这些"一般基本准则"通常被视为考察人们行为正当与否的最终依据，因而对这些基本准则的尊重即责任感成为大部分制约自己行为的原则。他甚至认为这是区分君子与小人的标尺。他认为："没有对基本准则的神圣遵循，就不存在行为非常值得信赖的人。正是这种遵守构成了一个光明磊落的人和一个卑微小人之间的最本质差异。"❺

然而，笔者认为这并不是亚当·斯密揭示责任感产生的唯一源泉。他指出："造物主遵循的准则适于他自己，人所遵循的则只适合人本身：但二者的愿望都是达成相同的伟大目标，亦即世界的秩序、人性的完全无缺和幸福。"❻很显然，从社会的角度看，责任感的产生源于社会秩序的维护。

作为经济学家身份的斯密在他的巨著《国富论》中详细地论述了分工的效果、原因及限制。而众所周知，分工的反面是合作，人类为了自身的发展就需要组成社会集合体。那么在社会集合体中应该遵守什么样的原则呢，笔者认为作为经济学家和伦理学家的斯密给出很好的解释在经济领域中以追求个人利益最大化为准则和动力，这种观点斯密在《国富论》中进行了详细的论述；在社会领域中要约束利己之心，以"利他"作为基本原则。

《道德情操论》开篇就提到："一个人的性格中，显然存在着某些天性，

---

❶ [英] 亚当·斯密. 道德情操论 [M]. 宋德利，译. 北京：译林出版社，2011：152.
❷ 同上。
❸ [英] 亚当·斯密. 道德情操论 [M]. 宋德利，译. 北京：译林出版社，2011：154.
❹ 同上。
❺ [英] 亚当·斯密. 道德情操论 [M]. 宋德利，译. 北京：译林出版社，2011：157.
❻ [英] 亚当·斯密. 道德情操论 [M]. 宋德利，译. 北京：译林出版社，2011：162.

无论他被认为私心有多重，这些天性也会激励他去关注别人的命运，而且还将别人的快乐变成自己的必需品。他因目睹别人快乐而快乐，不过除此之外，不曾一无所获，然而他依旧乐此不疲。同情或怜悯就是这种天性。"❶ 假如没有"同情心"，那么邪恶当道，社会必然彻底毁灭。"同情心"有捍卫和保护社会的功能，因为它使我们具有对别人的苦难有感同身受的能力，因而我们会抑制给别人造成伤害的不义之举。可见社会之所以存在，是因为社会成员在"利己"的同时，又有"利他"的本性。另外，亚当·斯密在《道德情操论》中还指出："人类社会的所有成员都需要相互帮助，而同样也都在彼此伤害。彼此之间必要的帮助在爱情、感激、友谊和尊重中得以满足时，社会就繁荣昌盛，人们就幸福美满。所有不同的社会成员都被愉快的爱与情之纽带紧紧连接在一起，似乎被引向一个共同的互利中心。"❷ 总之，亚当·斯密的伦理学思想充满了"利他"的原则。而"责任感从本质上讲既要求利己，又要利他人、利事业、利国家、利社会，而且自己的利益同国家、社会和他人的利益相矛盾时，要以国家、社会和他人的利益为重"，利他的广度透视着责任感的强度。可见，责任感无疑是遵守的"利他"的原则。

亚当·斯密还提到："尽管必要的帮助未必来源于慷慨无私的动机，尽管在不同的社会成员中间未必存在彼此的爱与情，尽管这个社会并不太令人幸福快乐，却并非一定会解体。凭借人们对社会之作用的认识，社会可以在缺乏彼此的爱或情下，像在不同的商人之间那样，存在于不同的人们中间；在这个社会上，虽然谁都不一定承担义务，也并非一定要对他人心存感念，但是出于一种彼此认可的价值观，在互利互惠的原则下，社会依然可以继续维持下去。"❸ 笔者认为，在斯密看来，有些如"同情心"等"利他"的情感是出于一种原始"天性"，在这种"天性"支配下，人与人之间相互帮助，社会得以维持下去。亚当·斯密的好友大卫·休谟在《人性论》中提到，爱是一种让被爱之人获得幸福的欲望，如此就必然相互帮助。亚当·斯密所说："《十诫》要求我们尊敬自己的父母。没有提到对子女的爱。造物主早已让我们做好充分的准备去履行后一种义务。"❹ 而另一种则非出于天性，而是一种"彼此认可的价值观"。前者具有主动性，后者具有被动性，前者是我要利他，

---

❶ [英] 亚当·斯密. 道德情操论 [M]. 宋德利, 译. 北京: 译林出版社, 2011: 3.
❷ [英] 亚当·斯密. 道德情操论 [M]. 宋德利, 译. 北京: 译林出版社, 2011: 83.
❸ [英] 亚当·斯密. 道德情操论 [M]. 宋德利, 译. 北京: 译林出版社, 2011: 84.
❹ [英] 亚当·斯密. 道德情操论 [M]. 宋德利, 译. 北京: 译林出版社, 2011: 135.

后者是我应当利他。《汉语大辞典》对"责任"的解释一是指分内应做的事，二是指没有做好分内的事应当承担的后果或强制性义务。两层解释都提到"应当"，很显然很符合第二种"利他"原则。或者我们换句话说社会秩序的存在一是基于人性的善，二是基于彼此认可的责任。

以上，我们从"利他"的视角分析了责任感对社会秩序的作用，下面我们从亚当·斯密伦理学中一个重要的概念"公平"的角度分析责任感对社会秩序的作用。

笔者认为，从某种意义上讲履行责任就是践行社会正义，试想一个只讲让别人"利他"而自己不去"利他"，或者反之只让自己"利他"没有别人"利他"的社会是不存在的；也就是说，只有利益的输入或者只有利益的输出的社会是不平衡的，是难以维持下去的。因此在社会中必须既有利益的输入又有利益的输出，在社会集合体中人人践行责任、互相"搭便车"是公平正义的一种体现。亦即责任只要不做就意味着不公平和不正义。

亚当·斯密在《道德情操论》中对"正义"和"仁慈"两种美德进行了比较，他认为："缺乏仁慈并不应该受到惩罚，因为这并不会导致真正意义上的罪恶。缺乏仁慈可能令人对本可期待的好事感到失望……然而这并不可能激发令人共鸣的怨恨之情。"❶ 正义则不同，如果违背了正义不单单是会引发人们的失望，更会激发人们的怨恨情绪。而"怨恨则是一种永远只会被切实伤及他人的行为所引发的激情"❷ 是人们在受伤害时天性赋予的自卫的工具。因而做不到仁慈只是没有"利他"，让人不愉快；但做不到正义不但没有"利他"而是"伤及他人"，让人怨恨。故而，亚当·斯密提出："违背正义就是伤害。"❸ 对于违背正义的不公行为所导致的伤害，"人们都体谅并赞成以暴力手段回敬，因此，对于旨在预防和消除伤害，以及防止歹人伤害邻居所采取的暴力手段，人们就越发体谅和赞同"。❹ 因而，公平正义对社会秩序的作用比仁慈等其他美德要略胜一筹，因为如果人们之间相互伤害，社会就不复存在。所以亚当·斯密提出："一个人只有清白无辜，顾及他人而遵从正义的准则，防止自己对邻人造成伤害，反过来邻人才会尊重他人的清白无辜，才

---

❶ [英]亚当·斯密. 道德情操论 [M]. 宋德利, 译. 北京：译林出版社，2011：76.
❷ 同上.
❸ 同上.
❹ 同上.

能对他严格遵从相同准则。"❶

当然,并不能否认仁慈的美德带给社会秩序的作用,因而亚当·斯密也非常推崇源于仁慈之心的责任,尤其是感激的情感。他说:"在所有源于仁慈之心而承担的责任中,感激之情要求我们承担的责任几近完美纯粹。"❷

(二) 责任感的特点

1. 责任感包含了对自我的关注与克制

存在于世的每一个人都是另外一个人或者一些人的存在条件,以上对责任感的含义和产生的理解主要基于"自我"和"他者"的关系上进行的,一种由"自我"走向"他者"的过程。那么作为伦理学家身份的亚当·斯密是否是只要利他不要利己呢,答案是否定的。

亚当·斯密非常提倡"谨慎"的美德,他指出:"我们考虑任何个人的品格时,自然要从两个不同的方面考察它:首先,它可能影响他本人的幸福;其次,它可能影响他人的幸福。"❸ "关注个人的健康、财富、地位、名誉,以及今生今世的舒适快乐,主要赖以存在的那些事物,都是通常被称为谨慎的美德的应有之义。"❹ 也就是说,爱自己未必就是自私自利,爱自己就要珍视自己的完好的形象和声誉,这也是责任感的一种表现。况且自己也是其他人的存在条件,关注自己的健康也是对家人等他人的一种责任。当然,他又指出:"谨慎的人不愿承担自己职责没有赋予他的任何责任。他不参与与己无关的事情,他也不干预他人的事务;他是一个不胡乱劝说他人,别人不求,自己绝不把建议强加于人的人。他只根据责任的允许范围把自己锁定在自己的事务之内,他没有兴趣像很多人那样希望通过干预他人事务显得自己很了不起。"❺ 所以他提出:"谨慎和其他美德相结合时,就构成最高尚的品质。"❻

因而,亚当·斯密呼吁社会成员要"关注他自己的、朋友的以及国家的幸福"。也就是说,关注自己的幸福也是一种责任。

对于这一点,我们也可以从"自我"和"他者"的关系出发,从亚当·

---

❶ [英] 亚当·斯密. 道德情操论 [M]. 宋德利,译. 北京:译林出版社,2011:80.
❷ [英] 亚当·斯密. 道德情操论 [M]. 宋德利,译. 北京:译林出版社,2011:77.
❸ [英] 亚当·斯密. 道德情操论 [M]. 宋德利,译. 北京:译林出版社,2011:211.
❹ [英] 亚当·斯密. 道德情操论 [M]. 宋德利,译. 北京:译林出版社,2011:212.
❺ [英] 亚当·斯密. 道德情操论 [M]. 宋德利,译. 北京:译林出版社,2011:215.
❻ [英] 亚当·斯密. 道德情操论 [M]. 宋德利,译. 北京:译林出版社,2011:217.

斯密的"行为功过"理论进行理解。亚当·斯密指出:"无论什么行为受到怎样的赞扬或招致怎样的责备,都是针对以下三点而言的:首先,针对的是作为出发点的内心意愿或者情感;其次,针对的是这种情感所引发的身体外部行为或动作;最后,针对这种行为导致的好坏结果。这三个不同方面构成了行为的全部性质和情况,同时也必定是行为所具有的品质之基础。"❶ 并且他还指出:"上述三种情形的最后两种不能作为赞扬和责备的基础……"❷ 我们可以理解为在亚当·斯密看来评价一个人行为好坏的标准不是过程和结果而是动机,正如现代人所理解的那样为了家人或者国家和社会关注自己的幸福其实也是一种"利他"的责任。因为其出发点是建立在利他的基础之上的。

那么,关注自己的幸福是否意味着随心所欲、为所欲为?答案是否定的。责任感要求人们在原始情感面前适当克制,以避免社会的相互伤害。亚当·斯密在《道德情操论》中提到了适中的"得体度"。他指出:"与我们有特殊关系的客体所激发的每一种激情都有一个得体度,亦即旁观者所赞成的限度,这一限度显然在于适中。"❸ 人类有源于躯体的激情、源于想象的激情、乖戾的激情、善良的激情和自私的激情,当然适中度因不同激情而不同。总之,激情过于强烈和过于微弱,除了"让人感到惊愕和茫然相向之外,我们都不能体谅"。❹ 因而美德产生于这种"适中"的得体度,这与亚里士多德的"黄金中庸"的十二种美德非常接近。激情不足表现为冷漠,"一个人对他人的情感和不幸感到冷漠,因而被称为'冷酷的心',而这种性情的不足,也使他人对他冷漠无情,并将其排斥在全体世人的友谊之外。"❺ 而同样过度放纵也会给社会交往带来恶果,"促使人们相互分裂,事实上是破坏社会大众联系的那些情感,愤怒、仇视、嫉妒、复仇等,更多的是因为过度"。❻ 过度比不足更能冒犯人,因而克制本身并不是美德,但一切美德因克制而生发,尤其是在一个未开化的国度里更为重要。亚当·斯密曾评价一个冒着自己生命危险效力国家的人,他说:"从那种最强烈、最自然的性格倾向,即责任感和得体感来看,他这种克己的行为中存在着英雄主义。"❼

---

❶ [英] 亚当·斯密. 道德情操论 [M]. 宋德利, 译. 北京: 译林出版社, 2011: 90.
❷ 同上.
❸ [英] 亚当·斯密. 道德情操论 [M]. 宋德利, 译. 北京: 译林出版社, 2011: 23.
❹ 同上.
❺ [英] 亚当·斯密. 道德情操论 [M]. 宋德利, 译. 北京: 译林出版社, 2011: 244.
❻ 同上.
❼ [英] 亚当·斯密. 道德情操论 [M]. 宋德利, 译. 北京: 译林出版社, 2011: 187.

2. 很多情况下责任感不是影响行为的唯一动机

亚当·斯密认为，责任感影响着人的行为，但有些时候是影响人的行为的唯一动机，有些时候又与其他动机共同发挥作用。并且当错误的责任感导致人产生错误行为的时候，人的天性往往会把行为拉回到正确的轨道上来。

正如前文所说，责任是一种被动的利他，"许多人的行为十分正派，其整个一生中都在避免任何严重的指责……只不过他们的行为，仅仅是对自己认为已经建立起来的行为准则加以遵从的结果"。❶ "他们的行为可能只是一种对业已形成的责任法则的敬畏，一种在任何情况下都必须遵循感激法则而采取的认真而强烈的欲望"。❷ 也就是说，这些人在自己应尽的责任面向做得非常成功到位，责任感是他们的唯一行动准则。这多多少少让我们有冷漠的感觉。就像亚当·斯密所指出的："如果父母履行了自己在所处环境中应尽的责任，但缺乏儿子可能期待的父爱，儿子也不能对父母感到满意。"❸ "如果一个接受恩惠的人对恩人的回报仅仅出于一种冷冰冰的责任感，而没有任何情感，施恩者就会认为自己没有得到适当的回报。"❹ 因而在"激励我们不顾基本准则采取行动的那些感情或情感是令人满意的"，❺ 在这种情况下责任感应与这些情感和动机共同发挥作用。而"对于邪恶和孤僻的激情，则存在着相反的准则"。❻ 而"以私人利益为目标的追求，应该出于对规定这种行为的基本准则的尊重，而不是出于对那些目标本身所产生的激情"，❼ 当然，涉及更加特殊、更加重要的私人目标时情况则不同，如君子应该在保卫领土中带有焦虑之心。

此外，在规定含混不清的基本准则如谨慎、博爱、感激等面前往往与其他动机共同发挥作用。行为人和旁观者可以在很多方面加以修正和变通地把握。但是，有一种美德，一般准则会对它的具体行为做出严格的规定，一旦缺乏准则规定的条件就不能被判定为实行了美德，这种美德就是正义。它要求行为人务必不折不扣地达到一定的标准和要求，才能被认为是正义的，否

---

❶ [英]亚当·斯密. 道德情操论 [M]. 宋德利，译. 北京：译林出版社，2011：156.
❷ 同上。
❸ 同上。
❹ [英]亚当·斯密. 道德情操论 [M]. 宋德利，译. 北京：译林出版社，2011：166.
❺ [英]亚当·斯密. 道德情操论 [M]. 宋德利，译. 北京：译林出版社，2011：165-166.
❻ [英]亚当·斯密. 道德情操论 [M]. 宋德利，译. 北京：译林出版社，2011：166.
❼ [英]亚当·斯密. 道德情操论 [M]. 宋德利，译. 北京：译林出版社，2011：167.

则就会被判定为不正义。

总之，在亚当·斯密看来："在实践其他美德的时候，支配我们行为的与其说是对一种精确格言或准则的尊重，不如说是得体的观念及对某一行为意向的感受。我们考虑更多的应该是准则的目的和基础，而不是准则本身。"❶ 而正义则另当别论，不允许修改。

亚当·斯密认为，人在误解了恰当的行为准则而做出不令人恰当的行为时不会因此而招致仇恨"一个人由于对责任感的误解，或者一种错误意识误入邪恶歧途，但是再这样一个人的性格和行为中依然存在某些值得尊敬的东西，他虽然被误导，但由于大度和人性，他依然是怜悯的对象，而不是仇恨和怨恨的目标"。❷ 但不会令人赞同，因为"他们不会理解影响我们的那种荒唐的责任感，也不会理解由此产生的行动"。❸ 不过"因为一个人可能根据错误的责任感采取错误的行动，所以天性有时可能占上风，并引导他采取与之相反的正确行动"。❹

3. 宗教对责任感有加强作用

正如上文所析，责任感影响着人的行为，并且责任是一种被动的利他，所以需要一定的权威，使其成为令人敬畏的法则，因为"只要对这些义务遵守得还算可以，人类社会就能够得以存在，而如果人们对遵守那些重要的行为准则毫不在意，人类社会就会分崩离析"。❺ 而宗教的出现加强了这种权威性。因为人们有时会失望地发现，这个世界经常是不公平的，比如不履行责任却并没有得到应有的惩罚，或者想法履行了责任却并没有得到善意的回报。在这种情况下，人类往往就求助于上天，认为世界上有天堂和地狱——用天堂回报、用地狱惩罚，或者众神就被抬出来进行惩罚或回报。总之，宗教使人们认为责任感应该尊重的一般基本法则是神之法。"有人会认为，我们可以逃避人们的监督，或者避免人们的惩罚，但实际上我们的行为永远是处于上帝神目是我监督之下，如果行为不当，就会受到这位伟大的疾恶如仇者的惩罚。"❻ "宗教正是以这种方式加强了天生的责任感：于是人们就非常信任那

---

❶ [英] 亚当·斯密. 道德情操论 [M]. 宋德利, 译. 北京：译林出版社, 2011：169.
❷ [英] 亚当·斯密. 道德情操论 [M]. 宋德利, 译. 北京：译林出版社, 2011：170.
❸ 同上.
❹ [英] 亚当·斯密. 道德情操论 [M]. 宋德利, 译. 北京：译林出版社, 2011：172.
❺ [英] 亚当·斯密. 道德情操论 [M]. 宋德利, 译. 北京：译林出版社, 2011：157.
❻ [英] 亚当·斯密. 道德情操论 [M]. 宋德利, 译. 北京：译林出版社, 2011：164.

些似乎笃信宗教意识的人。"❶ 宗教的权威还表现在："无论遇到公众性的大灾大难，还是个人的小灾小难，一位智者都应认为：这只是他自己及朋友和同胞被命令踏上世间的不归之路；如果不是为了整体利益的需要，他们是不会接到这种命令的；不仅要虔诚地顺从这种安排，而且还要心悦诚服地接受这种安排，这，就是他们的职责。"❷

在亚当·斯密看来，这些首先是自然的烙印。"人们从本性上被引导者将他们自己的情感和激情都归因于那些神秘的东西，无论它们是什么，在任何国度里，都正好是宗教敬畏的对象。"❸ "于是宗教，即便是以最粗糙的形式，早在推理和哲学的年代道路很久之前，就提供了一种维护道德准则的约束力。宗教的敬畏因此加强了自然的责任感，这对人类幸福来说非常重要，因而自然没有使人类幸福依赖于缓慢而不确定的哲学探索。"❹ 那么宗教为什么能够抑善扬恶呢，为什么"那些重要的道德准则是造物主的指令与戒律，造物主最后将会奖惩守本分者，惩罚不守本分者"❺ 呢？亚当·斯密认为："造物主遵循的准则适于他自己，人所遵循的准则只是适于人本身；但二者的愿望都是达成相同的伟大目标，亦即世界的秩序、人性的完美无缺和幸福。"❻

亚当·斯密虽然强调宗教对责任感的加强作用，但也不否认推理和哲学探索的作用。他指出："这种遵循被一种观点进一步加强，这种观点先是被自然镌刻在人们心中，然后被推理和哲学所证实。"❼ 之后笔锋一转，又指出："但是，这些探索一旦展开，就证实了对天性的那些最初预感。"❽ 他还指出："责任感应该是我们的唯一行动准则，这在基督教的信条中是不存在的，但像哲学以及常识所告诉我们的那样，它应该是一条起主导和决定作用的原则。"亚当·斯密虽然表面上承认造物主、上帝和宗教的存在，但否认宗教原则是唯一动机。他曾说："宗教为实践美德提供如此强烈的动机，并通过强有力地抵制罪恶的诱惑来保护我们，以致很多人都认为宗教原则就是行为的唯一值得称赞的动机。"亚当·斯密提到："我们在履行各不相同的责任时，自己行

---

❶ [英]亚当·斯密. 道德情操论[M]. 宋德利, 译. 北京：译林出版社, 2011：164.
❷ [英]亚当·斯密. 道德情操论[M]. 宋德利, 译. 北京：译林出版社, 2011：237.
❸ [英]亚当·斯密. 道德情操论[M]. 宋德利, 译. 北京：译林出版社, 2011：158.
❹ 同上。
❺ [英]亚当·斯密. 道德情操论[M]. 宋德利, 译. 北京：译林出版社, 2011：157.
❻ [英]亚当·斯密. 道德情操论[M]. 宋德利, 译. 北京：译林出版社, 2011：162.
❼ [英]亚当·斯密. 道德情操论[M]. 宋德利, 译. 北京：译林出版社, 2011：157.
❽ [英]亚当·斯密. 道德情操论[M]. 宋德利, 译. 北京：译林出版社, 2011：158.

为唯一的准则和动机应该是一种由上帝指令我们履行的责任。现在我不想花时间专门考察这种观点；我只想说，我们不应该期待这种观点被各派人士所接受。"❶

不仅如此，亚当·斯密还指出了宗教责任的弊端，他指出："宗教的错误观念几乎就是造成我们天性以这种方式彻底误入歧途的唯一原因；赋予责任准则极大权威的那种原则，光是它就能最大限度歪曲我们的观念。"亚当·斯密列举了这样一个例子，两位清白无辜的青年男女与一位老人（他们的父亲）在宗教上存在分歧，老人被指定为祭品，上帝要他们亲手将老人杀掉，他们在实施时产生了两种思想斗争："一是宗教责任的责无旁贷，二是对这位老人的怜悯、感激和崇敬之情，以及对他们即将毁掉的那个人的博爱与美德所怀有的爱。"因为"遵从上帝意志是头条责任准则"，所以"责任感最终还是战胜了人性中所有温和的弱点。俩人最后实施了强加给他们的罪行，但是立即发现了自己的错误和欺骗他们的骗局。他们被恐惧、悔恨、愤怒折磨得痛不欲生"。❷

三、责任感的培养方式

正如上文所说，亚当·斯密在看到了宗教对责任感的加强作用的同时，也看到了宗教原则的弊端和局限性。在如何培养责任感方面，亚当·斯密没有提到通过宗教信仰，无条件服从宗教教义，以及宗教责任的方式来进行，而是多次提到了教育。

亚当·斯密提到，受过别人恩惠的人，即使此人天生冷漠缺乏感激之情，"但是他如果受过良好的教育，就会经常注意到那些缺乏这种情感行为是多么可憎，而与之相反的行为是多么可亲。虽然他的心并不能因此而为任何感激之情所动，但他将会努力使自己的行动犹如充满感激之情那样，并且对强烈的感激之情使他联想到的恩人加以尊重与关注"。❸ 于是他就会经常拜访恩人，利用每个机会回报，以尽自己的义务。他还举例一个对丈夫不是感情笃实的妻子，如果她受过"良好的教育"，她就会如同能够感觉丈夫的爱那样细心照顾她的丈夫。当然，亚当·斯密认为这样做不是最佳，但他们却成功地履行了他们的责任。他说："上帝用以造人的粗土坯不可能达到这种完美无缺。然

---

❶ ［英］亚当·斯密.道德情操论［M］.宋德利，译.北京：译林出版社，2011：165.
❷ ［英］亚当·斯密.道德情操论［M］.宋德利，译.北京：译林出版社，2011：171.
❸ ［英］亚当·斯密.道德情操论［M］.宋德利，译.北京：译林出版社，2011：156.

而，世上任何一个受过训练和教育的人，都不会对遵从基本准则的行为无动于衷，就如同他们几乎在任何情况下都能行为正派，在自己整个一生中极力避免任何程度客观的指责那样。"❶ 他还指出，对于伤害他人者的内心的恐惧、疑虑"都因同情而变得广为人知，都因教育得到确认"。❷

亚当·斯密在其伦理学理论中提出了一个"公正的旁观者"的理论。他认为我们在对自己行为评判的时候与评判他人的原则基本一致，但我们要用他人的眼光来评判自己。这样"我们就像想象中的任何公正不偏的旁观者那样努力观察自己的行为。如果我们设身处地地考虑问题，因而能够完全体谅影响自己行为的情感和动机，我就会体谅这位想象中的公正审判官的认可，进而认可自己的行为；否则，我们就会体谅他对这种行为的不认可态度，并会对加以责备。"❸ 总之，我们评判自己行为的时候要将自己分成两个自我，一个是公正的旁观者，另一个是行为者。并且指出："在人的整个一生中，或者相当长的一段时间里，无论是谁，只要其行为并非受到设想中公正的旁观者的情感，以及那位伟大心中居民，亦即行为的伟大判官和仲裁者的引导，那他在谨慎之路、正义之路或者适当的仁慈之路上的部分都不会坚定不移和始终如一。"❹ 公正的旁观者的指责使我们对不当的行为感到内疚。

总之，关于如何提升个人道德素养、培养责任意识，亚当·斯密在《道德情操论》中并没有强调道德劝诫式教育和道德教化，而是提出了"公正的旁观者"的概念，通过心中伟大的居民建立一个自律型的道德社会。这就为提升个体道德要素、培养责任意识都提供了新的路径，即减少单向灌输的教育模式，注重教育的内化和社会成员的自我教育，通过情感体验用"公正的旁观者"强化人们的责任担当。但不能忽略知识教育的理论，责任感不是高深的学问，但如果离开了一定的认知，情感体验也就很难被内化。

此外，亚当·斯密在《道德情操论》中还提出了习俗和风尚对道德情操的影响作用，他指出："虽然习俗和风尚对道德情操产生的影响并非十分巨大，却和在其他方面的影响极其类似。当习俗和风尚与判定正确与错误的自然法则很一致的时候，它们就使我们的情感越发美妙，而且会增强我们对每

---

❶ [英] 亚当·斯密. 道德情操论 [M]. 宋德利，译. 北京：译林出版社，2011：157.
❷ [英] 亚当·斯密. 道德情操论 [M]. 宋德利，译. 北京：译林出版社，2011：158.
❸ [英] 亚当·斯密. 道德情操论 [M]. 宋德利，译. 北京：译林出版社，2011：109.
❹ [英] 亚当·斯密. 道德情操论 [M]. 宋德利，译. 北京：译林出版社，2011：264.

一件近乎邪恶的事情的厌恶感。"❶ 可见培养文明的社会风尚也是培养责任感的一个途径。虽然有时在习俗的作用下"一种美德所包含的各种责任有时会被扩展,以至于对其他一些领域造成少许的伤害"。❷ 如质朴好客的风气对勤俭节约有时造成的一些伤害。但文明的社会环境和社会风尚无疑是责任感产生的土壤。

另外,亚当·斯密认为,责任必须与法律保持一致,他指出:"在人类社会这个大棋盘上,每一个棋子都有自己的行动准则,而且完全不同于立法机构可能选择的准则。如果这两种准则达成一致,并向着同一方向行动,那么人类社会的游戏就会轻而易举地、协调一致地运作,而且似乎很愉快、很成功。可如若它们相互抵触或不同,这一游戏的运作就会很惨,而整个社会必将长期陷入极度的混乱。"❸ 他还说:"所有文明国家的法律都要求父母抚养子女,子女赡养父母,并强制人们承担许多其他慈善相关的责任。"❹ "在一位立法者的全部职责中,最重要的也许就是在执行法规时必须以极端精细、极端谨慎的态度做出恰当判断。如果全部忽视法规,就会天下大乱,无法无天,最终使自由、安全与公正毁于一旦。"❺ 给我们的启示是通过善法和道德的内在循环来培养责任感。

---

❶ [英] 亚当·斯密. 道德情操论 [M]. 宋德利,译. 北京:译林出版社,2011:198.
❷ [英] 亚当·斯密. 道德情操论 [M]. 宋德利,译. 北京:译林出版社,2011:207.
❸ [英] 亚当·斯密. 道德情操论 [M]. 宋德利,译. 北京:译林出版社,2011:234.
❹ [英] 亚当·斯密. 道德情操论 [M]. 宋德利,译. 北京:译林出版社,2011:79.
❺ 同上。

第九章　西季威克责任思想

"人要成为有道德的人""人应该承担义务、尽责任"等已经成为我们耳熟能详的话语了。可是，为什么呢？如果仔细追问，我们就会发觉这是一个很好回答却又很难回答的问题。说很好回答是因为：人是人，人就应该有道德，人应该负责任；离开了道德、抛弃了责任，人将不成其为人。这样地回答是没有问题的，它是从人的存在本体论的维度加以集中的凝练与升华。不过，这样的回答似乎又并没有给我们带来十分充足和详尽的理由，我们总觉得似乎还应该再做些什么、说些什么。基于如此之目的，本书试图从西方思想史上一位著名的伦理学家——英国学者西季威克——的责任思想作一探究，以试图更好地回答"人为什么要有道德""我为什么要负责任"等道德哲学难题。

一、西季威克其人及其著作

亨利·西季威克是英国著名的伦理学家，他生于1838年，死于1900年。西季威克的代表作有《伦理学方法》《伦理学史纲》《政治经济学原理》等著作，其中以《伦理学方法》最为著名。《伦理学方法》是对古典功利主义最好的阐述，该书是西季威克在伦理学史上占据重要位置的奠基之作。英国学者布劳德在《五种伦理学理论》一书中对西季威克进行了高度评价，他说："对我来说，从总体上看，西季威克的《伦理学》是已经出版的关于道德理论的最好的著作，也是英国哲学的经典之一。"[1] 当代著名美国政治哲学家罗尔斯则说："功利主义形式繁多，而且最近一些年来仍在继续发展……这种理论也许在西季维克那里得到最清楚、最容易理解的概述。其主旨是说：如果一

---

[1] [英] C.D. 布劳德. 五种伦理学理论 [M]. 田永胜, 译. 北京：中国社会科学出版社, 2002: 118.

个社会的主要制度被安排得能够达到总计所有属于它的个人而形成的满足的最大净余额，那么这个社会就是正确地被组织的、因而也是正义的。"❶

西季威克被认为是19世纪英国最重要的伦理学家，因为他身上体现出了资本主义社会向帝国主义过渡阶段的社会精神特质，西季威克本人实现了西方哲学伦理学由古典自由主义向功利主义、直觉主义的过渡，并开启了分析哲学的一扇门。尽管西季威克涉猎颇多，但他主要还是一位伦理学家。西季威克认为伦理学研究包括以下四个方面：（1）个体的人所拥有的善或福祉的构成要素和条件研究；（2）对义务与道德律的原则及其细节的研究；（3）对义务由以被认识的那种能力的本性和起源的研究；（4）对人类的自由意志问题的某种考察。❷ 易而言之，伦理学的研究目标就是人应当如何行为，如何获得幸福。这也正如西季威克本人所言："作为道德学家，我们自然要探讨在我们所生活的现实世界中应当做什么？"❸ 西季威克的伦理思想集中体现在其代表作《伦理学方法》一书中，因而本书对西季威克责任思想的解读也主要以《伦理学方法》一书为依据。

二、何为应当？应当为何？

"如果考察在社会关系中的人——作为父亲、儿子、邻居、公民的人——并试图确定与这些关系相联系的'自然的'权利与责任，我们发现'自然的'观念只是提出了一个问题，而不是提供了一个解答。对一个未经反思的人来说，社会关系之中的习惯的东西通常就是自然的，然而反思过的人却不会把'符合习惯'当作一个基本的道德原则。所以，问题在于从一个具体时刻的具体社会已靠习惯确定了的权利与责任中，找出一种超出习惯规定的、有约束力的因素。"❹ 西季威克所言不谬，理论工作就是要说理，就是要追根溯源。那么涉及责任思想，首先应解决的问题便是什么是"应当"？

---

❶ [美]约翰·罗尔斯. 正义论 [M]. 何怀宏，等译. 北京：中国社会科学出版社，1988：19-20.

❷ [英]亨利·西季威克. 伦理学史纲 [M]. 熊敏，译. 南京：江苏人民出版社，2008：18-19.

❸ [英]亨利·西季威克. 伦理学方法 [M]. 廖申白，译. 北京：中国社会科学出版社，1993：43.

❹ [英]亨利·西季威克. 伦理学方法 [M]. 廖申白，译. 北京：中国社会科学出版社，1993：104.

(一)"应当"是可以被认识的

西季威克认为:"我们能给'应当''正当'及其他表达相同基本概念的语词什么定义呢?对此,我应当回答说,这些语词共有的概念太基本了,以致对它无法作形式的定义。"❶ "应当"在西季威克看来是不能被继续分解的最基本概念,但这并不意味着"应当"是不可认知的,"应当"仍然是一个可以被认识的对象。西季威克认为"应当"有狭义的与广义的两种:狭义上的"应当"是判断者基于意志自由且又是有能力实现的行为;广义上的"应当"则指泛泛意义上所有应做之事,无论是否在个人能力范围之内。❷ "应当"之所以能够被认识在于理性的必然:"我把我们判断为正当的或我们应当去做的行为看作是'可推理的'或'合理的',同样地,我把终极目的看作是'为理性所规定的'。"❸ 与此同时,我的判定与其他有理性的存在者是相同的,这正如人们通常所讲"人同此心,情同此理"。

(二)"应当"意味着自愿

伦理学是人们以实践智慧把握世界存在的一种方式,因而无论是伦理学研究本身还是伦理研究对象——人的伦理行为——都应是人的自觉自愿的行为,都应是基于自由意志之下的自觉行为。伦理行为是自愿的,也是自觉的;伦理行为不应是被迫与强制的。因而,"应当"首先便意味着自觉,"应当"首先便意味着自愿。这种自觉与自愿首先是手段的选择,这正如人们所强调的"'正当'专指手段的一种特性"❹。不过,"'应当'仍然隐含地相对于一个有选择的目的"❺。不仅指对手段的选择,而且还是指对目的的选择。无论是手段还是目的之选择,都是人的自由之体现。责任是以自由为条件的。"自

---

❶ [英]亨利·西季威克. 伦理学方法 [M]. 廖申白,译. 北京:中国社会科学出版社,1993:55.

❷ [英]亨利·西季威克. 伦理学方法 [M]. 廖申白,译. 北京:中国社会科学出版社,1993:56.

❸ [英]亨利·西季威克. 伦理学方法 [M]. 廖申白,译. 北京:中国社会科学出版社,1993:47.

❹ [英]亨利·西季威克. 伦理学方法 [M]. 廖申白,译. 北京:中国社会科学出版社,1993:50.

❺ [英]亨利·西季威克. 伦理学方法 [M]. 廖申白,译. 北京:中国社会科学出版社,1993:31.

由对责任既是必要的，也是充分的。"❶

（三）"应当"意味能够

"应当"之所以成为"应当"，就在于它符合人的期望与社会的要求，因而，"应当"不能仅仅是梦想；"应当"要化为现实，成为人的行动。只有如此，"应当"才不是空幻的，"应当"才会有力量。因而，"有许多事我们更认为是人们'应当'去做的，尽管我们完全知道他们不做这些事也不会受严厉的社会惩罚"。❷ 为什么呢？这是因为"应当"一词所指对象甚广，包含内容甚多。比如，"行仁义之事"是人之应当，"携泰山以超北海"亦是人之应当，但这两种"应当"是有区别的。第一种"应当"是作为个体的人能为之事；第二种"应当"是作为个体的人"不能为"之事。因而，我们不能滥用"应当"，特别不能以"应当"之名让人去做"不应当"之事，这实质上是一种"不道德"的行为。作为伦理学大家的西季威克自然注意到这个问题，且对这个问题做了精当的论述："按照'应当'一词的最严格的用法，我'应当'去做的事始终'在我的能力之内'。"❸

（四）"应当"意味着奖惩

"应当"会对社会与人群产生"规训"与"教化"之作用，凡是符合"应当"的，自然而然地也便会获得奖励与表扬；凡是不符合"应当"的，就会受到批评与惩罚。"当我们说一个人'应当'去做某事，或者做这件事是他的'义务'时，我们是指他不这样做就会受惩罚，这种特殊的惩罚就是直接或间接产生于他的伙伴们对他的厌恶的、日益增长的痛苦。"❹

---

❶ [印] 阿马蒂亚·森. 以自由看待发展 [M]. 任赜, 于真, 译. 北京：中国人民大学出版社, 2002：285.

❷ [英] 亨利·西季威克. 伦理学方法 [M]. 廖申白, 译. 北京：中国社会科学出版社, 1993：53.

❸ [英] 亨利·西季威克. 伦理学方法 [M]. 廖申白, 译. 北京：中国社会科学出版社, 1993：100.

❹ [英] 亨利·西季威克. 伦理学方法 [M]. 廖申白, 译. 北京：中国社会科学出版社, 1993：52.

三、谁之义务？何种责任？

（一）"义务"的内涵

西季威克认为，义务等同于正当，义务是对于不正当行为的约束与节制。因而，西季威克说："迄今为止，我一直把义务看作是随着正当行为而广泛变化的。"❶ 在关于"义务"的内涵论述方面，西季威克超过一般学者的地方在于他注意到了义务的如此的特质——"即引发错误行为的动机是潜在的，因而它不适用于不具有动机冲突这一特性的存在物"。❷ 因而，义务只能是人所具有的，不能说上帝有义务；同时也并不是人的所有行为都是义务，比如不能说吃喝是义务。西季威克是通过德行与义务的关系来阐明义务的。德行就是"一种展示在义务行为（或超出了严格的义务范围的好行为）中的性质"。❸ 按人们的一般理解，义务即德行。尽义务是美德的体现，拥有美德首先就在于尽了义务。对此，西季威克是持赞同态度的。"我们不应当否认：只要力所能及，做一个人判断为最有德性的行为就在某种意义上是他的严格的义务。"❹ 不过，"义务"与"德行"毕竟是两个概念，两者自然也有区别。对此，西季威克是注意到的，因而他说道："我一直认为最好是这样地使用这两个术语：使德行的行为既能包括义务行为，又能包括可能被普遍认为是超出了义务范围的任何好行为；尽管我承认在其日常用法中，德行最突出地表现在义务中。"❺ 德行应超越义务，是对义务的升华。例如，英雄主义和圣洁无论在何时何地都永远是美德，而在特定场合对特定人群而言却并不必然是义务。

基于此，有必要对义务加以认真对待，要区分何者为真正的义务，何种为貌似义务的义务。"在未经反思的人们的日常思考中，由社会舆论所加给的

---

❶ [英] 亨利·西季威克. 伦理学方法 [M]. 廖申白，译. 北京：中国社会科学出版社，1993：236.
❷ 同上。
❸ [英] 亨利·西季威克. 伦理学方法 [M]. 廖申白，译. 北京：中国社会科学出版社，1993：245.
❹ [英] 亨利·西季威克. 伦理学方法 [M]. 廖申白，译. 北京：中国社会科学出版社，1993：238.
❺ [英] 亨利·西季威克. 伦理学方法 [M]. 廖申白，译. 北京：中国社会科学出版社，1993：240.

义务常常与道德义务区别不清。而且，许多词汇的通常含义几乎就没有区别这两者。"❶ 针对这种现象，西季威克提醒我们应该要认真地对待义务，要对义务认真地进行研究，不能人云亦云，不能仅仅停留在"熟知"的层面上，而要做到"真知"。

（二）自爱是一种义务：利己主义别样的论述

西季威克认为义务有两类：有关自身的义务和社会的义务。仅就西季威克的理论旨趣而言，他是着重论述社会义务的，他说："我们可以只去注意社会的义务，并且只去考察：通过遵守某些规定着对于他人的行为模式的道德准则，我们是否将始终倾向于维护我们的最大的幸福余额。"❷ 不过，作为一位思维缜密的思想大家，西季威克对自身义务也是有所论述并且极具个性。首先，西季威克承认人有自我发展与自我实现的义务；其次，西季威克认为人们对自我发展与自我实现之义务都会持赞成的态度；最后，西季威克认为人们之所以赞同自我发展与自我实现之义务，是因为"人们在使用'有关自身的义务'时通常指的是直接或间接提高个人幸福的行为。"❸ 西季威克是在从功利主义的角度来论证个人自身义务的，尽管其理论主张有失偏颇，但确有值得我们思考之处。

西季威克给"利己主义"以全新的解读，他说："我把'利己主义'一词等同于利己的快乐主义，指个人把他自己的最大幸福当作其行为的终极目的。"❹ 西季威克不赞同人们日常将"利己主义"视为"自私自利"这一观点，而是将利己主义视为人们在制订行为时首先要诉诸自我的原则。在他看来，"如果我们只把利己主义理解为一种旨在自我实现的方法，那么几乎任何伦理学体系都可以归入这种利己主义而不致改变其基本特征"。❺ 这也就是说，西季威克将"利己主义"看作一种把行为规定为达到个人的幸福或快乐目的

---

❶ ［英］亨利·西季威克. 伦理学方法［M］. 廖申白，译. 北京：中国社会科学出版社，1993：54.

❷ ［英］亨利·西季威克. 伦理学方法［M］. 廖申白，译. 北京：中国社会科学出版社，1993：184.

❸ 同上。

❹ ［英］亨利·西季威克. 伦理学方法［M］. 廖申白，译. 北京：中国社会科学出版社，1993：141.

❺ ［英］亨利·西季威克. 伦理学方法［M］. 廖申白，译. 北京：中国社会科学出版社，1993：117.

的手段的思想体系。基于此种理解，人的一切行为的出发点均是自爱的，都是利己的。因而，自爱并不是恶的，利己也并不是可怕的。这样一来，人便有了自爱的理由，爱自己也是一种义务。这是因为"首先，一般地说，由于每个人都更了解他自己的欲望与需要，也有更多的机会来满足它们，他更能增进他自己的而不是他人的幸福。其次，正是在自我利益的刺激下，大多数人的积极活力才最容易充分发挥出来。假如没有这种刺激，普遍幸福就会由于劳动创造的幸福手段的严重减少，以及——在某种程度上——由于劳动本身的减少而减少"。❶ 因而，自爱是人的权利；同时，自爱还是人的义务，作为人而言我们应该爱自己，应该提升自己的能力，实现自己的人生价值。对此，西季威克也指出："为了我们是我们自己并且'过我们自己的生活'，我们应当尽可能让我们所处的环境和我们想去运用的官能适应这一比例。"❷

(三) 确定社会义务的根据与种类

人是尽义务、担责任的，有些义务与责任是无法逃避的，而有些义务与责任则与人的选择相关。那么，人们是如何确定与选择义务的呢？它的原则是什么呢？对此，西季威克是做了相当精致的论述的。西季威克认为人们选择与确定义务的根据有以下三点：(1) 根据人（狭义与广义）与我们自身的亲密程度表现出一定程度的友善；(2) 对于我们的作为一个合作整体的国家，我们认为我们自己在需要时应当做出最大的牺牲；(3) 我们应当对所有可能与我们有关的人们都提供一些服务，提供这些服务可能会给我们自己带来不便，但是那些处于危难或极端匮乏中的人要求我们提供特殊服务。❸

西季威克根据确立社会义务的原则，将社会义务具体分为四类："(1) 产生于非自愿选择的、较持久的关系（如家族，以及在大多数场合下，公民身份与邻里关系）的义务；(2) 产生自愿缔结的较持久的关系（如友谊）的义务；(3) 产生于以前所得到的特殊服务的义务，或感激的义务；(4) 产生于

---

❶ [英] 亨利·西季威克. 伦理学方法 [M]. 廖申白，译. 北京：中国社会科学出版社，1993：443.

❷ [英] 亨利·西季威克. 伦理学方法 [M]. 廖申白，译. 北京：中国社会科学出版社，1993：113.

❸ [英] 亨利·西季威克. 伦理学方法 [M]. 廖申白，译. 北京：中国社会科学出版社，1993：264-265.

特殊需要的义务，或怜悯的义务。"❶ 下面我们进一步看看西季威克是怎样论述这四种社会义务的。

（1）产生于非自愿选择的、较持久的关系（如家族，以及在大多数场合下，公民身份与邻里关系）的义务。西季威克认为这里面有父母对于子女的义务，有子女对父母的义务，有邻里关系的义务，有爱国的义务，也有对同伴的义务。这种义务是先天的，某种程度上是人的"宿命"。马克思和恩格斯指出："作为确定的人，现实的人，你就有规定，就有使命，就有任务，至于你是否意识到这一点，那都是无所谓的。这个任务是由于你的需要及其与现存世界的联系而产生的。"❷ 作为个体的人并不是真正的原子式的"单子"而存在的，事实上，人是社会的产物，人是文化的产物，纯粹的"个人主义"是不存在的。"人的本质不是单个人所固有的抽象物，在其现实性上，它是一切社会关系的总和。"❸ 社会关系先于个体而在，个体只要来到这个世上，就必然要面对这些关系，必然要承担这些关系所赋予个体的角色与安排，个体面对如此的安排只有服从的权利，个体是无法选择与逃避的。

（2）产生自愿缔结的较持久的关系（如友谊）的义务。在论述这种类似通过契约而形成的较持久的关系的义务中，西季威克主要谈及了两种义务，即关于友谊的义务与关于婚姻的义务。西季威克重点论述了婚姻的义务。这是因为在他看来，在自愿缔结的较持久的关系中最重要的是婚姻关系。西季威克关于婚姻家庭这一义务的探讨是非常深入与有见地的。按照流行的观点，婚姻是一种契约，是婚姻的双方基于个人意愿或家人意愿而形成的合意；基于此，有些人就认为婚姻就是一种买卖，婚姻中的义务，就是类似于生意人关系般的义务。西季威克超越于流俗，他认为："婚姻关系开始是自由选择的，但是它一经形成，产生于它的感情义务就通常被视为类似于产生于家族关系的那种感情义务。"而且，"这样一种感情一经形成，就产生了先前所没有的共同义务"。❹ 西季威克对于婚姻神圣的义务主张与黑格尔是一致的。对

---

❶ ［英］亨利·西季威克. 伦理学方法［M］. 廖申白，译. 北京：中国社会科学出版社，1993：266.
❷ 中共中央马克思恩格斯列宁斯大林著作编译局，编译. 马克思恩格斯全集（第3卷）［M］. 北京：人民出版社，1960：329.
❸ 中共中央马克思恩格斯列宁斯大林著作编译局，编译. 马克思恩格斯选集（第1卷）［M］. 北京：人民出版社，1995：56.
❹ ［英］亨利·西季威克. 伦理学方法［M］. 廖申白，译. 北京：中国社会科学出版社，1993：275.

于婚姻家庭的义务,黑格尔有着如此的主张,即"就实质基础而言,婚姻不是契约关系,因为婚姻恰恰是这样的东西,即它从契约的观点、从当事人在他们单一性中是独立的人格这一观点出发来扬弃这一观点。由于双方人格的同一化,家庭成为一个人,其成员则成为偶性。这种同一化就成为伦理的精神"。❶ 婚姻不能等同于买卖,婚姻不能与一般的契约画等号,婚姻中有着沉重而又神圣的权利与义务,西季威克的这种责任思想无疑是有着极其强烈的现实意义的。

(3) 产生于以前所得到的特殊服务的义务,或感激的义务。"只要存在着道德,人们似乎就承认报恩的义务。"❷ 感激确实是人类的义务,因为出于直觉,人们相信"一报还一报"是公正的,受人恩惠,当涌泉相报;如果一个人受他人帮助,若无感恩之心与感恩之举,人们则认为这是不义的,甚至用"农夫与蛇"故事中的"蛇"来形容缺少感恩之心与感恩之举的人。感激的义务必须要承担,但是以何感激呢?感激到何种程度才是恰当的呢?西季威克注意到这些问题,他说:"虽然这种责任的普遍意义是不容怀疑的(除非是那种我们无须在此讨论的绝对而抽象的意义),但是它的本性和范围绝不是同样明确的。"❸ 对此,西季威克本人在这一部分当中并没有展开充足的论证,他只是相对而言论及了公正,不过就其整个思想体系而言,我们认为西季威克恐怕还是从直觉主义与功利主义相结合的角度来看待产生于以前所得到的特殊服务的义务的。

(4) 产生于特殊需要的义务,或怜悯的义务。"我们有义务对所有人提供我们能够提供的、所付出的牺牲或努力相对较小的服务;所以,其他人的需要愈紧急,我们就愈承认以自己的多余力量解除其需要的义务。"❹ 仁爱、慈悲是人之义务,怜悯其实是与仁爱、慈悲相近的概念。也许怜悯的名声不好,"不过语言提醒我们,不要过于仓促地抛弃它。在词典里可以看到,它的反面是狠心、残酷、冷淡、无动于衷、铁石心肠、麻木不仁……这就使怜悯变得

---

❶ [德] 黑格尔. 法哲学原理 [M]. 范扬, 张企泰, 译. 北京: 商务印书馆, 1961: 209 - 210.
❷ [英] 亨利·西季威克. 伦理学方法 [M]. 廖申白, 译. 北京: 中国社会科学出版社, 1993: 278.
❸ 同上。
❹ [英] 亨利·西季威克. 伦理学方法 [M]. 廖申白, 译. 北京: 中国社会科学出版社, 1993: 280.

可爱，至少与它们有所不同了"。❶ 因此，仁爱、慈悲、怜悯就是人道的体现。霍尔巴赫明确地说："所有社会道德中最重要的道德是人道主义。人道主义是其余一切道德的精髓。就其最广义来说，人道主义（或博爱精神）是一种普爱众生的情感，它使全人类都有权接受我们的亲切的对待。人道主义以我们从教育中养成的慈悲心和敏感性为基础，促使我们为别人做我们力所能及的一切好事。人道主义促使我们对同类仁爱、友善、慷慨、宽容和怜惜。在我们生活的社会范围内，这种博爱精神又产生人们对祖国之爱、父母对儿女之爱、儿女对父母的怜悯同情、夫妻之间的柔情蜜意，以及人们对亲近者和同胞的友谊和好感。"❷ 尽管怜悯如此重要，但是在西季威克眼中怜悯的义务却面临着一些难题：（1）培养怜悯义务是否应有程度上的限度？（2）如果说有限度的话，那么怜悯的义务到何种程度是恰当的？（3）作为个体的人是否因为要怜悯他人就需要放弃个人优良的生活？❸ 西季威克本人并没有对这些追问做出清晰的解答，但是他的这些追问是非常值得我们去思考的。

（四）四种主要的社会义务

（1）智慧。自古希腊起，智慧就是一种主要的德目，同时也是一种人之为人的义务。西季威克认为："智慧指的是对手段以及目的的正确判断。"❹西季威克这一论述是中肯的。智慧不仅是对手段的选择，而且是对目的的判断与抉择。若离开目的，仅仅强调手段，那么就不再是智慧，而是狡诈。当然，智慧是一种实践德行，是一种生活能力，智慧在生活当中更多地表现为明智。亚里士多德认为，明智之人应是"明察什么事对自己和人们是善的"。❺ 明智能明察什么对自己和人们是善的，它使人们在生活中慎思明辨。同时，明智是一种实践的理行，是一种实践智慧。"好的谋划是对有用事情的

---

❶ [法] 安德烈·孔特—斯蓬维尔. 小爱大德 [M]. 吴岳添, 译. 北京：中央编译出版社, 1998：106.
❷ [法] 霍尔巴赫. 自然政治论 [M]. 陈太先, 眭茂, 译. 北京：商务印书馆, 1994：38-39.
❸ [英] 亨利·西季威克. 伦理学方法 [M]. 廖申白, 译. 北京：中国社会科学出版社, 1993：280-281.
❹ [英] 亨利·西季威克. 伦理学方法 [M]. 廖申白, 译. 北京：中国社会科学出版社, 1993：251.
❺ [古希腊] 亚里士多德. 尼各马科伦理学 [M]. 苗力田, 译. 北京：中国人民大学出版社, 2003：123.

正确谋划，对应该的事情，以应该的方式，在应该的时间。"❶ 美德使我们选定正确的目的，而明智使我们选择促成这一目标的正确手段。明智不是聪明，聪明，是一种能力。但是聪明的目标可能是高尚的，也可能是卑鄙的。人要聪明，但人更应智慧。个体的智慧及有智慧的生活是人的一种社会义务。

（2）仁爱。仁爱被视为智慧之后的首要德行。何为仁爱？仁爱若用孔子的话来讲就是爱人，当然仁爱的对象可以由人及物。仁爱在功利主义体系之中起着相当重要的作用，所以西季威克对此着墨颇多。西季威克认为，仁爱是人的一种义务，仁爱能沟通人的情感，增进社会的普遍幸福。他说："对另一个人帮助我们的热情的领悟，倾向于在我们自身产生相应的感情反应。"❷ 对于穷苦人士的救助是仁爱的体现，也是人之为人的义务。关于这一点，我们在前面也有所论及，故不再赘述。不过，仁爱的义务却有进一步推敲的地方：第一，仁爱倾向应当指向谁，以及应在何种程度上指向他们。第二，人的友善的这种分配也将是不平等的。因为每个人最能提高普遍幸福的方法显然是向有限的人提供服务，而且是只向某些人而不向其他人提供这种服务。第三，当不同义务之间产生了暧昧的或明显的冲突时，我们应基于何种原则来确定产生于人类的这些具体关系的对感情或友善服务的特殊要求的性质与范围。❸

（3）公正。在人类文化传统中，公正是一种德行，做公正之事、成为正义之人是人的优先的义务。那么，何为公正呢？西季威克对此作了多层面的解答。首先，他认为公正即守法。西季威克说："毫无疑问，公正行为在很大程度上是由法律决定的；在某些具体的场合，这两个词还可以互换。"❹ 不过，我们在说公正时不光是指符合于法律，而是指合乎法律精神。这是因为：一是违法者并不总是不公正的；二是现行法律不能完全实现公正；三是一部分公正的行为恰恰是在法律范围之外的。❺ 其次，公正即平等。"也许，公正的

---

❶ [古希腊] 亚里士多德. 尼各马科伦理学 [M]. 苗力田, 译. 北京：中国人民大学出版社, 2003：129.

❷ [英] 亨利·西季威克. 伦理学方法 [M]. 廖申白, 译. 北京：中国社会科学出版社, 1993：279.

❸ [英] 亨利·西季威克. 伦理学方法 [M]. 廖申白, 译. 北京：中国社会科学出版社, 1993：260-261.

❹ [英] 亨利·西季威克. 伦理学方法 [M]. 廖申白, 译. 北京：中国社会科学出版社, 1993：283.

❺ 同上。

法律的最明显的、普遍承认的特征在于它们是平等的。至少在某些立法领域，公正的常识概念似乎最充分地表达在平等概念之中。"❶ 公正即平等首先就应表现为法权上的平等、政治上的平等及人格尊严上的平等。最后，公正即应得。这是因为"公正概念经常涉及对某种被视为有利的或不利的东西——无论它是钱或幸福的物质手段，是表扬、感情或其他直接的善，还是某种应得的痛苦或损失——的分配。"❷ 不过到底何为应得呢？用什么样的标准来评判呢？尽管对此有争论，人们却普遍存有某种程度的乐观主义："理想的公正，正如我们通常设想的那样，似乎要求我们不仅分配——如果不是平等的，也至少是公正的——自由，而且分配所有其他的利益与负担；我们不完全把这种分配上的公正等同于平等，而仅仅把它视为对人为的不平等的排除"。❸ 不过，现实生活中到底什么样的分配方是最公正的呢？人们仍然是争论不休的。西季威克认为在现实中存在两种公正的类型：保守性的公正与理想性的公正。保守性公正又有两种：①对法律、契约和明确的协议的遵守，对法律已确定并宣布的对违反这些约定的行为的惩罚的实施；②对自然的、正常的期望的满足之中。理想的公正也有两种：①个人主义的政治社会理想；②社会主义的政治社会理想。❹ 对于公正及其公正之实现，西季威克似乎与绝大多数人持相同的理念——首先应确保保守性的公正，后在此基础上追求理想的公正。

（4）法律与允诺。在通常情况下，守法与允诺应作为两个原则来考查。不过，西季威克将两者放在一起来加以考查，他这种安排是有道理的。守法与守信有着密不可分的关系。一般而言，守法的人会守信，守信的人也会守法；不守法的人易失信，不守信的人也易违法。对于守信，西季威克曾有这样的论述："守信义务的基本因素似乎不是兑现自己的陈述，而是兑现我已有意在他人身上唤起的期望。"❺ 怎么理解这句话呢？西季威克举例说明："如果我只说我想戒一年酒，但是过了一个礼拜又喝了一些，人们会笑话我没有

---

❶ [英] 亨利·西季威克. 伦理学方法 [M]. 廖申白，译. 北京：中国社会科学出版社，1993：284.
❷ [英] 亨利·西季威克. 伦理学方法 [M]. 廖申白，译. 北京：中国社会科学出版社，1993：286.
❸ [英] 亨利·西季威克. 伦理学方法 [M]. 廖申白，译. 北京：中国社会科学出版社，1993：296.
❹ [英] 亨利·西季威克. 伦理学方法 [M]. 廖申白，译. 北京：中国社会科学出版社，1993：310-311.
❺ [英] 亨利·西季威克. 伦理学方法 [M]. 廖申白，译. 北京：中国社会科学出版社，1993：320.

决心。但是如果我已经立誓要戒酒，人们就会谴责我失信。"❶ 那么，何为允诺呢？允诺是双方的合意，这种合法应该是真实意愿的表达，因而，对于真实的允诺，人是有义务加以遵守与兑现的。那么何为真实的允诺呢？西季威克是这样论述的："一项明确的或隐含的允诺是有约束力的，如果它满足一系列条件，即如果允诺者对于受诺者在理解允诺时所含的意义有明确的信念；如果受诺者仍处于能够解除这项允诺的地位并且仍然不打算解除它；如果这项允诺不是通过暴力或欺骗而获得的；如果它不与明确的优先责任相抵牾；如果我们确信它的兑现将不致伤害受诺者，或者使诺者蒙受不相称的牺牲；并且如果自从允诺作出以后环境没有发生实质性的改变。如果这些条件之中的任何一项不成立，这种一致意见便不复存在。"❷

西季威克在讨论了仁爱、公正，以及守法和守约等社会义务之后，又对诚实、讲真话、豪爽、慷慨等义务做了一定补充说明，在此我们就不再加以赘述。

（五）承担义务要恰当

人必须要承担社会义务，但对义务的承担并不是无条件的，人履行义务既是有条件的，也是有限度的。承担社会义务很少自然是不对的，但也并不是所承担的社会义务越多越好，义务的承担应是恰到好处的。西季威克认为："如果一个人遵守更严格的规则而没有遭到他的那些同行的蔑视和反感，他至少会被叫作怪人和想入非非的人。如果他这样做时不仅抛开了自己的利益，而且抛开了他的亲戚朋友或同党的利益，人们更会这样称呼他。"❸ 为什么会出现这种状况呢？西季威克作了如下的解释："在最文明的社会中存在着两种不同的实在的道德，它们都得到一部分公众的支持：较为严格的道德规则得到公开的传授和宣传，而较为松弛的道德规则却在私下里被当作任何有意义的社会约束所能支持的唯一规则。一个人常常不会由于拒绝遵守较严格的道德规则而招致社交上的排斥和职业发展的实际障碍，甚至也不会招致来自他本能的最想与之交往的那些人中的任何一个人的深刻厌恶。而且在这些环境

---

❶ ［英］亨利·西季威克. 伦理学方法［M］. 廖申白，译. 北京：中国社会科学出版社，1993：320.

❷ ［英］亨利·西季威克. 伦理学方法［M］. 廖申白，译. 北京：中国社会科学出版社，1993：327.

❸ ［英］亨利·西季威克. 伦理学方法［M］. 廖申白，译. 北京：中国社会科学出版社，1993：189.

之下，所遭到的名誉损失本身还不至于被感觉为一种极大的恶，除非是当它被那些对名誉的快乐与痛苦特别敏感的人们感觉到的时候。此外，有许多人的幸福似乎如此不取决于道德学家及一般人——就他们支持道德学家而言的赞许与否，以致对他们来说，以牺牲所有其他的善来换取这种赞扬是不明智的。"❶ 中肯地讲，文明社会至少存在两种道德体系：一种是世俗生活中的道德体系，另一种是作为意识形态的道德体系。我们不应将两者对立起来，两者是相互作用、互为补充的关系；当然两者并不是完全等同，也是存有差异的。作为生活世界中的人往往更易接受与认同世俗生活中的道德体系，并且认为作为意识形态的道德体系中的有些内容存在假、大、空的现象，因而会对完完全全地按作为意识形态的道德体系生活的人产生某种隔膜感与距离感；当然承认这一社会现实，并不意味着我们完全肯定世俗生活中的道德体系，我们也应该注意到世俗生活中的道德体系也并不是全善的，世俗生活中的道德体系中也是泥沙俱下、鱼龙混杂的，因而世俗生活中的道德体系是需要被意识形态的道德体系所引导与提升的。由于主旨的原因，我们在这里只是提及两者的区别与联系，不再对此做过多的展开。不过，西季威克在这里提出了一个很值得思考的话题：人应尽义务，但并不是无条件的；人要尽义务，但应适可而止。其实，包尔生对此也有类似的表述："友邻之爱的准则——关心他人的幸福，必须加以下述的限制和补充：只有不忽视你自己的生活问题，不违反从你同其他个人和集体的特殊关系中产生出来的特殊义务，最后，只有不削弱他人的自立能力，这个准则才是可以成立的。"❷ 人并不是为义务而义务的，尽义务也应该讲条件与分寸，这一思想看似不十分高尚而且有些功利算计的味道，但有其现实合理性，特别是对"以理杀人"的道学有"解毒"之功效。

四、为什么要承担义务？

（一）利己主义不能说明义务的源起

人为什么要承担义务？一般人可能会想，我承担义务是出于自利的考虑，

---

❶ [英] 亨利·西季威克. 伦理学方法 [M]. 廖申白，译. 北京：中国社会科学出版社，1993：190.

❷ [德] 弗里德里希·包尔生. 伦理学体系 [M]. 何怀宏，等译. 北京：中国社会科学出版社，1991：556.

目的是我个体一人之私利,当然这种私利是精明的自利——一种可能更为长远的个人利益。不过,西季威克不赞同这种看法。他说:"一旦我们在对利己主义做了缜密的考察(基于严格的经验基础)之后发现,对利己主义者说来,我们被训练着视为神圣的常识义务准则必然是这样一些规则:遵守它们仅仅从一般意义上的大多数人来说才是合理的,在特殊情况下则必须从根本上抛开和打破它们,一般利己主义对我们的同情的、社会的本性的这种触犯就加强了我们从利己主义退缩的倾向,因为它有时在实践上与常识的义务概念相抵牾。而且进一步说,我们又已经习惯于从道德那里期待明确的、决定性的准则或劝告。同时,这些能被阐明的寻求个人最大幸福的规则似乎既不明确也不是决定性的。指向一个不体面的目的的不明确的指导,这就是利己的快乐主义的计算不得不提供的全部东西。"❶

(二) 互惠也不能说明义务的源起

互惠是利己主义的逻辑自然的延续。人们承担利益就是为利益的相互的交换——"你帮我,故我帮你。"有不少论者试图用互惠原则来说明义务的源起,中肯地讲,这个思路是有一定合理性的。因为他们看到了义务是一种人与人之间的主体间性的关系,注意到了义务的社会性与功利性的一面。不过,用互惠说明社会义务的源起在西季威克看来是不能成立的。原因在于以下四点:首先,互惠的动机将不能阻止一个人去做暗暗损害他人的事,或甚至心照不宣地以一种实际上有害而表面上却不那么说的方式去行动;其次,有时一个人不是由于其德行而是由于其恶行而于他人有用的;再次,互惠原则使得人们非常功利,嫌贫爱富,冷酷无情;最后,某些恶性并不引起对任何人的直接的或明显的伤害,因而没有什么人强烈地感到要制止或惩罚这种伤害,但是从长远观点看它们是恶的、是必须要被禁止的。❷

(三) 一般直觉主义也不能说明义务的源起

人为什么要承担义务?既然利己主义与互惠都不能加以说明,有些人便想到直觉主义。那么何为直觉主义呢?"直觉方法试图去系统化的道德判断,

---

❶ [英] 亨利·西季威克. 伦理学方法 [M]. 廖申白,译. 北京:中国社会科学出版社,1993:219.

❷ [英] 亨利·西季威克. 伦理学方法 [M]. 廖申白,译. 北京:中国社会科学出版社,1993:188-189.

主要地和基本上是对人的意志的各种具体的外在效果的正当性或善性（或其反面）的直觉；这些外在效果是行为者所意求的，但是在被考虑时却不依赖于自己对于他的意图的正当性或谬误性——虽然与意图相区别的那些动机的性质也必须被考虑在内——的观点。"❶ 这也就是说，"直觉主义者根本不凭借外在标准来判断行为；在他看来，真正的道德不是与外向的行为本身而与引发行为的心态；简而言之，与'意图'和'动机'相联系。"❷ 西季威克将直觉主义分为感觉直觉、教义直觉与哲学直觉。他认为最高的、最后的应该是哲学直觉，而感觉直觉与教义直觉均有各自的局限，都不能很好地说明义务的源起。

感觉直觉构成了大多数心灵的一大部分道德现象，但人们并不满足于此，因为人们有更高的道德知识的需要；同时当一个人的内心之中有不同的声音（即直觉）时，个体很难将它们统一；更为重要的是，不同人可能有着不同的直觉，那么这些人该如何行动呢？❸ 教义直觉主张"一般规则是隐含在普通人的道德推理中的，他们在大多数实践中能充分地理解这些规则，并且能大致说清这些规则"。❹ 这些规则即"常识道德"（如智慧、仁爱与公正），常识道德是最基本的准则，也是自明的道德准则。但是常识道德存有相当大的隐忧，那就是人们如何精确地陈述它们、论证它们与解释它们。对此，西季威克说道："如果我们真的要使直觉道德的一般公式作为科学公理发挥作用，并且能通过明确的、有说服力的证明而获得，我们首先就必须借助于一种普通人不愿意做出的反思的努力，把它们提高到更准确的水准，而不是从一般人的通常的思考与谈论中去寻找它们。"❺ 因而，我们必须告别教义直觉（常识道德），引入哲学直觉。

我们需要清晰地说理，需要系统讨论义务与利益、正当与善、义务及行为能力等道德问题，需要形成系统的道德哲学。只有如此，"人类常识的道德

---

❶ [英]亨利·西季威克. 伦理学方法 [M]. 廖申白, 译. 北京：中国社会科学出版社, 1993：230.

❷ [英]亨利·西季威克. 伦理学方法 [M]. 廖申白, 译. 北京：中国社会科学出版社, 1993：221.

❸ [英]亨利·西季威克. 伦理学方法 [M]. 廖申白, 译. 北京：中国社会科学出版社, 1993：122.

❹ [英]亨利·西季威克. 伦理学方法 [M]. 廖申白, 译. 北京：中国社会科学出版社, 1993：123.

❺ [英]亨利·西季威克. 伦理学方法 [M]. 廖申白, 译. 北京：中国社会科学出版社, 1993：235.

思考可以马上得到纠正和被系统化"。❶ 相比常识道德，哲学的直觉主义具有更多优点，其中最值得西季威克自豪的是——"我发现我通过寻求真正清晰明确的伦理学直觉而达到了功利主义的基本原则。然而，我必须承认，虽然一些现代思想家已经讲授了这种体系，但他们基本上没有通过上述这种步骤明确揭示他们的首要原则的真理性。"❷

(四) 功利主义能够解释义务的产生

人为什么要有德行？人为什么要承担义务？这完全可以用功利主义来加以说明。这正如西季威克所说："被严格运用的直觉方法最终将导致一种纯粹是普遍化了的快乐主义的理论，简言之，将导致功利主义。"❸ 西季威克认为直觉主义与功利主义并不是对立的关系，而是相辅相成的。西季威克认为功利主义能够对义务做出最合理与最终的解释。因为功利主义面对着直觉主义的以下挑战：一是讲真话和公正等原则仅仅具有一种从属性的、派生的效准；二是不同规则可能相互抵牾，因而我们需要某种更高的原则来解决如此产生的冲突；三是这些规则被不同个人作了不同的表述，直觉不可能排除这些差别，尽管它们表现了直觉主义者所诉诸的常识道德的模糊性和歧义性。❹ 功利主义要想站住脚、被人们所认同与信服必须是要回应这些挑战的。事实上，功利主义可以且能够完成上述的任务——"功利主义不仅支持着关于不同义务孰轻孰重的公认观点，而且当通常被视为一致的规则变得相互冲突时自然而然地被召唤来做仲裁者。当同一规则被不同的人解释得不尽相同时，无论一个人可能多么强烈地坚持那条规则是自明的和先验的，他都自然而然地以强调它的功利来佐证他的观点。再次，当我们在同一时代、同一国家的人们关于某个问题的道德意见中发现明显分歧时，我学会对双方的功利主义理由产生明显的、深刻的印象。最后，对不同时代、不同国家的道德准则的评价中的明显分歧主要幸福的不同影响有关，或者与人们对这些影响的没预测和

---

❶ [英] 亨利·西季威克. 伦理学方法 [M]. 廖申白，译. 北京：中国社会科学出版社，1993：388.

❷ [英] 亨利·西季威克. 伦理学方法 [M]. 廖申白，译. 北京：中国社会科学出版社，1993：401.

❸ [英] 亨利·西季威克. 伦理学方法 [M]. 廖申白，译. 北京：中国社会科学出版社，1993：421.

❹ [英] 亨利·西季威克. 伦理学方法 [M]. 廖申白，译. 北京：中国社会科学出版社，1993：434.

关注有关。"❶ 于是，功利主义调节人们行为的最成熟的调节方式，是能够说明我们为何要有道德、要尽义务的最终极说明，并且采用功利主义方法，至此常识道德里面所出现的道德难题就迎刃而解了。

五、简短评述

西季威克是一位在伦理思想史上有着突出贡献的思想家，他对义务与正当的关系、自爱的责任、义务确立的原则与种类、义务承担的恰当、直觉主义与常识道德的优缺点，以及从功利主义的角度来论证责任等关于责任思想的论述是极具理论价值的，是值得我们认真学习和借鉴的。不过，如果说西季威克的责任思想存在着哪些局限性的话，那么主要存在以下两点问题。

第一，烦琐的方法让人不知所云。在《伦理学方法》一书中，西季威克提出问题后又论证问题、反复比较、不断说明，这是他的优点，但也是他的缺点。这正如 C. D. 布劳德所说："他（西季威克）不断地提炼、限定，提出反对意见、回答，再提出进一步的反对意见。所有这些反面意见、回答、反驳、再驳本身都是令人起敬的，并且也的确表现了作者的敏锐和坦率。但是读者却容易失去耐心，弄不清论据之所在，甚至会推案而起，觉得他满怀敬意地阅读了那么久，然而却对书中的内容却毫无记忆或所记甚少。"❷ 可能我们刚开始接触西季威克的责任思想时也是如此吧！他到底在做什么呢？是肯定还是否定？……由于其方法的烦琐，我们刚开始是不能很好地清晰地把握其责任思想的。

第二，以功利主义来论证责任毁誉参半。西季威克认为，一切美德均可以用功利主义来加以最后的论证与说明。而功利主义本身也是饱受争议的，因而用功利主义来说明责任思想也必然会产生争议。功利主义是这样的理论，即"在特定的环境下，客观的正当的行为是将能产生最大整体幸福的行为，即把其幸福将受到影响的所有存在物都考虑进来的行为。我们把这种理论成为原则，把基于这种理论的方法称为'普遍快乐主义'，将有利于阐述的明确

---

❶ ［英］亨利·西季威克. 伦理学方法［M］. 廖申白，译. 北京：中国社会科学出版社，1993：438.

❷ ［英］C. D. 布劳德. 五种伦理学理论［M］. 田永胜，译. 北京：中国社会科学出版社，2002：140.

性。"❶ 功利主义是以经验反思方法、世俗理性、客观量化等方法形成的较为系统与完善的伦理体系，它相对来讲清醒、客观、公正，更为重要的是功利主义是承认他者存在的，是肯定他人利益的❷，甚至鼓励个人的自我牺牲，❸因而功利主义有其优点，用功利主义来论证责任也是有其合理之处的，这突出体现在"德行是有用的"这一点上。不过，功利主义也是存有其局限性的。这表现在以下五个方面：一是人的感觉经验在何种程度上是可以公度的？二是人与人的关系仅仅是功利的关系吗？三是"德行有用"真的能够说明或者说取代"德行是美的"吗？四是善与正当究竟何者为先？五是个人与社会有无冲突？个人在何种场合、何种程度又因何理由需要牺牲自我？对此，罗尔斯的一段话有着清晰而完整的表达，他说："然而，当功利原则被满足时，却没有这种使每个人有利的保障。对社会体系的忠诚可能要求某些人为了整体的较大利益而放弃自己的利益。这样，这一体系就不会是稳定的，除非那些必须做出牺牲的人把比他们自己利益宽泛的利益视为根本的利益。但这不是容易发生的。这里的牺牲并不是那些在社会危急时所有人或某些人为了共同的善果所必须做出的牺牲。正义的原则是应用于社会体系的基本结构和对生活前景的决定的。而功利原则所要求的正是这些前景的牺牲。我们要把别人的较大利益接受为一种充足的理由，以证明我们自己的整个生活过程的较低期望是正当的，这确实是一个极端的要求。事实上，当社会被领悟为一种旨在推进它的成员利益的合作体系时，以下情况看来是令人难于置信的：一些公民竟被期望（根据政治的原则）为了别人而接受自己生活的较差前景。这样，我们就明白了为什么功利主义要在道德教育中强调同情的作用，以及强调仁爱在德行中所占据的中心地位。除非同情和仁爱能够普遍而深入地培养，他们的正义观就有被动摇的危险。"❹

如此看来，西季威克的责任思想（也可以说其理论体系）存在着如此的

---

❶ [英] 亨利·西季威克. 伦理学方法 [M]. 廖申白, 译. 北京：中国社会科学出版社, 1993：425.

❷ 即便是倡导公平正义原则的罗尔斯都承认："功利原则比两个正义原则更为要求一种与别人利益的认同。"（[美] 罗尔斯. 正义论 [M]. 何怀宏, 等译. 北京：中国社会科学出版社, 1988：170.）

❸ "在私人利益与最大多数人的最大幸福不相容时，功利主义比常识更严格地要求个人为后者而牺牲其私人利益。"（[英] 亨利·西季威克. 伦理学方法 [M]. 廖申白, 译. 北京：中国社会科学出版社, 1993：507.）

❹ [美] 罗尔斯. 正义论 [M]. 何怀宏, 等译. 北京：中国社会科学出版社, 1988：170.

矛盾（他个人也意识到了并坦率地承认），他说："如果我们需要这样地看待义务与自我利益的一致，即把它视为避免我们的一个主要思想领域中的基本矛盾的必要的逻辑假设，有待解决的问题就是这种必要性在何种程度上构成接受这一假设的充足理由。然而，这是一个十分困难的、颇有争议的问题，对这一问题的讨论与其说属于一本关于伦理学方法的著作的范围，还不如说属于一本有关一般哲学的著作的范围。"❶西季威克本人是谦虚的、真诚的，也是坦率的，他承认义务与责任是在现实生活当中需要不断地讨论与研究的问题。如果说人在旅途，那么我们关于责任的探讨也是一个未竟的事业，这恐怕是西季威克留给我们最好的关于责任的思想财富。

---

❶ ［英］亨利·西季威克. 伦理学方法［M］. 廖申白，译. 北京：中国社会科学出版社，1993：516.

第十章 汉斯·约纳斯责任思想

生态环境作为人类最初的物质生活来源，在人类文明的延续、进化乃至重大裂变中都占据着基础性的地位，毫无疑义也具有支撑性的作用。在人类文明发展的初始阶段和幼年时期，人类生产力水平极为低下，人作为自然的产物，而又深刻地依赖于自然界的法则得到充分而完整的彰显与演绎。但随着人类历史的稳步推进和持续深入，人与自然的这种友好和谐关系发生了严重的转向与扭曲，特别是在现代科学技术的强大诱惑之下，人类行为的自主性极度伸张甚至于夸大，人类向大自然索取的次数越来越频繁、规模越来越庞大、程度越来越深入，终于造成人类生存环境的伤痕累累和不堪重负。这时，人们才不得不把自己贪婪的目光和无尽的欲望从满目疮痍的大自然身上移开，回头重新审视自己的行为与选择、存在与走向。为此，在伦理学领域产生了一系列挽救人类自身的伦理准则和伦理规范，试图协调人与其生存环境之间日益恶化的关系和活动，这样，20世纪80年代，一种新的伦理准则——责任伦理思想——步入了人们的视野和生活，进而在一定程度上引起了人类社会生活诸多层面和范围内的调整、变革与协调。

一、高举责任思想旗帜的哲学家

德裔哲学家汉斯·约纳斯（Hans Jonas，1903—1993年）是海德格尔的犹太人子弟，20世纪最重要的哲学家之一。虽然他曾在多个学术领域辛勤耕耘，但其思想却呈现出高度的整体性和一致性。他高举责任思想的旗帜，用生命阐释责任，通过批判现代性中蕴含的虚无主义倡导技术时代的责任原理，最终为责任思想奠定了坚实基础，也开辟了崭新的视野。

（一）汉斯·约纳斯简介

汉斯·约纳斯于1903年5月10日出生于德国门兴格拉德巴赫一个传统犹

太人家庭。从 1921 年起，他先后就读于弗赖堡大学、马堡大学等地，师从于胡塞尔、海德格尔、鲁道夫·布尔特曼等著名教授，1993 年 2 月 5 日，他逝世于纽约。

1930 年，约纳斯在导师海德格尔的指导下，以论文《奥古斯丁和保罗的自由问题》完成了在马堡大学的研究生课程班论文。随后，他又在海德格尔和神学家布尔特曼的指导下，以论文《诺斯替的概念》(*Der Begriff der Gnosis*)获得博士学位，并因此项研究初步赢得了学术声誉。与 20 世纪初很多高度同化于德国文化的犹太人（包括他的父母）不同，约纳斯对于犹太人身份有着高度的认同感，从高中开始他就加入了"犹太复国主义"组织，他终生坚持犹太信仰并为之"战斗"。1933 年，他迫于德国国内的排犹浪潮被迫离开德国，因此约纳斯曾发誓不征服纳粹绝不返回祖国。第二次世界大战爆发后，他号召周围的犹太同胞加入反抗纳粹的战斗。他本人甚至拒绝了情报部门的文职工作，参加英军的犹太兵团直接与法西斯纳粹战斗。第二次世界大战后，他又投身于以色列与阿拉伯世界的战争，在漫长的十年之间，他基本上是作为一名军人为犹太人的生存与尊严而战。但是为了孩子们能在一个安定的环境中成长，也为了自己重新回到学术研究中来，1949 年约纳斯举家迁往北美（先到加拿大，1955 年定居美国），任教于社会科学新学院（New School of Social Research）等多所院校。

战争的残酷现实与战后北美的繁荣景象形成了鲜明的对比，也引发了人们全新的思维空间。作为思想家的约纳斯就敏锐地觉察到技术文明对人类生存所构成的重大威胁与挑战，并且因此对技术哲学投入了更大的关注与热情。并因此在 1969 年，约纳斯参与创立 Hastings Center，这个"中心"致力于从多学科角度研究现代医学与生命技术发展所带来的伦理问题。作为该"中心"的哲学代言人，约纳斯积极参与到科技伦理的公共讨论当中。1979 年，约纳斯的《责任原理：探索技术文明时代的伦理学》在德国出版，这本被视为责任伦理运动的标志性著作追问技术文明时代人类的持续生存何以可能？此种可能的保障何以存在？这种存在产生的基础又在哪儿等一系列问题。因此，舒特兹（Christian Schutze）指出：自从费希特发表面向德意志同胞的演讲，唤醒民族意识并改造德国的教育体制，因而影响整个德国走向以来，哲学家强烈影响公众生活的传统已经几近灭绝，是约纳斯重启了这一传统，而且是在新的时代，在一个新的向度上试图唤醒人类生存自身曾经一度丧失的内在准则。约纳斯最著名的代表作品为《责任命令》(*The Imperative of Responsibili-*

ty，德文版 1979 年，英文版 1984 年）。此外，他的代表作还有《诺西斯与后期古典精神》《生命现象》等研究成果。❶

(二) 责任伦理思想产生的时代背景

生态问题的产生与存在由来已久，但在人类活动的早期还远远没有作为危机的形式而出现，因为在那个时代和条件下，人类对环境的影响和改造在一定程度上是非常有限和浅层次的。但进入近、现代以来，在人类生产力水平和认识能力的双重进步与挤压下，生态危机的现状已经大大地危及人类的生存现状和发展前景，成为人类活动中必不可少的思考对象。而这种倾向在现代科学技术的推动下日趋严重和不可预知，使人类的生存前景呈现出一片肃杀与混乱的景象。

那么，人们就不禁会产生这样的疑问，技术古已有之，为什么只是现代技术才使人类活动性质发生变化呢？现代科学技术使人类活动无论在规模、对象和后果等方面都发生了历史性的巨变。在人们习惯性的思维中，一直认为技术只是一种中性的工具，它本身不会有善恶之分，说到底就是在价值上处于中立地位。所以，"技术作用的发挥所带来的后果的好坏就主要依赖于使用技术的人选择，而不在技术本身。好人可以用它为善，坏人则可用它为恶。海德格尔认为这是很肤浅的看法，他认为技术并不只是一种工具，它更是一种'座架'。海氏的思想非常晦涩，很难理解'座架'一词到底意指什么。但作者很赞同海氏的观点，技术并不只是一种工具，也不是价值中立的；现代技术具有强有力的价值导向作用，它作为一种渗透于人类生活各个层面的力量，无时不对人们的行为选择和价值取向施加着巨大压力。"❷

现代技术活动产生的一个最主要的变化就是：自然再也不能像过去那样面对人类的入侵不屑一顾，而恰恰是软弱无助。当然这是与人类已经形成的对自然的巨大改造力量紧密相关的。因为人类向自然的扩张，已经对自然本身的生成与发展造成了巨大的影响和改变。在一定条件下，自然已经被人工领域所淹没，同时整个人造产品也产生出了一个自身的"自然"。但这种人造自然（第二自然）永远也不能达到第一自然的本真状态。这改变了人在宇宙中的地位，改变了人与自然的传统关系和联系。这是今天的技术已经达到的

---

❶ 杨振华. 虚无与责任：约纳斯对现代性的批判与拯救 [J]. 南京林业大学学报（人文社会科学版），2011（2）：27.

❷ 卢风. 浅论现代技术对人的挤压 [N]. 科学时报，2002-09-22.

最为人们称道的高度，因为在这种条件下，人就有可能扮演造物主的角色，可以任意创造地球上的任何物种。人作为技术的对象（如医学领域）在古代也存在，但那只是在非常有限的程度内存在的，还绝不可能达到改变人的固有性质的程度。只有进入近现代，技术才全面、深入地把人作为对象来研究、试验。也只有到此刻，人类才完成了对自然的最终征服。这一切现象表明，人的行为在性质上已经发生了变化，以至于先前的伦理原则已经很难适应新形势的要求，也无法对新的伦理问题做出充分的回应。

约纳斯早在20世纪70年代就已经预测到基因控制技术将对人类造成的不可估量的影响，而当时基因研究才刚刚起步，但今天的事实已经证明了约纳斯的深刻洞见与远见卓识。约纳斯认为，基因控制的目的就是人类要把自己的进化尽可能地掌握在自己手里，不仅想保持人种的完整和延续，而更为关键的是要"修改"人种，以期符合人类的理想要求与愿望。而这种行为的产生迫切呼唤伦理学给予密切地参与和关注，要思考我们是否有资格扮演造物主的角色？"谁是这种前景的制造者？通过何种标准，依据什么知识来进行？"这些问题"生动地表明了我们的行为力量把我们推出所有过去伦理学的范围之外有多远"。因此，约纳斯一再警告人们，在大自然的毁灭因人类的行为而成为真正可能的时候，人类的毁灭就再也不是什么危言耸听式的"狼来了"的呼唤了。❶

现代技术为人类的无限发展插上了想象的翅膀，极大地增强了人的力量，为人类控制事物和自我带来了巨大的胜利。同时它还改造了人自身的内在结构，使人以一方面的无限膨胀压抑了其他方面的需要，从而使人的自我意识和存在萎缩了。由于技术对人类、自然和未来的深远影响，这就使它处于人类目标的中心地位，从而肩负起伦理学的意义。正是在这个意义上责任向不确定的未来敞开了它的地平线。要求对技术活动进行新的定位，要预测技术发展对人类、自然和未来造成的各种可能的后果，从而提出有效措施以避免技术的盲目发展。而过去的伦理原则无法完成这样的历史使命，也无法解决现代新技术条件下形成的诸多新问题、新困惑。所以为了人类和整个大自然的安危，必须把人类的视野扩展到未来的地平线，扩展到自然界乃至整个地球生物圈。这样，就在伦理原则中引入了责任的新维度、新坐标和新体系。

---

❶ Hans Jonas. *The Imperative of Respon：sibility：In Search of an Ethics for the Technological Age*. Chicago：The University of Chicago Press，1984：20-21.

二、约纳斯责任思想的内涵及哲学基础

责任观念在约纳斯的伦理思想中具有非同寻常的地位与作用，是约纳斯伦理思维原则的核心范畴。当然由于责任思想的丰富多样，需要对它作详细的分析和归类，以期深刻理解和把握它在责任伦理领域内所具有的独特意义，继而加深对约纳斯责任伦理的理解与定位。

（一）责任思想的谱系学

由于责任思想是一个历史性的存在，在中西方思维中关于责任的思想资源源远流长，因而这一概念也相应地蕴含了深厚的时代底蕴。在中国先秦的重要典籍《周易》中就包含了责任意识中所具有的对后果的忧患与前瞻，同样关于责任的思想一直流传于中国传统儒家思想的文化洪流之中。在西方思想文化的演进中，责任思维一直伴随始终，在此我们只重点剖析其作为责任伦理这一思维向度所关注的思想延续，并进行分析与梳理。

1. 责任思想的流变

美国学者博登海默德对"责任"有着较为深刻的研究，他认为responsibility最初源于动词respond to，是"答复"的意思。在古罗马法律中，被告要求对自己所做的行为进行辩护，从而论证其行为的合法性。但如果法庭对辩护者的辩护不满意，则辩护者很有可能被定罪，这样他就要为自己的行为"负责"。所以，在古代，责任本身就是与法律紧密相连的。不过，在古罗马还有个十分有趣的统治方法，那就是派两名调查官去全国各地巡察，一旦发现公民有不道德的言行举止，他就可以根据自己的标准判断这个人有哪些方面的道德问题，而后对其给予必要的惩罚。由此可知，责任在古代就是指向法律和道德两个领域。

其实早在亚里士多德时代，他就通过对德行的论述指出，一个人的责任与他的知识密切相关，只有拥有知识，才能让他负责任。当然这里的知识仅是普通的理智，而不是专门知识。而康德却认为责任存在于人良知的直觉中，只能通过人内心的良知唤醒道德责任，理性知识无法达到这个领域。而这个道德法在康德那里是个神秘的东西，说到最后，他还是堕入基督教伦理学的窠臼，让人不得不相信是上帝的戒律。但毕竟康德为人们制定了一个权宜之计——绝对律令绝对化，要求每一个道德主体为了他心中的"道德律"绝对地负起责任。到古罗马时期，对责任进行过阐释的还有政治家西塞罗和基督

教神学家奥古斯丁，西塞罗在《论责任》中借助斯多葛主义伦理学思想，向儿子谈论道德生活中的基本准则和人在社会生活中所应当履行的各种道德责任。他认为道德责任有两种类型：一种是"普通责任"，许多人通过其善良的本性和学识的增进都可以达到对它的认识，这是一种普遍责任；另一种是"义"，它是一种"完满的、绝对的"责任，只有具有最完满的智慧的人才能达到这种境界，所以它只是一种道德理想。❶而奥古斯丁的责任观则倾向于罪责，打上了强烈的宗教色彩。但是，他认为如果在我们的生活中注意警醒自己，拥有忏悔之心，适当担负起生命和生存的责任，那么就会在一定程度上维护生命的价值和尊严。

20世纪五六十年代以来，对责任的研究日益多样化，开始出现专门探讨责任的论著。例如美国哲学家费因伯格（Joel Feinberg）的《责任理论文集》，特里·L. 库帕（Terry L. Cooper）的《行政伦理学：实现行政责任的途径》，英国约翰·M. 费舍尔和马克·拉威泽（John M. Fischer & Mark Ravizza）的《责任与控制：关于道德责任的理论》，伦克（Hans Lenk）的《应用伦理学导论：责任与良心》，汉斯·昆（Hans Kung）的《全球责任》等，都对责任问题做出了有益的探索与贡献。❷

而按照《大自然的权利》一书的作者纳什的观点，在西方还存在一条对自然责任探究的历史路径。在古希腊罗马人中一直存在这样的观点：动物是自然状态的组成部分和自然法的主体。古罗马法学家乌尔比安就认为动物法是自然法的一部分，"因为后者包括了大自然传授给所有动物的生存法则；这种法则确实不为人类所独有，而属于所有的动物"。❸与中世纪相比，只有到了近、现代大自然才又逐渐受到重视。第一个人类对非人类存在物应负有责任的法律产生于美国马萨诸塞湾一带的殖民地，它就是纳萨尼尔·华德制定的"自由法典"。洛克也指出，动物也能够感受痛苦，能够被伤害。英国的早期仁慈主义运动也指出了残酷对待动物的行为对人所产生的有害影响。斯宾诺莎的泛神论思想中就有生态意识和环境伦理学的思想因子，他坚持认为所有存在物的价值和权利与人一样多。边沁从他的苦乐观出发，认为动物也能感受痛苦，因而要结束对动物的残酷行为。他曾预言："这样的时代终将到

---

❶ [古罗马]西塞罗. 西塞罗三论[M]. 徐奕春, 译. 北京：商务印书馆, 1998：93.

❷ 毛羽. 凸显"责任"的西方应用伦理学——西方责任伦理述评[J]. 哲学动态, 2003（9）：20.

❸ [美]纳什. 大自然的权利[M]. 杨通进, 译. 青岛：青岛出版社, 1999：17.

来，那时，人性将用它的'披风'为所有能呼吸的动物遮挡风雨。"在这里，"披风"就指应赋予动物的道德地位和法律保护。❶

当然也有人提出了更激进的观点，如英国人约翰·劳伦斯（John Lawrence）在1796年就撰写了《关于马以及人对野兽的道德责任的哲学论文》，指出动物之所以受到残酷虐待是因为它们完全没有权利并被置于正义原则管辖的范围之外，而动物没有权利的根源又在于国家没有制定《动物法》以保护它们的正当权益。这种思想在英国人亨利·塞尔特（Henry Salt）那里达到了顶峰。他在《动物权利与社会进步》中提出，如果人类拥有生存权和自由权，那么动物也拥有。二者的权利都来自天赋权利。他指出："如果我们准备公正地对待低等种属（动物），我们就必须抛弃那种认为在它们和人类之间存在着一条'巨大鸿沟'的过时观念，必须认识到那个把宇宙大家庭中所有生物都联系在一起的共同的人道契约。"❷ 正是在这样的历史传统源流上产生了20世纪声势浩荡的生态伦理与环境伦理，其代表人物有施韦泽的敬畏生命的伦理，利奥波德的大地伦理，彼得·辛格（Peter Singer）、汤姆·雷根（Tom Regan）的动物解放思想，阿兰·纳斯（Alan Naess）的"深层生态学"，霍尔姆斯·罗尔斯顿（Holmes Rolston）的内在价值论与荒野哲学，保尔·泰勒（Paul Taylor）的"生物中心论"等。他们的思想为人类的活动提出了新的原则和维度，为此应该控制人口增长，改变消费习惯，节制技术发展，进而使人类活动保留在一个恰当与应该的位置。

纵观责任观的历史变迁，我们可以发现，传统伦理学甚至包括现代伦理学在研究责任时，更多地把关注指向对人而且是同时代人的责任，没有注意到造成今天的环境伦理问题的另一较为隐秘的源流。而环境伦理与生态伦理在一般意义上更是直接强调对大自然的责任。但生态伦理学的责任视野主要还是局限于动物。至于当代的环境伦理和生态伦理，它们与责任伦理学是相互影响、相互促进的，但它们难以像约纳斯那样较为令人信服地论证自然的内在价值，因而在回答为什么要对自然负责时就显得力不从心。正是从这个角度，约纳斯的责任伦理学恰恰可以成为科技时代伦理的新维度、新向导，成为指引人类未来活动原则的新标度，也是人类自我觉醒、自我拯救的新尝试。

---

❶ ［美］纳什. 大自然的权利［M］. 杨通进, 译. 青岛：青岛出版社, 1999：26.
❷ ［美］纳什. 大自然的权利［M］. 杨通进, 译. 青岛：青岛出版社, 1999：31.

2. 责任伦理思想的产生

"责任伦理"的完整概念，最先是德国社会学家马克斯·韦伯提到的，1919年，他在其两篇著名演说中提出了这一概念。在《以政治为业》中，他说："我们必须明白一个事实，一切有伦理取向的行为，都可以是受两种准则中的一个支配，这两种准则有着本质的不同，并且势不两立。这两种准则从根本上互异，同时又有不可消解的冲突。两种行动的考虑基点，一个在于'信念'，一个在于'责任'。这并不意味着信念伦理就不负责任，也不是说责任伦理就无视心情和信念。不过，一个人是按照信念伦理的准则行动——在宗教上的说法，就是'基督徒的行为是正当的，后果则委诸上帝'，或者是按照责任伦理的准则行动——行动者对自己行动'可预见'的后果负有责任，其间有着深刻的对立。"❶

对于韦伯的信念伦理与责任伦理，我国学者也提出了自己的分析和认识，他指出："信念伦理主张，一个行为的伦理价值在于行动者的心情、意向、信念的价值，它使行动者有理由拒绝对后果负责，而将责任推诿于上帝或上帝所容许的邪恶。责任伦理认为，一个行为的伦理价值只能在于行为的后果，它要求行动者义无旁顾地对后果承担责任，并以后果的善补偿或抵消为达成此后果所使用手段的不善或可能产生的副作用。信念伦理属于主观的价值认定，行动者只把保持信念的纯洁性视为责任；责任伦理则要求对客观世界及其规律性的认识，行动者要审时度势做出选择，因为他要对行为后果负责。"❷

马克斯·韦伯在演讲的最后对"信念伦理"和"责任伦理"做出了自己的界定。由于当时的政治家只讲权利的运用而几乎不考虑行为的后果，因此，韦伯呼吁社会提倡一种超越信念伦理的责任伦理，但自此之后，他没有对这两者做进一步系统的理论分析，对于这一点，约纳斯在《责任原理》的注释中做出了自己的总结。他认为传统伦理学有主观伦理和客观伦理之分，而韦伯的这一组概念不属于这个范畴。信念伦理只是单纯地追求一个客体，这客体是绝对的，追求者只期望成功，即使冒着失败的风险也要去尝试。责任伦理则要考虑结果、代价、机会等，而从来也不会谈论那些无法实现的对共同体有害的目标。但是约纳斯认为，尽管有这样的划分，韦伯还是没有脱离信

---

❶ [德]韦伯. 学术生涯与政治生涯：对大学生的两篇演讲 [M]. 王容芳, 译. 北京：国际文化出版公司, 1988：97.

❷ 苏国勋. 理性化及其限制——韦伯思想引论 [M]. 北京：桂冠图书公司, 1989：78-79.

念伦理的窠臼，因为归根结底，二者的区别并不是那么显著和不可调和，不过是像激进和温和的政治家，只知追求一个目标和知道在众多目标之间求得平衡的人，或者孤注一掷和转移风险者之间的区别。因此韦伯在责任伦理方面并没有为我们提供更多的启示。

而真正为伦理学开拓了崭新维度的人是谁呢？我国学者甘绍平指出，"责任伦理学最初是在德语区形成的，德国哲学家伦克（Hans Lenk）最先提出这样的观点，对责任伦理学做出最大贡献的首先是约纳斯，其次是伦克与美国学者雷德（John Ladd）等人，匹西特、舒尔茨、帕斯莫尔、比恩巴赫尔（D. Birnbacher）等，也都以各自的方式为责任伦理学的建构作出了贡献"。[1]

责任伦理学给哲学、神学界均带来了深刻的影响，也激发并推进了当代政治、经济、社会相关问题的探究，从而引起了社会公众的共鸣。"因为责任原则应当说是解决当代人类面临着的复杂课题的最适当、最重要的一个原则，而责任伦理这一概念，又恰如其分地体现了当代社会在技术时代的巨大挑战面前所应有的一种精神需求与精神气质。一句话，责任伦理之所以能够超越学术范围，引起广泛的重视，就在于它适应了时代的精神。"[2] 当然对责任伦理的理解和把握与对责任的历史流变的梳理是密不可分的。

（二）责任伦理的思想内涵

在我们认识和探讨约纳斯的责任伦理时，必然会追问其伦理构建的基础及其在现实人类活动中得到执行的机遇是什么？对此约纳斯明确地指出，责任伦理学的理论体系可以概括为：原理知识、引发原理的预测知识及原理应用的实践知识三个主要的部分。

1. 原理知识与实践知识

原理知识是约纳斯构建自己责任伦理学说体系的基础和前提，因而也是关于约纳斯责任伦理真理性知识。

约纳斯的目标就是要寻求现代技术时代的伦理学，因而现代技术顺理成章地就成为他首先要思考和关注的对象，而要对现代技术有所认识与追问就无可替代地牵涉到了他在其后所谈的预测知识。因为对现代技术前景的拷问以及思量未来人类的生存与发展状况，必然会借助于预测与想象的功能，而

---

[1] 甘绍平. 应用伦理学前沿问题研究［M］. 南昌：江西人民出版社，2002：99.
[2] 甘绍平. 忧那思等人的新伦理究竟新在哪里？［J］. 哲学研究，2000（12）：51.

这恰好是预测知识存在和发挥作用功效之所在。根据人类已经经历和正在经历的，约纳斯预见到人类的生存面临着危险。进而把技术进步喻作赌博，认为在正常情况下，人们无权拿他人、地区乃至一个国家、民族的利益去冒险，除非如国家遭外敌侵略时，才可以这样做。他把赌博的程度上升到全人类，指出我们决不可拿整个人类去冒险，这是一项绝对律令。

在约纳斯的思维原则中，他认为在技术进步的"赌博"中人类的总体利益和任何其他事物相比都具有更深刻的意义。当然在一些特殊时刻，如为了部落、城市乃至国家的命运，政治家的冒险在道德上是有一定的意义的，但他也决不应该运用可以毁灭整个人类的手段。而在现时的技术时代，就连一些产品也已具有全球影响力，在一定的条件下可能会危及未来人的整体生存或存在。我们对人类存在要担负绝对责任，这与个人存在的有限责任是不可等同的。这样构成为一个伦理学公理："如果行为会有很大危险时，绝不可将作为整体的人类的存在或本质当作赌注去冒险。"❶ 这本身就要求我们明确自身的角色要求与职责，这种职责一般主要包括两个方面：一是保障未来人类的存在，二是对他们的生活质量承担责任。当然也有人很乐意把人类毁灭的外部原因归结于我们自己无知与愚蠢，认为我们不可能预知未来，当然也不必考虑什么未来责任的问题。而约纳斯却认为，如果由于我们草率和本可以避免的恶事而给后代毁坏了世界或人类的本质，他们必将有权在自己的时代里谴责我们，"这样，从未来主体预期的存在权利方面来看，我们今天作为因果主体就有一个相应的责任，这使我们应该向他们负责，也使我们活动的程度和范围伴随着我们的事业延伸到未来的时间、空间和深度中去"。在涉及未来后代生活质量的责任中，我们最起码首先要让他们保持人的本来形象与尊严，"随后发生的他们的欲望的满足所要经受的挫折尽管可能会受到相应的谴责，却倒也退居其次"。❷ 从这个意义上来说，也就是未来人的权利实际上比我们为之守护的他们的责任还要少，而这份责任是他们真正成为人所该有的责任，所以我们还要尽力去守护这种责任能力。保卫未来人的责任能力是我们对人类未来的基本责任和权利，因此所有面对未来人类存在的特殊责任都由此产生。"在诸多种责任所形成等级序列中，首要的基本要素是要有责任的

---

❶ Hans Jonas. *The Imperative of Responsibility*：*In Search of an Ethics for the Technological Age*. Chicago：The University of Chicago Press，1984：37.

❷ Hans Jonas. *The Imperative of Responsibility*：*In Search of an Ethics for the Technological Age*. Chicago：The University of Chicago Press，1984：41.

未来承担主体,以确保它在世界的永恒性。"❶ 据此约纳斯得出第一律令:人类首先必须存在。后来所有有关未来人类生活状况的职责都是从这个生存律令基点上生长和延续的,并且所有进一步的规则都应从属于它的标准与要求。

实践知识是关于原理知识付诸实践的基本理论,是原理知识的目的和归宿,同时又以原理知识为指导和准则。约纳斯认为,为了更加有效地承担起对未来的负责,就必须要寻求一种能够驾驭和控制现代技术的新的力量,而这种力量绝不可能存在于个人之中,那么只能去个人存在的集体——社会中去寻找。因为从整个人类历史的进程来看,个人的力量是非常有限的和渺小的,但作为现代个人的生存方式,集体、社会却具有超强的力量。但约纳斯认为这种力量的有效控制在于建立这样一种政治制度,即它能有效地推行紧缩政策,让民众过节制的生活,对科学技术的发展采取审慎的态度,这就提出了他指向的政治家责任、政府责任及行政责任。当然在这之中政治家责任具有更为关键性的作用,因为其作用的发挥可以整合群体的力量去建立全球责任政府和责任社会,才有可能真正实现责任伦理学拯救人类于危亡之际的理想。

2. 预测知识

对未来人类负责的律令不是主观想象的产物,也不是本来就存在的,或者可以说原理知识不是从来就有的,而是通过预测知识所获得的。因此要理解原理知识,必然要先研究和探讨预测知识。

预测知识是"人类和地球的可预测的未来处境的真理",它"着手这类假设性预测,预测人们总会希望什么或害怕什么——即促进什么和预防什么"。❷ 预测知识是有关技术的未来结果可能性的知识,是原理知识的一个重要依据和来源。原理知识不但要从哲学层面对伦理学基础进行论证,而且还要通过预测知识来了解未来的现状,以便在此基础上进行判断,使实践知识通过这种判断对今天的行为发生积极作用。

那么预测知识是通过何种方式与途径对原理知识提供可能与帮助呢?约纳斯认为是借助于忧患启迪法。因为随着现代科学技术的飞速发展,人类的

---

❶ Hans Jonas. *The Imperative of Responsibility*: *In Search of an Ethics for the Technological Age*. Chicago: The University of Chicago Press, 1984:42.

❷ Hans Jonas. *The Imperative of Responsibility*: *In Search of an Ethics for the Technological Age*. Chicago: The University of Chicago Press, 1984:26.

异化现象也日趋严重,但恰恰是这种异化帮助我们发现在人的正常存在中哪些是该被保存的,哪些是该被放弃的。而且我们需要关于人的形象的凶兆,通过对这些凶兆的畏怯来使我们自己确保人的真正形象。而且从约纳斯的思维演进中,我们可以明显地感受到作者的用心:只有当我们知道事物处于危险之中的时候,我们才认识危险的事物。也就是只有让人知道人类正处于危险的境地,人们才能真正意识到自己的危险之险恶。原理知识的产生需要预测知识对它的启发作用,预测凶兆、预测对人类不利的信息,从而启发人的忧患意识,引起人类的警觉与重视,由此激发自己修正自己的行为,把灾害降到最低限度。

那么,为什么不可以设想技术发展的善的、对人类有利的未来呢?为什么要通过对凶兆和不利信息的预测来完善人类行为呢?约纳斯认为,无数的事实已经表明,我们现在的人性早已被扭曲和异化了,人的形象正在经受着威胁,而且这种伴随的恶还将继续发展,所以必须"防患于未然",预测它,并激发人们的恐惧感来保卫有益于未来的人类。再者,约纳斯认识到:"恶更生动、更具体、更紧迫,而且最重要的是,它无须我们去寻找,自己就会跳出来。相对于善良的默默存在而言,邪恶仅仅通过它的存在就能使我们觉察到,认识恶绝对比认识善容易,所以哲学应该先于我们的希望考虑我们的恐惧,以了解我们真正渴望什么。"❶

毕竟这种想象中的恶与我们还非常遥远,我们要如何培养和获得对这种未来刺激的敏锐判断呢?约纳斯抛弃了霍布斯以极恶作为道德的起点,而采用"病理学"的恐惧方式。代之以面对未来恶时所激发的一种精神性的恐惧,这是一种我们对待未来的应然命运的态度——我们应该有意为它安排空间,接纳这种影响。所以我们要想象技术行为长远后果中恶的威胁,运用理性和想象去有意识地培养一种态度,使我们一想到子孙后代的可能命运和灾难就会产生的恐惧,以便在内心植入忧患,进而培养一种责任感和责任意识,发展出一种开放的态度。❷

当然预测知识是要为原理知识服务的,必然应具备科学知识的一切可能,因为技术正因为是科学才成为可能,而发现技术活动的后果判断同样需要同

---

❶ Hans Jonas. *The Imperative of Responsibility*:*In Search of an Ethics for the Technological Age.* Chicago:The University of Chicago Press,1984:26.

❷ Hans Jonas. *The Imperative of Responsibility*:*In Search of an Ethics for the Technological Age.* Chicago:The University of Chicago Press,1984:28.

等甚至更高程度的科学。因此要形成预测知识，就必须紧跟科学技术发展的步伐，运用最先进的前沿知识，才有可能比较准确地预测未来技术发展状况。但未来的社会现象毕竟存在复杂与深不可测的可能，这也就在很大程度上表明了预测知识只能是一种可能知识，具有不确定性。但我们依然要竭尽所能去预测人类的未来前景，以保障未来人类的真实存在。

3. 预测知识、原理知识与实践知识的相互关系

预测知识是原理知识的重要来源，而预测知识却是一种可能性的知识，这种知识能否满足作为约纳斯建立其责任伦理的依据和理论前提，约纳斯认为预测知识作为有说服力的预测来说似乎是不够的，但提供了一种有启示性的决疑法则。这种法则有助于发现伦理原则，而且对可能性事物的思考，在想象中完全排除干扰，反而可以更接近新的道德真理。这种真理实质上就是一种哲学知识，所以这种想象的决疑法在用来帮助探寻和揭示尚不可知的原理时应该已经足够了。

这种可能知识虽然可以支撑对原理知识的形成，但在把它运用于现实政治活动时的作用却大打折扣。因为为了一个与我们自身关系不大的遥远后果，而让一个人放弃自己期望的近期结果，还以不太确切的预测知识作为依据，显然难以获得理想的效果。而且技术后果仅仅可能意味着坏的结果，但也可能存在好的结果，为什么我们只考虑悲观的前景呢？再说我们甚至于认为后代们在发现问题时还来得及修正。对此约纳斯表达出深深的忧虑："这样一来，我们的假设性的启示法的所有成果就会因预测的不确定性被拒之门外，不被及时运用，也许直到人们受到危害时，已经为时已晚。"[1]

为了对技术进化有更明显的说明与解读，约纳斯把自然进化与技术进化都比作一场赌博，但相对于技术进步的大赌博而言，自然进化在赌注上就显得小了很多。这样在自然进化的小赌博中，是可以有失误的，但在关涉整个人类事业的根基这样重大未来事件时，我们坚持宁可信其有，不可信其无的律令，绝不允许任何失误发生。"自然进化总是非常缓慢的长期过程，在这一过程中有不断地调试与平衡的空间，因此就相对地降低了运气的风险。而现代技术作为整体这一宏大的事业，大大压缩了自然进化的环节，且摒弃了大自然'求稳'的优点，增加了不确定性风险与可能。所以我们必须优先预测

---

[1] Hans Jonas. *The Imperative of Responsibility*: *In Search of an Ethics for the Technological Age*. Chicago: The University of Chicago Press, 1984: 30.

坏的结果，才可以采取审慎的态度，直面并反抗技术的革命式进化。"❶

也许有人还会认为，如果技术在发展过程出了问题，我们还可以纠正它，但约纳斯认为这是一种幻想。根据人类已有的经验，当技术发展到一定程度时就"倾向于独立，具有了自发的冲创力，变得不可逆转，也因此背离创造者最初的愿望和计划"。一句话表达了技术给人带来的尴尬处境：我们第一步自由了，然而接下来就又遭受奴役。而且技术推动的发展并未给自己留下自我纠正的时间，也使外在的调整余地大大缩减。因此我们更有理由相信，应优先考虑灾难的可能性，增强早期警戒的责任与意识。

约纳斯认为，恰恰是这种不确定性成为建立新原理的缘由。不确定性正是包含了多种可能性，有好有坏，好坏相掺。所以正是这种不确定性，要求新的理论提供一个确定的原则："对不幸的预测应该比对福祉的预测给予更多的关注。"❷ 面对这样的状况，预先防范无疑比盲目乐观更为明智，而责任伦理的根本就是要把技术后果想象成灾难性的，为此要制定新的原则，把它降到最低程度。

在三大知识中，约纳斯贡献最大的还在于原理知识，他通过对原理知识的深入研究，勇敢地挑战现代哲学中形而上学的缺席，在伦理学中重新树立形而上学的地位，为责任伦理学打下了坚实的基础。

（三）责任伦理思想的形而上基础

随着现代自然科学的兴起，二元论宇宙观也日益走向极致，因为正是自然观念的变迁，也即是对人委身其中的宇宙环境的观念变化。人与世界整体的关联被剥离之后，人的躯体与灵魂也不得不割裂开来。笛卡尔主义"广延"与"精神"的身心二分伴随着科学事业的进步被严重放大。约纳斯试图通过重构宇宙观、自然观、生命观等基本理论来挑战"是"与"应当"分离的现代教条。

在约纳斯的责任伦理学中始终贯穿着这样一条恒定的原则："绝不拿人类的整体存在去冒险。"但这样还是远远不够的，必须进行理性的论证与说明来实现为责任伦理奠定坚实的基础。约纳斯主要是从目的论和价值论两个角度进行了阐释，最终达到对责任伦理的本体论的证明。通过对我们为什么要对

---

❶ Hans Jonas. *The Imperative of Responsibility：In Search of an Ethics for the Technological Age.* Chicago：The University of Chicago Press，1984：31.

❷ 同上。

遥远的人类后代负责，为什么人类必须存在这些问题的应答，约纳斯阐释了自己的观点，他认为人类必须存在，万事万物必须存在，也就是说整个自然界必须存在。这样自然界都必须存在了，那更何况人呢！而对于自然界存在的意义及其价值的问题，主要从它们自身所具有的目的性来认识。自然界的目的性体现在从高级到低级的人、动植物、微生物都具有目的性，它们的目的性体现在主体性上，主体性必然具有目的性。至于非主体性的无生命物，它们就像展示整个生物界多姿多彩的鬼斧神工，是主体性存在的舞台，因而是与主体性不可分割的。由此可以看出，整个自然界就是一个目的性的存在，自然界因为是有目的而具有价值，最终我们说自然界应该存在，而约纳斯正是遵循了这样的理论路径。

　　责任伦理一直坚持一条最基本的原则：人类必须存在。而这个原则却产生于人的理念，因为只有人的理念，才可以告诉我们为什么人应该存在，以及怎样存在的问题。这样好像我们是对人的理念负责，而不是对未来的个体负责。那么人的理念和人的个体之间又具有怎样的内在关联呢？这要求对人的理念作进一步的探讨与分析，"人的理念要求它的化身在这个世界的存在。它是一种本体论，它并不保证其已有本质的主体的生存，而是说这种主体应该存在并且受到保护，从而使它变成我们的职责。"❶ 正是基于这种理念，我们才可以坚持这样的原则：坚决反对以人类作赌注去冒险。这样约纳斯就阐明了一个重要伦理准则：人类存在的绝对责任律令产生于人的理念，而人的理念是一种本体论。这样就为责任伦理学奠定了本体论的基础。

　　而对于责任伦理的形而上基础的必要性，约纳斯也做了合乎逻辑的推演与论证。他认为责任的首要的基点就是要通过对人的存在的巨大价值的肯定来阐释为什么未来人至关重要。当我们探求这种原理时，就不可避免地涉及本体论问题，虽然我们所希望的基础看起来并不是那么坚实、可靠，甚至它可能是永远悬在不可知论深渊的上空。为此约纳斯设定了两种情况：一是对某事物的两种应该存在状况的优劣评定，二是关涉存在与非存在之间的孰优孰劣。他认为对第一个问题的回答是相对的，需要经过比较来发现两种存在状况的不同侧面与层次，才可以作出鉴别与判断。而对于第二个问题的回答则相对要简单得多。因为非存在是无法和存在相比较的，存

---

❶ Hans Jonas. *The Imperative of Responsibility: In Search of an Ethics for the Technological Age*. Chicago: The University of Chicago Press, 1984: 42.

在本身就是"善"的，所以无论什么样的存在，在本质上都"应该"是优先于非存在的存在。

通过对不同事物的对比分析，约纳斯认为人为事物的目的追根溯源是人的目的，主体性的存在者的目的则在很大程度上是属于生命体本身的，非人为而又非生命的事物的整体可称为"前意识的自然界"，它也是有目的的，它通过主体性的存在者表现自己的目的性。因此，整个大自然就是一个有目的的存在。而且目的总是指向主体所意欲指向的事物，这内在地表明这种被欲望的事物对主体是善的、有价值的，那么当主体把自身作为目的时，意味着他本身就是他所欲求的。如此一来，主体、目的与价值就实现了三者合一的目标，所以从这个角度来看，有目的的就是有价值的。人和整个大自然都具有自身目的，因而也就具有内在的价值。世界具有价值乃是直接因为它有目的，这一点在此再次得到确证和显现。

约纳斯对于目的论的推演清楚地表明了价值作为目的对象已经存在于自然之中，但它还没有实现完整无缺地回答这个问题，这应是价值论必须直面的问题了。如果有价值的是"应该"的，那么约纳斯就能有力地证明"人类应为子孙后代及自然界负责"这个命题的合理性。因为如果作为有价值的善的存在的大自然一旦向人类发出了"应该"的呼声，它就具有了价值决定的权威，那么人类当然就应该尊重它、拥护它。因为未来的后代实质上只是大自然延缓了的目的部分而已，同样是有价值的善的存在，所以也应该尊重他们的存在与延续。

约纳斯证明了自然是有目的性的存在，由于自然具备拥有目的的能力，所以它是一种自身善，这使得它具有客观价值，正是这客观价值向我们发出了"应该"的要求。那么它是如何发出这种呼唤的呢？通过存在。约纳斯在此借鉴了海德格尔的存在学说，把它引入人之外的生命领域乃至整个大自然领域。当然需要明确指出的是，约纳斯在这里所说的有目的的存在是包括作为整体的自然和其中的生命界，因为只有这两个领域才具有目的。客观价值通过存在表现出来，存在自身又向我们表达了客观价值中的"应该"。那么存在又是如何有效地表达这种应该的呢？

首先，在自然自身具有善的目的中，存在都对自己进行根本的肯定与认同，与非存在相比较，存在把自己置于绝对优先的地位。在涉及的每个目的中，存在都要为自己辩护，而反对虚无。"存在决不对自己的存在漠不关心，这个事实使得它与非存在的差异成为所有价值中的核心价值，第一个普遍的'是'。"❶ 在这里，约纳斯论证了目的、价值与存在的相互关系。自然界是目的性的存在，存在与非存在的区别产生了基本价值，价值指向自身善的目的，而自身善就是拥有目的的能力，只有存在才拥有这种能力，所以价值最终指向存在。有了存在，才具有拥有目的的能力，才产生目的，才有与非存在的区别，从而产生价值。

其次，生命是整个大自然中最高的存在，自然借此进一步显示存在的自我肯定。生命中存在的自我肯定变得更为显著。我们知道个体生命中的新陈代谢终有一天会衰竭而停止，所以它自身内部就包含着不存在的倾向与可能，但这是个体生命与生俱来的对立物——对存在的威胁。存在如此进行自我肯定与认同，在生命的存续过程之中，它与死亡抗争，这种现象鲜明地反映了存在本身就是基本的善和价值，存在为此而发出了"应该"的呼唤。

然而大自然中存在的自我肯定在很大程度上是盲目的进行的，这种法则只有到了自由的人那里，才能获得义务性的力量。人作为自然目的性劳动的最高成果，不再仅仅是其目的的执行者，而且可以成为破坏者。"他必须让'是'进入他的意志，把向非存在说'不'加于他的力量之上。"❷

在自然格局中，自然目的实现着自我的管理与调控，也就是说，存在的固有任务通过自身内部的调整自动地完成。但只有在人那里，力量才通过知识和主观意志从自然的束缚中解放出来，也只有在那里它才能变成对人和它自身来说是更为致命的东西。人的能力正是自然本身命运的体现，它迅速成为整个自然界的命运，因此从其意欲中产生"应该"，以自觉控制这种正在实践的力量。由于目的性原则在人那里达到顶峰，所以人本身成为他的义务需要关注的首要对象，而这种义务正是责任伦理原则中所表述过的：不可毁灭人类自己！除此之外，他还要成为每一个置于他的力量之下的其他自身目的的保护者。"总之，正是那些约束意志和义务的力量把责任推向道德舞台的中心。"❸

---

❶ Hans Jonas. *The Imperative of Responsibility*：*In Search of an Ethics for the Technological Age*. Chicago：The University of Chicago Press，1984：81.

❷ Hans Jonas. *The Imperative of Responsibility*：*In Search of an Ethics for the Technological Age*. Chicago：The University of Chicago Press，1984：82.

❸ Hans Jonas. *The Imperative of Responsibility*：*In Search of an Ethics for the Technological Age*. Chicago：The University of Chicago Press，1984：129–130.

约纳斯实现了从"是"向"应该"的转化与过渡,他通过人的存在,阐释了存在由意志向义务的转变,论证了非人的存在的非义务性"应该"向人的义务性"应该"的转变过程。在非人的存在那里,存在从意欲出发,发出自我肯定的要求,这是一种面向人的"应该"的召唤,并进行生存斗争,但这些都是非义务性的,它们自在自为地存在着,无须向自身或他者负什么责任。而到了人那里,由于他具有了决定自身乃至整个自然的力量,因而在人的生存的"应该"之外还多了保护的"应该",他既应该保护自身,也应该保护自然。

"应该"的首要内容是对人的理念的本体论负责。在这里,约纳斯优先为普遍存在的本体论的善建立基础,同样地,与生存着的人类自身及其权利的善相比,他也优先为人类的本体论的善建立基础。尽管从实体观点来看,我们首先要对同时代的人负责,尤其是亲人,但这对论证向未来人类负责的原理是不够的。因为如果尚未存在者没有权利,那么我们在什么样的基础上对他们负责,确保他们存在的可能及他们的生活质量?约纳斯指出,我们的首要责任是本体论的:未来人类的个体重要是因为人的理念重要。

由于人是自然目的性的最高结晶,所以我们的根本责任是针对自然本身的,但这种责任首先在我们与其他人之间的关系中体现和履行。责任的范型是父母对孩子的照顾与呵护,在这里,为人父母的根本目的是永远保存责任能力自身。然而,我们对小孩的责任的最终基础不是我们跟他们特殊的实体关系,而是由于我们对人类的职责:对作为目的性自然的理念的一部分的人的理念的责任。

他说,人是我们所知的能承担责任的唯一存在者,承担责任是人类存在的突出而有决定性的特征,这也就是哲学人类学与关于人的形而上学的原理(即人的责任能力)。责任能力不仅是人的本质,而且具有一种价值,一种作为我们责任的最终对象的存在的价值性。由此约纳斯从人这个存在看出了他的价值——责任能力,或者说,人的责任能力既反映了人的存在的突出特征又体现了它的价值,也就是说,生而为人,就决定了他具有责任能力,人本身是人必须负责任的本体论基础。

因此责任能力就变成了责任自身需要关注的对象,因为拥有它便使我们有义务使它在世界的存在永远保存下去。如果他丧失了它,也就丧失了作为人的这一突出的本体论特征,他也就不是一个真正或原来意义上的人了。所以人要终其一生为自己的责任能力负责。不仅如此,他还要让责任有其他的承担者，也让其他人（后来者）拥有责任能力，因为这也是我们的一个先天的责任。因为如果不让其他人具有责任能力，不让责任有其他的承担者，责任能力就不能持续存在。按照约纳斯的逻辑顺序，他就可以继续说：责任能力与其承担者必然联系在一起，因而它要求他们使未来的承担者也能存在。为了防止责任在世界消失——它的内在律令的要求——就必须有未来存在。由此约纳斯就完成了从本体论基础上证明人类为什么必须存在的问题。

现代哲学发生认识论转向以来，一直以意识为中心，而长期忽略身体（物质），约纳斯哲学则力图颠覆这一倾向，实现哲学的身体（自然）转向。按照约纳斯责任思想的思维原则，笛卡尔的身心二元论表面上似乎使得对于身体机能的解释获得了保障，但同时生命事实本身就变得不可理解。为此约纳斯尽力弥合二元论所造成的巨大鸿沟，把人置于自然整体之中并将身心合而为一以寻求对人的全新理解。约纳斯指出，现代生命哲学包括有机体哲学与心灵哲学两个部分，这一学科研究范围的划定本身就蕴含着这样的观念：即使是在最低形式的有机体中也预示了心灵的存在，哪怕是最高形式的灵魂也保持着物质机体的因素。亦即物质与心灵并非如笛卡尔信条那样是完全隔绝的。他高度关注新陈代谢这一基本生物学事实，并赋予其本体论高度上的重大意义：生命界普遍存在的新陈代谢机能本身就表明，所有的有机体（而非仅限于人类）都是以维持生存为目的的存在物，意义与价值也就不是专属于人类的，因此，一切生命有机体都应该得到生存的权利和起码的尊重。他还预告了一种基于自然的伦理学：它"最终既不是奠基于自我的自主，亦非群体的需要，而是由事物按其本性而做出的客观安排"。也就是说，伦理命令不是人所发明的，而是在自然中发现的。这样，约纳斯就从本体论角度摧毁了"是"与"应当"二分的现代教条。[1]

总而言之，为给责任伦理建立一个本体论基础，约纳斯设定了两个本体论公理：存在中目的性的在场表明存在优于非存在；对于存在本身作为目的性的可能性的最高实现来说，人的理念是至关重要的。这为他的伦理学公理打下了基础：绝不拿人类的整体存在去冒险。由此最终完成了对责任伦理哲学基础的构建。

---

[1] 杨振华. 为责任奠基——评汉斯·约纳斯 [J]. 唯实, 2012 (6): 32.

三、约纳斯责任伦理思想的独特魅力与新视角

列维（David Levy）根据约纳斯本人"哲学即人生"的主张认为，他"比维特根斯坦更伟大，比海德格尔更有益"。因为关注人类生存、提供人生指南曾是传统哲学一直以来坚守的基本准则，但这一传统在现代西方哲学实现认识论和语言学转向之后便被抛诸脑后，成为哲学研究中选择性的遗忘的一分子，就连20世纪哲学界这两位公认的天才也不能为人们提供助益。但约纳斯却勇敢地站在时尚潮流的对立面，时刻不忘哲学家的思想责任，承担起对人"终极关怀"的义务。

（一）责任伦理的独特魅力

面对人类的生态困境与难题，约纳斯给的出路是责任伦理，他认为人应当根据责任的原理而不是根据利益的压迫来改变自己的种类。达尔文的进化论揭示了在自然界中"适者生存、不适者遭淘汰"的事实。人类现在便面临着这个问题。如果要继续生存，就必须改造自己的种类，做出人类的一次"有意识的进化"。但是人类之所以要进行这种改造和进化，不仅仅是因为人类社会遭遇了生存的危机，经验了利益的压迫，意识到存在的不等性，而且我们之所以这样做，更主要的原因是来自一种原理：责任的原理——对自己负责、对子孙后代负责、对他人负责、对自然负责。那么责任伦理究竟是如何成为约纳斯的选择，它又是怎样使人类的活动具有了不同凡响的未来向度的呢？

第一，责任伦理是对传统伦理的一个重大突破。虽然责任是应用伦理学的核心范畴之一，但在传统伦理理论中，由于人类的权利和知识都非常有限，无法对未来某一刻知识或权利的情况做出预先的估计，所以人类只需要关注此时此刻的事情，而不用担心未来的一切。所以这一时期的伦理理论都没有关涉到"责任"这一范畴，直到近代以来，随着对权利、义务和公平的肯定，才内涵了责任的意识因子，但她仍未凸显而引起伦理学家们的重视。而在科技时代的今天，人类的权利和知识都在技术的发展下得到了最大限度地提高，技术化的社会使得人们拥有了过去从未拥有过的巨大力量，但是其产生的影响人们却知之甚少。这是因为经技术强化的知识和权利并非呈现出同样程度的提高，权利的膨胀速度超过了知识进步的速度，二者的失衡造成了更多的负面影响，这意味着责任伦理将要担负更多的义务。

相应地在伦理学领域，特别是在应用伦理学领域内责任问题引起哲学家或伦理学家们，以及整个社会生活实际工作部门的人们的普遍关心，进而成为人们探讨与交流的主题或主线。而且在当代社会，各种关系全面而充分地展开，才使得"责任"真正成为日益令人瞩目的问题。所以无论是企业社会责任、学术责任和政府责任中所涉及的"责任"更多地强调作为公共行政与管理的机构，以及在其中工作的当事人必须使其行为及其后果具有"可计算性""可度量性"及"可解释性"，这种行为必须是透明的，其后果是可以进行"问责"和追究的。所以科技时代伦理探讨中的"责任"突出的是一种对全球化事实和全球生态危机的回应，体现了对人类新的公共实践活动的深切伦理关怀。这种责任的焦点在于责任的公共性。

第二，"责任"解释力的进一步扩大。责任伦理是关系到行为过程整体的伦理法则，是考虑到事情发生前、发生中与发生后，以及相关行为的决策、执行、后果的全过程伦理考量。责任成为应用伦理学的核心范畴之一，就是由于其适用范围的大大拓展与延伸，具备更大的解释力。责任并不像有些学者所说的，只是外在的"必须"[1]。作为社会伦理，责任伦理是衔接个体道德与社会法律体系的环节。实际上，责任同样可以是一种个人内心的道德诉求或责任感，同时又可以是通过强硬手段进行追溯的刚性法律责任。责任伦理也是衔接道德形而上学与实践性规范的环节，既可以上溯到当事者的形上诉求，也可以追溯到行为者的社会责任。责任伦理以科技时代作为自己的出发点，把技术的后果想象成可能是灾难性的，从而提出新的原理并把它降低到最低程度。而对技术后果的预测或者想象的准则就是对"不幸的预测应该比对福祉的预测给予更多的关注"[2]。在约纳斯看来，技术的进步关涉人类事业的根基，它具有不可逆性，所以不允许出现任何的失误。技术的进步把自然和人类掌控在自己的手中，技术的每一个举动都会影响到自然界和整个人类，而且技术的发展并不能保证给自己留下充裕的时间进行自我纠正，所以尽早对技术的警戒是我们每个当代人的责任。责任伦理在一定的意义上，可以看作一种新形态的伦理理论。通过与法律、道德的互动，责任可以呈现出双重特性：一方面，通过外在的强化，社会责任转为内在的、个人的基本道德修养或我们通常所说的公德意识；另一方面，又不失为一种社会的伦理规范，

---

[1] 王海明. 新伦理学 [M]. 北京：商务印书馆，2001：317-318.

[2] Hans Jonas. *The Imperative of Responsibility: In Search of an Ethics for the Technological Age.* Chicago: The University of Chicago Press, 1984：31.

成为一个组织或一批人的行为指南。因此责任正是现代性社会的基本规范，责任观也应该是现代智慧的重要内容。

第三，"责任"凸显伦理学的实践维度。正是由于以前的伦理学更多地考虑此时此地的责任，或更多考虑对同时代的责任，而忽略了对遥远未来的后代的生存，这样就造成了单纯为了当前利益来发展技术，而没有顾及它可能会对子孙后代的存在产生威胁，为此就要强调"人在世界中的存在"这个公认自明的律令，要制定这样的普遍公理："让千秋万代拥有这样一个环境，在其中适于居住并有一个无愧"于"人的称呼的人类居住。"❶

只有进入 21 世纪，责任伦理才真正作为"实践哲学"进入公众的视野，这也反映出责任伦理是对科技进步的哲学反思、伦理回顾、道德追问和人类未来趋势的忧患求索。欧美企业正在广泛开展"企业社会责任"的教育和推行工作，欧盟已经于 2002 年启动"企业社会责任"计划。在政治行政领域，新公共管理运动的任务之一，就是进行公开、透明、负责任的行政改革。在科技与学术部门，基因、克隆、安乐死、网络、生态、环境、核利用等问题，把科技工作者的伦理责任问题提到了首位。全球化时代把每个人都不可避免地牵连其中，使得全球责任变成了每个人的公共责任。因为巨大的技术力量给人类和全球均带来了巨大的威胁，一种倡导责任的伦理学应该说是顺应我们行为的新特征的。约纳斯认为，新的责任伦理学同时呼唤一种审慎、节制等品质的新人性，因为只有新的人性，才可能真正履行责任伦理学的新规范。

约纳斯给了伦理学必须承担使命的两点理由。因为人们行动着，而且伦理学正是用来规范行为秩序，调节行为力量的。将被调节的行动力量越大，它就越必须存在。约纳斯认为："首先，我们共同的技术实践形成了一种新的人类行为，这不仅是因为它的方法的新颖性，更是因为它的一些对象的前所未有的特征，它的工程的十足庞大以及它的效果的无限累加的蔓延。由于上述几个方面的特点，我们又得出：无论它的任何直接目的有什么特殊性，我们以这种方式所做的一切，作为一个整体再也不能中立于伦理学之外了。"这些观点构成了责任伦理学的理论前提。而且伦理学说产生于某种特定的压力，"今天的压力发源于人类新的技术力量"，也就有了新的特点。如果新的技术

---

❶ 方秋明. 汉斯·约纳斯的责任伦理学研究［D］. 上海：复旦大学，2004：19.

力量废除了道德中立，那么它们的压力就会要求我们探索新的伦理学说。❶

为此约纳斯还提出了与新型的人类活动相应的律令："如此行动，以便你的行为的效果与人类永恒的真正生活一致"；或"如此行动，以便你的行为的效果不至于毁坏未来这种生活的可能性"；或"不要损害人类得以世代生活的环境"；或"在你的意志对象中，你当前的选择应考虑到人类未来的整体"。这个律令把个人行为与人类整体命运紧密联系起来，虽然它并不限制个人做出一些不利于自己的选择，但绝不允许拿人类命运冒险。我们无权为了眼前的更好生活而危及未来后代的生存。我们对那些尚不存在和从来也根本不必存在的负有义务，一种对它即将到来的存在负责的义务。同时面对当代科技文明的危机，约纳斯认为："以前没有一种伦理学曾考虑过人类生存的全球性条件及长远的未来，更不用说物种的生存了。"❷ 所以，面对今天这种现状，人们应该具有一种责任意识，这种意识会使人类通过对自己力量的自愿驾驭而阻止人类成为祸害。我们应该重新审视我们的道德信条，在今天，道德的正确性取决于对长远的、未来的责任性。约纳斯通过对父母责任和政治家责任的分析与论证，探讨了人们对遥远后代所应该承担负责的问题。这两种责任虽然存在一定的区别，但他们的责任指向都有一个共同的未来期许与目标，都是面对遥远的未来的责任。因而，当人们想到父母责任时，应该会涌起一种关怀后代的崇高感；每当想到政治家责任时，就应该会涌起一种关怀后代的使命感。❸

总之，责任伦理是以未来为导向的伦理，关心人类和自然界，事实上，在过去和现代存在许多以未来为导向的伦理学说，例如马克思就曾经提过对未来的深切关怀，生态主义者也提出过诸如保护自然界的观点。但是责任伦理学却是这个时代下最为合理的选择，原因就是它在哲学伦理学层面上给出了明确的指导，它提供了具体的方法，如忧患意识等，详细地论述了如何对技术保持警戒。它还从自然目的和价值论出发，有力地论证了人类和自然存在是一个绝对律令。这就大大超越了盲目批判技术跨越了一大步的同时，也成为技术时代最好的伦理准则——责任伦理。

---

❶ Hans Jonas. *The Imperative of Responsibility*: *In Search of an Ethics for the Technological Age.* Chicago: The University of Chicago Press, 1984: 23 - 24.

❷ Hans Jonas. *The Imperative of Responsibility*: *In Search of an Ethics for the Technological Age.* Chicago: The University of Chicago Press, 1984: 28.

❸ 方秋明. 汉斯·约纳斯的责任伦理学研究 [D]. 上海：复旦大学，2004：19，20.

(二) 责任伦理的新视角

自 20 世纪中叶以来,科学技术的快速发展给人类带来巨大的影响,与此同时,传统伦理学原则无法涵盖和应对现代科学与技术活动中出现的伦理问题。历史需要一种新的能够让人类摆脱现行价值冲突困境的技术时代的伦理理论。

1. 传统的伦理维度

在人类的伦理学进程中,伴随着文明的推进产生了适应时代要求的多姿多彩的伦理思想成果,其中对于德行的探索则一直持续不断。

德行伦理从自律的角度出发,强调行为者本身的德行对于实践活动的善恶决定作用,而这种以个体的感触为道德依据的原则,必然囿于个体自身的身心局限,而不可能顾及大多数人的愿望。但是在当今的科技时代,生态危机是全球性的普遍现状,个体的自律固然重要,但相对忽略了集体和人类整体的规范与道德要求。而且,具有德行与做出符合德行的行为之间并不能完全等同,这两者之间仍然有漫长的距离需要跨越。这样,德行伦理由于其指向对象的使然,很难以有效承担科技时代的伦理辩护重任。

功利主义伦理学则把快乐、幸福等感受当作内在的善,强调以行为的实际效用——结果——作为评判道德标准的依据,认为只要行为能够产生有益的、积极的后果,该行为便是"好的行为""善的行为",而不必考虑结果之外的其他事项。而且在不同的功利主义者那里,对于"善的行为"的标准却有着不同评价准则。功利主义的"鼻祖"边沁把"以最大多数人的最大幸福"作为最高的伦理原则,功利主义的集大成者穆勒则将表现为道德情感的良心确立为功利原则的根本力量。认为快乐不仅仅体现在数量上,更应该体现在质量上。快乐不仅仅是个体自我的幸福,也要平等对待他人的幸福。因此,维护公正,尊重自我与他人的权利,是实现"最大多数人的最大幸福"的重要保障。

功利主义的思维中尽管也提倡利他主义,主张维护社会公正,但其理论的根本立足点却更多地以行为的实际效用为评判的道德标准。而在科技时代中,技术过度利用造成的后果往往是灾难性、致命性的,因此,功利主义在应对科技时代问题时往往成为"事后诸葛亮"式的话语,很难在事情出现之前就采取有节制的行为与控制。而且功利主义在面对公正问题上所强调的多是同代人之间的公正,而忽视了对未来人的公正的考量,更谈不上代际公正的可能。

与功利主义相反，义务论改变了完全以行为结果作道德评判的准则，而仅仅将动机视为判断行为的道德标尺。康德是义务论最重要的代表人物，他认为行为的道德价值就在于为义务而行动，而非所欲望的目的。康德所主张的"义务"，"就是行为意志完全摆脱行为准则的实质方面，而使形式的方面服从于理性的（而不是感性的）普遍法则。……因此义务的行为就是善的行为；决定按照义务概念去行为的理性能力，就是善的意志。"[1] 康德认为义务来源于先验的善良意志。他通过意志自由、灵魂不朽与上帝存在三个设定为其义务论奠基，在此基础上，提出了行为必须具有可普遍性、以人为目的和意志自律三条道德律令。这样，康德的道德法则被悬置起来，无法向操作层面上纵深发展。在理论层面上使得整个有关道德法则的学说陷入了理性与信仰的矛盾之中。罗尔斯则发展了康德的义务论，这种发展并不只是他提出的两个正义原则，更重要的是罗尔斯强调了他的两个正义原则应用于制度的结果。罗尔斯提出了正义两原则：第一个原则是平等自由的原则，第二个原则是机会的公正平等和差别原则。其中，第一个原则优先于第二个原则；而第二个原则中的机会公正平等原则又优先于差别原则。

义务论尽管主张行为应该符合理性法则，强调正义与公平原则。但其将动机作为行为的最终道德判决，却有失偏颇。在科技时代的快速运行中，尽管个体行为的出发点可能是好的，但由于个体存在自身的有限性，以及知识把握的局限性，往往忽视了行为的负效应，动机与后果的分离极有可能造成消极的后果。义务论与功利论都是以具体的实践行为或者道德原则本身的善恶为道德评判的对象，而德行论则着眼于行为者本身，根据实践行为的主体本身是否具有良好的道德品质来进行道德判断。

总而言之，传统伦理原则具有如下特质：时间上的现时性：如，"爱邻如己"，"对待别人像你希望别人对待你自己一样"，"教你的孩子忠诚老实"等，这些对人类活动的直接标准提出了明确的界定，并且活动中的主体和对象是同时存在的，都是在同一个时间维度之内；空间上的相邻性：伦理原则所覆盖的地域被限定在特定的范围之内，伦理原则关涉的主体和对象作为邻居、朋友或敌人存在并相处，或以统治者与被统治者，弱者与强者及所有其他人与人相互作用所适用的角色共存。这样也就使所有的德行对这些相近活

---

[1] 周辅成. 西方著名伦理学家评传 [M]. 上海：上海人民出版社，1987：465.

动范围都适用和有效；更加关注此时此地：是一种可以被适用于所有具有善良意志的人的知识，人类善良的一般观念通常建立在人类天性和状态的不变的假设之上。但是当它转化为实践时，就要求一种此时此地的知识，因为这种道德知识总是与现时问题联系在一起，在它的特定情境中，主体活动自然地发展和终止，活动的善恶完全决定于那种短期的情境。只要出发点是好的，就可以不必考虑对后果的责任。在那时，人类力量的有限性不存在长远的预测知识，两者的乏力同样不存在什么过错与缺陷。

传统伦理过多的关注此时此地的实践活动，缺乏广阔深远的视域，因此，也被称为"近距离的伦理学"，在应对科技时代的道德问题时难免显得力不从心。而在传统伦理学之后兴起的科技伦理、生态伦理、生命伦理、基因伦理、大地伦理、深层生态学等理论，虽然已经开始重视科技时代的社会现实问题，将其他物种的责任与权利纳入到伦理学的视野之内，对人与自然的关系也进行了深度反思，在一定程度上对传统伦理学进行了"纠偏"与修正。但其共同的缺陷是，在批判了"人类中心主义"的立场之后，又倒向了自然主义的立场，缺乏整体性视野，其核心伦理理念大多局限于"平等、公平、正义"等范畴，没有将"责任"维度纳入到基本的伦理原则之中，而且它们所倡导的伦理原则更多着眼于经验层面，缺乏充分有力的本体论证明与哲学阐释。在社会生态现状日益凸显危机之际也不能提供有效的伦理关护与道德导向。因此，一门以"责任"范畴为基本原则的伦理就显得尤为迫切而重要，它既是伦理理论发展的一种需要，也是当今现实对伦理规范提出的新要求的一种回答，从而凸显了责任伦理的时代气息。

2. 责任伦理思想的新视角

责任伦理产生于这样的历史背景下，它从全新的伦理维度对当今时代做出了恰当的诠释与解读，我们通过对责任伦理的比较、分析与判断，发现了科技时代责任伦理的时代新特征与新维度。[1]

第一，责任伦理是一种整体性伦理。约纳斯主要从剖析责任的关系入手，他认为父母责任无论从时间还是本质上都应该是所有责任的原型。父母养育子女，为其提供教育、成长等诸方面的守护，直至成人，方方面面的责任都要尽到。约纳斯认为，第一位是要保证孩子的纯粹存在，然后才有他存在的良好状态。而这与政治家责任有十分相近之处，即首先保证有人类的基本现

---

[1] 甘绍平. 忧那思等人的新伦理究竟新在哪里？[J]. 哲学研究，2000（12）：53.

实存在，然后人类才有追求美好生活的可能。人类存在、人类的幸福生活才是政治家的真正目的。"政治家要对他的公民的物质存在到最高利益负责，从安全到丰富生活，从善行到幸福负责。"❶ 这是从责任伦理的内容来讲。而从责任主体来说，在西方传统法则中，伦理论证的类型及普遍的道德规则几乎都是与个体的行为和生活相关：谈善良、义务都是指个体的。而现代社会是一个越来越复杂的由设计与创新、生产与服务、交换与消费等领域与过程构成的巨大系统，其中个人的行为空间越来越窄。约纳斯认为，我们每个人所做的，与整个社会的行为整体相比非常有限，谁也无法对事物的变化发展起本质性的作用。当代世界出现的大量问题从严格意义上讲，是个体性的伦理所无法把握的，"我"将被"我们"、整体及作为整体的高级行为主体所取代，决策与行为将"成为集体政治的事情"。约纳斯借用霍布斯的"利维坦"来形容这一整体行为者：利维坦是当今时代最重要的责任承担者。正是在这个意义上，约纳斯的责任原则试图揭示的义务种类，是并非作为个体而是作为我们政治社会整体的那种行为主体的责任。

既然如此，约纳斯就必然要追问作为个人的我们究竟还能够做些什么，从而使未来人类的生存不致成为问题？在约纳斯看来，整体性行为从某种意义上讲毕竟是由无数个体行为集合而成的，利维坦并非是一个站在我们对面的庞然大物，"我们本身就是其中的因素"，我们完全可以一起发挥作用，通过选举行为也好，通过单纯的消费行为也好，或者通过拒绝去做某种事情也好。约纳斯进而提出了两点具体的提示：一是要加大正确观点的影响，而正确的观点一般是在个人手里；二是要靠正确的合适的个人去贯彻执行正确的愿望、意志、方案和战略。

第二，责任伦理是一种超越时空界限的伦理。约纳斯的责任伦理大大拓宽了伦理学时间和空间两个维度上的距离，他认为以前从未有一种伦理学曾考虑过人类生存的全球性条件及长远的未来，更不用说物种的生存了。而这是有深刻的历史原因的，由于当时的伦理学还远远不需要，也根本就没有机会去考虑。因此之前的西方伦理学无论从何种角度来看都只能是近距离的伦理学（或近爱之伦理），它所涉及的也均为人与人之间的直接关系，具体而言，是指当代人之间的关系；更确切地讲，是同一种族、同一文化圈内的当

---

❶ Hans Jonas. *The Imperative of Responsibility*: *In Search of an Ethics for the Technological Age*. Chicago: The University of Chicago Press, 1984: 101-102.

代人之间的关系。像"爱人如己""决不将他人作为自己的手段""正义""仁慈""给予""尊重"等道德准则,而这些毫无例外都是以直接当下为适用范围。约纳斯进一步论证到,在当今这个科学技术高度发达、经济生活相互依赖日益明显、生态环境呈现危机的时代,旧的近爱伦理的所指范围已经力所不能及了,所以在义务的目录或者要素中要"新加东西",即除了人与人之间关系意义上的义务之外,还要有对人类的义务,特别是对未来人类的尊重、责任与义务。伦理学必须更明确地以整个人类为导向,更社会化、更合作化。从时间上看,不仅目前活着的人是道德的对象,而且那些还没有出生、当然也不可能提出出生之要求的未来的人也是道德的对象;充分考虑到自己的行为对未来人类和整个大自然可能产生的影响,不可拿人类和地球的命运作赌注去尝试。这样,约纳斯就把传统伦理学的时间维度从过去拓展到现在和将来。从空间上看,他强调人类不仅要对自身负责,而且还要对动物、植物甚至所有的生命体负责,对我们赖以生存的整个自然环境负责,并且这种负责与保护并不是为了我们人类自己,而是为了自然本身。这样,约纳斯就实现了责任伦理学在空间上从人类向整个生态圈的拓展与延伸。于是借助于约纳斯的视力所及,在我们的眼前就浮现出了体现在未来人身上的时间和体现在大自然身上的空间这两个伦理学上以前未曾有人论及和关注过的新的维度。

同时,约纳斯还把自己的道德对象延伸到那些尚未出生的未来的人身上,突破了康德道德关系的局限与窠臼。因为现代社会的实践已经清楚地表明,今天科技对自然的侵害已造成全球性的后果,人类对自然的掠夺肯定会导致我们后代的生存基础的毁灭,而且人类的生存一刻也不能脱离自然的呵护,所以我们必须在自己的需求与未来人的生存之间把握一个适当的尺度,从而避免我们对自然的掠夺而毁灭了我们以至于后代的生存基础。我们有义务为后人留下一个可以生存、居住的安宁环境。

第三,责任伦理是一种连续性伦理。在约纳斯的思维中,父母和政府都应该使责任得到不断的延续与推进。因为责任所关注对象的生命是持续不断的,人类的存在是由不同年龄段的个体构成的,每时每刻都存在由小到大的序列,在一定程度上也可以说,我们每时每刻都与未来部分的联系在一起,我们感受到未来与我们同存,与我们一起慢慢成长。约纳斯认为,谁也不会一味地去追问一千年以后是否还有人类存在这样的问题,因为我们只要看到母亲怀抱孩子、父亲站在身边这样的情形,人们自然就会感受到自己对未来的责任。所以对未来的责任也就是对我们自己的责任,我们与未来同在。而且责任伦理会根据现实的需要而提出新的要求与期待,在我们这个日益全球化的时代,现代社会越来越成为一个相互作用、相互影响的巨大系统,个人作用的发挥只会成为某个系统运行中的环节和交错点,而且个人的成长是以未来目标为指向的,是一个不断调试、平衡与调整的过程。这样由于关注责任的连续性,伦理学就连接了过去、现在和未来,使得责任主体不仅对过去和现在所做之事负责,而且还要对未来负责,因而责任伦理学也可以说是一种全程伦理学。

这样,我们就对责任伦理对科技时代人类生存的巨大意义有了较为完整的理解与把握,为我们科技时代的发展打开了一扇新的伦理视窗,以此为准则来构筑新时代的伦理关系,以期为人类的和谐生存造就一个温馨的环境。

(三) 技术时代的责任伦理思想实践

在国外学者中,对责任伦理学展开深入而具体实践的是著名的系统哲学家欧文·拉兹洛。他出版了《世界未来》及丛书,1996年,他又成立了"布达佩斯俱乐部",一起从进化的视角寻求能解决全球问题的某些原理、规律和途径,以期人类能有意识地改变自己的价值观和行为,从而避免或至少减轻灾变。而他对责任伦理的实践思想集中体现在《第三个1000年:挑战和前景——布达佩斯俱乐部第一份报告》中,尔后他又于2001年出版了《巨变》。在这些著作中,他勾画了人类现在的状况,以及未来可能出现的图景,阐述了此情此景下个人、企业、国家、社会等新的责任使命。

第一,个人应为全球而负责任地生活。个人要坚持全球性思考和负责任地生活,全球性思考是对过程和动态整体,而非结构和静态局部进行思考,它延伸到一个人做的一切事情和消费的一切东西。这就要求我们在衣食住行方面想到自己的消费过度不仅不利于个人健康,而且更不利于地球环境,应审慎地选择消费理念。负责任地生活意味着做出自觉的职业与生活方式的选择,在行动和消费的方式等一切方面出于与我们的社区、民族和文化,以及全球人民、国家和文化的共同体的一体感情,以真正的人类的和文化的品位,在生存的一切方面做出有思想的和有道德的选择。总之,就是"以所有其他人均能照此生活的方式生活"。❶

---

❶ [美] 欧文·拉兹洛. 第三个1000年:挑战和前景——布达佩斯俱乐部第一份报告 [M]. 王宏昌,王裕棣,译. 北京:社会科学文献出版社,2001:60-61.

第二，企业要创造一种负责任的企业文化。在全球化的视域中，我们的企业管理者应时刻谨记自己企业的哲学、认同和文化，以及企业文化的作用发挥和伦理价值。从关心自身盈利到关心与企业有关的所有人的幸福前景着想，而这就要求企业树立一种全球责任观。企业在坚守法律责任的同时，还要对其活动给人民生活的影响和冲击进行充分的事前评估和自愿责任承担。不仅关心经济效益，更要注重社会效益，对生态平衡、环境保护等关系到千秋万代的事业做出应有的贡献，为此我们要改变过去竞争中"我赢，你输"的零和博弈，实行"我赢，你赢"的正和博弈。

第三，政府要拓展自己的行政视野。政府行政既要强调方针、政策的贯彻执行，更要评估政策一旦推行所带来的全部后果，而这种责任不仅表现为政府及行政人员的责任意识，而且体现在他们的责任行为上。这种政府的责任伦理要根植于行政人员的内心，成为一种无条件的责任自觉。而且政治家的眼光也要从自己民族国家的水平上升到互相联系和互相依赖的全球社会，这要求他们超越国家主权的神话，在应对和平与安全及生态可持续性问题时具有国际胸怀，在这些方面要把权力适当转移给地区或全球性层次上的联合体，着眼于全球的未来，制定得力的措施，如此才可能使地球免遭进一步破坏和污染。

第四，社会采取一种对自然的新态度。德国哲学家、神学家汉斯·昆积极倡导全球责任或全球伦理，他认为生态危机不仅仅是"生态的"危机，更是人类关于生态的"伦理价值"的危机。这一危机不仅仅是区域性的危机，而且是全球性的危机。同时也有的世界性组织于1997年发布《人类责任环球宣言》（以下简称《宣言》），该《宣言》指出："因为全球相互依赖，要求我们必须彼此和谐生活，人类需要规则和限制。没有伦理学及其带来的自我约束，人类将回到适者生存。世界现在需要可以在上面立足的伦理学基础。"[1]我们应时刻想到："人在健康环境中才能存活，能生产和再生产他们生存需要的资源。因此短期交易必须始终用人类的和生态的利益长期抑制来衡量"[2]。因此我们必须保证自然的生命支持循环圈和生命支持系统之间的动态平衡。当代社会需要认识和尊重这种伦理准则，它对整个人类的生存前景具有举足

---

[1] [美] 欧文·拉兹洛. 第三个1000年：挑战和前景——布达佩斯俱乐部第一份报告 [M]. 王宏昌，王裕榡，译. 北京：社会科学文献出版社，2001：83.

[2] [美] 欧文·拉兹洛. 第三个1000年：挑战和前景——布达佩斯俱乐部第一份报告 [M]. 王宏昌，王裕榡，译. 北京：社会科学文献出版社，2001：86.

轻重的价值和意义。

根据拉兹洛的思维路径，人类面临的最根本的问题是：我们太多人胃口太大，共享一个有限的而且现在受损害的和缩小的"资源蛋糕"。这块"蛋糕"就会很快被吃光，那时人类的生存就面临着危险。而拉兹洛以系统哲学作为责任实践的基础，强调一种整体的思维和观点，认为这是人类进化的必然选择与结果。为此人类必须改变自己的传统和习惯，有意地进行一场意识革命，在多样性中寻求统一，因为相互依存不仅意味着并肩生活和成长，而且意味着彼此合作，互相通过对方得以生存。不过，拉兹洛的责任伦理的实践也有一个可行性问题。只要穷人们没有过上真正满意的生活，他们就不可能如此有节制地生活。所以怎样解决贫困问题？个人有节制的生活到底有什么样的限度？能不能制定有关的国际法规定人类生活方式的底线？富人们与穷人们怎样才能达成一致，共同过着美化地球家园、美化人类的生活？……而这些还需要所有的人真诚而又严肃的思考、参与和共同努力，只有如此，或许人类才能突破现有的科技困境，进入一种新的更高级的文明和责任伦理的践行的理想境界。

（四）作为建设性的责任伦理思想

当然，对于责任伦理来说，在喝彩的同时也必然伴随有质疑和诘难，海德堡哲学教授维兰德就对这一新伦理做出了自己的批评性回应。维兰德肯定了责任伦理是一种新的伦理维度，是对原有责任的延伸和外延。但反对将其界定为新伦理，因为约纳斯的责任原则的提出，并不意味着道德意识的发展进入了一个新阶段。而且责任伦理既要以行为后果为导向，还要以其为基础，这种要求本身就是不能实现的。再者，他认为责任伦理学缺乏行为者应对之负责的特定主管，也没有相应的制裁机制，因而它只是一种意识或知识的对象，所以绝不可能发挥与法律担保相类似的功能。我国学者张黎夫从行为主体的复杂性和多元性致使责任主体悬置；科技后果的难以预测性使责任伦理的"积极指导"可能受挫；责任伦理排斥了良知和法律使其失去可靠的主管和相应的制裁机制而难以发挥作用等诸方面对责任伦理的意义做出质疑与批评性回应。

20 世纪 50 年代以后，对现代性持质疑、批判甚至否定态度的后现代主义盛行于整个西方学界，约纳斯的哲学思想毫无疑义也属于这种后现代主义思潮的一个组成部分。但与纯粹解构式的、破坏性的后现代诸思想家不同，约纳斯的思想更接近于大卫·格里芬与小约翰·柯布等人的建设性后现代主义路径。在批判考察现代观念之缺陷的同时，约纳斯也为拯救现代性危机做出了不遗余力的努力。鲍曼就认为，约纳斯的大部分工作是致力于对疯狂的现代化条件下现代性应该做的与其能做的之间矛盾的研究。他的哲学可以被视作对现代性困境的有益探索和主动性建设。约纳斯运用"恐惧启示法"警示现代科技与经济发展模式的重大危机，同时，他又不同于绝大多数后现代主义思想的精神传统，没有陷入悲观主义的思维困境之中，而是积极通过倡导面向生态整体与人类未来的责任伦理来纠正乌托邦式的发展理念，从而预言了可持续发展的科学观念。在当代应用伦理学领域中，"责任"已成为核心词汇，在科技伦理、生命伦理、环境伦理乃至行政伦理等诸多学科的诸多论争中，约纳斯责任伦理思想已成为重要的思想资源和关乎人类未来之路不可或缺的选择之一。

当然面对一种新思想的出现而形成各种各样的回应是再正常不过的事了，但从这些热烈的争论中我们依然能够感受到人类对这一问题的关注与焦虑，因为归根结底它关涉人类自身及其子孙后代的生存问题，也是人类的责任和道德底线之所在。可以说，约纳斯的责任伦理在哲学上似乎并没有提供多少玄妙深邃的思想，然而他向我们昭示了我们当前肩负的巨大责任，向我们提示了或许只有重新召唤对神圣事物的敬畏、恐惧才能有效阻止人们的越轨行为。最珍贵的是，他为我们提供了这样一个原则：决不要被所谓的我们只能无助地听命于"客观必然性"的说教所诱导；一定要明辨在"人们是如何思考的、人们在思考些什么、人们在说什么、人们在相互的交往中是如何传播观念的"与自然事物的进程之间存在着的差别。因为人类本身已经具备了摧毁未来的力量，如果我们不去努力、放弃作为就一定会造成灾难，虽然这种努力的结果无法担保，而这本来是我们能够预见并且应当阻止的。❶ 同时今天的应用伦理学也正在积极探索道德的机制化、结构化和法规化的问题，正如霍曼所言："没有监控与制裁，道德起不了作用。"通过我们对责任伦理学的不断完善和改进，以及使其更加实用化、可操作化，这种对人类寄予无限厚望的责任准则一定会散发出它那智慧的光彩，照亮人类生存、发展的光芒大道。

约纳斯的责任伦理作为今天我们面对科技过度发展所发出的"应该"的呼唤，呼唤我们保护人的责任能力，保护比我们弱小的生命物种及整个自然

---

❶ 甘绍平．忧那思等人的新伦理究竟新在哪里？[J]．哲学研究，2000（12）：59．

的完整和延续，探求科技主导下人类行为的恰当方式，是人类以积极、开放的姿态回应科技时代人类未来与前景的理智选择，以期能对人类和自然的未来承担起时代的责任。诚然，即使在现在看来约纳斯的责任伦理仍存在诸多的不完善之处，责任意识的推广与责任伦理的实践，还需要解决全球平等，缩小贫富差距，消除各种不平等的交往等众多难题，但我们绝不能就此否认它的内在价值和积极影响。面对当前时代全人类的生态困境，需要所有人积极参与，进一步修正、完善"责任"的伦理原则。一方面充分了解和把握当前的现实状况和时代精神；另一方面更好地回顾、重拾过去的已知，从前人的思想传统中汲取营养。这就是生活在技术时代的我们的"责任"。简而言之，我们今天所作出的"责任"的选择，正是在恢复人类在科技时代已逐渐全面丧失了的几千年来一直在苦苦追索的"人"的价值。这种"人"的价值就是人类原精神。只有恢复它，才有可能获得真正健康而有意义的人类生存与环境和谐。

显然，责任伦理的实践任重而道远，需要几代人的不断探索与奋进。这也必然会成为生活在今天科技时代下我们的时代职责与精神气质，需要全社会人的积极参与和勇于求索！只有这样，才有可能使责任理念深入人心，责任意识回归人的心灵，责任原则成为人们生存与活动的重要准则与指南。

参考文献

[1] 周辅成. 西方著名伦理学家评传 [M]. 上海：上海人民出版社，1987.

[2] 薛勇民. 走向生态价值的深处：后现代环境伦理学的当代诠释 [M]. 太原：山西科学技术出版社，2006.

[3] 张德昭. 深度的人文关怀：环境伦理学的内在价值范畴研究 [M]. 北京：中国社会科学出版社，2006.

[4] 张传有. 伦理学引论 [M]. 北京：人民出版社，2006.

[5] 舒红跃. 技术与生活世界 [M]. 北京：中国社会科学出版社，2006.

[6] [美] 曼·E. 鲍伊. 经济伦理学 [M]. 夏镇平，译. 上海：上海译文出版社，2006.

[7] 赵兴宏，王健. 伦理学原理 [M]. 沈阳：辽宁人民出版社，2006.

[8] 罗国杰，马博宣. 伦理学教程 [M]. 北京：中国人民大学出版社，1986.

[9] 宋希仁. 西方伦理学思想史 [M]. 长沙：湖南教育出版社，2006.

[10] 王海明. 新伦理学 [M]. 北京：商务印书馆，2001.

[11] 杨莉，张铁军. 科技时代的伦理问题研究 [M]. 兰州：甘肃人民出版社，2004.

[12] 甘绍平. 应用伦理学前沿问题研究 [M]. 南昌：江西人民出版社，2002.

[13] Hans Jonas. The Imperative of Responsibility：In Search of an Ethics for the Technological Age［M］．Chicago：The University of Chicago Press，1984.

[14] Hans Jonas. The Phenomenon of Life：Toward a Philosophical Biology［M］．Chicago：University of Chicago Press，1982.

[15] 方秋明．汉斯·约纳斯的责任伦理学研究［D］．上海：复旦大学，2004.

[16] 代文彬．三维视角下我国责任行政的构建［D］．武汉：华中师范大学，2004.

[17] 杨岩基．因科技时代的来临与责任伦理的兴起［D］．长春：吉林大学，2004.

[18] 林琳．从"我"到"类"的责任：现代科学技术的伦理反思［D］．长春：吉林大学，2005.

[19] 衣永红．责任伦理学视野中的可持续发展［D］．广州：华侨大学，2005.

[20] 甘绍平．伦理学的新视角——团体：道义责任的载体［J］．道德与文明，1998（6）．

[21] 甘绍平．应用伦理学的特点与方法［J］．哲学动态，1999（12）．

[22] 甘绍平．忧那思等人的新伦理究竟新在哪里？［J］．哲学研究，2000（12）．

[23] 朱葆伟．科学技术伦理：公正和责任［J］．哲学动态，2000（10）．

[24] 罗亚玲．环境伦理作为责任伦理［J］．道德与文明，2005（1）．

[25] 方秋明．技术发展与责任伦理［J］．科学技术与辩证法，2005（10）．

[26] 张旭．技术时代的责任伦理学：论汉斯·约纳斯［J］．中国人民大学学报，2003（2）．

[27] 张黎夫．科技时代的伦理（责任伦理）之困惑［J］．湖北社会科学，2004（3）．

[28] 王文科．科技行为选择的前瞻性责任伦理［J］．西南师范大学学报（人文社会科学版），2006（3）．

[29] 李侠，邢润川．论科技伦理主体与伦理责任的结构性失衡［J］．科学技术与辩证法，2002（8）．

[30] 王玉明．论政府的责任伦理［J］．岭南学刊，2005（3）．

[31] 李三虎．马克思的技术伦理思想及其地位［J］．哲学研究，2005（2）．

[32] 左乐平．祛魅化世界与责任伦理［J］．五邑大学学报（社会科学版），2005（11）．

[33] 王海龙，岳志勇．权力政治与责任伦理［J］．社会科学家，2003（1）．

[34] 贺来．现代人的价值处境与"责任伦理"的自觉［J］．江海学刊，2004（4）．

[35] 谭培文．行政伦理是一种责任伦理［J］．成都行政学院学报，2003（2）．

[36] ［瑞士］G.恩德利．意图伦理与责任伦理——一种假对立［J］．王浩，乔亨利，译．国外社会科学，1998（3）．

第三编　马克思主义责任思想

第十一章 马克思责任思想

"哲学家们只是用不同的方式解释世界，问题在于改变世界。"❶ 19 世纪的世界历史和人类社会呼唤着能够发出这种振聋发聩的声音的思想巨人和实践伟人，时代的发展形成和塑造着这种"实践哲学家"。马克思和恩格斯两位伟大思想家就立足于这个需要着他们的时代，将"批判的武器"和"武器的批判"有机结合起来以改变世界。"批判的武器当然不能代替武器的批判。"❷ 但批判的武器总在一定程度上成为武器的批判的理论先导和思想前提，对社会和时代产生不可比拟的巨大历史作用。而马克思主义和共产主义就是强大而有力的"批判的武器体系"，也是世界历史和人类社会前进的强大引擎。而在这种强大批判武器体系中，马克思主义、共产主义创始人之一的马克思基于实践基础上进行了涉及多领域、涵盖多方面的多种思想创造和理论创新，应该说创造了多种思想武器，形成了一个人类史上的巨大理论宝库。而对其进行深度研究和不断发掘，则是时代赋予我们的重要使命。

人类社会的产生和发展是一个历史过程，总是伴随着人自身的某种意识的唤醒和启蒙而不断前进。人在其现实性上，不仅是社会关系的总和，还是人实现自身价值性存在的一种发展向度。人的价值性存在既是对于人与人之间，也是对于人与社会之间的一种关系性把握。在这诸多关系当中，责任可作为人的一种重要生存和发展向度来把握，有社会、有人类就会相应地有责任，这是不可避免的历史逻辑。自古至今，诸多哲人和思想大家都对责任进行了不同侧重的研究。而马克思在其著述和理论体系中，也对责任进行了一定程度的探讨和研究。在马克思主义理论宝库中发现其"责任之光"的光辉

---

❶ 中共中央马克思恩格斯列宁斯大林著作编译局，编译. 马克思恩格斯全集（第一卷）[M]. 北京：人民出版社，2009：502.
❷ 中共中央马克思恩格斯列宁斯大林著作编译局，编译. 马克思恩格斯全集（第一卷）[M]. 北京：人民出版社，2009：11.

智慧，是"改变世界"、推进责任实践的有力前提，也是实现马克思责任思想时代意义和当代价值的题中应有之义。

一、马克思责任思想的时代背景和产生基础

"理论在一个国家实现的程度，总是取决于理论满足这个国家的需要的程度。"❶ 马克思在这里揭示了理论的产生与实践发展和时代呼唤的一般关系。而马克思和恩格斯又在《德意志意识形态》中指出："一切划时代的体系的真正的内容都是由于产生这些体系的那个时期的需要而形成起来的。所有这些体系都是以本国过去的整个发展为基础的，是以阶级关系的历史形式及其政治的、道德的、哲学的以及其他的后果为基础的。"❷ 这就全面阐述了思想理论的产生基础不仅在于实践的发展和时代的需要，而且还在于理论的培育和价值的呼唤，这是思想理论产生和发展的必然逻辑。马克思责任思想也不可避免地在这个逻辑之中产生，这其中既有时代的力量，又有真理的力量、价值的力量，因而这种历史合力使得马克思责任思想应运而生。

（一）实践之基

历史的"火车头"开进 19 世纪之后，其本身便蕴含着一场伟大的时代变革，或者说包含着伟大变革的因素。究其原因，一方面，新航路的开辟使得这列"火车"是世界范围内的，是作用于人类社会和世界历史的，即地理大发现使这列火车开遍全球；另一方面，资本主义经济的发展使得这列"火车"满载发达的社会生产力，积聚了时代变革的雄厚物质基础，即资本主义经济发展使这列火车"能量"强大。因此，工业革命到底是不是势在必行，这个问题已经有了答案。时代变革已经不是出现不出现的问题，而是何时出现、以何种程度出现的问题。而人作为时代变革的主体和主力军，与时代的关系十分密切。人的思想、意识及其生存状态已经融入时代发展和变革，并且能够对时代产生重大的作用。马克思责任思想就生成于 19 世纪的时代变革之中，并且在充分考虑到当时人的生存状态之后形成体系，成为作用于时代、服务于人类的理论。

---

❶ 中共中央马克思恩格斯列宁斯大林著作编译局，编译．马克思恩格斯全集（第一卷）[M]．北京：人民出版社，2009：12.

❷ 中共中央马克思恩格斯列宁斯大林著作编译局，编译．马克思恩格斯全集（第三卷）[M]．北京：人民出版社，1960：544.

1. 时代变革的需要

时代的力量总是产生思想、生成理论的最强大的动力,而这个时代当时的社会历史条件则是思想和理论形成和发展的最深厚的土壤。思想理论的出现不是因为时代的静止而是因为时代的运动,即在一个历史过程中形成的,这个历史过程既是时代变革的动态过程,也是思想发展的逻辑过程,而思想发展的逻辑过程又以时代变革过程为前提。当然,马克思责任思想也不例外,也不能脱离这个必然规律。因此,马克思责任思想的形成首先就是在于时代变革之需要。

人类社会经过长期历史发展,"火车头"终于开进19世纪,其本身所包含的革命因素一经触发则将以疾风骤雨般磅礴大势遍及全球,产生前所未有的时代大变革,工业革命就是这场大变革的"导火索"。工业革命既是创造了"比过去一切世代创造的全部生产力还要多、还要大"❶的生产力的历史生产器,又是生产和激化无产阶级和资产阶级激烈对抗的"矛盾对撞机"。这样说来,这个大变革的时代首先就是生产力大发展,以及无产阶级与资产阶级矛盾大发展的时代。而且,这种矛盾的最高表现形式也就在于发展的生产力和滞后的生产关系二者对抗本身。就当时而言,生产的社会化同资本主义私人占有之间的矛盾,这是繁衍社会两大阶级矛盾和其他社会矛盾的总根源,也是呼唤解决矛盾方案出现的原动力。马克思敏锐地掌握到了这一时代信息,及时地演奏出人类解放的"第一提琴曲",把共产主义和无产阶级革命作为促进人类的解放和自由全面发展的根本途径和方法,并且在长期艰苦卓绝而又卓有成效的斗争中与另一位革命导师恩格斯形成了自己的理论体系,即马克思主义,这是指导无产阶级革命和人类解放事业走向共产主义的强大思想武器,对人类历史和社会发展来说具有无可比拟的深远历史意义和重大现实意义。马克思主义作为科学理论体系为人类解放事业提供了强有力的理论指导,作用于诸多方面,是涵盖范围极广的思想指导力量,这不仅符合历史发展趋势,也符合现实发展需要。

马克思责任思想亦然。无产阶级革命发展的实践和工人运动的蓬勃发展亟待解决的一个首要问题就是无产阶级、社会主义运动自身所扮演的角色、所承担的使命和责任担当问题。以往空想社会主义给出的答案为空白,而马

---

❶ 中共中央马克思恩格斯列宁斯大林著作编译局, 编译. 马克思恩格斯全集(第二卷)[M]. 北京: 人民出版社, 2009: 36.

克思则填补了这一空白，使得无产阶级得以真正确立自身，将历史之车驶向前方。可以说，这是一种对时代需要的及时回应，也是马克思本人崇高理想使马克思承担的历史责任和人类解放事业的责任，即马克思责任思想的产生本身就是一种时代的责任和马克思的责任。

2. 现实人的生存状态和发展需要

历史的发展绝不可能脱离人的力量而单独成立，人在历史发展过程中也对未来的发展形态有着某种更高的要求和更美好的希冀，因此，这是思想理论产生的极具人性的原因，这样，人的力量和思维的力量也就极大地推动了历史的"火车头"。这样看来，马克思责任思想就是对人的一种最大的关照，这种关照不仅是一种作用于人的历史的正能量，而且也是对人生存和发展的根本尺度——真善美的考量和确立。也就是说，马克思责任思想的产生不仅是呼应时代变革需要的结果，还是呼应人民生存和发展需要的结果。

19世纪是变革的时代，从社会层面到个人层面、从生产方式到生活方式、从人的生存到发展都产生了历史性变革，这与资本主义的发展和工业革命的兴起关系重大。资本主义经济快速发展在极大增加社会物质财富的同时也带来了贫富分化和精神空虚，工业革命在提高生产效率的同时也带来了环境污染、生态恶化和人的异化，以及由经济基础的变革所导致的上层建筑的变革：社会矛盾、两大阶级的激烈对抗和政治革命的此起彼伏、意识形态和人们思想观念的巨大变化等。这些矛盾性都在"以人为中心"的世纪集中地爆发出来了，而马克思则抓住了时代的主要矛盾和核心问题，即从事物的根本来把握问题，"而人的根本就是人本身"。❶ 但是马克思所理解的这个"人"，也并非是抽象意义上的人，而是活生生的、形象的、具体的、现实存在的人，把这种具体的"人"置于19世纪这个时代来考察，问题中心的转换就具备了一定的前提和基础。也就是说，从何种意义上理解19世纪的人，如何把握人的根本，这是马克思责任思想中心问题的逻辑起点和核心要义。

马克思正是从人这一根本问题出发，来考察19世纪人的生存和发展状态，以形成马克思责任思想的。这就相当于讲，马克思责任思想的形成也就是现实的人生存状态和发展的需要。19世纪的人生活水平和生存状况如何，他们发展的空间和未来的前途如何，现实困扰他们、影响生存和发展的矛盾

---

❶ 中共中央马克思恩格斯列宁斯大林著作编译局，编译. 马克思恩格斯全集（第一卷）[M]. 北京：人民出版社，2009：11.

和问题如何解决，以及如何通向未来的美好世界，这些都是亟待从理论上解决和回答的重大现实问题。而解决这个问题的关键又在于把理论的视野转移到无产阶级和无产阶级革命上来。因为，在那个时代，他们的生存和发展状况直接影响甚至决定着人类和社会发展走向，他们是社会生产的主力军和社会变革的主体，直接影响着世界历史往何处去。而无产阶级和广大劳动群众当时的生存状况和发展情况究竟是什么样子，马克思在《共产党宣言》和《1844年经济学哲学手稿》中都作了许多精辟论述和全面概括，而且实际情况想必在世界历史和人类头脑中都有完整而清晰的负面答案，在此不做一一赘述。所以，为无产阶级和广大劳动人民群众谋利益，这是马克思和马克思主义以无产阶级革命事业和人类解放事业为己任的根本原因，也是马克思责任思想以至于整个马克思主义理论体系产生和发展的必然逻辑。

（二）理论之源

马克思关于责任的优秀思想和精辟论述既产生于实践的土壤，也具有深厚的理论基础和不竭的思想源泉。这其中既有德国古典哲学和18世纪法国唯物主义的影响，又有英国古典政治经济学和空想社会主义的启示，从这三个方面来考量马克思责任思想的理论来源是较为系统和全面的，也是把握马克思责任思想理论特色和理论品格的必要方法。

1. 德国古典哲学和18世纪法国哲学的孕育

德国古典哲学对马克思的思想和理论的影响是十分巨大的，这是毫无疑问的。因而，从德国古典哲学宝库中探寻、分析和研究马克思责任思想的理论渊源是意义重大和十分必要的。从德国古典哲学的思想内容、演进机理、变革过程和哲学精神等多方面来讲，马克思责任思想都与其有着莫大的关联，受到德国古典哲学的深刻影响和理论滋养。而自启蒙运动以来，启蒙思想和18世纪的法国哲学也以极为磅礴的思维的力量影响到了马克思责任思想的形成。因此，可以这样说，在世界观层面和哲学高度为马克思责任思想向前铺路的是具有德国国籍和法国国籍的思想工程师，他们孕育了自己的哲学，也在一定程度上孕育了马克思主义哲学和马克思责任思想。

马克思责任思想首先受益于启蒙运动的先贤思想家们，以西方哲学为主体的理性主义思潮和思维习惯也集大成于此。受生活环境和周围文化氛围的影响，马克思所在的莱茵省也是被启蒙思潮笼罩的代表地方之一。马克思的父亲对马克思的影响巨大，他的父亲首先就"深受启蒙精神的影响"[1]，因此，青年马克思也具有深深的启蒙色彩。这种色彩最初体现在马克思的中学毕业论文当中，青年马克思认为："我们并不总是能够选择我们自认为合适的职业；我们在社会上的关系，还在我们有能力决定它们以前就已经在某种程度上开始确立了。"[2] 这说明，启蒙运动中关于人的使命是追求普遍幸福和自由平等的这种理想和信念都深深影响了青年马克思，这也是马克思责任思想初期的理论来源之一。而德国古典哲学的创始人，同时也是启蒙运动理性主义后期最主要的哲学家康德则主要启发了马克思哲学和责任思想的出发点，即人或理性的有限性。进步的地方是，马克思并不承认康德哲学中这种抽象意义的人，而是把人作为一种具体性、超越性的存在，"在其现实性上，它是一切社会关系的总和"[3]，马克思将其自身的出发点发展成为人的主观能动性的有限性，以及社会生活的实践本质，这就奠定了责任思想的根本理论前提。其后，费希特进一步影响到了马克思的人作为历史主体的观念以及人自身的有限性，黑格尔和费尔巴哈则分别给予了马克思辩证法和唯物主义两大武器，马克思将其合而为一，用以辩证地、批判地、现实地阐述和完善责任思想。值得注意的是，18世纪法国的唯物主义哲学对马克思也产生了重大影响，马克思责任思想正是在对18世纪法国唯物主义优秀成果的继承发展和对其局限性的批判的基础上真正确立了责任的主体——现实的、具体的而非抽象意义上的人，并且这是从实践当中来理解的。这些优秀思想成果孕育了马克思责任思想的最初形态。

2. 英国古典政治经济学的影响

如果说德国哲学和法国哲学铺的是世界观和方法论之路，那么英国古典政治经济学则给马克思责任思想铺上逻辑和论证之路，使马克思责任思想充满逻辑的魅力和力量。但是这种作用的发挥是以英国古典政治经济学从两方面对马克思责任思想产生的重大影响为前提的，一是英国经济学为资本主义经济的发展提供了理论前提和思想指导，资本主义经济的发展又为马克思主

---

[1] [法] 奥古斯特·科尔纽. 马克思恩格斯传（第一卷）[M]. 北京：生活·读书·新知三联书店，1980：53.
[2] 中共中央马克思恩格斯列宁斯大林著作编译局，编译. 马克思恩格斯全集（第一卷）[M]. 北京：人民出版社，2002：457.
[3] 中共中央马克思恩格斯列宁斯大林著作编译局，编译. 马克思恩格斯全集（第一卷）[M]. 北京：人民出版社，2009：501.

义政治经济学和经济社会当中的责任思想提供了实践基础,也就是说马克思责任思想的批判性和科学性是基于这种理论和实践的双重发展;二是英国古典政治经济学把马克思责任思想的关注视角从世界观层面转移到资本主义社会经济发展和阶级对抗和社会矛盾的解决上来,以期能够更为细致地考察资本主义社会和社会主义社会的责任共同体建设,以及在这两大社会形态生存的人、阶级如何实现责任理想和社会理想状态。

从威廉·配第到亚当·斯密,英国古典政治经济学理论体系初步建立起来,其中,亚当·斯密系统论述的劳动价值论、增加国民财富的方法和资本主义社会三大阶级划分理论,对马克思的责任学说的影响尤其之大,商品社会中各经济主体、社会当中各大阶级的利益关系开始慢慢明确,这也是分析其责任的重要前提。直至大卫·李嘉图,从工资和利润、利润和地租相对立着手,揭示无产阶级和资产阶级、资产阶级和地主阶级的矛盾和对立,为马克思经济学范式提供了一个基本方法,更是为马克思责任学说对责任主体的划分,以及他们之间的对立统一关系具有指导意义。而且,英国古典政治经济学当中的"经济人"假设和"从人的本性出发"的思想原则,从利益和本性角度充分说明了人和外部世界、人和其他人的关系,以及所要承担的责任义务关系,这是马克思责任学说的重要思想材料之一。

3. 英、法空想社会主义的启示

"理性的胜利"已经难以在欧洲各国实现,在启蒙思想家脑海中构建的美好社会蓝图已然成了一幅令人极其失望的"讽刺画",这是使乌托邦重获生机的绝佳时机,因而空想社会主义应运而生。空想社会主义关注最广大劳苦人民的生活和未来,立足资本主义现实对其进行批判(虽然只是描述性、文学性的批判),并且用其奇妙的画笔描绘了未来社会的美好蓝图和发展形态。这给了马克思诸多启示,一方面,马克思责任思想关于主体的人真正落实到了人类社会发展各阶段中特别是资本主义社会和社会主义社会之中的阶级上来,不论是作为"哲学人"还是"经济人",他归根结底都是一个"社会人",是一切社会关系的总和。而在这当中,最主要的又是生产关系,对生产资料的占有,以及分配无情地划分出了享乐的人和受苦的人,而他们的责任是什么又根据他们的社会关系和社会经济地位而又有所不同,所以,这是马克思责任学说主要把握的地方之一。另一方面,空想社会主义的局限性使得马克思有责任和使命为广大劳动群众创立科学社会主义学说,使社会主义从空想变为科学,使无产阶级真正认识到自身的存在及其历史使命和时代责任,并且通过何种方式来实现这种使命和责任，这不仅是科学社会主义要解答的问题，而且也是马克思责任思想的重要组成部分。毋庸置疑，空想社会主义学说对马克思的影响不仅体现在其科学社会主义理论创建上，而且高度体现在马克思关于无产阶级以及其他责任主体实现时代责任和社会理想的相关重要论述上，这种启发是不可或缺的。

（三）价值之维

马克思责任思想形成的价值影响维度主要就是从马克思本人的哲学世界观的转变历程，或是说思想转变历程来探究其责任思想的形成基础。他的脑海中这种根本性的转变对他的学说产生了不可磨灭的影响，甚至对马克思的人生的影响也是十分巨大的，马克思责任学说和责任思想就潜移默化地受到了马克思科学世界观的确立的深刻影响。当然，马克思的世界观的转变过程与时代发展有着莫大关系，也正因此，探究这个转变过程也是联结马克思责任学说和时代发展、把握二者关系的"敲门砖"，也是全面把握马克思责任思想形成基础的必要过程。

1. 世界观的初步形成

马克思的科学世界观如同马克思的灵魂和他思想的生命，既深刻地影响马克思本人的科学理论和学说体系，又以"批判的武器"之历史伟力推动"武器的批判"，深刻地影响人类社会的历史进程。就这个武器本身的时间角度来讲，马克思科学世界观的确立也是一个较长的过程，而这个过程也是可以探究马克思责任思想形成发展历史的一个重要思想来源。

首先探讨的是马克思世界观的初步形成，与此相对应的阶段则是《德法年鉴》时期。在这一时期，马克思成功地由青年黑格尔派转到费尔巴哈唯物主义，在与唯心主义做斗争的进程中迈出了坚实步伐。当时的复杂环境和理论斗争背景促使马克思把批判之武器对准了黑格尔法哲学，使得马克思的唯物主义世界观初步形成。《论犹太人问题》和《〈黑格尔法哲学批判〉导言》是马克思当时的代表作和发出的声音。在《论犹太人问题》中，马克思运用唯物主义的世界观把市民社会和政治国家的相互关系重新厘清，不仅把市民社会看作政治国家的世俗基础，还把二者之分离与对立归结为私有财产所导致的人与社会的整体异化，这是马克思唯物主义的原则的首次体现。而《〈黑格尔法哲学批判〉导言》则是科学地指明了"颠倒了的世界"的矛盾根源和解决方法。马克思认为，世界是关于人的世界，也是人的现实世界，而非虚幻的天国,只有现实幸福才是人民所需要的。因此,对幻想的批判要上升为实践对本身的批判和否定,只有通过彻底的革命、全人类的解放才能真正实现人的本质和现实追求,也只有这种武器的批判才能真正把人从虚幻的彼岸带回现实的此岸。这两篇文章突出地体现出了马克思的共产主义思想,也可以认为是马克思实现了向共产主义者的转变。而马克思的唯物主义思想却是刚刚形成,没有系统而科学的世界观和方法论,也就是说,不彻底的费尔巴哈唯物主义在某种程度上也影响了此时的马克思的唯物主义的不彻底,马克思的世界观离科学的世界观还具有数步之遥。

2. 世界观的转变

《1844年经济学哲学手稿》(《巴黎手稿》)的出世是马克思世界观的重新再造和集中升华,既是重要标志,又是光辉篇章。也就是说《巴黎手稿》既标志着马克思向辩证唯物主义和历史唯物主义科学世界观开始转变,又是马克思主义发展史上的光辉篇章。为何作出此论断呢?答案还是需要到原著当中去寻找。马克思在《巴黎手稿》中从共产主义的唯物主义出发,批判考察资产阶级经济制度和资本主义社会,综合阐述了他的哲学、经济学观点以及共产主义思想,这是一个历史性的重大飞跃,不仅是马克思本人的世界观再造,也是社会主义生命的重新出生。在这部著作中,马克思提出了一系列重要的思想观点,诸如"异化"、私有财产、共产主义等著名问题和理论论断,都在这部著作中较为全面地阐发出来。劳动异化导致私有财产的存在,私有财产又把人的异化变成了现实,而如何消除异化则真正是人类解放的主题,也就是关乎共产主义的问题。《巴黎手稿》可以说是集中体现了马克思辩证唯物主义的立场、观点、方法和基本原则,这样使得马克思走上了思想解放和哲学变革的道路。哲学的变革首先就在于马克思本人哲学世界观的变革,他的辩证唯物主义世界观是其辩证唯物主义哲学理论体系的思维基础和逻辑前提,《巴黎手稿》就体现出了这种基础和前提的存在。

3. 科学世界观的确立

马克思科学世界观的确立是在《神圣家族》《关于费尔巴哈的提纲》和《德意志意识形态》三部著作问世后发生的。首先,马克思和恩格斯首次合作,在《神圣家族》中对自己以前的哲学信仰进行了自我清算,在批判青年黑格尔派中彻底完成了对唯心主义的抛弃,奠定了辩证唯物主义特别是历史唯物主义的基础。列宁也曾指出:"它奠定了革命唯物主义的社会主义基础。"

这些基础的奠定也是马克思科学世界观的实际确立，是社会主义的哲学胜利。"包含着新世界观的天才萌芽的第一个文件。"《关于费尔巴哈的提纲》则又与费尔巴哈的机械唯物主义和半截子、不彻底的唯物主义划清界限，批判了费尔巴哈哲学的局限性和抽象性，确立了改造世界的世界观和人本唯物主义思想。《德意志意识形态》则最终促成了哲学史上的伟大变革，实现了辩证唯物主义和历史唯物主义在思想史、理论史上的哲学地位的实际确立。"不是人们的意识决定人们的存在，相反，是人们的社会存在决定人们的意识。"[1] 这一重大发现对马克思的一生甚至是社会主义的前途产生了不可估量的重大影响。马克思的科学世界观的确立过程在这里则最终完成，但其也必将会继续存在和发展下去，这是必然的。

马克思的责任思想实际上也是在他本人世界观的形成、转变和确立中经历了一个变革的过程，在这里也可总结为三个阶段，与世界观三阶段相对应。第一个阶段是抽象的人的责任的阐发和人与现实解放的责任关系；第二个阶段是人的解放的实现途径和人在异化过程中的责任异化问题；第三个阶段是社会的人、现实的人、具体的人的现实存在的责任。这三个阶段的责任思想各有特点和侧重点，但彼此又相互联系，而这种联系就源于马克思世界观发展过程的内部联系性，是对马克思世界观的具体反映。因此，马克思的哲学世界观的转变是马克思责任思想形成的重要基础之一，是其价值基础。

马克思责任思想的形成基础以及时代背景问题从实践、理论和价值三方面来探究，是符合马克思主义的立场、观点、方法及其分析框架的，对更好地把握马克思责任思想是十分必要的。但是，如若更加深入地研究这个基本问题，还需要付出长期努力，这也是十分有价值的。

二、马克思责任思想的逻辑进程

马克思责任思想的出场体现了现实逻辑、理论逻辑和价值逻辑的辩证统一，也表征了马克思责任思想形成、发展到最终确立这一逻辑进程的主线，即马克思责任思想始终伴随着马克思主义哲学世界观的发展过程而不断变化发展。可以说，马克思责任思想的形成发展史就是一部确立马克思主义哲学的科学世界观的历史。因此，从马克思主义哲学史维度去把握和分析马克思

---

[1] 中共中央马克思恩格斯列宁斯大林著作编译局，编译. 马克思恩格斯全集（第二卷）[M].
北京：人民出版社，2012：2.

责任思想的逻辑进程,是理解马克思责任思想的一把"活钥匙"。

(一) 责任思想的初步形成

马克思责任思想的初步形成阶段可以从马克思的理想与现实之间的矛盾角度来做考察。

1. 责任理想的确立——中学毕业论文时期

马克思于1818年5月5日出生于德国特里尔市,从小在思想自由的氛围当中长大,但这种自由的氛围只是在家庭和学校当中。因为德国尽管是"盛产"哲学家和思想家的国度,但在19世纪初的德国并不具备这种自由的空气气息,在现实中给人呈现的却是一幅"令人极其失望的画面"。马克思并没有在"这幅画面"中沉沦,而是表现出了远大的志向和崇高的理想。他在中学毕业论文《青年在选择职业时的考虑》中写道:"如果我们选择了最能为人类福利而劳动的职业,那么,生活的重担就不能把我们压倒,因为这是为大家而献身;那时,我们所感到的就不是可怜的、有限的、自私的乐趣,我们的幸福将属于千百万人,我们的事业将默默地、但是永恒发挥作用地存在下去,而面对我们的骨灰,高尚的人们将洒下热泪。"❶ 这表明,马克思在中学阶段首次明确表达出了思想意境和理想境界当中的责任意识,而这种意识在一开始,就是起点十分高的、站在人类幸福角度的一种对人类的担当。在一定意义上,这标志着马克思对责任理想的初步确立。当然,这种责任理想和担当意识在此时是十分模糊的,或说是比较理想化的,还需进一步丰富和发展,这也为马克思后来理想与现实之间的矛盾带来了困扰和迷惘。

2. 受浪漫主义影响——理想与现实的困扰

在中学毕业论文中,马克思旗帜鲜明地发出自己的声音和表达出自己的责任理想之后,他所要面对的是大学期间与自己做不懈斗争的困扰和对自身出路的寻找。从伯恩大学转到柏林大学之后,马克思尝试在法学研究和写作上有所成就,但他在研究了康德和费希特哲学思想后最终放弃了他渴望的一部法的形而上学的著作写作计划,而投入到浪漫而激情的诗歌创作当中。马克思的浪漫主义思潮开始弥漫脑海,这时的马克思也跟中学毕业时的他呈现出了一种差异性的存在。究其原因,就在于马克思深陷理想与现实之间的困

---

❶ 中共中央马克思恩格斯列宁斯大林著作编译局,编译. 马克思恩格斯全集(第四十卷)[M]. 北京:人民出版社,1960:7.

惑当中，他无法解决和克服理想与现实之间的矛盾。所以，"他不再为人类服务的思想所鼓舞；不再关注与要把自己安置在一个可以最好地为这一崇高理想而献身的位置上。相反，1837年的他的诗歌却呈现出了对离群索居天才的崇拜和对抛开了其他人的个人人格发展的内在兴趣"。❶ 此时，马克思的责任思想和责任理想也经历了波折和坎坷，甚至是低谷，理想主义的马克思变成了浪漫主义的马克思，这使得马克思对于责任的理解更为模糊化，这是因为走向无端的浪漫本身就是对责任的一种遮蔽和掩盖。

（二）责任思想的理论探索

在初始阶段，马克思责任思想虽然已具雏形，但却存在走向模糊化和被遮蔽化的危险趋势。庆幸的是，这种危险的趋势并没有长时间地持续下去，马克思在新的人生起点上开始了他对责任思想的理论探索。

1. 理性主义责任观时期——走向黑格尔

我们知道，马克思由最初的理想主义转变到了浪漫主义的气氛当中来经历了一个简短的过程，这种简短的"惯性"所幸也得到了持续。这就是说，在马克思的大学开始阶段，父亲的劝阻和柏林大学整体思潮氛围都给予了他很大的影响，这种影响促使他在攻读法学的同时立志专攻哲学。马克思在这一期间撰写了一篇研究谢林哲学的对话，这篇对话也是促使他研究黑格尔哲学的一个极为重要的动力因。马克思"从头到尾读了黑格尔的著作，也读了他大部分弟子的著作"❷，特别是到他将自己所写的法哲学书籍烧为灰烬的时候，他已经开始走在了走向黑格尔的路上，亦即走向理性主义的路上。那么，在对责任的思考上，马克思同样也是借助于黑格尔哲学来对现实的责任和应有的责任作理性分析。因为，在马克思看来，现实的东西和应有的东西之间存在着巨大的差距，现实当中的责任和应有的责任是互相对立的，只有当责任回归到理性的轨道上来的时候，责任才能实现一种现实化的存在。责任只有诉诸理性才能将观念的责任变为现实的责任，才能获得对于责任的真正的认知。

---

❶ [英]戴维·麦克莱伦. 马克思传[M]. 北京：中国人民大学出版社，2010：27.
❷ 中共中央马克思恩格斯列宁斯大林著作编译局，编译. 马克思恩格斯全集（第四十七卷）[M]. 北京：人民出版社，2004：15.

2. 走向唯物主义责任观的确立——借助费尔巴哈超越黑格尔

马克思在黑格尔的理性主义阶段对于责任的理解是超脱于现实性基础之上的，认为只有合乎理性、诉诸理性才能达到责任的彼岸。这种理解，同黑格尔的哲学体系一样，是"头足倒置"的。所以，马克思要实现对黑格尔哲学的批判和对自己理解的责任思想的批判，需要借助于一种新的哲学思想，即费尔巴哈的唯物主义学说。唯物主义这把武器是能够把以往的哲学（特别是黑格尔哲学）从"倒置"中拯救出来的，马克思就承担起了拿起这把武器向以往唯心主义哲学开火的历史重任。马克思在《莱茵报》工作期间，遇到了"对物质利益关系发表意见"的难事，同时在这期间，他也大量地研究了当时社会的诸多现实问题，这开始动摇了他对黑格尔哲学的信仰。当马克思接触和阅读到费尔巴哈的《关于哲学改造的临时提纲》之后，他深受启发，便扛起批判的武器对黑格尔哲学进行批判。值得注意的是，马克思并未停留在自然批判和宗教批判的费尔巴哈领域，而是进一步上升到现实社会问题和政治批判当中，并且提出了"市民社会决定政治国家"的著名观点，同黑格尔的神秘主义和理性主义实行了一定程度上的决裂。这样看来，马克思此时的责任思想便具有了科学的哲学基础和现实的表现方式。具体来讲，理性的责任实现了向现实的责任的飞跃，政治批判—政治解放—人类解放有了更为清晰的责任思想表达路径，这是在预示着以后的飞跃也是不可避免和行将到来的。最为重要的是，唯物主义责任观的开始确立是打上了费尔巴哈人本主义的烙印的，因而，马克思对于责任的理解开始走向人本化。

3. 责任主体的认知飞越——借助法国唯物主义超越费尔巴哈

马克思在《1844年经济学哲学手稿》当中论述了劳动异化理论，以此论证了共产主义的现实性和历史必然性，他也在受费尔巴哈的人的类本质概念的影响后又超越了费尔巴哈。关于人的类本质的理解是关系责任实现主体的科学界定的，在费尔巴哈看来，人的类本质表现为本质异化和类意识，而马克思则向前一步，把人的类本质归结为人的自由自觉的物质生产活动，这就明确解释了马克思对于类本质的人的责任的理解在此阶段是仅限于物质生产领域的。马克思说："正是在改造对象世界中，人才真正地证明自己是类存在物。这种生产是人的能动的类活动。"[1] 也就是说，作为担负责任的人，这一

---

[1] 中共中央马克思恩格斯列宁斯大林著作编译局，编译. 马克思恩格斯全集（第四十二卷）[M]. 北京：人民出版社，1979：96-97.

实现责任的主体，是作为物质生产领域中一种抽象的、既定的、不变的、抽象的人来遵守物质生产领域必然规律来改造客观世界的。而人的自由则一定程度上被限制了，也就是说，责任主体是受到外部力量支配和奴役的，人的自由本质在被剥夺中丧失。责任和自由在责任主体——抽象的人中产生了对立和冲突，如何解决这种矛盾对立则成为马克思责任思想的一个基本问题。在《神圣家族》阶段，马克思在解决这个问题上迈出了重要一步。原因在于他全面研究了18世纪法国的唯物主义，尝试在这种理论当中找到解决问题的启示，而且马克思达到了他的目的。18世纪法国唯物主义对马克思影响最为深远的一个命题就是"环境对人的形成发展起着决定性作用"，亦即"环境决定论"，马克思对此也表示肯定。他对物质利益关系在人类社会发展中的重大作用开始有了新的认识和看法，对联结物质生产与人类历史发展的责任主体有了更加清晰的认识。在上一阶段，马克思借助于费尔巴哈实现了对以往责任观的第一次否定，建立了人本学唯物主义的责任观，而在《神圣家族》阶段马克思又借助18世纪法国唯物主义，实现了对费尔巴哈人的类本质的超越，更具体地说，是为责任主体赋予了人的利己性。马克思充分肯定了自然和市民社会对人的重要作用，但他也发掘出了人的根本特性之一，即利己性。也就是说，责任主体是作为利己主义的人而存在的，只有为了自身的利益，责任主体才能够竭尽所能去履行责任。这从深层次角度揭示了利益和责任的关系，利益和责任统一于人这一主体中也是有逻辑前提的，马克思也毫无疑问地肯定这一点，就是物质利益和经济关系是责任的基础和前提。在揭示这种关系的基础上，马克思对责任主体的认知实现了新的飞跃，超出了在费尔巴哈思想意识阶段的责任观。

（三）责任思想的最终确立

经历了三个阶段的理论探索，马克思责任思想最终得以确立，这是以马克思实现了对德国古典哲学包括对黑格尔哲学和费尔巴哈哲学的双重超越之后为理论基础的。实践唯物主义的提出为建立科学的责任实践观提供了可能，历史唯物主义的出场为科学解释和阐述社会历史领域的责任观提供了一把钥匙。

1. 实践唯物主义责任观——实践观的确立

实践唯物主义是马克思的伟大哲学创举和实现的哲学变革，之所以这么说，是因为马克思在扬弃黑格尔辩证法和费尔巴哈唯物主义后建构了"包含着新世界观天才萌芽的"实践哲学。马克思的实践哲学对他的责任思想的影响也是十分有力的,在马克思世界观的转变初期,也包括实践唯物主义的创立初期,马克思对责任主体及其责任意识的理解相比于在《神圣家族》阶段大大深化了。主要体现为以下三点。

第一,批判唯心主义的夸大性、抽象性和旧唯物主义的直观性、被动性,强调从"现实的个人出发"。以往的唯心主义哲学过多地强调、夸大甚至绝对地承认人的意识、主观能动性的作用,对此,马克思是坚决予以批判的,而旧唯物主义特别是费尔巴哈的唯物主义的直观性、被动性的对人的理解,也是为马克思所不屑一顾并予以否定的。因为,在马克思看来,人这一责任主体只有从感性方面去理解,从实践层面和主体层面去把握,才有可能将责任的主体活化为"现实的个人"而非抽象的个人。责任主体的这种现实性体现为能动(主动)与受动(被动)的辩证统一,既非唯心主义单纯强调的能动,亦非旧唯物主义单一强调的受动,但责任主体的能动性的发挥和现实性的实现是需要受到一定的社会历史条件和实践条件限制的,这必然引申出责任主体及其意识同责任主体所处环境之间的关系。

第二,提出了革命实践基础上的环境改变与人的自我改变的一致性。旧唯物主义的世界观,包括对马克思影响极大的18世纪的法国唯物主义,都过分地强调了环境对人的形成和发展的决定作用,"环境决定论"在一定时期内笼罩着人的思潮,认为只有利益驱动,才能使人在受动的基础上适当地改造对象世界。但是,上面提到过,这种"利己主义的人"是马克思所批判和否定的,马克思要建构的是一种现实的、活生生的、具体的人。"现实的个人"必然要通过一定的手段同周围的环境发生关系,这种发生关系的手段就是革命的实践活动。在实践中,环境的改变是不可避免的,责任主体在周围环境的作用下也会被创造、被改变。把握二者之间的关系实质上就是处理好责任主体能动因素和受动因素的关系。责任主体在受动因素、自然界及环境的影响下被创造着,也在能动的通过现实的实践活动,创造着自然界、人类社会及人们自己。因此,马克思得出的结论是,责任主体的被创造和创造在实践基础上是辩证统一的,自我改变寓于环境改变之中,二者是一致的。

第三,指出全部社会生活的实践本质和人的社会关系总和的本质。马克思认为,"全部社会生活在本质上是实践的。"[1] 他明确地反对将理论引入神

---

[1] 中共中央马克思恩格斯列宁斯大林著作编译局,编译. 马克思恩格斯全集(第一卷)[M]. 北京:人民出版社,2009:501.

秘主义当中，这是因为责任主体的思想意识一旦被神秘化，又将回归责任主体的利己性阶段。因此只有深入把握到人的本质，才能对责任主体及其责任意识有科学认识。马克思把现实的人的本质归结为一切社会关系的总和，这既是同费尔巴哈人的类本质的决裂，又是立足实践基础上对人的本质的科学抽象和理论概括。问题到这里就明朗了，责任主体必须通过在社会关系中呈现和把握，才能真正地去践行责任，责任主体的现实性和实践性的统一关系被马克思科学揭示出来了，实践唯物主义的责任观也被马克思建构起来了。

2. 历史唯物主义责任观——唯物史观的确立

历史唯物主义或者说唯物史观是马克思一生的"两大发现"之一，在《德意志意识形态》当中，马克思和恩格斯首次系统阐述了历史唯物主义的基本原理，其中也包含着丰富的关于人和实践的思想。马克思在《关于费尔巴哈的提纲》的基础上又进一步深化了对责任的认知，实现了责任思想在社会历史领域的最终确立，这标志着马克思责任思想的逻辑进程的完整性也最终完成。

《德意志意识形态》的发表和唯物史观的创立标志着马克思主义哲学的基本形成，马克思最终构建起了科学的历史唯物主义世界观，也为马克思对于责任的理解提供了完整的方法论体系。马克思在《德意志意识形态》当中提出了社会历史的前提因素和责任实现的基础，即：现实的个人存在无疑是世界历史的第一个前提，也是责任实现的第一个主体。该思想在《关于费尔巴哈的提纲》里萌芽，又在这个阶段进一步阐发，正式地提出了社会历史、实践主体同责任主体及其意识之间的关系问题。首先，马克思充分肯定了物质生产在人类社会发展和历史前进当中的重要作用，认为物质生产作为人类的主要实践方式，不仅能够保证人类社会的向前发展，而且能确证人这一实践主体、历史主体以及责任主体的丰富内涵和内在特质。"个人怎样表现自己的生命，他们自己就是怎样。因此，他们是什么样的，这同他们的生产是一致的——既和他们生产什么一致，又和他们怎样生产一致。因而，个人是什么样的，这取决于他们进行生产的物质条件。"❶ 这说明，马克思把人的主体性当中的责任意识作为第二因素考察，是以物质条件为第一性的。只有物质生产条件达到一定水平，人的责任性这一基本向度才能充分展现出来。没有物

---

❶ 中共中央马克思恩格斯列宁斯大林著作编译局，编译. 马克思恩格斯全集（第一卷）[M]. 北京：人民出版社，2009：520.

质条件作为基础的责任是不可想象的，马克思始终是这样认为的。而现实的个人作为进行物质生产的主体，才真正是历史的前提，现实的个人和现实的社会历史条件是相互联系、不可分割的，责任就是将这二者具体的、历史的联系起来的纽带和桥梁。其次，唯物史观在确认人的存在的必然性的同时也阐述了包括人在内的社会存在和社会意识的辩证关系。社会存在和社会意识的关系理论是阐发历史思维和责任意识作用的理论基础，也是对物质生产的决定性作用的深度阐述。"人们首先必须吃、喝、住、穿，然后才能从事政治、科学、艺术、宗教等；所以，直接的物质的生活资料的生产，从而一个民族或一个时代的一定的经济发展阶段，便构成基础，人们的国家设施、法的观念、艺术以至宗教观念，就是从这个基础上发展起来的，因而，也必须由这个基础来解释，而不是像过去那样做得相反。"❶ 所以，"不是人们的意识决定人们的存在，相反，是人们的社会存在决定人们的意识"。❷ 马克思的这种历史唯物主义的观点是其责任思想的重要源泉，人的责任思想究竟来源于哪里有了清晰的答案，就是只有人这一责任主体身处社会历史的真实境遇当中，才能萌生为什么担当责任、为谁担当责任、怎样担当责任的念头和想法。当然，问题还有另一方面，就是社会存在决定社会意识之后的第二步是什么？社会意识反映社会现实，那么能否能动地作用于现实呢？马克思给予的答案当然是肯定的，因为马克思的唯物史观不仅是唯物的，还是辩证的，马克思对于此问题的回答，体现了唯物论和辩证法的有机统一。那么责任意识同样也是如此。作为人的具体思维形式的一种，责任意识能够激发起人内心当中的正义感和创造力，能够能动地按照负责任的要求去改造现实世界，将人们头脑中的合乎责任要求的"观念的存在"变为"现实的存在"，这反映了社会历史要求和人类责任意识的内在统一性。最后，马克思在分析社会结构的基础上，阐明了人类社会的发展规律，指明了责任的前进方向。经济结构由人们之间的生产关系创造，基于经济结构基础上，人们的政治交往关系和文化交往关系铸造了社会的政治结构和文化结构。每一个人对于社会结构，都是具有重大责任的，其中，"最大的责任公约数"就在于每一个人对美好社会的向往。然而这种向往不能变为空想，只有超越意识和理想层面，将

---

❶ 中共中央马克思恩格斯列宁斯大林著作编译局，编译．马克思恩格斯全集（第三卷）[M]．北京：人民出版社，2009：601．
❷ 中共中央马克思恩格斯列宁斯大林著作编译局，编译．马克思恩格斯全集（第二卷）[M]．北京：人民出版社，2009：591．

其化为每一个人的现实的、推动社会进步和历史发展的实践活动,才能最大限度地推动人类社会向前发展,这就是全人类的共同责任。

伴随着马克思哲学世界观的逐步形成,马克思责任思想也逐步完善起来,并在其思想史发展过程中形成了完整的逻辑线索和演进过程。由最初的模糊化到最终的清晰化,马克思指明了责任之路的前方和引路人,建构起了实践唯物主义和历史唯物主义的责任观。

三、马克思责任思想的基本内容

马克思主义是指导无产阶级和人民群众实现由必然王国向自由王国飞跃的强大思想武器,是关于无产阶级革命和人类解放的科学理论体系。革命性和科学性相统一是马克思主义的主要特征,而马克思主义的革命性和科学性都是建立在实践基础之上的。因此,马克思主义的根本特征就在于实践性。以马克思主义为指导形成的马克思责任观也继承了这个根本特点,所以,马克思责任思想的出发点和落脚点都在于责任实践和责任行为,马克思责任思想的基本内容也是通过责任实践和责任行为这个主干建立起来的。而马克思对于责任的思想内容的理解关键又在于把握责任理想这个根本着力点,责任理想的内涵和作用是马克思所最为看重的。把握责任理想的科学内涵,才能深入把握责任的主体、原则、结构和最终的实践问题。

(一) 责任行为的灵魂所在——责任理想

马克思在青年时期是一个理想主义者,他在《青年在选择职业的考虑》一文中所阐述的"为最大多数人的幸福而奋斗"的崇高理想和人生追求影响了他的一生。尽管那时的马克思对于此种责任的理解是比较抽象的和模糊的,但是他也深入把握到了其中的精髓所在,即每一个人只有在作为大多数人好、对社会发展有利的事情时,才有希望实现人生的价值,这种价值是要以每个人身上的重担为基础的。"生活的重担"当然不能被现实所压倒,因为,人身上还有"为多数人服务、促社会发展"的沉甸甸的担子。这种担子就是应然的责任理想,是每一个现实的人、具体的人,甚至是全人类的责任行为的灵魂所在。

然而,在现实社会和历史发展中,作为责任主体的现实人是受到双重限制的。一方面,限制来自自然界、人类社会发展的客观的规律性;另一方面,则是由阶级统治所造成的对劳动人民的剥削和压迫。在这样的必然王国之中,人的个性和自由受到了一定程度的压抑甚至泯灭，特别是阻碍了人的解放和自由全面发展，深深地触动了马克思的神经。正是这样，马克思在《资本论》当中给出了必然王国的彼岸在何处："事实上，自由王国只是在由必需和外在目的规定要做的劳动终止的地方才开始；因而按照事物的本性来说，它存在于真正物质生产领域的彼岸。"❶ 而自由王国到底是什么样的？自由王国和必然王国的关系是什么样的？马克思又给出了答案，他说："在这个必然王国的彼岸，作为目的本身的人类能力的发展，真正的自由王国，就开始了。但是，这个自由王国只有建立在必然王国的基础上，才能繁荣起来。工作日的缩短是根本条件。"❷ 也就是说，马克思认为人类所追求的应该是一个"每一个人自由而全面发展"的自由王国，这就是每一个人和全社会的共同愿望和责任理想。但是在阶级社会和剥削社会，特别是资本主义社会，无产阶级和广大劳动群众则面临着更加现实和具体的任务。起初，无产阶级不能认识到自己的使命和责任，他们的头脑和思想是被蒙蔽的，所以他们一直在"割自己的肉来喂资本家吃"，一直在被蒙蔽的"主动"接受资本家的剥削和压迫。无产阶级如若想要解放自身，他们"如果不同时使整个社会永远摆脱剥削、压迫和阶级斗争，就不再能使自己从剥削它、压迫它的那个阶级（资产阶级）下解放出来"。❸

因此，被压迫的阶级必须通过一定的手段来彻底同剥削压迫、同阶级斗争实行最彻底的决裂，同最传统的观念实行最彻底的决裂，马克思指引他们找到了自己的武器，就是通过无产阶级革命来掌握国家政权，并尽可能快地增加生产力的总量，奠定实现共产主义的初步基础。之后，再通过在人类社会不断向前发展的历史进程中对阶级对立和公共权力的消灭，来彻底代替以往责任主体受压制的历史阶段。"代替那存在着阶级和阶级对立的资产阶级旧社会的，将是这样一个联合体，在那里，每个人的自由发展是一切人的自由发展的条件。"❹ 这既是马克思主义对于共产主义社会基本特征的经典表述，

---

❶ 中共中央马克思恩格斯列宁斯大林著作编译局，编译. 马克思恩格斯全集（第二十五卷）[M]. 北京：人民出版社，1974：926.
❷ 中共中央马克思恩格斯列宁斯大林著作编译局，编译. 马克思恩格斯全集（第二十五卷）[M]. 北京：人民出版社，1974：927.
❸ 中共中央马克思恩格斯列宁斯大林著作编译局，编译. 马克思恩格斯全集（第二卷）[M]. 北京：人民出版社，2009：9.
❹ 中共中央马克思恩格斯列宁斯大林著作编译局，编译. 马克思恩格斯全集（第二卷）[M]. 北京：人民出版社，2009：53.

也是对无产阶级和人民群众责任理想的最高概括,是包括无产者在内的全人类的共同使命和崇高事业。

(二) 责任行为的逻辑起点——责任主体

责任理想是责任行为的灵魂所在,引导着责任行为的前进方向。责任行为需要一种物质力量的承担者,这种物质力量,就是行使责任、发生责任行为的主体。对于责任主体的把握是了解整个马克思责任思想体系的枢纽,因为责任主体是马克思责任思想和责任行为的逻辑起点,亦即上面所提到的责任意识行为的物质承担者,深入探究马克思关于责任主体的有关思想和论述,是极为重要的。

马克思对于责任主体的概念虽然没有明确表述和专门论述,但他对于责任主体概念的界定,特别是对于其外延的阐述,是十分精辟的。明确马克思责任思想的主体概念,必须把握到马克思关于责任主体的核心论述,亦即马克思对于责任人和责任政府的描述,这不仅是探究马克思责任主体思想的着力点,而且也是责任实践、责任行为的逻辑起点。

关于第一个担当责任的主体——现实的个人,马克思在《德意志意识形态》中写道:"作为确定的人,现实的人,你就有规定,就有使命,就有任务,至于你是否意识到这一点,那是无所谓的。这个任务是由于你的需要及其与现存世界的联系而产生的。"马克思的这段论述是从责任人及其责任意识产生的客观性和必然性角度来谈的,这段话深刻揭示了责任是每一个确定的人、现实的人的人生发展中一个极为重要的人生向度,而责任的深刻根源在于人自身发展的需要,以及人在处理同外部世界关系的过程当中。这是历史唯物主义基本原理和方法论在分析责任产生问题时的科学运用和基本观点,从责任的社会历史根源和物质交往关系角度深刻地揭示了责任主体及责任意识产生的客观必然性。但是马克思又讲到,这种责任意识的确立和责任行为的发生是有前提条件的,绝对的、无条件的责任是不存在于现实世界的,只有"在他握有意志的完全自由去行动时,他才能对他的这些行为负完全责任"。如果现实的个人离包括意志自由在内的一切自由还有很长一段无法缩小的距离,那么人的责任则是受动的、被动的,因而是没有任何意义的,甚至是不存在的。那么,什么样的第一性的自由是作为现实的个人首先拥有、并且区别于动物的呢?那就是"人在社会上选择一个最适合于他、最能使他和社会得到提高的地位"，❶ 这种选择职业的自由以及"能这样选择是人比其他生物远为优越的地方"，❷ 但是，"这同时也是可能毁灭人的一生、破坏他的一切计划并使他陷于不幸的行为"。❸ 因此，"必须认真地考虑这种选择"，❹ 这是现实的个人特别是"开始走上生活道路而又不愿拿自己最重要的事业去碰运气的青年的首要责任"。❺ 认真地做出考虑和抉择的责任就是对个人选择自由的负责人的重要体现，但是在现实社会当中，选择自由特别是自由地选择职业，是要受到多方面社会历史条件和个人条件限制的，这体现为一种"必然"对"自由"的约束。

马克思认为，人的自由同责任一样，都是有条件的，"没有无义务的权利，也没有无权利的义务"。❻ 责任和自由是辩证统一、互为前提的，然而，自由作为责任的基础和前提，在现实世界中却受到了多方面的限制，归结为一点就是社会发展阶段和运行规律的必然性和客观性对于人自身的限制。由必然限制到自由的历史前提，必将引发由自由限制到责任的历史结果。在资本主义社会的历史阶段，必然对自由、自由对责任的限制性史无前例地表现和爆发出来，最为重要的体现就是无产阶级这一历史主体受制于资本，以及资本的人格化代表——资本家。资产阶级以资本为武器向着无产阶级和劳动群众开火，残酷的剥削和压迫导致了无产阶级的自由被剥夺、责任被埋没，工人的异化劳动使得他们自身忘却了自身本应该具有的自由地位和责任担当，却生产出了统治他们自身的不自由、不负责任的现实状态。是马克思从思想和理论上给予了广大工人的头脑和传统观念以"沉重一击"，向他们阐明了无产阶级的历史地位、历史作用、历史使命和历史责任，确立了无产阶级和劳动群众在人类社会发展进程中为实现共产主义而奋斗的历史责任的主体地位。

关于第二个担当责任的主体——责任政府，我国学者曾就"责任政府"这一概念给出了明确界定："责任政府既是现代民主政治的基本理念，又是一

---

❶ 中共中央马克思恩格斯列宁斯大林著作编译局，编译. 马克思恩格斯全集（第四十卷）[M]. 北京：人民出版社，1982：3.
❷ 同上。
❸ 同上。
❹ 同上。
❺ 同上。
❻ 中共中央马克思恩格斯列宁斯大林著作编译局，编译. 马克思恩格斯全集（第三卷）[M]. 北京：人民出版社，2009：227.

种对政府公共行政的制度安排。"❶而马克思在他所处的时代并没有对责任政府进行直接论述和概念描述,但是通过对马克思有关著作的考察,马克思对于责任政府有大量的间接论述和内容涉及。这些思想十分宝贵,构成了马克思责任思想关于责任主体内容的第二部分。马克思认为,国家的产生及其公共权力的代表——政府的存在在一定历史阶段和历史时期是具有合理性和必要性的。因为国家和政府作为一种共同体的存在,是每个人自由全面发展的前提和保障。"只有在共同体中,个人才能获得全面发展其才能的手段,也就是说,只有在共同体中才可能有个人自由",而"在真正的共同体的条件下,各个人在自己的联合中并通过这种联合获得自己的自由"。❷政府作为保障个人权利和维护公共秩序的共同体,必须在一定历史时期和一定历史范围内长期存在,但是在封建社会之后的以隐蔽方式掩藏自己剥削本质的资本主义社会,却伴随着私有制的极大发展和国家的资产阶级化而使得资产阶级政府日益成为"和人民大众分离的公共权力",❸从而脱离了原有的责任轨道。资产阶级政府不仅不能履行科学依法行使自身的公共权力来保障公民的权益的职责,更令人汗颜的是,它还不能有效阻止资产阶级对无产阶级的剥削和压迫,当然,它肯定不会阻断自己的财路。资产阶级政府抹杀了无产阶级的责任本性和历史使命,掩盖了藏在资本主义生产背后的资本家能够剥削压榨工人的秘密,从而使广大工人失去斗志和反抗精神,以维护自己的统治。

在资本主义社会,作为责任的重要前提的自由也是得不到保障的。在这里,"个人自由只是对那些在统治阶级范围内发展的个人来说是存在的,他们之所以有个人自由,只是因为他们是这一阶级的个人。……因此,对于被统治的阶级来说,它不仅是虚幻的共同体,而且是新的桎梏"。❹理所当然,实然当中的资本主义"责任"政府,虚幻的共同体,必须要被团结起来的无产阶级责任主体共同推翻。而代替这名曰资产阶级"责任"政府而实然不负责任的虚幻共同体的,将是以"每个人的自由发展是一切人的自由发展的前提"的自由人联合体。在这个阶段之前,责任政府还必定的、在一定范围内起着

---

❶ 张成福. 责任政府论 [J]. 中国人民大学学报,2000 (2):75.
❷ 中共中央马克思恩格斯列宁斯大林著作编译局,编译. 马克思恩格斯全集(第一卷)[M]. 北京:人民出版社,1995:119.
❸ 中共中央马克思恩格斯列宁斯大林著作编译局,编译. 马克思恩格斯全集(第四卷)[M]. 北京:人民出版社,1995:116.
❹ 中共中央马克思恩格斯列宁斯大林著作编译局,编译. 马克思恩格斯全集(第一卷)[M]. 北京:人民出版社,1995:119.

作用地存在着，这是由市民社会和政治国家二者之间的关系决定的。马克思在论述二者之间关系时强调："在人们的生产力发展的一定状况下，就会有一定的交换（commerce）和消费形式。在生产、交换和消费发展的一定阶段上，就会有相应的社会制度、相应的家庭、等级或阶级组织，一句话，就会有相应的市民社会。有一定的市民社会，就会有不过是市民社会的正式表现的相应的政治国家。"❶ 马克思在《哥达纲领批判》中进一步阐述了国家政府与社会联结的自由之光："自由就在于把国家由一个高踞社会之上的机关变成完全服从这个社会的机关；而且就在今天，各种国家形式比较自由或比较不自由，也取决于这些国家形式把'国家的自由'限制到什么程度。"❷ 因而，责任政府的核心责任在于把自由解放出来，归还给人，只有这样才能促进人在践行责任的基础上实现自由而全面的发展。所以，责任政府在性质上必须"是工人阶级的政府，是生产者阶级同占有者阶级斗争的产物，是终于发现的可以使劳动在经济上获得解放的政治形式"，❸ 这种政治形式本身就是实现共产主义的责任主体、责任政府。

现实的人和作为政治形式的政府构成了马克思所理解的责任主体，这是责任实践和责任行为的逻辑起点，也是实现责任理想的未来社会创造者和主要力量。

（三）责任行为的核心要义——责任原则

践行责任，发生责任行为，必须要遵循和坚持一定的责任原则。责任原则是责任行为的核心要义，对于责任行为和责任实践具有规定性、示范性和指导性作用。马克思的哲学思想不仅内在蕴含着科学的世界观和方法论，而且外在表现为指导责任实践的具体方法和诸多责任原则。从一定意义上来说，马克思的责任思想不仅是解释世界的科学理论，更是改变世界的原则方法。深入学习和把握好马克思关于责任原则的思想精髓和科学规定，有利于精通责任行为的核心要义，推动我们的责任行为走向科学化和规范化。马克思对

---

❶ 中共中央马克思恩格斯列宁斯大林著作编译局，编译. 马克思恩格斯全集（第四卷）[M]. 北京：人民出版社，1995：532.

❷ 中共中央马克思恩格斯列宁斯大林著作编译局，编译. 马克思恩格斯全集（第三卷）[M]. 北京：人民出版社，1995：313.

❸ 中共中央马克思恩格斯列宁斯大林著作编译局，编译. 马克思恩格斯全集（第三卷）[M]. 北京：人民出版社，1995：58-59.

于责任原则的若干规定主要分为以下四点。

第一，坚持责任理论联系责任实际和具体问题具体分析的原则。马克思主义最根本的要求就在于坚持一切从实际出发，理论联系实际，实事求是，对具体的情况做具体的分析。因此，规定责任、践行责任的思想和行为活动都必须从具体的社会现实问题中出发，责任理论必须联系责任实际，在解决问题的过程中达到责任理论与责任实践具体的、历史的统一。解决问题重在坚持具体问题具体分析，这是马克思主义活的灵魂，根据具体情况分析责任难题、破解责任难题，才是我们应有的态度和原则。

第二，坚持共同富裕和实现共产主义的原则。马克思终生追求和为之奋斗一生的就是实现共产主义理想和共同富裕原则，这不仅是马克思的社会理想，更是以无产阶级和劳动群众为主要代表的全人类的共同责任。坚守共同富裕和共产主义的责任理想原则，是马克思责任思想之本和马克思主义哲学之魂。

第三，坚持党的领导和尊重人民主体地位的原则。马克思高度重视无产阶级政党特别是以马克思主义科学理论武装起来的政党的领导作用和革命作用，在解放全人类的伟大事业和责任实践中，必须毫不动摇地坚持党的领导，发挥无产阶级政党的领导核心作用。革命的无产阶级具有无比坚决的斗争性和远大前途，无产阶级的政党必须发挥自己在责任实践中的主心骨作用，同时也丝毫不能忘记唯物史观的教导，即人民群众是世界历史的创造者和责任实践的主体。因此，尊重人民责任主体地位，同坚持党的领导一样，都是极端重要的。因为，人民群众是无产阶级政党的老师，是引领责任实践前进方向的根本引路人。

第四，坚持维护公平正义和推动社会发展的原则。资本主义社会为世人呈现的是一幅血和肮脏的画面，公平正义的太阳光辉只存在于人们的脑海和彼岸世界之中。马克思强调的共产主义不仅是每个人自由全面发展的个人状态，还是一个不断进步、不断发展、公平正义的社会形态。责任实践只有不断推动社会发展和社会生产力进步，同时维护好社会的公平正义，才能消灭剥削、消除两极分化，最终达到社会主义的本质——实现共同富裕。

以上是马克思责任思想所着重强调和坚守的四点责任原则，对于引领责任行为具有重大现实意义和非凡指导意义，必须始终坚持贯彻落实到具体的责任实践和责任行动当中，这样才能为坚持责任主体和实现责任理想而做出贡献。

（四）责任理想的实现路径——责任实践

从人的生存的显示状态到确立责任理想，从责任理想到责任主体，从责任主体再到责任原则，马克思责任思想的最终落脚点还是落在了实践上。因为责任理想从确立到实现需要一个长期的历史过程，在这个过程中，作为责任主体的现实的人在坚持责任原则前提下如何发挥应有的作用，就是通过实践的途径和方法。实现全人类解放和每个人自由而全面的发展的最高责任理想和社会发展目标，不是机械反复、加以重复的话语，而是实实在在的变革现存世界的现实运动，在这个运动过程和实践征程中，无产阶级作为责任实践的物质力量和行为主体，对变革现存世界、实现自由人联合体具有决定性作用。但"没有革命的理论，就不会有革命的运动"，❶先进力量只有掌握科学的思想武器，才能向着最终的胜利前进。马克思主义就是无产阶级手中的一把强大的思想武器，一把向着旧制度和旧社会猛烈开火的武器，一旦无产阶级拿起这把武器，世界的变革就开始了，责任理想的实现进程就开始了。

1. 责任实践的物质力量——无产阶级

恩格斯的《共产主义原理》对"无产阶级"这一概念给出了科学的定义："无产阶级是完全靠出卖自己的劳动而不是靠某一种资本的利润来获得生活资料的社会阶级。这一阶级的祸福、存亡和整个生存，都取决于对劳动的需求，即取决于工商业繁荣期和萧条期的更替，取决于没有节制的竞争的波动。一句话，无产阶级或无产者阶级是19世纪的劳动阶级。"❷这深刻揭示了无产阶级的本质，也为阐述无产阶级的产生打下了基础。无产阶级的现实生存状态导致了他们的被压迫和被剥削，伴随着压迫和剥削的当然是过着"生不如死"的窘迫生活。资本主义一面生产了绝对的财富，另一面也生产了绝对的贫困，而这种贫困的人，就是资本主义自己生产出来的掘墓人——无产阶级。但是，在历史上，无产阶级无法科学认识自己的历史地位和历史作用，长期处于被蒙蔽、被蒙骗的"愚昧无知"状态当中，这更加导致了他们的绝对贫困化状态。是马克思惊醒了他们。列宁曾说："马克思和恩格斯具有世界

---

❶ 中共中央马克思恩格斯列宁斯大林著作编译局，编译. 列宁选集（第一卷）[M]. 北京：人民出版社，1995：311.
❷ 中共中央马克思恩格斯列宁斯大林著作编译局，编译. 马克思恩格斯全集（第一卷）[M]. 北京：人民出版社，2009：676.

历史意义的伟大功绩，在于他们向各国无产者指出了无产者的作用、任务和使命就是率先起来同资本进行革命斗争，并在这场斗争中把一切被剥削的劳动者团结在自己的周围。"❶ "马克思学说中的主要的一点就是阐明了无产阶级作为社会主义社会创造者的世界历史作用。"❷

马克思对无产阶级指明的任务和使命，概括起来就是："在无产阶级政党领导下，联合其他劳动群众，开展反对资产阶级的斗争，建立无产阶级专政的国家政权，消灭一切剥削阶级以及阶级统治和阶级差别，实现社会主义和共产主义，使全人类获得彻底解放。"❸ 这也是无产阶级的伟大责任理想，为了实现共产主义的责任理想，使人类自由而全面发展，就必须践行责任，毫不停歇地进行责任实践的现实运动。这个运动的主体就是无产阶级，同时，作为一种强大的物质力量，无产阶级是人类解放的"心脏"，对于实现责任理想的现实责任实践过程具有决定性作用。

2. 责任实践的精神力量——马克思主义

无产阶级作为人类解放的"心脏"，对于责任理想的实现和责任实践地位关键、意义重大，但是人类解放必须需要头脑来指导现实运动过程。"这个解放的头脑是哲学"，❹ 是马克思主义。当然，"批判的武器不能代替武器的批判，物质力量只能用物质力量来摧毁；但是理论一经掌握群众，也会变成物质力量"。❺ 马克思在讲，固然，武器的批判即责任主体主导下的责任实践是不可替代、至关重要的，但是批判的理论武器也是必不可少的，理论只要被群众掌握或说掌握群众，就能变成摧毁物质力量的物质力量，来达到和实现无产阶级和劳动群众的责任理想和目的。

对于科学理论武装的重要性，马克思说："工人的一个成功因素就是他们的人数；但是只有当工人通过组织而联合起来并获得知识的指导时，人数才

---

❶ 中共中央马克思恩格斯列宁斯大林著作编译局，编译. 列宁选集（第三卷）[M]. 北京：人民出版社，1995：574.

❷ 中共中央马克思恩格斯列宁斯大林著作编译局，编译. 列宁选集（第三卷）[M]. 北京：人民出版社，1995：305.

❸ 本书编写组. 科学社会主义概论 [M]. 北京：人民出版社，2011：79.

❹ 中共中央马克思恩格斯列宁斯大林著作编译局，编译. 马克思恩格斯全集（第一卷）[M]. 北京：人民出版社，2009：18.

❺ 中共中央马克思恩格斯列宁斯大林著作编译局，编译. 马克思恩格斯全集（第一卷）[M]. 北京：人民出版社，2009：11.

能起举足轻重的作用。"❶ 因此，无产阶级和劳动群众必须接受马克思主义科学理论的武装，将马克思主义的精神指导力量不失时机地转化为责任实践的物质力，最终推动责任实践向前发展。

责任实践的物质力量和精神力量的结合在人类社会和世界历史上是空前的，这种空前的历史运动最终也会取得伟大的历史功绩和责任成果："资产阶级的灭亡和无产阶级的胜利是同样不可避免的"。❷

3. 责任实践的最终目标——实现共产主义

责任实践作为现实运动、作为实现路径，是向着责任理想和人类社会发展的最终目标努力前进的。马克思创立的历史唯物主义揭示了人类社会发展的必然规律，指出人类社会发展的最终目标是实现共产主义。

分析责任理想和人类社会发展的最终目标，那么，基于现实视野和实践基础对于人类社会发展史作一个梳理是十分重要的。马克思就做了这样开创性的工作。他根据现实的人的生存状态和发展状况，在《资本论》及其手稿中提出了与之前"五大社会形态理论"不同的"三大社会形态理论"，再次创新发展了关于人类社会发展形态的理论。马克思指出："人的依赖关系（起初完全是自然发生的），是最初的社会形式，在这种形式下，人的生产能力只是在狭小的范围内和孤立的地点上发展着。以物的依赖性为基础的人的独立性，是第二大形式，在这种形式下，才形成普遍的社会物质变换、全面的关系、多方面的需要以及全面的能力的体系。建立在个人全面发展和他们共同的、社会的生产能力成为从属于他们的社会财富这一基础上的自由个性，是第三个阶段。第二个阶段为第三个阶段创造条件。"❸ 人类社会进入到第三个阶段既是无产阶级的历史使命，又是无产阶级的责任理想和责任实践的最终目标。通过无产阶级物质力量和马克思主义精神力量的结合，人对物的依赖性会在无产阶级的责任实践中不断被否定和超越，最终实现以人的自由全面发展为基础的共产主义和自由王国，这是马克思主义和马克思责任思想所揭示的人类社会发展规律和责任主体的实践过程相互作用的必然历史结果。

---

❶ 中共中央马克思恩格斯列宁斯大林著作编译局，编译. 马克思恩格斯全集（第三卷）[M]. 北京：人民出版社，2009：13-14.

❷ 中共中央马克思恩格斯列宁斯大林著作编译局，编译. 马克思恩格斯全集（第二卷）[M]. 北京：人民出版社，2009：43.

❸ 中共中央马克思恩格斯列宁斯大林著作编译局，编译. 马克思恩格斯全集（第八卷）[M]. 北京：人民出版社，2009：52.

四、马克思责任思想的鲜明特征和时代意义

马克思责任思想是时代的必然产物和历史的必然结果,不论是从产生、发展到成熟、完善,还是从理论到实践,马克思责任思想都以其鲜明的理论特质和品格展现出了强大的生命力、创造力和感召力,对于世界历史发展和人类社会进步具有深远历史意义和重大现实意义。总结和提炼马克思责任思想的鲜明特征,阐明和表达马克思责任思想的时代意义,对于我国社会主义现代化建设和实现中华民族伟大复兴的中国梦都具有重要的指导意义。

(一) 马克思责任思想的鲜明特征

列宁曾指出,马克思主义"对世界各国社会主义者所具有的不可遏止的吸引力,就在于它把严格的和高度的科学性(它是社会科学的最新成就)同革命性结合起来,并且不仅仅是因为学说的创始人兼有学者和革命家的品质而偶然地结合起来,而是把二者内在地和不可分割地结合在这个理论本身中"。[1] 列宁这段话以极为精辟的论述和高度凝练的语言揭示了马克思主义的基本特征:实践基础上的科学性与革命性的统一,这也是马克思主义最为鲜明的特征。马克思责任思想,作为马克思主义整体理论大厦的一部分,不仅拥有同马克思主义整体相符合的根本特征,而且也具有一些独具自身特色的鲜明特征。马克思责任思想的鲜明特征集中、突出地体现在责任思想的实践性、辩证性、历史性和自由性四个主要维度当中,学习好、理解好、把握好马克思责任思想的这四大鲜明特征,才能更加完整而准确地理解马克思责任思想的精神实质。

1. 实践性之维

马克思责任思想具有鲜明的实践性。马克思主义实践观和认识论认为,实践决定认识,实践是认识的基础、认识的来源、认识发展的动力、认识的最终归宿,以及检验认识是否具有真理性的唯一标准。科学的思想认识和理论体系是一个历经从实践到认识,再到实践、到认识,如此循环往复以至无穷的辩证运动过程的结果。马克思责任思想首先产生于资产阶级时代,是大工业革命和世界资产阶级革命的历史产物。时代变革需要科学理论的指导,

---

[1] 中共中央马克思恩格斯列宁斯大林著作编译局,编译. 列宁选集(第一卷)[M]. 北京:人民出版社,2012:83.

现实人的生存状态需要思想的启迪，马克思责任思想应时而生，体现了突出的实践性特征。在马克思责任思想的发展史和逻辑演变过程中，马克思根据不断变化发展的时代特征和实践斗争及时地总结革命斗争和理论斗争的实际经验，及时反映当时时代的发展要求和实践的前进方向，在实践基础上走向最终确立，成为成熟的思想形态。最后，马克思责任思想不仅产生于实践、发源于实践，而且还指导实践、作用于实践，为无产阶级革命和人类解放事业提供理论指导和行动指南，推动人类实现由必然王国向自由王国的历史性飞跃。这体现了马克思责任思想的根本目的和最终归宿的实践性。

"哲学家们只是用不同的方式解释世界，问题在于改变世界。"❶ 马克思的墓志铭似乎是对马克思责任思想实践性的最佳阐释和最好表达。马克思责任思想抓住了问题的根本，即人本身，只要一经群众掌握、转化为巨大的物质力量，就必将在人类革命实践斗争中书写出崭新的历史篇章。

2. 辩证性之维

马克思责任思想具有鲜明的辩证性。马克思责任思想内在的辩证性是同马克思主义的革命性基本特征联系在一起的。马克思主义是领导和动员全世界无产者和广大劳动群众推翻资本主义旧世界、建设共产主义新世界的科学理论体系和强大的革命思想武器，其革命性就深深地表现在马克思主义唯物辩证法的批判本质之中。因此，马克思责任思想的辩证性是马克思主义革命性的集中表现，"辩证法不崇拜任何东西，按其本质来说，它是批判的和革命的"。❷ 马克思主义唯物辩证法的批判本质既构成了马克思责任思想的建构方法，又决定了马克思责任思想的辩证性的鲜明特征。

马克思责任思想的发展史就是一部运用唯物辩证法理解和把握人类社会责任问题和责任现象的分析问题、解决问题的历史。马克思责任思想坚持以联系的、发展的、全面的观点观察责任问题、处理责任问题，在研究方法上体现了严密的辩证性和有力的批判性。马克思责任思想的内部思想体系同外部客观世界之间是紧密联系、相互作用的关系，是主观辩证法和客观辩证法的有机结合。马克思责任思想对于现实资本主义社会的能动反映和前提批判，

---

❶ 中共中央马克思恩格斯列宁斯大林著作编译局，编译. 马克思恩格斯文集（第一卷）[M]. 北京：人民出版社，2009：502.

❷ 中共中央马克思恩格斯列宁斯大林著作编译局，编译. 马克思恩格斯选集（第二卷）[M]. 北京：人民出版社，2012：94.

反映了马克思主义和马克思责任思想的鲜明政治立场和阶级立场，体现了马克思责任思想的辩证性和革命性的统一。

3. 历史性之维

马克思责任思想具有鲜明的历史性。唯物史观是马克思一生两大发现之一，是关于人类社会发展及其规律的科学理论体系和人类解放学说，体现了深厚的历史感和巨大的现实感。马克思责任思想的一个重要的哲学基础就是历史唯物主义的世界观和方法论，马克思责任思想的一个重要的组成部分也是历史唯物主义的责任观。马克思责任思想的历史性主要体现为以下三点：第一，历史唯物主义责任观坚持责任理想的合乎规律性。马克思责任思想坚持从资本主义社会的发展历史和现实出发，在马克思主义关于人类社会发展一般规律的指导下，提出实现共产主义的责任理想，是合乎历史发展规律的。第二，历史唯物主义责任观坚持责任主体的现实存在性。马克思坚持从"现实的个人"出发，阐明社会关系的总和的人的现实性本质，并且提出了"人民群众是历史创造者"的伟大观点，把责任主体同创造世界历史的责任理想结合起来，是合乎无产阶级和劳动群众目的的。上述两点体现了马克思主义责任理想合规律性与合目的性的统一。第三，历史唯物主义责任观坚持责任实践的历史必然性。马克思认为，主观能动性的、现实的人改造客观世界的物质性活动是符合世界永恒发展的基本原理的，存在一定意义上的历史必然性。无产阶级责任实践的前途同无产阶级自身一样远大，是世界历史的新事物，必将在激烈的社会变革中代替以往的旧事物。但是无产阶级的责任实践也必将是一个长期的、曲折的、复杂的历史过程，只有善于把握前进道路上前进性和曲折性的统一，才能把握责任实践的历史必然性过程。因此，鲜明的历史性和深厚的历史感贯穿着马克思责任思想的基本内容和逻辑进程，是马克思责任思想最为重要的特征之一。

4. 自由性之维

马克思责任思想具有鲜明的自由性。实现物质财富极大丰富、人民精神境界极大提高、每个人自由而全面发展的共产主义社会，是马克思主义最崇高的社会理想和马克思责任思想的责任理想。马克思责任理想的确立，充分体现了马克思主义对于自由王国的追求，在一定意义上也是对马克思责任思想的自由性的展开和描述。马克思责任思想认为，追求自由的生存状态是无产阶级责任主体的一个十分重要的前提性目标。假如没有自由的生存状态和自由时间，就很难实现人的自由全面发展。而当只有建立在每一个人的自由全面发展的基础上，一切人的自由全面发展才有可能变为现实。这里体现了由责任个体到责任社会的贯通性和自由性。马克思责任思想本身也是会变化发展的，马克思责任思想的自由性在社会前进目标中会得以展现和进一步发展，这是由马克思责任思想的实践性、辩证性和历史性决定的，也是由马克思主义追求自由王国的社会理想所决定的。

（二）马克思责任思想的时代意义

实践发展永无止境，理论创新永无止境，联系实际永无止境。不论是马克思主义，还是马克思责任思想，都具有一个共同的和极为重要的本质要求，就是必须把马克思主义基本原理和责任思想原理同现实和实践相结合，为推动现实工作和实践向前发展提供理论指导和行动指南。并且，理论要紧密结合不断变化发展的实际，及时创新发展，坚持与时俱进地发展真理，这是马克思主义最重要的理论品质，也是马克思主义永葆生机与活力的关键所在。马克思责任思想的基本内涵丰富，理论品质凸显，责任原则坚定，对处于 21 世纪和信息时代的中国来讲，具有重大的时代意义，是指导我国社会主义现代化建设、谱写责任篇章的思想旗帜。

1. 责任理想的深刻唤醒——*功崇唯志，业广唯勤*

马克思主义以实现共产主义为最高社会理想和责任理想，是世界无产阶级和劳动群众的"精神食粮"和"革命催化剂"。责任理想是号召全国各族人民团结奋进的旗帜，是吹响向民族复兴征程出发的号角，是全党、全军和全国各族人民为实现中国梦而奋斗的共同思想基础。

在我国人民的内心深处，责任理想的科学概念和完整内涵还没有完全形成，对于责任理想的意义和作用也是不甚了解、不甚理解，因此，把马克思责任思想教育特别是责任理想教育贯彻到国民教育当中来，既十分必要，也十分重要。只有这样，才能从人民内心深处真正唤醒人们心中的责任，才能在谱写中国梦新篇章中为人民书写历史。习近平总书记也多次强调："功崇唯志，业广唯勤。"其前半句强调的是要立志，要树立责任理想，后半句则是要勤奋，为责任理想勤勉工作、持续奋斗。这说明，责任理想的树立过程和实现过程要有机统一起来，既要通过唤醒责任意识内化于心，更要通过责任行为外化于行。责任理想从来就不是空谈的、空泛的，而是切切实实的、由理想变为现实的现实运动过程。掌握马克思责任思想的这一理论观点，就掌了言与行的辩证法、理想与现实的辩证法、立志与勤勉的辩证法，就能够为我们今后的学习和工作提供思想启迪，甚至能够为我们国家的未来事业擘画全面小康的蓝图。

2. 责任主体的自我认知——直面问题，勇于担当

关于责任主体的内容是马克思责任思想的出发点和责任实践的逻辑起点，深入把握马克思关于责任主体的相关内容和相关思想，发掘其中的思想精髓和精神实质，有利于指导我国责任主体更好地为社会主义现代化建设作出努力和贡献。

马克思所理解的责任主体的构成主要包括：现实的个人和责任政府两大部分，当然，也包括其他内容。马克思论述了现实的个人的责任产生的客观性和必然性，以及自由与责任的矛盾关系在人的内部统一性。他指出："作为确定的人，现实的人，你就有规定，就有使命，就有任务，至于你是否意识到这一点，那是无所谓的。这个任务是由于你的需要及其与现存世界的联系而产生的。"在现实的、存在的个人当中，"没有无义务的权利，也没有无权利的义务"。[1] 这就要求我们在平时要清醒地认识到我们肩上的责任及其产生的必然性，注意处理好个人与集体、个人与社会、个人与国家之间的关系，着重把握好权利和义务、自由与责任之间的关系，不能把个人同集体、社会和国家割裂开来，不能把权利、自由同义务、责任割裂开来。作为人民的责任主体应该进一步深化自我认知，特别是对于责任的认知，要直面现实中存在的问题，勇于承担起对于国家和民族的重任，而不是回避现实中的问题、逃避责任。

推进责任型政党建设，建设中国特色社会主义责任政府，是我国社会主义民主政治建设的重要环节。吸收马克思责任思想有关责任政府的内容，把握马克思对于无产阶级革命政党使命的论述，要结合中国实际，坚持问题导向原则，剖析和分解党的建设和政府建设当中存在的问题，在解决问题的过程中担当起为人民服务、为社会主义现代化服务、为实现中华民族伟大复兴的中国梦服务的历史重任，真正做到"打铁还需自身硬"。

3. 责任行为的实践途径——空谈误国，实干兴邦

责任行为和责任实践是责任主体贯彻落实责任理想和责任原则的途径，

---

[1] 中共中央马克思恩格斯列宁斯大林著作编译局，编译. 马克思恩格斯全集（第三卷）[M]. 北京：人民出版社，2009：227.

是实现责任理想最为关键的一步。只有在实践上迈出了重要的一步，才有希望抵达责任理想的彼岸。马克思主义坚持"实践第一"的观点，历来把自己定位为一种"改变世界"的哲学，而非仅仅"解释世界"的哲学。马克思科学的实践观和责任观启示我们，推进责任实践向前发展是我们义不容辞的责任和使命。

在当代社会主义中国，实现社会主义现代化和中华民族伟大复兴的中国梦就是我们国家、人民和民族的责任理想，如何才能把理想变为现实，这是一个至为重要的问题。马克思责任思想启示我们，只有把责任理论变为责任实践，在责任实践中开创工作新局面，才能谱写共同理想和中国梦的新篇章。习近平总书记在参观中国国家博物馆《复兴之路》展览时曾强调指出："实现中华民族伟大复兴是一项光荣而艰巨的事业，需要一代又一代中国人共同为之努力。空谈误国，实干兴邦。"成功源于实干，祸患始于空谈。以马克思责任思想为指导，推进中国责任实践发展，本身就是一个不断实干、艰苦奋斗的变革现实世界的过程，而不是漫无边际的空谈论调。"不干，半点马克思主义都没有。"不实干，半点社会主义都建设不出来。接过历史的接力棒，崇尚实干、接续奋斗，为坚持和发展中国特色社会主义伟大事业做出应有的努力，才是我们应有的历史抉择和责任担当。

4. 责任共同体的建设——万众一心，开拓奋进

马克思责任思想强调无产阶级和人民群众的责任理想是实现自由人联合体的自由王国，在这个共同体中，马克思说："每一个人的自由发展是一切人自由发展的条件。"唯物史观同样也坚持人民是历史的创造者的基本观点和人类社会发展的共产主义前途，马克思责任思想更是强调坚持群众观点和群众路线，尊重人民主体地位，发挥人民首创精神，建设一个基于利益共同体和命运共同体基础上的责任共同体。

中国特色社会主义事业是全国亿万人民群众的伟大事业，是关乎全体中国人民和中华民族前途命运、未来发展的伟大事业。党的十八大以来，习近平总书记根据时代发展要求和人民的热切期盼，提出了"实现中华民族伟大复兴的中国梦"的重要思想。而实现中国梦，不仅要坚持中国道路、弘扬中国精神，而且要凝聚中国力量。十三亿人民群众的智慧和力量是无穷的，是可以继续创造中国历史、创造中国辉煌的决定力量。每一个中国人的人生发展与祖国的前途命运都息息相关，全国各族人民共处一个利益共同体和命运共同体当中，怎样才能实现国家富强、民族振兴、人民幸福是历史和现实交给我们的历史问卷。全国各族人民只有团结起来，万众一心，开拓奋进，共同承担起实现社会主义现代化和中华民族伟大复兴的中国梦的历史重任和时代使命，建设一个向着责任理想前进的、不断进行责任实践的责任共同体，才能向历史交出一份满意的答卷。

马克思责任思想是我们前行路上的科学指南，内化于心、外化于行是我们应有的态度和抉择。坚持和发展中国特色社会主义是一个长期的历史过程，也是一个不断践行社会主义责任理想的责任实践过程。展望未来，社会主义中国的远洋巨轮必将乘风破浪、砥砺前行，中国人民必将达到责任理想的彼岸，谱写中华民族伟大复兴的中国梦的责任篇章！

参考文献

[1] 中共中央马克思恩格斯列宁斯大林著作编译局，编译．马克思恩格斯全集（第一卷）[M]．北京：人民出版社，2009．

[2] 中共中央马克思恩格斯列宁斯大林著作编译局，编译．马克思恩格斯全集（第三卷）[M]．北京：人民出版社，1960．

[3] 中共中央马克思恩格斯列宁斯大林著作编译局，编译．马克思恩格斯全集（第二卷）[M]．北京：人民出版社，2009．

[4] [法]奥古斯特·科尔纽．马克思恩格斯传（第一卷）[M]．北京：生活·读书·新知三联书店，1980．

[5] 中共中央马克思恩格斯列宁斯大林著作编译局，编译．马克思恩格斯全集（第一卷）[M]．北京：人民出版社，2002．

[6] 中共中央马克思恩格斯列宁斯大林著作编译局，编译．马克思恩格斯全集（第二卷）[M]．北京：人民出版社，2012．

[7] 中共中央马克思恩格斯列宁斯大林著作编译局，编译．马克思恩格斯全集（第四十卷）[M]．北京：人民出版社，1960．

[8] [英]戴维·麦克莱伦．马克思传[M]．北京：中国人民大学出版社，2010．

[9] 中共中央马克思恩格斯列宁斯大林著作编译局，编译．马克思恩格斯全集（第四十七卷）[M]．北京：人民出版社，2004．

[10] 中共中央马克思恩格斯列宁斯大林著作编译局，编译．马克思恩格斯全集（第四十二卷）[M]．北京：人民出版社，1979．

[11] 中共中央马克思恩格斯列宁斯大林著作编译局，编译．马克思恩格斯全集（第三卷）[M]．北京：人民出版社，2009．

[12] 中共中央马克思恩格斯列宁斯大林著作编译局，编译．马克思恩格斯全集（第二十五卷）[M]．北京：人民出版社，1974．

[13] 张成福．责任政府论［J］．中国人民大学学报，2000（2）．
[14] 中共中央马克思恩格斯列宁斯大林著作编译局，编译．马克思恩格斯全集（第一卷）［M］．北京：人民出版社，1995．
[15] 中共中央马克思恩格斯列宁斯大林著作编译局，编译．马克思恩格斯全集（第四卷）［M］．北京：人民出版社，1995．
[16] 中共中央马克思恩格斯列宁斯大林著作编译局，编译．马克思恩格斯全集（第三卷）［M］．北京：人民出版社，1995．
[17] 中共中央马克思恩格斯列宁斯大林著作编译局，编译．列宁选集（第一卷）［M］．北京：人民出版社，1995．
[18] 中共中央马克思恩格斯列宁斯大林著作编译局，编译．列宁选集（第三卷）［M］．北京：人民出版社，1995．
[19] 中共中央马克思恩格斯列宁斯大林著作编译局，编译．列宁选集（第一卷）［M］．北京：人民出版社，2012．
[20] 本书编写组．科学社会主义概论［M］．北京：人民出版社，2011．
[21] 中共中央马克思恩格斯列宁斯大林著作编译局，编译．马克思恩格斯全集（第八卷）［M］．北京：人民出版社，2009．
[22] 中共中央马克思恩格斯列宁斯大林著作编译局，编译．马克思恩格斯全集（第四十卷）［M］．北京：人民出版社，1982．

第十二章　恩格斯责任思想

　　恩格斯责任思想与马克思责任思想紧密相连、密不可分，共同构成马克思主义责任思想的基础和源泉。对于恩格斯责任思想进行研究，需要系统梳理和整合马克思责任思想的体系。然而由于二者关系之密切，所以研究的一个重要出发点和落脚点就是把恩格斯责任思想和马克思责任思想结合起来，从而建构马克思主义责任思想初始体系，奠定整个理论体系和责任思想发展史的研究基础。恩格斯责任思想的研究具有重大理论意义和现实意义，它是形成马克思主义责任思想雏形体系的重要环节，是深入理解马克思责任思想和贯通马恩及以后重要人物责任思想的重中之重。此外，针对恩格斯责任思想进行研究，有利于开创恩格斯思想研究水平的前沿阵地，丰富其研究体系。最后，把恩格斯责任思想的基本原理形成方法论体系，有利于丰富和完善责任实践的理论指导方法，从而促进责任实践向前发展。

　　正如马克思和恩格斯所指出的："作为确定的人，现实的人。你就有规定。就有使命，就有任务，至于你是否意识到这一点，那都是无所谓的，这个任务是由于你的需要及其现存世界的联系而产生的。"[1] 每个人的各种需要，只有通过从事某种社会职业才能获得满足，在人与人之间的相互交往和联系中才能得到满足。所以，为他人、为社会服务，这是个人的生存手段和社会发展的必要条件。恩格斯就用他一生的责任探索和实践向我们展现了理性认知自己的社会角色和社会责任，从而自觉承担起应尽的社会责任，个人的自由才有实现的可能。恩格斯对责任的理解，离不开他对自由的认知，离不开他对自身社会角色和责任的定位。在恩格斯看来，"自由不在于在幻想中摆脱自然规律而独立，而在于认识这些规律，从而能够有计划地使自然规律为一

---

[1] 中共中央马克思恩格斯列宁斯大林著作编译局，编译. 马克思恩格斯全集（第三卷）[M]. 北京：人民出版社，2004：329.

定的目的服务","意志自由只是借助于对事物的认识来作出决定的那种能力"❶。成熟时期的恩格斯从不抽象地谈论责任,他将责任具体化到社会生活的方方面面,从个体对自然生态的责任到政府所应承担的社会责任,为我们思考责任行为的具体承担提供了思路。

一、恩格斯责任观确立的时代背景和思想基础

(一) 时代背景

与马克思一样,恩格斯生活在资本主义大踏步前进的时代,工业革命在英国创造的巨大生产力正向其他国家传播。而此时的德国却处在封建统治的黑暗压制之中,政治的四分五裂,封建的君主制反动统治与教会相勾结,使得德国远远落后于欧洲的脚步。恩格斯生活的德国莱茵省巴门市是德国最发达的工业区,是莱茵省的纺织中心之一,曾有"英国的曼彻斯特"之称。恩格斯的父亲是一名纺织厂主。这里的资产阶级与所有资产阶级一样,为了攫取最大的利润,残酷地剥削工人。工人们在非人的条件下生活和劳动,他们居无定所、朝不保夕。同时,当地的资产阶级为了降低成本,大量雇用童工,儿童的身心因此受着巨大的摧残。恩格斯在青年时代就目睹了资产阶级对无产阶级的残酷剥削和无产阶级的悲惨生活。

与资本主义工业的发展相对的是宗教思想在当地的盛行。虔诚主义作为新教的一个流派,产生于17世纪末。这个流派本是新兴资产阶级意识形态的一种表现,它倡导勤劳的生活,最初在社会变革的进程中起到了革新和进步的作用。然而随着时间的推移,它逐渐蜕化为一种宗教上的神秘主义,转过来反对资产阶级启蒙精神的进步思想,"他们把基督教等同于一种圣经原教旨主义,对理性与有完全漠视",逐渐发展为"封建统治者的帮凶"❷。宗教与政治的密切联系是理解当时德国社会及其孕育的各种思潮,包括马克思主义的形成以及青年黑格尔思潮的关键。

正是在启蒙和革命的世纪与笼罩在封建统治阴霾中的落后的德国现实,以及乌培河谷较发达的资本主义经济形态与极端保守的宗教统治的博弈之间,

---

❶ 中共中央马克思恩格斯列宁斯大林著作编译局,编译. 反杜林论 [A]. 马克思恩格斯全集 (第二十卷) [C]. 北京:人民出版社,2004:356.

❷ [英] 麦克莱伦. 青年黑格尔派与马克思 [M]. 夏威仪,陈启伟,金海民,译. 北京:商务印书馆,1982:22.

恩格斯开始了自己独特的思想探索之旅。与马克思不同的是，恩格斯在思想起点上受到了更多保守主义和宗教教条的束缚，这使得他在追求真理和解放的道路上经受了更多的磨难。

（二）思想基础

用恩格斯自己的话说，他的家庭"是一个彻头彻尾基督教的、普鲁士家庭"❶，"沉浸在虔诚主义和伪善主义"❷ 中。他的父亲是一个纺织厂主，作为一个虔诚教徒，他要求孩子们无论在家里还是学校都要听从教义，无条件相信《圣经》。恩格斯曾说："当宗教真正成为心灵的事业，即使在痛苦绝望的边缘，它也处处起着使人刚强和令人宽慰的作用。"❸ 恩格斯经历了超自然主义、施莱尔·马赫、施特劳斯，最终走向思辨神学。宗教信仰在年轻的恩格斯的精神世界具有举足轻重的地位，因此，摆脱宗教信仰对他而言，是一次艰难的精神"倒戈"。在艰难的宗教批判背后，是近代理性思想的破茧而出。通过大量阅读和深入生活，恩格斯的思想发生了根本的改变。通过施特劳斯，恩格斯接触到了黑格尔哲学的宝藏，他在给弗·格雷培的信中自白道："黑格尔关于神的观念已经成为我的观念。"❹ 从宗教信仰转向黑格尔哲学，是恩格斯早期思想发展中的第一个重大转折。

然而，黑格尔的思想是复杂的，要全面深刻地认知需要较长的时间去探索。起初，恩格斯还没有能力分辨施特劳斯的宗教观和黑格尔的宗教观存在的差异。当然也并不能实现真正意义上对宗教观的反思和批判。直到 1842 年，他读到了路德维希·费尔巴哈的名著《基督教的本质》。在这本书的影响下，恩格斯开始疏远青年黑格尔主义，转到唯物主义立场上来。由此摆脱封建宗教思想的束缚成为可能。他认为"只有彻底克服一切宗教观念，坚决地真诚地复归，不是向'神'，而是向自己本身的复归，才能使自己重新获得自

---

❶ 中共中央马克思恩格斯列宁斯大林著作编译局，编译．马克思恩格斯全集（第四十七卷）[M]．北京：人民出版社，2004：199．

❷ 同上。

❸ 中共中央马克思恩格斯列宁斯大林著作编译局，编译．马克思恩格斯全集（第四十一卷）[M]．北京：人民出版社，1982：13．

❹ 中共中央马克思恩格斯列宁斯大林著作编译局，编译．马克思恩格斯全集（第四十七卷）[M]．北京：人民出版社，2004：288．

己的任性、自己的本质"❶。从中我们不难看出费尔巴哈对恩格斯的影响。当然真正意义上彻底摆脱宗教的束缚，实现对宗教问题最为彻底的批判，是恩格斯和马克思共同创立唯物史观之后。

现实也给了恩格斯更多地启迪和思考。通过亲身的生活体会，恩格斯愈发同情工人遭遇并批评工厂主。1839年，他在发表的匿名文章《乌培河谷来信》中，揭露了工厂主剥削压迫工人的大量事实。可以说，无神论和无产阶级解放一直是恩格斯思想脉络的主线，二者相互关联。恩格勒在思想不断成熟的过程中，逐渐超越了浪漫主义责任观，不再单纯把解放和自由看作个体自由的实现。因为个体自由往往带有空想性质，他以现实化的致思来思考人类自由和解放的途径。在自身世界观转变的过程中，恩格斯逐渐与马克思思想相契合，由此开始了两个人一生的合作。

二、恩格斯责任思想形成的历史进程

（一）责任思想的初步形成——乌培河谷时期

1837年，17岁的恩格斯看到当时希腊人为争取民族独立而反抗土耳其人，深受鼓舞，他写了一篇《海盗的故事》，谈到了自己的理想就是"参加那些'懂得珍视自由的人'的行列，站在他们的一边，为反对压迫和侮辱而斗争"❷。这是我们找到的能够表达恩格斯责任理想的最早的表述，透过这些表述，我们看到了一个有责任感、勇敢正义的斗士。恩格斯青年时期的责任观的确立源自两个方面的影响，一方面是他对工人生存现状的同情，另一方面是他对当时社会宗教氛围的反抗。恩格斯观察到巴门由于资本主义发展带来的阶级分化，以及由此带来的剥削压迫和贫穷困苦。

这些观察使恩格斯后来写成《乌培河谷来信》一文的素材。在该文中，他运用了大量实证材料，有力地揭露了资产阶级的伪善，并自觉站到了维护无产阶级自由和人道的立场上。但由于当时思想的局限，他把这种剥削和压迫的根源归结为资产阶级虚伪的虔诚主义信仰，将批判的矛头指向虔诚主义。

---

❶ 中共中央马克思恩格斯列宁斯大林著作编译局，编译. 马克思恩格斯全集（第三卷）[M]. 北京：人民出版社，2002：521.
❷ [德]海因里希格姆科夫，等. 恩格斯传[A]. 易廷镇，侯焕良，译. 北京：生活·读书·新知三联书店，1978.

在他看来，是宗教麻痹了工人们的思想，他们一边读着《圣经》❶，一边喝着烧酒，而两者都是逃避现实困苦的"麻醉剂"。他们被剥夺了独立思考的力量。恩格斯超越了自己的阶级，思考和定位自己的社会责任，一方面是对宗教的批判，另一方面也是牵动恩格斯一生致思的就是工人阶级的生存状态。这样社会责任的思索和定位源自恩格斯的观察和体验。因此，从一开始就具备了实践性和具体性的特征，不抽象地停留于思想领域中，也从此决定了恩格斯一生理论研究的基本取向。

（二）责任思想的理论探索

1. 政治责任观时期

宗教和政治问题在当时的时代环境下是纠缠在一起的，恩格斯曾经在回忆19世纪三四十年代的德国时说："在当时的理论的德国，有实践意义的首先是两种东西：宗教和政治。"❷ 青年黑格尔派开始是远离政治的，他们的理论仅仅是学术的辩论，关注的焦点主要是在灵魂不死和上帝的个性这两个问题上❸。随着威廉四世登上王位，正统宗教和专制气焰嚣张，青年黑格尔派的问题变成了消灭传统的宗教和现存的国家，但他们斗争的武器依旧是旧哲学。恩格斯认为，首先是宗教问题，其次是政治问题，然后才能转化为哲学问题。恩格斯由此暂时远离了宗教信仰问题的困扰，加入了政治改革的斗争队伍。恩格斯的视阈从宗教领域转向政治领域，对恩格斯而言，对自由的追求、对责任的承担不再是与"人性""个性"等空洞的辞藻联系在一起的空泛的概念了，而是变成了现实的要求、现实的斗争和行动。这无疑超越了"乌培河谷时期"恩格斯的思想。此时，恩格斯已经朦胧地意识到，政治进步的要求和思想应该为人民所掌握，人民作为历史主体的思想进入了恩格斯的理论视野。这种人民性帮助恩格斯摆脱了早期抽象的个人自由和解放的观点，为唯物史观的确立做了初步的准备。而历史问题也是恩格斯此时关心的一个重要问题。恩格斯每天阅读黑格尔的《历史哲学》，但对于黑格尔的思想已经有所

---

❶ 中共中央马克思恩格斯列宁斯大林著作编译局，编译. 马克思恩格斯全集（第一卷）[M]. 北京：人民出版社，1958：518.

❷ 中共中央马克思恩格斯列宁斯大林著作编译局，编译. 马克思恩格斯全集（第二十一卷）[M]. 北京：人民出版社，1965：311.

❸ [英]麦克莱伦. 青年黑格尔派与马克思[M]. 夏威仪，陈启伟，金海民，译. 北京：商务印书馆，1982：3.

保留。在恩格斯看来，黑格尔思想中的历史是绝对精神展开的过程，是直线前进的。而恩格斯则认为："我宁愿把历史比作信手画成的螺线，它的弯曲绝不是很精确的。历史从看不见的一点徐徐开始自己的行程……不时擦过它的旧路程，又不时穿过旧路程。而且，每转一圈就更加接近于无限。"❶ 恩格斯这里所述的"曲线说"强调了历史进程的曲折前进，这是恩格斯基于对现实的研究和观察对黑格尔历史哲学所做补充。此时，恩格斯自身对人类自由和解放问题的思考已经跳出了乌培河谷的范围，开始了对全部历史和社会整体把握的一种尝试。但是，此时恩格斯对历史发展的动力问题、主题问题还没有涉及，他的历史观还停留在唯心主义的视阈中，对这些问题尚不能实现正确的认知，对责任主体的认知也还处于唯心主义的思考范畴内，而这些问题的解决，是在恩格斯共产主义思想确立之后。

1841 年秋，恩格斯在柏林服兵役，而当时的柏林正是各种思想派别斗争的地方。谢林和青年黑格尔派的斗争成为所有思想斗争中具有最高原则的。恩格斯在这场斗争中充当黑格尔派的先锋，展现了其非凡的才智和勇气，也进一步充实和丰富了自己的思想。这一时期，他先后发表《谢林论黑格尔》《谢林和启示》和《谢林——基督哲学家》三篇论文。恩格斯批判谢林哲学的出发点是为了保卫黑格尔哲学中的革命因素，保卫自由和理性。恩格斯认识到谢林模棱两可的"二元论"背后是对自由的扼杀，在恩格斯看来："只有本身包含着必然性的那种自由才是真正的自由；而且，这种自由是必然性的合乎理性。"❷ 需要指出的是，在运用黑格尔哲学批判谢林思想的过程中，恩格斯对黑格尔哲学的认知也进一步加深，并不自觉地将费尔巴哈哲学带入思想中。同样，此时的恩格斯还不能清晰地分辨费尔巴哈思想和黑格尔的区别，他把费尔巴哈看成是黑格尔"最年轻的继承人"。也有学者指出，这一时期恩格斯事实上也不能清晰地区分费尔巴哈思想与施特劳斯、鲍威尔等青年黑格尔派思想的差异所在。他并没有看到在颠覆虔诚主义的过程中，事实上费尔巴哈走得更远一些。恩格斯在晚年《路德维希·费尔巴哈和德国古典哲学的终结》中对费尔巴哈的局限性作了总结："费尔巴哈找到了从自己所极端憎恶的抽象王国通向活生生的现实的道路。他紧紧抓住了自然界和人；但是，在

---

❶ 中共中央马克思恩格斯列宁斯大林著作编译局，编译．马克思恩格斯全集（第四十一卷）[M]．北京：人民出版社，1982：32．
❷ 中共中央马克思恩格斯列宁斯大林著作编译局，编译．马克思恩格斯全集（第四十一卷）[M]．北京：人民出版社，1982：264．

他那里,自然界和人都只是空话。无论关于现实的自然界或关于现实的人,他都不能对我们说出任何确定的东西。但是,要从费尔巴哈抽象的人转到现实的、活生生的人,就必须把这些人作为历史中行动的人去考察。"❶ 不管怎样,此时,恩格斯既处于对实现理想的探索进程中,也处于真正向唯物主义、共产主义转变之前最为复杂的阶段。对现实的批判仅仅是在原则的立场上,因此还难脱唯心主义的窠臼。政治批判固然比伦理批判更具现实性,但是,它毕竟没有发现现实的真正基础,即物质生产关系和这个关系中的斗争。而思想的这个任务,恩格斯在法国的空想社会主义、共产主义者、英国的古典经济学家和曼彻斯特工人的帮助下,终于得以完成。

2. 社会责任观时期

1842年11月—1844年8月的近两年时间,恩格斯是在曼彻斯特度过的。作为欧洲资本主义最发达的城市之一,工厂林立,工人众多,资本主义生产关系日趋成熟的趋势在这里得到了相对充分的展现。身处曼彻斯特,恩格斯对英国的社会状况和实践给予了最大限度的关注。他不断地给报刊写政论文章,考察研究英国的社会状况和正在发生着的轰轰烈烈的社会斗争。他喜欢和工人阶级相处,并从英国工人阶级身上学到了许多宝贵的东西。在这一时期,恩格斯思想实现了巨大的进步,在宗教观上也实现了对"泛神论"的批判并达到"无神论"的水平。

恩格斯对英国以及德、法两国社会革命和斗争进行了深入的考察,这部分思想集中体现在《英国十八世纪状况》一文中,在恩格斯看来:"只要国家和教会还是实现人的本质的普遍规定性的唯一形式,就根本谈不到社会的历史。"❷ 与此同时,恩格斯还注意到个人主义原则下的自由是片面的和矛盾的,他指出:"人类分解为一大堆孤立的、相互排斥的原子,这种情况本身就是一切同业工会利益、民族利益以及一切特殊利益的消灭,是人类走向自由的自主联合以前必经的最后阶段。"❸ 这里,"自由的自主联合"还缺乏定义,但却表征了此时恩格斯思想的又一次飞跃,这些思想自然与成熟时期恩格斯的

---

❶ 中共中央马克思恩格斯列宁斯大林著作编译局,编译. 马克思恩格斯全集(第二十一卷)[M]. 北京:人民出版社,1965:333-334.
❷ 中共中央马克思恩格斯列宁斯大林著作编译局,编译. 马克思恩格斯全集(第三卷)[M]. 北京:人民出版社,2002:542.
❸ 中共中央马克思恩格斯列宁斯大林著作编译局,编译. 马克思恩格斯全集(第三卷)[M]. 北京:人民出版社,2002:534.

思想是相通的，恩格斯保持了对这些问题的一贯关注。

在《国内危机》一文中，恩格斯最早提出了"社会革命"的思想，而这一思想的理论前提是对政治自由的批判。恩格斯通过对历史和现实的考察和思考，认为法国通过1789年的革命把政治民主带进欧洲，但同时也暴露了它的局限性。事实上，民主制并没能带来社会的平等和自由。这种民主制和其他政体是一样的，归根结底是自相矛盾的、虚伪的。恩格斯阐明自己的观点："政治自由是假自由，是一种最坏的奴隶制，这种自由只是徒有虚名……要么是真正的奴隶制，即赤裸裸的专制制度，要么是真正的自由和平等，即共产主义。"❶ 与此同时，恩格斯发现了物质利益才是历史的推动力。他得出的结论是："这个革命在英国是不可避免的，但是正像英国发生的一切事件一样，这个革命的开始和进行将是为了利益，而不是为了原则，只有利益能够发展原则，就是说，革命将不是政治革命，而是社会革命。"❷ 为了物质利益的革命是社会革命，为了原则的革命是政治革命。英国未来的革命必然是社会革命，在这一革命中，物质利益将发展成为新的原则。而英国的未来也是欧洲各国的未来，人类的未来。而"物质利益的问题"在"《莱茵报》时期"就进入了马克思的视野，借助于法国18世纪唯物主义，马克思实现了对费尔巴哈的超越，二人无疑实现了视域上的一种融合。而这个过程对于恩格斯来说，是在对英国现实斗争的考察中得到的。社会革命的目的是"消灭现有的反常关系"，即消灭资本主义的社会关系。理论的焦点从政治斗争转向现实的社会斗争，而斗争的原则是"物质利益"，恩格斯由此将思路调整到政治经济学批判的方向上。恩格斯对人类自由和解放的理想及责任的探索在日益显示化的进程中日益丰满，并不断走向真理性。

3. 政治经济学批判时期

在社会革命思想的基础上，恩格斯作出了政治经济学批判的首次尝试。恩格斯开始了政治经济学研究，他细心研读了斯密、穆勒、马尔萨斯和李嘉图等人的著作，并深入考察英国社会，理解和分析现实。恩格斯身上流淌着最激烈的批判现实的精神。因此，从一开始他就超越了所有国民经济学家，

---

❶ 中共中央马克思恩格斯列宁斯大林著作编译局，编译. 马克思恩格斯全集（第一卷）[M].北京：人民出版社，1956：576.

❷ 中共中央马克思恩格斯列宁斯大林著作编译局，编译. 马克思恩格斯全集（第三卷）[M].北京：人民出版社，2002：407.

站在私有制之外，客观地考察私有制，这就为他的思想突破奠定了基础。恩格斯对私有制批判的奠基之作是《政治经济学批判大纲》（以下简称《大纲》）。这个《大纲》被马克思誉为"天才的大纲"，在马克思主义思想发展史上具有重要的意义。《大纲》首次揭露了国民经济学的片面性、矛盾性和不道德性。在此基础上，首次提出了消灭私有制的革命要求。恩格斯在《大纲》中揭露了商业——私有制产生的最直接的结果，是不道德。它造成了普遍利益和个人利益之间的对立。此时，我们不难看出，他此时虽然已经发现了工人阶级作为革命的力量，理论的焦点也放在了对于现实的政治经济关系的改造和批判上，但恩格斯批判的武器还是道德。因此，《大纲》虽然至关重要地揭示了国民经济学的虚伪性，但其不足也是显而易见的。这个不足在《英国工人阶级状况》一文中得到克服，克服的途径是无产阶级的历史唯物主义的出场。

事实上，在恩格斯早年以工人阶级为题材的作品《乌培河谷来信》中，他就描述了工人阶级物质生活和精神生活的贫困境地。到了英国曼彻斯特后，恩格斯对工人阶级又有了新的、更加深入的认知。（恩格斯特别的阶级来源，给了他认知工人阶级现状一个更加客观而宽广的视域。）此时，通过对当时英国政局的判断，恩格斯清醒地认识到，只有工人阶级，即无产阶级才是真正有力量的社会阶级，才代表了历史进步的方向。在《英国工人阶级状况》中，恩格斯站在宪章派的立场上，和工人阶级站在了一起。恩格斯超越了资产阶级的观点，他认为：工人阶级是资产阶级社会中的先进力量，对历史发展将发挥不可替代的作用，工人阶级将是未来历史的主角。

这个思想在恩格斯的《伦敦来信》中得到了进一步明确的阐述，他认为："一个阶级在社会中所处的地位是比较低，越是就一般意义而言'没有教养'，它就越是与社会进步相联系，越是有前途。"[1] 恩格斯在文章中表达了英国的工人阶级是有知识理论武器的、有教养的阶级，代表了先进文化的方向。恩格斯描绘了他们进行演说和集会的情景，以事实雄辩地证明了工人阶级的革命力量一天天生长。在《英国工人阶级状况》一书中，恩格斯总结道："无产阶级反对资产阶级的斗争经历了一个从自发形式到有组织的发展过程。当英国工人阶级已经认识到零星的斗争形式并不能带来任何持久胜利的时候，他

---

[1] 中共中央马克思恩格斯列宁斯大林著作编译局，编译. 马克思恩格斯全集（第三卷）[M]. 北京：人民出版社，2002：424.

们就以工会或其他政治党派的形式把自己组织起来。1842年的纺织工人大罢工是英国工人阶级在工会领导下开展的最大规模的斗争,这次斗争给予宪章运动以巨大的推动。事实雄辩地证明:英国工人阶级正在迅速觉醒,他最终要成为英国资产阶级的掘墓人。

列宁在评价《英国工人阶级状况》一书时写下了下面的一段话。这一段话也适用于恩格斯在"曼彻斯特时期"对于工人阶级的整个研究。他写道:"恩格斯第一个说明了无产阶级不只是一个受苦的阶级,说明了正是它所处的那种低贱的社会地位,无可遏制地推动它前进,使它去争取本身的最终解放。而战斗中的无产阶级是能够自己帮助自己的。工人阶级的政治运动必然会使工人们认识到,他们除了社会主义以外,再没有别的出路。另外,社会主义只有成为工人阶级的斗争目标时,才会成为一种力量。"❶

恩格斯的这本书得到了马克思的高度评价,马克思在1863年4月给恩格斯的信中曾经这样写道:"你的书中的主要观点,连细节都已经被1844年以后的发展所证实了。我恰好又把这本书和我的关于后来这段时期的笔记对照了一下。"❷ 可以说,恩格斯的《英国工人阶级状况》的一书对马克思《1844年经济学哲学手稿》的写作产生了极大的帮助。

无神论和无产阶级解放是恩格斯思想脉络的一支主线,二者相互关联。恩格斯在思想不断成熟的过程中,逐渐超越了浪漫主义责任观,不再单纯把解放和自由看作个体自由的实现,因为个体自由往往带有空想性质,他以现实化的致思来思考人类自由和解放的途径。在自身世界观转变的过程中,恩格斯逐渐与马克思思想相契合。由此开始了两个人一生的合作。

(三) 责任思想的最终确立

从1842年开始,恩格斯给《莱茵报》写稿,与此同时,马克思也开始为《莱茵报》写稿。而从同年9月开始,马克思就被聘为《莱茵报》的编辑、主编,俩人开始有了笔交。恩格斯服完兵役后,于1842年11月到英国他父亲的工厂去继续学做生意,途经科伦时,他访问了《莱茵报》编辑部,在那里他和马克思第一次见面。在这次见面过程中,马克思对恩格斯比较冷淡,只

---

❶ 中共中央马克思恩格斯列宁斯大林著作编译局,编译. 马克思恩格斯全集(第二卷)[M]. 北京:人民出版社,1957:281.

❷ 中共中央马克思恩格斯列宁斯大林著作编译局,编译. 马克思恩格斯全集(第一卷)[M]. 北京:人民出版社,1972:89.

是主编和撰稿人的一般见面。原因是那时马克思已经与青年黑格尔切割清楚，而在马克思看来，恩格斯此时是属于青年黑格尔派的，志不同道不合。

从 1842 年年底至 1844 年 8 月，恩格斯一直在英国。在那里，他开始全面地从唯心主义转向唯物主义、从革命民主主义转向共产主义，开始广泛地接触英国和德国的工人运动领袖。在此期间，《莱茵报》的董事会迫于政府的压力，解聘了马克思。从 1843 年秋开始，马克思主编《德法年鉴》。《德法年鉴》第一、二期的合刊号于 1844 年 2 月在巴黎出版，其中，既有马克思的著作《论犹太人问题》和《〈黑格尔法哲学批判〉导言》，也有恩格斯的著作《政治经济学批判大纲》。这些著作表明，马克思和恩格斯都已经完成了从唯心主义到唯物主义、从民主主义到共产主义的转变。

1844 年 8 月 28 日，恩格斯从英国回德国的途中，在巴黎逗留了 10 多天，拜访了马克思。这次见面，双方都怀有真诚的好感，俩人促膝长谈，最后发现双方在一切理论问题上的意见完全一致，由此开始了他们牢不可破的友谊和共同创立无产阶级科学理论的伟大事业。

经历了三个阶段的理论探索，恩格斯责任思想最终得以确立，伴随着恩格斯哲学世界观的逐步形成，恩格斯责任思想也逐步完善起来，并在其思想史发展过程中形成了完整的逻辑线索和演进过程。由最初的模糊化到最终的清晰化，恩格斯指明了责任之路的前方和引路人，建构起了实践唯物主义和历史唯物主义的责任观。

（四）责任思想的实践征程

1. 与马克思并肩推动责任实践历程

历史唯物主义或者说唯物史观是马克思和恩格斯一生的"两大发现"之一。在《德意志意识形态》一文中，马克思和恩格斯首次系统阐述了历史唯物主义的基本原理，其中也包含着丰富的关于人和实践的思想。恩格斯责任思想在社会历史领域的最终确立，标志着恩格斯责任思想逻辑进程的最终完成。

《德意志意识形态》的发表和唯物史观的创立标志着马克思主义哲学的基本形成，马克思最终构建起了科学的历史唯物主义世界观，也为马克思对于责任的理解提供了完整的方法论体系。在二人共同完成的《德意志意识形态》当中，马克思和恩格斯提出了社会历史的前提因素，以及责任实现的基础，即：现实的个人存在无疑是世界历史的第一个前提，也是责任实现的第一个主体。该思想在《关于费尔巴哈的提纲》里萌芽,又在这个阶段进一步阐发,正式地提出了社会历史、实践主体同责任主体及其意识之间的关系问题。首先,马克思充分肯定了物质生产在人类社会发展和历史前进中的重要作用,认为物质生产作为人类的主要实践方式,不仅能够保证人类社会的向前发展,而且也能确证人这一实践主体、历史主体以及责任主体的丰富内涵和内在特质。"个人怎样表现自己的生命,他们自己就是怎样。因此,他们是什么样的,这同他们的生产是一致的——既和他们生产什么一致,又和他们怎样生产一致。因而,个人是什么样的,这取决于他们进行生产的物质条件。"❶ 这说明,马克思和恩格斯把人的主体性当中的责任意识作为第二因素考察,是以物质条件为第一性的。只有物质生产条件达到一定水平,人的责任性这一基本向度才能充分展现出来。没有物质条件作为基础的责任是不可想象的,马克思和恩格斯始终是这样认为的。而现实的个人作为进行物质生产的主体,才真正是历史的前提,现实的个人和现实的社会历史条件是相互联系、不可分割的,责任就是将这二者具体地、历史地联系起来的纽带和桥梁。其次,唯物史观在确认人的存在的必然性的同时也阐述了包括人在内的社会存在和社会意识的辩证关系。社会存在和社会意识的关系理论是阐发历史思维和责任意识作用的理论基础,也是对物质生产的决定性作用的深度阐述。"人们首先必须吃、喝、住、穿,然后才能从事政治、科学、艺术、宗教等;所以,直接的物质的生活资料的生产,从而一个民族或一个时代的一定的经济发展阶段,便构成基础,人们的国家设施、法的观念、艺术以至宗教观念,就是从这个基础上发展起来的,因而,也必须由这个基础来解释,而不是像过去那样做得相反。"❷ 所以,"不是人们的意识决定人们的存在,相反,是人们的社会存在决定人们的意识。"❸ 马克思和恩格斯的这种历史唯物主义的观点是其责任思想的重要源泉,人的责任思想究竟来源于哪里有了清晰的答案,就是只有人这一责任主体身处社会历史的真实境遇当中,才能萌生为什么担当责任、为谁担当责任、怎样担当责任的念头和想法。当然,问题还有另外

---

❶ 中共中央马克思恩格斯列宁斯大林著作编译局,编译. 马克思恩格斯全集(第一卷)[M]. 北京:人民出版社,2009:520.

❷ 中共中央马克思恩格斯列宁斯大林著作编译局,编译. 马克思恩格斯全集(第三卷)[M]. 北京:人民出版社,2009:601.

❸ 中共中央马克思恩格斯列宁斯大林著作编译局,编译. 马克思恩格斯全集(第三卷)[M]. 北京:人民出版社,2009:591.

一方面，就是社会存在决定社会意识之后的第二步是什么？社会意识反映社会现实，那么能否能动地作用于现实呢？马克思给予的答案当然是肯定的。因为马克思和恩格斯的唯物史观不仅是唯物的，还是辩证的，马克思和恩格斯对于此问题的回答，体现了唯物论和辩证法的有机统一。那么责任意识，同样也是如此。作为人的具体思维形式的一种，责任意识能够激发起人的内心当中的正义感和创造力，能够能动地按照负责任的要求去改造现实世界，将人们头脑中的合乎责任要求的"观念的存在"变为"现实的存在"，这反映了社会历史要求和人类责任意识的内在统一性。最后，马克思和恩格斯在分析社会结构的基础上，阐明了人类社会的发展规律，指明了责任的前进方向。经济结构由人们之间的生产关系创造，基于经济结构基础上，人们的政治交往关系和文化交往关系铸造了社会的政治结构和文化结构。每一个人对于社会结构，都是具有重大责任的，其中，"最大的责任公约数"就在于每一个人对于美好社会的向往。假如要使这种向往不变为空想，那么只有超越意识和理想层面，将其化为每一个人的现实的、推动社会进步和历史发展的实践活动，才能最大限度地推动人类社会向前发展，这就是全人类的共同责任。在马克思和恩格斯对共同责任担当的清晰认知的前提下，二人开始了领导世界无产阶级革命实践的工作。

2. 马克思去世之后恩格斯责任思想贡献

马克思去世后，恩格斯继续从事哲学研究，在坚持和发展唯物史观方面做出了突出的贡献。在19世纪80年代，特别是在1884年3—5月完成的《家庭私有制和国家的起源》这部著作中，恩格斯对人类社会早期唯物史观进行了详细的阐述和进一步发展。在1886年发表的《路德维希·费尔巴哈和德国古典哲学的终结》中，对唯物史观进行了系统化的丰富和发展。在恩格斯晚年的部分通信中，在驳斥资产阶级学者保巴尔特和党内"青年派"等的过程中，对唯物史观进行了一系列重大发展。

三、恩格斯责任思想的基本内容

恩格斯真正将这种有限性思想贯穿在了对于历史主体历史责任的思考之中。尽管恩格斯对责任相关问题并没有做过系统而专门的论述，或是留下关于责任的相关的光辉论著，但恩格斯通过对哲学、经济学、科学社会主义以及政治学、社会学、人学等其他问题的阐释也蕴含着丰富的责任思想。他始终坚持在具体实践中论述责任主体对于责任行为的承担。与强调主体自由意志决定主体道德责任承担的康德和萨特不同，在恩格斯看来，主体之所以应当承担道德责任，除了意志自由之外，更是社会关系的客观需要，是社会关系对现实主体的客观要求。

（一）"有限性"视域中主体对自然的责任担当

恩格斯以其《自然辩证法》传递给我们这样一种观念，有限的生命个体有赖于地球的滋养，在人类和地球之间必定有一个"物质的相互作用"。从物质代谢的角度看，自然生态系统的更新依赖于特定的有规律性的进程，而事实上，这些进程是由复杂的历史上形成的物质交换关系确定下来的。对主体而言，社会与自然是相互渗透的，在主体对自然的否定性的关系中，以超越自然限制以及干扰自然生态系统再生产等方式，人类有潜在的机会去改进生活条件。恩格斯写道："动物仅仅利用外部自然界，单纯的以自己的存在来使自然界改变；而人则通过他所做出的改变来使自然界为自己的目的服务，来支配自然界。"[1] 正确理解这种支配作用，恩格斯提醒我们"必须时时记住：我们统治自然界，决不像征服者统治异民族一样，决不像站在自然界以外的人一样——相反地，我们连同我们的肉、血和头脑都是属于自然界，存在于自然界的；我们对自然界的整个统治，是在于我们比其他一切动物强，能够认识和正确运用自然规律"[2]。恩格斯认为，人们改造自然、支配自然之权利的行使必限定在自然可承受范围之内；否则，只会适得其反。恩格斯指出："我们不要过分陶醉于我们对自然界的胜利。对于每一次这样的胜利，自然界都报复了我们。"[3] 任何权利的行使都应该充分考虑到其所带来的后果。人类虽然可以改造自然，使自然为人类服务，但人类不能滥用改造自然之权利，而危及其他物种生存，或是破坏生态系统的平衡。因此，他说："我们在这一领域中，也渐渐学会了认清我们的生产活动的间接的、比较远的社会影响，因而我们就有可能也去支配和调节这种影响。"[4]

---

[1] 中共中央马克思恩格斯列宁斯大林著作编译局，编译. 马克思恩格斯全集（第二十卷）[M]. 北京：人民出版社，2002.

[2] 中共中央马克思恩格斯列宁斯大林著作编译局，编译. 马克思恩格斯全集（第三卷）[M]. 北京：人民出版社，2002：518.

[3] 中共中央马克思恩格斯列宁斯大林著作编译局，编译. 马克思恩格斯全集（第二十卷）[M]. 北京：人民出版社，2002.

[4] 同上。

(二)"有限性"视域中主体的社会责任担当

马克思和恩格斯在其合著的《德意志意识形态》中表述说:"现实中,个人有各种需要,正因为如此,他们已经有了某种职责和任务。"❶ 人只有通过把握价值规律,按照一定运行机制,确定和践履人的责任,明确人的价值取向,并随社会历史实践的发展而变化,与时俱进,才可能真正实现人的活动目的。人类历史固然离不开人的价值选择,但价值选择的自由度也要受到社会历史条件的制约。合理的价值选择不过是对由历史必然性所提供的可能性空间的自由自觉地利用。在恩格斯看来,社会历史固然具有不同于自然界的特点,但是,社会历史也是有因果联系的,区别只是在于,它不像自然规律那样通过自然界各种自发力量盲目相互作用的形式表现出来,而是人受既定历史条件制约与能动利用历史条件创造历史的内在联系,是历史的必然和自由的辩证统一。历史不是把人作为手段来使用的,历史无非是人的创造活动而已。但是,人的创造活动是凭借一定的历史条件进行的,是受着条件制约的,人既是"剧作者"又是"剧中人"。这是历史的自由和必然的辩证法。历史本身的更替史表明历史自身的有限性,这种有限性恰恰源于它是现实的。对这个有限性敢于正视,才能实现有限性向无限性的提升,并把这个提升转变为现实性。

(三)"有限性"视域中作为个体联合的共同体的责任担当

恩格斯在《社会主义从空想到科学的发展》中曾指出,人的发展要经过"有尊严地生活—全面而合理的发展—自由的生命活动"❷。因此,恩格斯认为,作为有限个人全面发展的前提,国家作为一种共同体的存在是必需的。"只有在共同体中,个人才能获得全面发展其才能的手段;也就是说,只有在共同体中才可能有个人自由";"在真正的共同体的条件下,各个人在自己的联合中并通过这种联合获得自己的自由"❸。在这个意义上,作为公共体的国

---

❶ 中共中央马克思恩格斯列宁斯大林著作编译局,编译. 马克思恩格斯全集(第一卷)[M]. 北京:人民出版社,1956.

❷ 中共中央马克思恩格斯列宁斯大林著作编译局,编译. 马克思恩格斯全集(第九卷)[M]. 北京:人民出版社,2002:114.

❸ 中共中央马克思恩格斯列宁斯大林著作编译局,编译. 马克思恩格斯全集(第一卷)[M]. 北京:人民出版社,1956:119.

家从社会中一旦脱离,就拥立自身的独特属性——公共性。而政府就是这种公共性的代表。政府的权力从它诞生之日起就天然地具备了公共价值。恩格斯强调,为更好地实现政府对公共价值的有效捍卫,责任政府的利益诉求必须被社会的原则和现实所制约。责任政府是阶级和法治下的有限政府。正如恩格斯否定终极的、普遍适用的道德真理的存在,而认为我们无法从某个特定民族、某个特定群体甚至个人的道德观念中推导出一个人类普遍接受的道德认知,道德归根结底是建立在一定经济状况上的阶级的道德一样。因此,人们所承担的都是在业已形成的共同利益基础上的有限责任伦理。构成其现实基础的不是什么空洞的形式或抽象的人性,而是人类的共同生活形成的相互依存关系和共同利益。

(四)"有限性"视域中主体责任担当的必然性

个体的有限性决定了个体始终处于与客观世界,以及与主体之间相互作用、相互创造、相互规定的辩证运动过程中,二者作为统一的人类实践活动的两个方面还存在着相互中介的关系,二者交互作用的结果体现为历史否定之否定的曲折发展过程。在这个过程中,有限性的个人本质获得了无比丰富的内容,由此摆脱了形而上学的抽象性,一双脚坚实地站在现实世界的大地上。马克思和恩格斯在承认现实"有限性"的同时,在现实的"有限性"之中提升一个相对的"无限性"理念,并使其成为一种新的"有限性"。这使得马克思主义哲学不是一种静止的单纯的非批判性的实证科学,它在对现实生活肯定的基础上,还包含着对现实生存状态的否定,"未来"呈现为依据现实历史过程的现实的运动,这也表征了马克思主义的革命本性。在有限性视域中,主体责任担当关乎无限。

"有限性"是相对人的目的而言的。对于从事现实活动的现实的个人而言,现实的种种"界限、前提和条件"恰恰体现为一种现实的有限性,体现为主体受现实的历史和社会的规导。作为一种外在规定性,体现了有限个体责任担当的必要性。然而,在有限性视域中,责任担当更体现为有限的个体主体的内在必须。有限的生命个体有赖于地球的滋养,在人类和地球之间必定有一个"物质的相互作用"。只有担当对自然的责任,人与自然的这种交互才能得以延续。社会是由人类个体之间在他们与自然结成否定性关系的同时通过相互交往而形成的。与自然交互本身在与有限性人类个体生存本身的需要。而社会形式对人类存在的必要性同样在于人类个体作为主体的有限性这样一个事实。这种有限的个体在孤立状态下，是不足以形成真正的人类活动，不足以作为人而存在的。他们必须结合成社会才能克服个体的有限性，借助于空间上同代人的结合和时间上不同代人的绵延而超越个体的有限性。以交往为基础，主体只有通过责任担当，才能真正摆脱自身的孤立状态，才能通过参与进入公共领域进而成为真正意义上的人。在外在必要和内在必需的双重规定下，责任担当成为主体的必然选择。通过责任担当，有限性的个人本质获得了无比丰富的内容，由此摆脱了形而上学的抽象性。主体通过积极的价值创造不断地超越这种"有限性"，通达"无限"。"有限"与"无限"在人的具体历史条件下的生存实践中获得了内在统一。人的实践的"历史性"和"生成性"表征着人的有限性与无限性的内在逻辑张力。生活实践的内在和目的性与合规律性正是在主体对于"有限性"的认同与超越中得到了辩证统一。

四、恩格斯责任思想的基本特征

（一）实践品格

恩格斯没有接受过大学教育，这决定了恩格斯不像青年黑格尔派中大多人那样具有"学术的思维"，这种"学术的思维"固然能让人更为系统地掌握一门学问，但也容易将人带入思想的泥沼。恩格斯早期虽然受到了很多思潮的影响，但恩格斯从来不属于任何思想流派。在摆脱虔诚主义宗教信仰的实践中，恩格斯接触到了施特劳斯的思想，他接受了其中的理性主义元素；在批判普鲁士反动政治的实践中，恩格斯运用了黑格尔哲学。他发扬了黑格尔的革命的辩证法；在批判泛神论思想的局限性时，他正确理解和发挥了费尔巴哈的无神论观点。实践的需求始终是恩格斯思想的导向，在实践以一系列问题形式不断展开的过程中，恩格斯敏锐地发现了这些问题，在时代的思想库中找到了有价值的资源，把他们消化在自己的思想中。

恩格斯思想的这种实践品格。同时表现在他对自己家乡经济、政治、宗教和文化等情况的观察和记录中。在家乡时期，恩格斯撰写的《乌培河谷来信》是这种调研精神的体现。在曼彻斯特时期，在实践品格的导向下，恩格斯对英国社会做了全面的实证经验的研究。这种研究使得恩格斯比德国社会主义者更快地摆脱了德国唯心主义哲学的泥沼，走向了唯物主义历史观。恩格斯曾形容自己："我绝不是博士，而且永远也不可能成博士；我只是一个商人和普鲁士王国的炮兵。"这个非常谦虚的自我评价在总体上也形象地描绘了他的旨趣和行为特征：没有纯理论的兴趣，致力于实干。

马克思对恩格斯的《英国工人阶级状况》曾做过如下的评论："重读了你的这一著作，我惋惜地感到，我们逐渐老了。这本书写得那么清新、热情和富于大胆的预料，丝毫没有学术上和科学上的疑虑！连认为明天或者后天就会亲眼看到历史结果的那种幻想，也给了整个作品以热情和乐观的色彩。"❶

1883年马克思去世后，恩格斯把主要精力都用于整理《资本论》的第二卷和第三卷。19世纪80年代，随着工人运动的不断发展和实际斗争面临的新形势，工人阶级迫切需要理论上的指导，同时，必须对唯物史观的基本理论进行进一步的丰富和发展。在《路德维希·费尔巴哈和德国古典哲学的终结》中，恩格斯对唯物史观进行了非常详尽的阐述。应该说，恩格斯在扩大马克思主义的影响力方面做出了不可磨灭的贡献。恩格斯于1878年撰写的《反杜林论》一书，从哲学、政治经济学和社会主义三方面对所谓的"社会主义的行家"杜林进行了根本的批判，全面阐发了马克思主义的基本观点，从而肃清了杜林小资产阶级社会主义思想在党内的影响，确保了马克思主义的指导地位，《反杜林论》因而被誉为"马克思主义的百科全书"。

与此同时，恩格斯晚年一直从事自然科学的研究，其成果体现在《自然辩证法》；如果说马克思《资本论》是阐述历史领域的辩证法的典范，那么恩格斯的《自然辩证法》则是阐述自然界辩证法的经典。正如恩格斯所强调的，他不是"把辩证法的规律从外部注入自然界"，而是"从自然界中找到这些规律并从自然界里加以阐发"。而《自然辩证法》也很早地关注到了人类对自然的生态责任问题，这无疑代表了现代主义浪潮中的一种反思。1884年，恩格斯出版了运用唯物史观研究人类史前史的杰作《家庭、私有制和国家的起源》一书，极大拓展了唯物史观论述的范围。

（二）历史感

可以说，恩格斯较马克思更早地关注政治经济学领域，但是当马克思开始全力以赴集中于政治经济学研究时，恩格斯为了在经济上支持马克思，不得不受困于日常的商务工作，这对于天赋很高又有远大抱负的恩格斯来说，

---

❶ 中共中央马克思恩格斯列宁斯大林著作编译局，编译．马克思恩格斯全集（第三十卷）[M]．北京：人民出版社，1974：339．

当然是一种不得不忍受的慢性折磨。一方面，恩格斯向物质生活窘困的马克思一家提供了长期的经济支持与援助，使马克思能够全身心投入到《资本论》的写作中；另一方面，对于马克思在研究过程中遇到的现实经济问题，恩格斯也会及时予以帮助和解答。在马克思逝世后，恩格斯主动承担起编辑未竟的《资本论》第二卷和第三卷的重任，这项任务最终成为恩格斯晚年工作的主要内容。更值得一提的是，恩格斯利用业余时间将自己的研究领域转向更加广泛的社会科学和自然科学领域，为了应对当时意识形态领域的斗争，他不得不随着对手的视线将战场延伸到认识论、本体论等哲学层面，在被动地批判论敌的过程中，恩格斯全面地阐述了宏观的、世界观式的哲学观点。上述所有工作的完成不能不说与他巨大的历史使命感有着密切关联。无论恩格斯如何痛恨经商，但他一生中大半时间都在从事商业，客观上为他的革命工作提供了便利。因此，在1869年，当恩格斯彻底结束公司工作，在给他母亲的信中，他写道："我刚获得的自由使我高兴极了。从昨日起，我已经完全变成了另一个人，年轻了十岁。"恩格斯总是很严谨地对待自己，保尔·拉法格曾回忆，恩格斯的衣服并不多，但是很少有人能把少数几套衣服总是穿得那么得体。恩格斯在资助和帮助朋友上总是很慷慨，竭尽所能。

在1871年10月21日写给母亲的信中，恩格斯说："我丝毫没有改变过将近三十年来所持的观点，这你是知道的。假如事变需要我这样做，我就不仅会保卫它，而且在其他方面也会履行自己的义务，对此你也不应该觉得突然。我要是不这样做，你倒应该为我感到羞愧。"❶ 这是1871年法国大革命爆发，巴黎公社成立、第一国际遭到诽谤期间他写给母亲的信，彰显了他对理想的坚持。宗教问题和无产阶级生存状况问题是恩格斯一生的关注所在。19世纪80年代，随着工人运动的不断发展和实际斗争面临的新形势，工人阶级迫切需要理论上的指导，同时，必须对唯物史观的基本理论进行进一步的丰富和发展。在《路德维希·费尔巴哈和德国古典哲学的终结》中，恩格斯对唯物史观进行了非常详尽的阐述。应该说，恩格斯在扩大马克思主义的影响力方面具有不可磨灭的贡献。正如考茨基所说："恩格斯的逝世使我们感到的悲痛，远远地超过了马克思的逝世。因为我们觉得，恩格斯逝世后，马克思才完全逝世了。""恩格斯在世时，他的精神生活与马克思的精神生活是休戚

---

❶ ［德］海因里希格姆科夫，等.恩格斯传［M］.易廷镇，侯焕良，译.北京：生活·读书·新知三联书店，1978.

相关的,马克思还活在我们中间,我们还深受着他们的影响。而现在,他俩都离开我们了。"作为马克思毕生的革命伙伴与忠实战友,恩格斯真正将自己的一生献给了马克思主义的创立事业,献给了全人类的解放事业。

(三) 具体性

恩格斯曾深刻地指出:"作为社会的人只有遵循自然和社会规律去承担责任,才能既向个人负责,又向社会负责。尽心尽责有利于社会和自己,失责渎职不利于社会和自己。"权力首先是责任。恩格斯在《家庭、私有制和国家的起源》中指出:"国家是社会在一定发展阶段上的产物。国家是承认:这个社会陷入了不可解决的自我矛盾,分裂为不可调和的对立面而又无力摆脱这些对立面。而为了使这些对立面,这些经济利益互相冲突的阶级,不致在无谓的斗争中把自己和社会消灭,就需要一种表面上凌驾于社会之上的力量,这种力量应当缓和冲突,把冲突保持在'秩序'的范围以内;这种从社会中产生但又自居于社会之上并且日益同社会相异化的力量,就是国家。"在恩格斯看来,国家权力是从社会中产生出来的,是社会矛盾自身不可调和的产物,而社会矛盾又产生于利益冲突,因此国家权力的存在就是为了缓和社会矛盾,维护各方的正当权益,将社会冲突维持在正常的秩序之内。既然权力是因社会秩序的需要而产生,那么权力自然包含着维护社会秩序的责任。因此,权力的首要内涵便是责任。

五、恩格斯责任思想的时代意义和当代价值

恩格斯的责任思想不仅在当时对指导无产阶级革命和国际共产主义运动具有重要意义。在今天,其责任思想之磅礴力量仍在启示着我们的发展以及社会的发展。恩格斯坚持在具体实践中论述责任主体对于责任行为的承担,坚持在"有限性"视域中思考责任主体责任行为的可能性与必要性,为我们当代责任主体的建构提供了启示和指导。对于当代中国实际而言,把立论前提置于"有限性"之上,有助于促进责任主体的构建。这无疑是关乎社会主义中国能否实现中国梦的重大问题。

(一) 培养和造就推动中国发展的责任人

恩格斯在人与自然、人与人、人与社会关系中思考主体的责任,也就是说责任归根结底还是主体的问题。在人与自然、人与人、人与社会之间的相

互关系处理上,恩格斯交给我们的一个最重要的法宝就是通过培养和造就大批责任人来实现人与人和睦相处、人与自然和谐共存、人与社会和平发展。在这个法宝中包含着两方面重要命题:一是就人与自然来讲,需要培养自然责任人,二是就人与人、人与社会来讲,需要培养社会责任人,将这两个方面有机统一起来才能实现人的责任确立。

那么,第一方面,在建构人的自然责任维度上,恩格斯是在阐述资本主义生态危机和正确的生态伦理观这个问题中来谈的,而这又以恩格斯对自然辩证法和辩证唯物主义自然观的理论叙述为哲学基础和高层次思维基础。这种理论思维形式使得恩格斯在批判现实资本主义生态危机和超越旧自然观的基础之上重新建构起生态伦理观的辩证唯物主义基础,为人在自然中的责任定位提供了理论指导。人到底如何在改造自然中通过自身能力实现自我本质并且使这种本质又有利于自然,恩格斯不仅是从资本主义生产的否定、经济发展模式的转变等社会层面来谈的,而且他是更加注重从人的思想行为,以及人与自然和谐统一方面来提出见解的。那么到了社会主义物质文明和生态文明的当代,在思维和行为上具备什么样主体特性的人才能真正或更好推动社会主义物质文明和生态文明建设呢?应该说,恩格斯的上述见解为我们提供了有益基础。把社会主义物质文明和生态文明统一到人的和谐发展上来,也就是以人的自我责任意识的觉醒为反击点来践行人的生态思维和生态责任,以此处理好"绿水青山"和"金山银山"的关系,并且更加注重"绿水青山",这样才能实现经济效益和生态效益的双赢。这是一条基本主线启示:即通过唤醒人的自然责任来构建自然责任人(人的自然责任主体),实现人与自然的和谐发展。纵观当代中国社会主义市场经济和生态文明建设,人的主观能动性因利益驱动而被无限放大,由此导致的当代中国普遍存在的诸多环境生态问题已经逐渐凸显,这不仅愈发成为经济发展的桎梏和绊脚石,也愈发影响到人民的安居乐业和幸福生活。由此看来,转变经济发展方式和加强环境保护、节约资源越来越成为当代中国的一个主要问题,而解决这个问题的关键又在于人,所以又回到了建构自然责任中国人的问题上来。转变经济发展方式是必要的,但转变人的思想观念特别是重新确立或是唤醒人民的自然责任意识同样是十分重要的。那么,如何确立和唤醒其责任意识,怎样建构自然责任中国人,这里提供一条主要途径,就是要以培育和践行社会主义核心价值观为契机,树立社会主义生态文明责任观,加强对人民的生态文明责任观教育。因此,抓好这方面的教育,确立和构建中国人民的自然责任主体性，是关系中华民族生存和发展的基本自然条件是否能够继续存在的重大问题。

而在建构人的社会责任维度上，恩格斯主要是以无产阶级和广大劳动群众为切入点来讨论他们的责任和历史使命的，这是抓住了问题根本的集中体现。因为，人类解放和每个人自由全面发展是马克思主义的根本主题和理论旨归，而人类解放首先在于人自身思想上和行动上的解放，通过承担某种东西来实现一定的美好的目标，这就把人思想上和行为上的一定前提和必然约束——责任提到了十分重要的高度，即必然的高度。也只有经历必然，才能实现由必然到自由的飞跃。因此，恩格斯也在理论高度上强调和总结，人应该在必然王国之内主动承担起社会责任，特别是无产阶级和广大劳动群众应承担起全人类的世界解放的历史使命，通过实际的革命运动和发展运动来达到这个目标，达到理想实现和价值实现的双重结合。至于当今中国，建构起人民的社会责任性同样是十分迫切和必要的。每一个中国人的梦想共同熔铸起了中国梦，每一个中国人的责任一起构筑起了中国责任。只有人人承担起中国责任，把个人努力融入社会主义现代化建设当中，才能使中华民族伟大复兴的中国梦的宏伟蓝图成为美好现实。

（二）建设对人民负责的中国特色社会主义责任政府

恩格斯在责任政府上丰富而又极其有力的思想触角至今来讲依然具有非凡指导意义。我们在领会恩格斯责任政府思想的同时，主要从以下几个方面来思考，并且结合实际，可提出若干建议与启示。

从政府的产生角度来看，需要同时把视角放到国家的产生这个问题上将二者联系起来加以考察。在这个问题上，《家庭、私有制和国家的起源》提供了一个良好答案，而且这部著作也揭示了政府、国家和利益之间存在的某种必要联系。国家作为统治阶级利益的代表产生于社会经济因素当中的阶级之间的利益冲突和不可调和的矛盾性，而政府则主要地体现为国家的代表，代表的同样是这种利益，但是也不可避免地又包含着公共性的因素。然而，这种公共性除了体现为政府与社会的关系上，同时也体现为政府这个"守夜人"维护统治阶级利益的本质。马克思曾深刻地指出，在资产阶级国家里，政府对人民是没有责任的。这就是对资产阶级政府本质的真实写照，同样，恩格斯也十分认同这个观点。因此，他一针见血地也提出了怎样才能克服这种局限性的措施，就是通过无产阶级国家机器的建立，来使得政府的公共性和责任感真正恢复和树立，从而达到建立向人民负责的政府的目标。可以说，社会主义中国已经基本实现了无产阶级建立政府的目标，但是其责任性是否真正树立和贯彻，还值得商榷。并且就现实来看，责任政府仍未达到目标，还应在很多方面加以改进。但从这第一个本质的维度来考察，初步目标在中国已基本实现，而在世界范围内实现仍是一个长期的历史过程，我们应该有这个清醒认识和历史自觉。

从政府与社会关系的角度来看，可以得出一个基本结论：市民社会决定政治国家和政府，但也可以得出一个基本启示：只有充分发挥好政府的反作用，才能使社会发展得更加和谐、更加公正。政府的公共性在资产阶级社会中是隐匿的，为资产阶级服务的，这种公共性无法渗透到社会当中，更不要说渗透到每一个人身上。所以，看似强有力的资产阶级政府在承担对人民的责任和维护社会利益方面是极其懦弱胆怯和无能为力的。而我们社会主义中国则大不相同或者说截然相反。我国不仅能够集中力量办大事，办有利于国家、有利于人民、有利于社会的大事，而且还能真正对人民负责，实现好、维护好、发展好最广大人民的根本利益。但是，当前我们国家也仍有诸多问题需要解决，例如：贫富差距加大、脱贫扶贫任务艰巨、人民居住问题仍待解决、社会保障体系仍不健全、腐败问题加剧等，这就更加需要加快建设中国特色社会主义责任政府，推动人民政府为人民、人民政府更负责。但是，怎样在社会层面推进中国责任政府建设，又为我们提出了一个重大的理论问题和现实问题。这急需我们在理论上深入思考并做出科学回答。

从责任政府和法治政府相互关系的角度来看，似乎二者的交织点依然是政府具有公共性的权力。因为，一方面，法律同样作为国家机器也需要有权力所包含的某种利益作为支撑；另一方面，政府的权力界定，以及利益的确定、实现和维护则需要在法律上有所保障。这在本质上其实就是一个共同体，政府和法律是同处这个共同体当中的。恩格斯就着重批判了资产阶级时代的政府和法律，因为这二者实实在在是维护资产阶级利益的国家工具，所以在这样的历史条件下的政府的法律责任也只能是体现资产阶级的意志和利益。也正因为此，政府权力的"公共性"又一次站到了真正的人民的公共性的对立面。而我国现在社会主义法律体系已基本形成，建设法治政府可以说是具备了初步基础，但是要寻求人民利益至上基础之上的责任政府和法治政府的统一，仍然任重而道远，并且在二者的有限性研究上能否有所突破也亟待进一步深化。

以上三方面是一种"问题式"启示,今后需要我们认真加以研究。而这三方面可归结为一个根本问题——究竟什么是政府的核心责任,怎样落实好这种核心责任,只有对这些根本问题做出回答,才能在理论上有所进展和突破。马克思主义的创始人马克思、恩格斯始终认为,他们理论的全部问题在于"使现存世界革命化,实际地反对并改变现存的事物"。而他们的核心问题又在于实现由必然王国到自由王国的革命性飞跃,在这个过程中,最为重要的又是人的解放和自由全面发展。恩格斯在《社会主义从空想到科学的发展》中曾指出,人的发展要经过"有尊严地生活—全面而合理的发展—自由的生命活动",但是要实现这个历史过程和解放目标,政府的存在和不断适应社会的变革是必不可少的。特别是一个责任型政府的存在和发生作用,能真正在经济、政治、文化、社会、生态等多重领域给予和保障人民的实际利益和主要权益。因此,在各领域实际地实现和保障人民的各项权益就是政府的核心责任。我国政府应该继续坚持为人民服务的宗旨和对人民负责的原则,搞好社会主义现代化建设,这样就能在建设责任政府的道路上取得辉煌成就。同时,政府人员和机构的产生、政府的维持和运作、政府行政过程、对政府的外在监督和制约机制,以及法治政府建设等都要体现责任性,也只有这样,中国特色社会主义责任政府才能通过实现、维护、发展人民群众的利益而继续赢得亿万人民群众的信任与支持,才能在当前全面建成小康社会决胜阶段贯彻好"创新发展、协调发展、绿色发展、开放发展、共享发展"的核心理念。

立足于现实的"有限性"表达了责任主体构建的可能性与必然性,并坚持在现实的历史和社会规导中论述个体责任主体和共同体责任主体对于责任行为的承担。建设中国特色社会主义责任政府与培养中国责任人一样,任重而道远,是一个长期奋斗的历史过程。但二者要始终坚持对人民负责这个根本原则不动摇,以期构建中国特色社会主义责任共同体,为实现中国梦贡献强大力量。

参考文献

[1] 中共中央马克思恩格斯列宁斯大林著作编译局,编译. 马克思恩格斯全集(第一卷)[M]. 北京:人民出版社,1956.

[2] 中共中央马克思恩格斯列宁斯大林著作编译局,编译. 马克思恩格斯全集(第二卷)[M]. 北京:人民出版社,1957.

[3] 中共中央马克思恩格斯列宁斯大林著作编译局,编译.马克思恩格斯全集(第三卷)[M].北京:人民出版社,2002.

[4] 中共中央马克思恩格斯列宁斯大林著作编译局,编译.马克思恩格斯全集(第二十一卷)[M].北京:人民出版社,1965.

[5] 中共中央马克思恩格斯列宁斯大林著作编译局,编译.马克思恩格斯全集(第三十卷)[M].北京:人民出版社,1974.

[6] 中共中央马克思恩格斯列宁斯大林著作编译局,编译.马克思恩格斯全集(第三卷)[M].北京:人民出版社,1982.

[7] 中共中央马克思恩格斯列宁斯大林著作编译局,编译.马克思恩格斯全集(第四十七卷)[M].北京:人民出版社,2004.

[8] [德]黑格尔.哲学讲演录(第一卷)[M].贺麟,王太庆,译.北京:商务印书馆,1959.

[9] [德]费尔巴哈.费尔巴哈哲学著作选集[M].王太庆,译.北京:商务印书馆,1984.

[10] [德]施特劳斯.耶稣传[M].吴永泉,译.北京:商务印书馆,1981.

[11] [德]海因里希格姆科夫,等.恩格斯传[M].易廷镇,侯焕良,译.北京:生活·读书·新知三联书店,1978.

[12] 中共中央马克思恩格斯列宁斯大林著作编译局,编.回忆恩格斯[M].北京:人民出版社,2005.

[13] 黄楠森,等.马克思主义哲学史(第一卷)[M].北京:北京出版社,1996.

[14] [英]梯利.西方哲学史[M].葛力,译.北京:商务印书馆,1995.

[15] [英]麦克莱伦.青年黑格尔派与马克思[M].夏威仪,陈启伟,金海民,译.北京:商务印书馆,1982.

[16] 徐琳.恩格斯哲学思想研究[M].北京:北京出版社,1985.

[17] 孙伯鍨.探索道路的探索——青年马克思恩格斯哲学思想研究[M].南京:南京大学出版社,2002.

[18] 吕增奎.近年来国外恩格斯研究概况[J].当代世界与社会主义,2005(6).

[19] Terrell Carver. Engles [M]. Oxford:Oxford University Press,1981.

[20] Steven Marcus. Engels, Manchester and the Working Class [M]. New York:Aldine Transaction,2015.

第十三章 列宁责任思想

列宁缔造了人类历史上的第一个社会主义国家——苏维埃社会主义共和国联盟,如果说马克思、恩格斯把社会主义学说由空想变成了科学,那么列宁则把社会主义学说由理论变成了现实。从1917年俄国十月革命取得胜利到1924年列宁逝世,在这七年时间里,列宁对处于转型时期的布尔什维克党的建设,以及社会主义的重大政治问题进行了深入的思考,取得了一系列重大成果并用于指导苏维埃的社会主义建设和党的自身建设。特别是列宁针对十月革命后的失责渎职现象,大力提倡责任,要求严厉制裁不负责任。列宁为了使党担负起社会主义建设的重任,要求党员干部做承担责任的模范。他不断地完善党员干部的行政和经济等各项责任制,为苏维埃初期社会主义建设顺利进行提供了有力支持和保障。当前,我国正处于经济社会转型的关键时期,重温列宁当年的责任思想,对于深入落实习近平主席关于全面推进从严治党、加强执政党自身建设的战略部署具有重要的启示和借鉴意义。

一、列宁责任思想的主要内容

新生的苏维埃政权在旧社会脱胎,在政治、经济、文化、社会等许多领域还遗留有旧社会的痕迹,因此列宁站在巩固和捍卫新生的苏维埃政权的立场上,下大力气提高和强化党员责任思想和意识,提出了许多宝贵的思想,值得我们去学习。尽管受制于当时主、客观条件的限制,列宁关于责任思想的论述可能还不够全面和系统,但是毕竟为后人的探索开辟了一条前进的道路。

(一)列宁针对苏维埃国家机关存在的缺点和弊病的深刻揭露

列宁认为革命的根本问题是国家政权问题。无产阶级夺取国家政权以后,需要持续不断地对国家政权机关进行改进和完善,只有这样才能保证江山永固。列宁曾指出："如果没有'国家机关'，那我们早就灭亡了。如果不进行有系统的和顽强的斗争来改善国家机关，那我们一定会在社会主义的基础还没有建成以前灭亡。"❶ 因此，列宁将改善苏维埃政权机构，提高全体党员的责任担当意识，视为社会主义革命和建设实践中的一个基本问题。

列宁认为，强调并提高苏维埃国家机关中党员的责任意识，是当前极为必要而且迫切的工作和任务。任何国家机关建立以后，对旧政权弊病的改造过程都是极为漫长复杂的，它"不能一下子治好过去的毛病，不能一下子消除愚昧、无知、野蛮战争的后果和掠夺性的资本主义的遗毒"。❷ 列宁在一些报告、文件和书信中，对苏维埃国家机关存在着的一些缺点和弊病，作了深刻的揭露和剖析。

其一，机构臃肿，职责不明。列宁在党的第十一次代表大会上对中央机关和莫斯科市机关的现状进行了全面的分析。1918 年 8 月—1922 年 10 月的四年间，中央机关和莫斯科市机关工作人员由 231000 人增加到 243000 人。一个有着 120 个委员会的庞大的中央机关，真正有必要的只有 16 个。这些委员会大多是重复设置，彼此间重叠交错，根本没有必要设置。而且其中很多机构的设立，往往是因人而设，不仅浪费了国家巨额的人力、财力和物力，而且用列宁的话说，"在这些委员会里，乱七八糟，一塌糊涂。谁都弄不清楚是谁负责。"❸ 本来一个人能胜任的工作，结果由于人多，几个甚至几十个人在那里磨，互相推诿扯皮、互相抵消了力量，该办的事没人认真去完成，工作效率低下，群众怨声很大。

其二，官僚主义盛行，有葬送社会主义的危险。由于苏维埃政权建立在旧的国家机关的废墟上，因此它不可避免地带有旧政权的痕迹和历史运动的惯性。伴随着急风暴雨式的社会革命的结束，伴随着社会主义建设的深入发展，苏维埃国家机关的这些弱点便明显地暴露出来，其中，最大的弊病就是官僚主义。列宁对此深恶痛绝，当时他就尖锐地指出：官僚主义在苏维埃制度内已部分地复活起来了，如果任由官僚主义泛滥下去，将会严重地腐蚀国

---

❶ 中共中央马克思恩格斯列宁斯大林著作编译局，编译. 列宁全集（第三十二卷）[M]. 北京：人民出版社，1958：311.

❷ 中共中央马克思恩格斯列宁斯大林著作编译局，编译. 列宁全集（第三十六卷）[M]. 北京：人民出版社，1985：226.

❸ 中共中央马克思恩格斯列宁斯大林著作编译局，编译. 列宁全集（第三十三卷）[M]. 北京：人民出版社，1957：272.

家机关的肌体,最终葬送实际工作,走向亡党亡国。"不仅在苏维埃机关里有,而且在党的机关里也有。"❶"共产党员成了官僚主义者。如果有什么东西把我们毁掉的话,那就是这个。"❷

其三,现有干部队伍文化素质不高,缺乏管理本领。社会主义组织生产的方式是社会化大生产,随着这种先进的生产方式的不断发展,它对干部的管理能力、工作能力要求日益提高。但是,由于苏维埃国家机关工作人员大多出身无产阶级,他们无论在文化水平、业务素质和技术能力,还是在对政策的理解能力方面都比较低。现在,随着新经济政策的实施,我们相信在经济上和政治上能够实现建成社会主义的伟大目标,但问题就在于我们的干部"所缺少的主要的东西就是文化,就是管理的本领"。❸而且列宁指出,出现这种问题的不是个别人,而是整个苏维埃国家机关都是如此。这个矛盾在未来俄国实施的电气化建设中会更加突出出来。

对于苏维埃国家机关存在的上述弊病,列宁早有觉察,早在1918年他就提出要改进和完善党员干部的工作作风,提高干部的责任意识和工作能力。但由于此时俄国的国内战争尚未结束,还无暇顾及改进和完善苏维埃国家机关的工作。国内战争结束以后,列宁就把此项工作提上议程。他指出:"在和平已经到来和免于饥饿的最低需要得到保证的现在,全部工作都应该是为了改善机构。"❹

(二) 执政党在社会主义建设中承担的责任

年轻的布尔什维克党自从成立之初就承担着把全体人民从压迫中解放出来的政治使命和组织责任,列宁指出,讲责任不能仅仅停留在口头上,还必须落实到实际行动上。党员要从小处尽责,处处为群众做出表率。特别是当前苏维埃政权正处于最困难的时期,党员应该自觉肩负比平常更艰苦、更危险的工作。他提出,要同国有工厂中那种散漫、懒惰、胡闹的资本主义工作

---

❶ 中共中央马克思恩格斯列宁斯大林著作编译局,编译. 列宁专题文集:论社会主义[M]. 北京:人民出版社,2009:373.
❷ 中共中央马克思恩格斯列宁斯大林著作编译局,编译. 列宁专题文集:论无产阶级政党[M]. 北京:人民出版社,2009:348.
❸ 中共中央马克思恩格斯列宁斯大林著作编译局,编译. 列宁专题文集:论无产阶级政党[M]. 北京:人民出版社,2009:335.
❹ 中共中央马克思恩格斯列宁斯大林著作编译局,编译. 列宁选集(第四卷)[M]. 北京:人民出版社,2012:747.

作风作坚决斗争,并强调:"凡贻误工作和玩忽职守的犯罪分子,交由革命法庭制裁。"❶ 列宁在《严重的教训与严重的责任》一文中严肃地批评了一些党和国家领导人在国家前途遭受挫折时玩忽职守、逃避责任的行为。列宁指出,不负责任的态度令人无法容忍,这些人的根本错误在于无视人民群众的根本利益,他明确指出,任何责任都有其承担的责任主体,具体责任最终要落实到个人,只有每个人承担起具体的责任,全社会才能担负起共同的责任。列宁对这一问题进行了具体阐述。

第一,当前最迫切的任务是改进和完善苏维埃政权机构。

列宁提出要对苏维埃国家机关进行一场革命,这场革命的目的是要精简臃肿的中央机构,改善苏维埃政权中存在的官僚主义工作作风,赢得群众的信任。长期以来,我们建立了庞大的国家机构,现在我们对这种国家机构、管理方式进行大刀阔斧的改革,必然要涉及方方面面权限职责的变动,尤其会触及一些经济利益既得者,势必会受到来自旧思想和保守势力的阻碍。一些别有用心的人还企图乘机捣乱破坏,抵制改革的进程。当时,苏维埃机关中的一些人对列宁提出的一些具体的改革举措非常反感和抵触,更有甚者声称:改进国家机关只会造成日常工作混乱,主张保留现在的苏维埃机关。可见,改善并精简苏维埃国家机关的问题是一项极端困难的大工程,同时又是一项迫在眉睫的任务。

过去,人们对待改善国家机关的态度并不认真,风声一过依然如故,甚至出现机构越"精简"越庞大,官僚主义愈演愈烈。对此,列宁深有体会地说:"五年来已经证明这是徒劳无益的,甚至是有害的。这种空忙使我们徒具工作的外表,实际上搅乱了我们的机关和我们的头脑。"❷ 所以,列宁下定决心接受教训,花大精力,改善苏维埃国家机关。他强调党的领导在此项工作中的重要性,要想使这项工作有步骤、有秩序地进行就必须保证党的领导。列宁指出,要将少数模范机关所创造出来的能够有效提高工作效率和监督的工作的方式、方法尽可能地推广于一切苏维埃机关。

尽管列宁晚年的身体不好,但他躺在病床上还一直念念不忘改善国家机关的工作。列宁指出:"这是个老问题,也永远是个新问题。这个问题是我特

---

❶ 中共中央马克思恩格斯列宁斯大林著作编译局,编译.列宁选集(第三卷)[M].北京:人民出版社,1995:370.

❷ 中共中央马克思恩格斯列宁斯大林著作编译局,编译.列宁专题文集:论社会主义[M].北京:人民出版社,2009:368.

别关心的，也是大家应该关心的。"❶ 随着现代化大生产的快速发展，使我们的工作不断面临新情况和新问题。昨天需要的机构和人员，今天就可能成为多余的了；昨天有效的机构和称职的人才，今天可能就不那么适应了。因此，列宁指出："我们大家此后下定决心比过去更加注意这个问题……认真研究我们的机构，搞上若干年，那就会有很大收获，那就会成为我们成功的保证。"❷

列宁关于改善苏维埃国家机关的论述，是列宁在苏维埃政权成立的短短七年间结合俄国革命和社会主义建设的具体实践提出来的，尽管时代不同，但他提出的关于改善国家政权机关的一系列基本原则至今依然没有过时。

第二，关注民生是无产阶级政党的重要职责。

俄国自从废除农奴制以后，资本主义获得了迅速的发展，自给自足的自然经济让位于商品生产，人民分化为资产阶级和无产阶级，无产阶级受剥削、受奴役的程度日益加深。列宁时时刻刻都在关注着广大无产阶级和劳动群众的生活情况，要求广大党员密切同群众之间的联系，多深入基层，关注民生现状，在起草《党纲》时"必须把'贫困、压迫、奴役、屈辱、剥削的程度不断加深'这句话加到纲领中去"❸。列宁认为，之所以如此，是因为这句话是对工人群众悲惨现状的生动概括，揭露了资本主义社会"人吃人"的社会现实，以及工人阶级反抗资本家压迫的必然性；社会民主工党关注并揭露工人阶级的生活状况，能为党的意识形态宣传工作提供丰富的素材，从而激发工人阶级的革命热情，进而成为推翻黑暗的资本主义制度的主力军。

列宁对俄国工人阶级所开展的经济斗争的重要意义给予了充分的肯定，并借助"传单"的形式对当前工人贫苦艰难的生活及政治上无权的地位进行了揭露，提出无产阶级政党肩负着领导无产阶级和广大劳动群众为改变自己的民生状况而斗争的重要使命。列宁反复声明："所有的社会民主党人都认为必须组织工人阶级的经济斗争，必须在这个基础上到工人中间进行鼓动，即帮助工人去同厂主进行日常斗争，叫他们注意压迫的种种形式和事实，从而

---

❶ 中共中央马克思恩格斯列宁斯大林著作编译局，编译. 列宁全集（第三十三卷）[M]. 北京：人民出版社，1957：355.
❷ 中共中央马克思恩格斯列宁斯大林著作编译局，编译. 列宁全集（第四十三卷）[M]. 北京：人民出版社，1987：248.
❸ 中共中央马克思恩格斯列宁斯大林著作编译局，编译. 列宁全集（第四卷）[M]. 北京：人民出版社，1984：190.

向他们说明联合起来的必要性。"❶

列宁自始至终把关注民生问题作为无产阶级政党的重要职责，强调无论是在党执政之前还是执政之后，都应该始终不遗余力地改善无产阶级和广大劳动人民的民生状况。他指出，"必须把改善工农生活状况的问题单独提出来，以便密切注意这方面所取得的成绩。"❷ 在俄共（布）第十次代表大会上，列宁要求所有党的机关和苏维埃机关都要密切关注工农民众的生活状况，"立即采取一系列的措施，竭力改善工人的生活状况，减轻他们的困苦"❸。为此，列宁还委托代表大会专门起草并通过了《关于改善工人和贫苦农民的生活状况的决议草案》。

列宁的民生思想给予我们重要的启示。共产党作为无产阶级的先锋队，任何时候都应当牢记全心全意为人民服务的根本宗旨，并将其视为一切活动的出发点和归宿，始终站在人民群众的立场上思考问题。当前，民生问题是广大人民群众最关心、最直接和最现实的利益问题。习近平总书记曾指出："人民对美好生活的向往，就是我们的奋斗目标。" 只有解决好和群众密切相关的这些问题，才能极大地提升老百姓的幸福指数，才能在现实生活中实实在在地体现中国共产党全心全意为人民服务的宗旨，进而增强党在人民群众中的威望，巩固党的执政地位。

第三，学会管理工作是历史赋予党的责任。

社会主义事业是布尔什维克党面临的一项全新的事业，无论是政治、经济还是文化均与资本主义不同，党员要努力学习新的管理知识。列宁针对一些人在政治上的迷惘时指出："领袖们有责任越来越透彻地理解……社会主义自从成为科学以来就要求人们把它当作科学看待。"❹ 苏维埃政权的巩固，除了热情，还需要科学和文化。苏维埃政权的现实是，"做管理工作的那些共产党员缺少文化……不是他们在领导，而是他们被领导"❺ 接着，列宁认为：

---

❶ 中共中央马克思恩格斯列宁斯大林著作编译局，编译. 列宁全集（第四卷）[M]. 北京：人民出版社，1984：162.

❷ 中共中央马克思恩格斯列宁斯大林著作编译局，编译. 列宁全集（第四十一卷）[M]. 北京：人民出版社，1986：271.

❸ 中共中央马克思恩格斯列宁斯大林著作编译局，编译. 列宁全集（第四十一卷）[M]. 北京：人民出版社，1986：76.

❹ 中共中央马克思恩格斯列宁斯大林著作编译局，编译. 列宁全集（第六卷）[M]. 北京：人民出版社，1986：26.

❺ 中共中央马克思恩格斯列宁斯大林著作编译局，编译. 列宁全集（第四十三卷）[M]. 北京：人民出版社，1987：93.

只有征服者的文化比被征服者的文化优秀,征服者才能心服口服地接受被征服者的文化,否则征服者可能要接受被征服者的文化,因此执政党要站得住脚,就要努力学习一切先进的科学文化,包括如何管理工厂的文化知识。

社会主义的经济管理工作需要党员和干部尽学习的责任。列宁批评"负责的共产党员,忠诚的革命者,他不仅不懂得这一行,甚至还不知道自己不懂得这一行。"❶ "现在我们俄国负责的和最忠诚的共产党员在这方面的本领,比任何一个旧店员都差。"❷ 在苏维埃的许多工作,党员处于被领导的尴尬境地,"百分之九十九负责的共产党员却不会做,并且不愿意了解他们没有这种本领,应该从头学起"。❸ 面对百废待兴的社会主义事业,党员和干部要本着高度的责任感和使命感,承担起应当承担的责任,亲自动手和实践。因此,他们要加紧学习,尽快熟悉并提高业务水平,为苏维埃的社会主义建设贡献自己的一分力量。

第四,社会主义建设要靠无产阶级的先锋模范作用才能实现。

榜样具有无穷的力量,共产党人多担责任、少享权利的无私奉献精神无疑为人民群众起了模范带头作用,有力地推动了苏维埃事业的发展。

1919年,由于受到国内外反动势力联合武装围剿,新生的苏维埃政权处于危机之中。在后方,许多工人中的落后分子逃避劳动,消极怠工,更有甚者盗窃公物,整个工厂管理松松垮垮,效率十分低下,有时竟然连前方急需的物资都不能保证准时供应。列宁对此深感焦虑。俄共中央向全党发出了一封《用革命精神从事工作》的信,号召广大党员带头参加义务劳动。5月17日,莫斯科——喀山铁路分局率先响应党中央的号召,宣布在全分局内实行"共产主义星期六义务劳动",直到完全战胜高尔察克。星期六晚上6点,由200名共产党员和同情分子组成一支义务劳动队伍,他们怀着满腔的革命热情,工作强度提高了170%。这次劳动解决了因劳力不足和办事拖拉而把紧急订货拖延7天至3个月的问题。在工作结束时,这些党员和同情分子高唱起庄严的《国际歌》!虽然他们身体疲乏,但精神依然高亢。这次行动迅速得到效法,"星期六义务劳动"迅速在全国许多城市展开。党员们用自己的实际行

---

❶ 中共中央马克思恩格斯列宁斯大林著作编译局,编译.列宁全集(第三十三卷)[M].北京:人民出版社,1957:242.

❷ 同上。

❸ 中共中央马克思恩格斯列宁斯大林著作编译局,编译.列宁全集(第三十三卷)[M].北京:人民出版社,1957:263.

动证实了共产党员的奉献精神,是社会主义建设的巨大力量。

列宁高度赞扬了这次义务劳动,称之为"伟大的创举",并且指出:"这是比推翻资产阶级更困难、更重要、更深刻、更有决定意义的变革的开端。"❶ "星期六义务劳动已经不是个别的现象,非党工人又在实际上看到执政的共产党的党员担负起这种义务,看到共产党吸收新党员并不是使他们利用执政党的地位来谋利,而是要他们做出真正的共产主义劳动即无报酬劳动的榜样。"❷

列宁清醒地认识到,社会主义对比资本主义其优越性应该体现在生产力的提高上。而生产力的提高建立在无产阶级的铁的纪律之上。如何建立这种铁的纪律呢?"农奴制的社会劳动组织靠棍棒纪律维持","资本主义的社会劳动组织靠饥饿纪律来维持",社会主义的社会劳动组织则靠"劳动群众本身自由的自觉的纪律来维持"。❸ 这就意味着苏维埃政权不能仿效资本主义社会依靠强制的手段建立劳动纪律,而只能依靠劳动者自身觉悟的提高。这个时候出现的"星期六义务劳动",使列宁找到了正确的途径:共产党人的先锋模范作用能够像齿轮一样带动广大群众,提高其觉悟。如果全国 20 万名党员都能够以身作则,率先垂范,那么全国的 400 万工人乃至千百万农民一定能够被带动起来。只有建立起社会劳动组织的自觉的纪律,无产阶级政权才能够巩固。

列宁认为"星期六义务劳动",没有在普通工人、农民中发起,而是由共产党人发起,不是偶然的。列宁说:"若认为一切劳动者都能同样地进行这一工作,那便是最空洞的词句和马克思以前旧社会主义者的幻想。"❹ 普通的劳动者,要求自己的付出能够获得相应的回报,他们首先要解决的是自己和家人的温饱问题。无偿的义务劳动,只有依靠工人中的先进分子——共产党人才能实现。因为对于共产党人来说,解决温饱问题只是满足了他们第一个层次的需求,除此之外他们还有更高层次的精神上的追求,这就是建立一个没有剥削和压迫的美好社会。对共产主义的理想、信念,使他们能够忍着饥饿、

---

❶ 中共中央马克思恩格斯列宁斯大林著作编译局,编译. 列宁全集(第二十九卷)[M]. 北京:人民出版社,1956:373.

❷ 中共中央马克思恩格斯列宁斯大林著作编译局,编译. 列宁全集(第三十七卷)[M]. 北京:人民出版社,1986:366.

❸ 中共中央马克思恩格斯列宁斯大林著作编译局,编译. 列宁全集(第三十七卷)[M]. 北京:人民出版社,1986:11.

❹ 中共中央马克思恩格斯列宁斯大林著作编译局,编译. 列宁全集(第二十九卷)[M]. 北京:人民出版社,1956:383.

劳累，为国家的利益舍小家顾大家，做着无私的奉献。在列宁看来，社会主义阶段是一个同时包含有资本主义因素和共产主义因素的具有过渡性质的社会。"星期六义务劳动"，就是共产主义的萌芽和开始。共产党人的义务劳动，体现的便是共产主义的精神。当共产党人的无偿劳动成为全体劳动者的普遍行为的时候，那便是共产主义社会了。共产党人就是应该超越现实，引领时代，做无产阶级的楷模。

第五，反对夸夸其谈，要拿出实际行动。

列宁强调讲责任不能停留在口头上。他严斥党内空谈责任，认为党员要小处着手，恪守职责，精通业务，完成自己的光荣使命。早在"十月革命"前，列宁就在《怎么办？》一书中深刻地论述了无产阶级在特殊的历史时期所承担的使命："俄国社会民主党担负着……把全体人民从专制制度压迫下解放出来的这个任务加在我们身上的种种政治责任和组织责任。"❶ 面对全新的历史责任，列宁格外重视提高群众的理论素养，主张利用教育和说服等一系列手段，努力地提高他们的责任意识，认清自己的历史使命。

但是，列宁所讲的这种说服和教育区别于"联合内阁中社会民主党阁员"的夸夸其谈，他们只是一些"责任政论"所做的夸夸其谈，"很难体会自己的责任"，"许多人甚至还没有认识自己应尽的这个责任，而是自发地尾随在那种单以狭隘的工厂生活范围为限的平凡的斗争后面"。❷ 讲责任就不应该仅仅停留在口头上，而是要拿出实际行动，落到实处。党员不应做在群众后面说三道四的"尾巴"，而是处处冲锋在前，不怕吃苦，不怕牺牲，"应该负责组织这种在我们党的领导下进行的全面的政治斗争，使所有一切反政府阶层都能够尽力帮助并且确实尽力帮助这个斗争和这个党"。❸ 只有在现实当中广大人民群众的主人翁责任感被激发出来了，社会主义事业才能不断地由一个胜利走向新的胜利。

列宁指出：当前苏维埃政权处于最困难的时期，方方面面都面临着巨大的难以想象的困难，党员要在自己的岗位上尽职尽责，担负比平常更艰苦、

---

❶ 中共中央马克思恩格斯列宁斯大林著作编译局，编译．列宁全集（第五卷）[M]．北京：人民出版社，1959：337.

❷ 中共中央马克思恩格斯列宁斯大林著作编译局，编译．列宁全集（第五卷）[M]．北京：人民出版社，1959：383.

❸ 中共中央马克思恩格斯列宁斯大林著作编译局，编译．列宁全集（第五卷）[M]．北京：人民出版社，1959：397.

更危险的工作，越是烦琐越要认真。"要把粮食运往城市，要输送工业品去活跃乡村……可以看到目前铁路和水运部门的劳动者担负着何等重要的任务，何等重大的责任了。"❶ 总之，列宁要求广大共产党人既要有远大理想又要小处着手，落实到行动，"在细小的日常工作中尽自己的责任"。❷

（三）制裁失责，倡导尽责

新生政权在经济、政治、思想文化方面与旧社会有许多不同，当时比较突出的问题是社会上有大量的失责渎职的现象，列宁在不同的场合多次表达了坚决与不负责任态度斗争的决心。"全面提高他们的主动性和责任心，这是彻底克服资本主义、克服生产资料私有制的统治所造成的习惯的最主要的办法，甚至是唯一的办法。"❸ 尤其是在"十月革命"胜利后，苏维埃政府百废待兴，社会主义的经济建设迫在眉睫，然而"有些工厂在国有化以后仍然是散漫、涣散、肮脏、胡闹、懒惰的典型……我们不同这些'资本主义传统的保持者'作斗争，就是没有尽到自己的职责"❹，为了捍卫革命的胜利果实，要对那些消极怠工、失责渎职的人和事作坚决的斗争，"凡贻误工作和玩忽职守的犯罪分子，交由革命法庭制裁"。❺

列宁主张如果工厂中领导干部失职要采取比普通人更加严厉的措施。列宁指出："如果他们规避，立刻执行法令的工作，就把他们当作逃避军役而以军法治罪，并实行'连环保'，各人用自己的全部财产担保，一人有罪，大家负责。"❻ "连环保"作为一种制裁手段，它强调了连带责任。列宁反对农奴制下的超经济强制，"坚决主张废除'连环保''人头税'和身份证制度"。❼

---

❶ 中共中央马克思恩格斯列宁斯大林著作编译局，编译. 列宁全集（第三十二卷）[M]. 北京：人民出版社，1958：270.

❷ 中共中央马克思恩格斯列宁斯大林著作编译局，编译. 列宁全集（第九卷）[M]. 北京：人民出版社，1959：98.

❸ 中共中央马克思恩格斯列宁斯大林著作编译局，编译. 列宁专题文集：论无产阶级政党[M]. 北京：人民出版社，2009：197.

❹ 中共中央马克思恩格斯列宁斯大林著作编译局，编译. 列宁专题文集：论社会主义[M]. 北京：人民出版社，2009：136.

❺ 中共中央马克思恩格斯列宁斯大林著作编译局，编译. 列宁全集（第三十三卷）[M]. 北京：人民出版社，1985：178.

❻ 中共中央马克思恩格斯列宁斯大林著作编译局，编译. 列宁专题文集：论资本主义[M]. 北京：人民出版社，2009：230.

❼ 中共中央马克思恩格斯列宁斯大林著作编译局，编译. 列宁全集（第二卷）[M]. 北京：人民出版社，1959：437.

在新的历史条件下,这种"连环保"只涉及经济上的制裁,而非政治上的株连无辜,这是符合时代发展要求的。

更不能容忍的是,党和国家内部领导者的玩忽职守。当初受到国际资本干涉,苏维埃政权处于危急当中,而由于俄国社会民主党内部的"左派"拒绝签订《布列斯特条约》,使苏维埃失去了一次和平的机会,使苏维埃的内政外交都处于混乱复杂当中。"我们可怜的'左派',为了逃避事实,逃避事实的教训,逃避责任问题"❶。针对"左派"在国家前途遭受挫折时这种消极逃避、极端不负责的态度,列宁在《严重的教训与严重的责任》一文中给予了严厉的批评。不负责任态度的根源在于无视客观要求和人民利益,这种行为在国家机关是绝对不允许的。列宁认为:"如果我们责备负责的共产党员,说他们做事不老老实实,这是不对的……这里并没有罪犯,只有混乱和瞎忙,谁都不会办事情。"❷ 对于这种行为不能原谅,要把那些"办事拖拉的罪人送交法院"。由于坚决同不负责任的行为作斗争,有力地惩罚了机关中的官僚主义,改进了社会的不良风气,进一步巩固了新生的苏维埃政权。

个人负责是对于新生的苏维埃非常重要的事情,"生活在社会中却要离开社会而自由,这是不可能的。"❸ 为了改变弥漫社会的不负责任的风气,列宁强调指出:"必须做到个人负责,这是最重要的。"❹ 任何责任都是具体的责任,具体责任最终要落实到个人,只有每个人承担起具体的责任,才能使社会担负起共同的责任。在社会主义建设中,领导干部的责任意识具有重要的作用。列宁认为:"旧政府权力的纯粹压迫机关应该铲除,而旧政府权力的合理职能应该从妄图凌驾于社会之上的权力那里夺取过来,交给社会的负责的公仆"❺,并且建立起严格的纪律,使领导干部成为负有责任的、可以撤换的、领取普通薪金的、没有特权的人民公仆。这些人民公仆"一定要负责维护劳

---

❶ 中共中央马克思恩格斯列宁斯大林著作编译局,编译. 列宁全集(第三十三卷)[M]. 北京:人民出版社,1985:433.

❷ 中共中央马克思恩格斯列宁斯大林著作编译局,编译. 列宁选集(第四卷)[M]. 北京:人民出版社,1995:688.

❸ 中共中央马克思恩格斯列宁斯大林著作编译局,编译. 列宁专题文集:论无产阶级政党[M]. 北京:人民出版社,2009:169.

❹ 中共中央马克思恩格斯列宁斯大林著作编译局,编译. 列宁全集(第三十五卷)[M]. 北京:人民出版社,1959:529.

❺ 中共中央马克思恩格斯列宁斯大林著作编译局,编译. 列宁专题文集:论马克思主义[M]. 北京:人民出版社,2009:223.

动者的利益"。❶ 在此，列宁在国家机关中倡导每个干部认真负责的态度，强调人民的利益高于一切，要不断改善群众生活质量，调动人民群众的积极性，大家共渡难关，走向胜利。

（四）完善各项责任制

无论是在十月社会主义革命的实践中，还是在苏维埃政权建设中，列宁都非常关注国家管理工作，仔细总结了经验，建立健全了责任制，加强了无产阶级政党建设、政权建设和经济建设。批判吸取旧制度下的责任制。列宁在总结历史经验时说："苏维埃的历史使命是充当资产阶级议会制度以及整个资产阶级民主的掘墓人、后继人和继承人。"❷ 社会主义制度与资本主义制度既有区别又有联系。尽管列宁批判资本主义制度的落后性，但他同时也承认资本主义在许多形式可以为我所用，这其中就包括泰罗制，以提高工作效率为目的的一种责任制。他指出："一方面是资产阶级剥削的最巧妙的残酷手段，另一方面是一系列的最丰富的科学成就。"❸ 并对其精确的工作方法、完善的监督责任制作出了肯定。苏联从 1921 年开始实行新经济政策，列宁借用了资本主义管理经济的一系列手段，诸如：一定范围内开放城乡市场恢复贸易自由、允许恢复私人和合作社的小型企业、对国有企业实行经济核算制、改革平均实物分配制、恢复计件工资和奖金制等，其根本目的是激发人民群众责任感和强化责任约束。列宁将反对官僚主义、提高工作效率作为改善苏维埃国家机关主要目的。"在最近的几年内，最重要的迫切任务就是缩减苏维埃机关，改进组织，消灭拖拉作风，'官僚主义'和减少非生产开支。"❹ 列宁的责任思想主要包括以下几点：

第一，精简机构，缩减干部。

苏维埃国家机关与资产阶级国家机关有着本质的区别，人民群众当家做主，因而不需要臃肿的政府机构。"一个人民委员部，如果工作马马虎虎，并

---

❶ 中共中央马克思恩格斯列宁斯大林著作编译局，编译. 列宁全集（第三十三卷）[M]. 北京：人民出版社，1957：157.
❷ 中共中央马克思恩格斯列宁斯大林著作编译局，编译. 列宁专题文集：论无产阶级政党 [M]. 北京：人民出版社，2009：255.
❸ 中共中央马克思恩格斯列宁斯大林著作编译局，编译. 列宁专题文集：论社会主义 [M]. 北京：人民出版社，2009：98.
❹ 中共中央马克思恩格斯列宁斯大林著作编译局，编译. 列宁全集（第三十三卷）[M]. 北京：人民出版社，1957：402.

且得不到任何人的信任,说话毫无威信,那又何必组织它呢"。❶ 所以,列宁下决心要尽可能地精简掉一切可有可无的管理机构,精简机构不是对现有一些机构进行简单的合并,而是科学管理并组建一个与社会化大生产相适应的高效能的组织机构。社会主义国家机构的设置可以借鉴资本主义国家中一些好的管理制度,使其设置更科学、更合理。为此,列宁亲自派阿瓦索洛夫专门用一个星期的时间去法国和挪威学习西方国家治国理政的经验。他还提出建议:要"翻译和出版有关组织劳动和管理工作的一切优秀的最新著作,特别是美国和德国的有关著作"。❷

有了科学的管理机构,就要根据机构的要求和工作的需要对机关的人员编制进行调整,"毫不留情地赶走多余的官员,减缩编制,免去不认真学习管理工作的共产党员的职务"。❸ 列宁对国家工作人员的一贯要求就是:宁要少些,但要质量好些。列宁在谈到工农检察院的精简时说:工农检察院要由一万二千人减到两千人,进一步讲有五六百人就可以了。对于那些精简机构工作做得好的部门,列宁主张要奖励并且向全国推广。经过精简,干部人数在减少,但质量有所提高,能够用最少的人办更多的事,消除多余人干扰干事人的现象,增强责任心,高效率地开展工作。而"提高工作质量对于工农政权和我国苏维埃制度是绝对必要的"。❹

第二,党政分工,处理好领导者与管理者之间的关系。

坚持党对社会主义国家生活的领导是社会主义国家必须坚持的一个基本原则,对党的领导持任何怀疑或否定的态度都是极端错误的。但是,党的这种领导是一种间接的领导,"社会主义不是少数人——一个党所能实现的。只有千百万人学会亲自做这件事的时候,社会主义才能实现"。❺ 也就是说,党需要依靠全体劳动者来管理国家。但是,目前在全国许多地方却存在着党政

---

❶ 中共中央马克思恩格斯列宁斯大林著作编译局,编译. 列宁专题文集:论社会主义[M]. 北京:人民出版社,2009:369.
❷ 中共中央马克思恩格斯列宁斯大林著作编译局,编译. 列宁全集(第三十三卷)[M]. 北京:人民出版社,1957:300.
❸ 中共中央马克思恩格斯列宁斯大林著作编译局,编译. 列宁专题文集:论社会主义[M]. 北京:人民出版社,2009:396.
❹ 中共中央马克思恩格斯列宁斯大林著作编译局,编译. 列宁专题文集:论社会主义[M]. 北京:人民出版社,2009:363.
❺ 中共中央马克思恩格斯列宁斯大林著作编译局,编译. 列宁专题文集:论社会主义[M]. 北京:人民出版社,2009:72.

不分、以党代政、党委包揽一切的现象。"一切问题都搬到政治局来了。"❶甚至连一些十分琐碎的小事也要由政治局拍板，党的领导变成了直接管理。其结果是削弱了党的战斗力，使国家机关、经济组织和群众团体的相对独立被破坏，在经济方面遭受了严重挫折；也使党陷入具体事务堆里，无法集中精力研究国家的路线、方针和政策。

因此，"必须十分明确地划分党（及其中央）和苏维埃政权的职权；提高苏维埃工作人员和苏维埃机关的责任心和主动性；党的任务是对所有国家机关的工作进行总的领导，而不是像目前那样进行过分频繁的、不正常的、往往是对细节的干涉"。❷ 列宁所说的"总的领导"指的是政治领导，即党组织不干预国家机关的日常工作，而是从路线、方针和政策等方面指引国家发展方向，并充分保证人民群众行使当家做主的权力。

列宁认为党政职能分开有利于提高党政各方面的工作责任心，他指出："明确地划分党（及其中央）和苏维埃政权的职权；提高苏维埃工作人员和苏维埃机关的责任心和主动性。"❸ 党政职能分开，使国家机关、企事业单位、群众团体各司其职，职责明确，有利于提高党政机关工作人员的工作责任心。

第三，建立领导干部工作责任制。

列宁关于领导责任的思想是对马克思领导责任思想的继承与发展，他特别强调领导责任制的建设。列宁有关在党政职能分开，完善民主集中制、加强个人责任感等方面的思想至今仍然值得我们学习和借鉴。

列宁为了解决苏维埃机关中办事拖拉、相互推诿责任的现象，在1918年12月起草的《关于苏维埃机关管理工作的规定草案》中指出："苏维埃机关中的一切管理问题应该通过集体讨论来决定，同时要极明确地规定每个担任苏维埃职务的人对执行一定的任务和实际工作所担负的责任。"❹ 个人负责制是迅速、准确、灵活完成党交付的各项工作的有力保障；否则，集体领导就会变成一句空话。虽说大家负责，多头领导，但到头来谁也不负责，影响了工作开展和责任追究。

---

❶ 中共中央马克思恩格斯列宁斯大林著作编译局，编译. 列宁全集（第四十三卷）[M]. 北京：人民出版社，1987：111.

❷ 中共中央马克思恩格斯列宁斯大林著作编译局，编译. 列宁专题文集：论无产阶级政党[M]. 北京：人民出版社，2009：336.

❸ 同上。

❹ 中共中央马克思恩格斯列宁斯大林著作编译局，编译. 列宁全集（第三十五卷）[M]. 北京：人民出版社，1985：359.

为此，列宁提出首先要通过法律制定明确国家机关各部门的工作任务、权限与责任。接下来，各部门要充分调动工作积极性和主动性，按照各自的责任权限进行独立的和负责的工作。不能总是由人民委员会和政治局去解决矛盾。部门之间各司其职，互相配合，不应该出现争权夺利或互相推诿责任的现象。明确职责后，各部门的领导和全体工作人员都要做到对所担负的责任做到心中有数，坚决消除社会上普遍存在的职责不清的现象。与此同时，列宁提出，各部门要确定专人负责人民委员会交办的任务，以便人民委员会主席督促检查。列宁以国家计委为例，指出其工作拖拉、管理混乱、官僚主义滋长的根本原因是由于各个委员没有建立工作责任制，他催促该部门立即建立各个委员负责制。他亲力亲为，为中央起草决定，对人民委员和劳动国防委员会的任务、职责、分工、工作机构和工作方法都做出了具体的规定，力求权力和责任并行。在列宁看来，权力与责任是对等的，如果一个工作人员负有重大责任而没有相当的权力，那么他的工作就难以有效地展开，重大责任也无从保障。相反，一个工作人员权力很大，但却没有责任要求，那么他就会滥用职权，损害国家和人民的利益，还会逍遥法外。

为了贯彻落实列宁确定的集体领导和个人负责的工作责任制，列宁以身作则，率先垂范。他为了防止自己犯错误，也是为了尊重别的同志，他从不任意揽权，扩大自己的工作范围。虽然他从苏维埃政权建立的那一天起一直在中央政治局承担着重要的职务，威望甚高，权力很大。1921年9月29日，泥炭水力开采总局作出决定，把履带式吊车的国外订货期限推延两个月。外贸人民委员部负责人请列宁签字同意了。事后列宁觉得由他自作主张地签批这类技术性的报告并不妥当，应征得有关部门的同意。列宁专门就此事查阅法令，看法律上是否授予他签署这类意见的权力。以后，列宁觉察到自己在工作中有些权力过分集中的现象，他就在党的第十一次代表大会上做了公开的自我批评。

1. 领导责任制的基本内容是责、权、利的有机结合

综合列宁的有关论述，领导责任制的基本内容就是把领导者的责任、权力和个人利益有机地结合起来。在责任、权力和利益这三者中，"责任"是前提、是基础，是一切工作的出发点，既要对企业的全体职工尽责，又要对国家尽责。为了保证领导责任制的贯彻执行，列宁对各人民委员部和机关、各托拉斯和企业、国家出版局等机构领导者的责任都提出了具体的要求。

权力是企业领导者履行其职责的必要手段，假如没有"权力"，那么"尽责"就是一句空话。列宁要求给予领导者管理企业的全部权力。他说:"苏维埃领导人员和主管人员,不论是选举出来的或者是由苏维埃机关任命的,都拥有独立处理问题的全权(例如,铁路法令就要求这样做),因此,在劳动中要绝对服从他们的个人命令。"❶

要树立起企业的领导者对国家、对人民的高度责任感,必须使领导者的职责和权力同领导者自己的利益有机地结合起来。只有在经济上给领导者履行职责带来动力,才能使他们真正地关心企业的管理工作。列宁指出:"如果发展了业务,就让代表和理事们(假如国家银行贸易部有理事的话)得到额外奖金"❷;"如有亏损、办事不力和失职情况,就应予严惩"❸。这样,赏罚分明,责利挂钩,才能充分调动领导者的积极创造精神,使他们的聪明才智得到发挥,自觉地按照客观规律去组织生产和建设。以上这些就是领导责任制的基本内容,它是改善经济组织和提高生产的一个必要条件。

列宁强调集体领导和个人负责的责任制相结合的制度。"集体领导应限于在最小的委员会内最简短地讨论最重要的问题……实行集体领导都要最明确地规定每个人对一定事情所负的责任。"❹ 由领导集体智慧对方针政策性的大事作出决定,与此同时,对一定的工作应由个人负责,避免借口集体领导而无人负责。

2. 领导责任制要求必须有熟悉业务的人领导企业

领导胜任制要求企业领导者必须具备管理企业的本领,具备经济管理知识,懂得业务技术。列宁认为:"有的人可以当一个最有能力的革命家和鼓动家,但完全不适合做一个管理人员。凡是熟悉实际生活、阅历丰富的人都知道:要管理就要内行,就要精通生产的一切条件,就要懂得现代高度的生产技术,就要有一定的科学修养。这就是我们无论如何都应当具备

---

❶ 中共中央马克思恩格斯列宁斯大林著作编译局,编译. 列宁全集(第二十七卷)[M]. 北京:人民出版社,1959:292.

❷ 中共中央马克思恩格斯列宁斯大林著作编译局,编译. 列宁全集(第三十五卷)[M]. 北京:人民出版社,1959:550.

❸ 中共中央马克思恩格斯列宁斯大林著作编译局,编译. 列宁全集(第四十二卷)[M]. 北京:人民出版社,1986:458.

❹ 中共中央马克思恩格斯列宁斯大林著作编译局,编译. 列宁全集(第二十九卷)[M]. 北京:人民出版社,1956:398.

的条件。"❶

列宁提出，必须让那些不同行业里的行家里手来管理各自行业的生产经营活动，要派"机敏而又办事诚实的"，"真正能负责经营并且能顺利经营的人员去担任管理工作"。❷ 列宁批评了那些以战争年代的功勋而自居，轻视经济工作的艰巨性和复杂性的领导干部。列宁认为这种优越感对于社会主义经济建设事业是十分有害的。苏维埃俄国的经济实践使列宁认识到："我们必须改建我们的整个组织，不要让没有商业经验的人们来领导商业企业。"❸ 在俄共（布）第九次代表大会的决议中，列宁还提出要选拔一批具有坚强的意志和毅力，善于团结专家、工程师一道工作的优秀工人担任企业的管理人员；同时，选拔德才兼备的工程师专家作为企业真正的领导人，并且在他的下面设一个专门的工作委员会，参与各方面的事务。

在苏维埃政权建立的初期，在企业管理方面的专家几乎是零，工人阶级没有自己的专家。针对这种情况，列宁提出，一方面，要启用资产阶级的专家，使其在工人的协助下管理苏维埃的经济活动；另一方面，则要求工人阶级迅速投入学习，尽快地学习管理自己的企业。列宁提出要从学校教育、社会教育、实际训练三个方面来加强企业领导的专门知识。资产阶级在企业管理方面有着丰富的经验，列宁提出要善于向资产阶级学习企业领导者的经营管理方法。列宁认为应该一分为二地看待资产阶级的企业管理经验：从对劳动者的剥削和压榨这个角度来看，它是反动的；同时，从管理工作的高效性和科学性来看，又有值得全体布尔什维克学习的一面。资产阶级"善于作为一个阶级进行统治，善于通过随便什么人进行管理，由单独一个人完全对自己负责，在他们的上层有一个小小的集体……谁懂得业务，谁就有职权"。❹

3. 实行责任制的关键是要注意落实

在落实责任制的过程中，要根据不断产生的新问题、新情况对其进行完善。列宁主张责任与权利是对等的，多劳多得，少劳少得，不劳动者不得食，

---

❶ 中共中央马克思恩格斯列宁斯大林著作编译局，编译. 列宁全集（第三十卷）[M]. 北京：人民出版社，1957：394.

❷ 中共中央马克思恩格斯列宁斯大林著作编译局，编译. 列宁全集（第三十三卷）[M]. 北京：人民出版社，1957：300.

❸ 中共中央马克思恩格斯列宁斯大林著作编译局，编译. 列宁全集（第三十三卷）[M]. 北京：人民出版社，1957：195.

❹ 中共中央马克思恩格斯列宁斯大林著作编译局，编译. 列宁全集（第三十六卷）[M]. 北京：人民出版社，1959：544.

这是苏维埃政权的最重要、最主要的根本原则。"合理进行分配，应当用来奖励那些表现了英勇精神的、认真负责的、有才干的和忠心耿耿的经济工作者。"❶ 应该对那些认真履行责任的人给予适当的奖励。但是，我们在实际工作中还要注意到："任何权力都是把同一标准应用在不同的人身上，应用在事实上各不相同，各不相同等的人身上，因而'平等权利'就是不平等，就是不公平。"❷ 在落实经济责任制的实际工作中，为了使经济责任制稳定有效，应该对不同胜任能力的人确定不同的责任，真正做到责任和权利的社会平衡。直到今天，列宁关于责任的思想和实践对于我们建设中国特色社会主义具有重要的意义。

第四，选拔人才，造就干部。

1922年俄国开始实施"第二个党纲"——全俄电气化，这个目标的实现需要建立一个严密精干、组织有利、管理到位的人才队伍，保证党的路线、方针和政策得以坚决的贯彻和实施。为此，党派出大批革命时期的精兵干将从事经济管理工作，虽然他们是出色的革命家和鼓动家，但是他们对于经济管理方面却基本上一窍不通。"发现人才——精明强干的人（从共产党员中百里挑一，千里挑一，就这样也要请上帝保佑），把我们的指令（好指令、坏指令，反正都是一样）由肮脏的废纸变为生动的实践——关键就在这里。"❸ 列宁在谈到工农检察院的人选时指出，应该对后备人选进行两个方面的审查：即政治忠诚度审查和科学管理工作的原理的考试。

为了能够尽快地适应社会化大生产的要求，造就一支有文化、善组织、懂管理的高素质专业干部队伍迫在眉睫。"要管理就要内行，就要精通生产的一切条件，就要懂得现代高度的生产技术，就要有一定的科学修养。这就是我们无论如何都应当具备的条件。"❹ 尽管领导干部手中掌握着国家的政治权利，但经济规律是不能用政治权力来支配的。如果担任负责工作的领导同志不精通业务，不成为行家，要么放弃领导，要么搞瞎指挥，就会给国家经济

---

❶ 中共中央马克思恩格斯列宁斯大林著作编译局，编译. 列宁全集（第三十二卷）[M]. 北京：人民出版社，1958：14.

❷ 中共中央马克思恩格斯列宁斯大林著作编译局，编译. 列宁专题文集：论社会主义[M]. 北京：人民出版社，2009：33.

❸ 中共中央马克思恩格斯列宁斯大林著作编译局，编译. 列宁全集（第三十五卷）[M]. 北京：人民出版社，1959：552.

❹ 中共中央马克思恩格斯列宁斯大林著作编译局，编译. 列宁专题文集：论社会主义[M]. 北京：人民出版社，2009：390.

建设带来重大损失。因此,"为了革新我们的国家机关,我们一定要给自己提出这样的任务:第一是学习;第二是学习,第三还是学习。"❶ 如何学习呢?列宁指出,要认真学习欧美科学中一切真正有价值的东西,包括虚心向资产阶级专家请教。列宁针对党内一些同志鄙薄真业务、蔑视专家、不学无术、善于玩弄行政命令手段的不良现象给予了尖锐的批评。他说:"那些虽然是资产阶级的但是精通业务的科学和技术专家,要比狂妄自大的共产党员宝贵十倍。"❷ 列宁教育党的负责干部,要善于同懂行的专家相互配合工作,向他们学习管理本领。

列宁还提出要大力发展各级党校,使之成为培训干部、进行科学技术课程教育和大学深造的场所。他要求所有在职的干部一律要参加党校的业余培训,并且在全国范围内掀起一个学习的高潮。在列宁的领导下,布尔什维克党在选拔人才、科学造就干部方面得到了很快改善,干部队伍中专家的比例不断上升,干部的思想觉悟和科学管理水平有了很大的提升,对促进苏维埃经济建设的迅速发展起到了重要作用。

第五,加强检查和监督工作。

列宁认为,苏维埃国家机关工作中的一个最大缺点就是不检查指导工作执行情况。大官们的时间被无休止的会议、发文件、空谈法令淹没了。他指出:好计划只是一个良好的开端,更重要的是在计划实施后进行组织落实和检查指导。通过检查,发现执行偏的,帮助其纠正;发现执行好的,加以总结和推广。

为了保证中央发出的各项指令确切无误地贯彻执行,加强检察和监督工作,在列宁的亲自领导下,于1918年成立了国家监察部,两年后该部改为工农检察院,1923年又将中央监察委员会同工农检察院合并,这样一来加强了执行系统的检查和监督力度。他还提出人民委员会副主席"专门负责的主要工作是检查法令、法律和决定的实际执行情况"。❸ 不但要经常检查,而且有时要进行突击检查。

---

❶ 中共中央马克思恩格斯列宁斯大林著作编译局,编译. 列宁专题文集:论社会主义[M]. 北京:人民出版社,2009:368.

❷ 中共中央马克思恩格斯列宁斯大林著作编译局,编译. 列宁专题文集:论社会主义[M]. 北京:人民出版社,2009:193.

❸ 中共中央马克思恩格斯列宁斯大林著作编译局,编译. 列宁专题文集:论无产阶级政党[M]. 北京:人民出版社,2009:219.

1922年1月,列宁以普通工作人员的身份,亲自检查了莫斯科铁路枢纽站轨道车的工作。他发现了很多十分严重的问题,诸如:秩序混乱,工作马虎,发动机运转失灵,轨道车经常在中途抛锚,很多东西被偷走,煤油里掺水,而站长对上述情况却全然不知。事后,列宁要求有关部门的领导立即责成一个专门的负责人主抓这项工作,并将执行情况详细地向他报告。如果再出现玩忽职守的情况,必须承担失职的责任。他还多次提醒有关方面要依法对那些工作上不尽职尽责、玩忽职守的人给予行政处分,情节严重者必须撤职法办。人民法院对这类案件的审理应该引起广大干部和群众的注意,达到取得经济成就的实际目的。

第六,健全人民群众管理国家的制度。

苏维埃政权的性质是人民民主专政,人民群众应当而且必须参加国家的管理。"这在资产阶级共和国里,不仅不可能,而且法律本身也妨碍这样去做。最好的资产阶级共和国里,不管它怎样民主,也有无数法律上的障碍阻挠劳动群众管理。"❶ 但正如马克思所说:经济基础决定上层建筑,任何权利和责任的规定都不能超越由社会的经济结构所决定的文化状况。限于人民群众文化水平和管理本领低下的情况,"苏维埃虽然在纲领上是通过了劳动群众来实行管理的机关,而实际上都是通过无产阶级先进阶层来为劳动群众实行管理,而不是通过劳动群众来实行管理的机关"。❷

基于苏维埃国家制度中不可避免的缺陷,因而人民群众在国家中的政治地位同他们对国家的直接管理与监督有一定的距离,人民群众对于生产资料的所有权同他们对于生产资料的实际支配权也是有距离的。

正是由于存在着管理体制的漏洞,因此列宁提醒广大干部不能搞特殊化,骑在人民头上作威作福,从公仆变为"主人"。为此,一是赋予人民群众对干部的任免权和监督权,随时可以要求撤换不称职的干部;二是要使广大干部时时树立全心全意为人民服务的思想,掌握充分的科学知识和高超的管理本领,不至于干出违背人民利益和愿望的蠢事。列宁指出,只有上述每个条件得以实现时,人民群众才能充分行使当家做主的权力,才能有效地防止和战胜官僚主义。

虽然官僚主义的作风同过去社会中剥削阶级对待人民的态度的顽固影响

---

❶ 中共中央马克思恩格斯列宁斯大林著作编译局,编译. 列宁专题文集:论无产阶级政党 [M]. 北京:人民出版社,2009:219.

❷ 同上。

有密切关系，但不可否认苏维埃国家管理制度中存在的缺陷也不能忽视。如果有了好的管理制度，那么就可以有效地制约干部的官僚主义倾向；如果制度不健全，那么好人也会误入歧途，肆意妄为。所以，"我们的目的是要吸收全体贫农实际参加管理工作，而实现这个任务的一切步骤——其形式愈多愈好——应该详细地记载下来，加以研究，使之系统化，用更多的经验来检查它，并且定为法规"。❶

二、列宁责任思想的当代启示

俄国"十月革命"打碎了资产阶级国家机器，建立了世界上第一个工农当家做主的社会主义政权。为了进一步巩固新生的苏维埃政权，推进社会主义建设步伐，列宁从担任苏维埃政权的最高领导人之日起，就高度重视改善苏维埃政权机关办事效率、落实党员责任制的工作。特别是在其晚年，形成了许多对苏维埃国家机关责任落实的重要论述。今天，深入学习列宁关于改进和完善苏维埃国家政权机关工作的论述，对于我们党在新的历史条件下改进工作作风，提高工作效率，克服官僚主义，无疑具有极其重要的意义。

（1）实行领导责任制，让企业领导具备主人翁的责任意识，符合社会化大生产的必然要求。列宁认为企业管理是一门艺术，这种能力需要通过后天实践来获取而非天生具备。列宁认为社会主义的企业管理需要"对各项职务建立极为严格的责任制，并且无条件地在劳动中有纪律地、自愿地执行指令和命令，使经济结构真正像钟表一样工作"。❷ 要达到这个目标，就要在企业领导中建立奖罚分明、职责明晰的领导责任制，从经济和法律两个层面对领导赋有的权力和责任进行明确的界定。作为苏维埃革命改造工作的中心环节，领导责任制的首要任务便是"'学习怎样工作'，更正确地配备人力，设法确立个人责任制，使每个人对准确规定的工作负责"。❸ 企业的领导者如乐队的指挥一样，柔和自如地指挥成千上万的工人按部就班、协调一致地工作，从而使社会主义大机器工业按部就班、有条不紊地正常进行。

---

❶ 中共中央马克思恩格斯列宁斯大林著作编译局，编译.列宁专题文集：论社会主义［M］.北京：人民出版社，2009：111.

❷ 中共中央马克思恩格斯列宁斯大林著作编译局，编译.列宁全集（第三十四卷）［M］.北京：人民出版社，1985：143.

❸ 中共中央马克思恩格斯列宁斯大林著作编译局，编译.列宁全集（第三十三卷）［M］.北京：人民出版社，1957：308.

（2）按照客观经济规律办事，顺应社会化大生产的发展要求，是列宁提出领导责任制思想的根本原因。另外，苏维埃初期由于制度的不完善、不健全，在一些领导干部中间出现了大量的贪污受贿现象，一些布尔什维克党的干部面对这些诱惑，动摇、软弱甚至无力抵抗，因此列宁认为要保证领导机关正确地开展工作，就应该有自下而上地对权力的制衡和监督。而将领导者的个人利益同其工作成果的好坏相联系的领导责任制，是一种非常有效的"监督形式和方法"。

列宁借助经济核算理论将他的经济责任制思想完整地阐述出来。他第一次把社会主义企业的经营管理同企业和职工的经济利益直接挂钩，借助于商品货币关系和每个职工对自己劳动成果的关注，来提高他们的主人翁责任感，切实办好企业。简单地说，列宁的经济核算理论和经济责任制的思想，就是要求企业里的每一个人，无论职位高低，都要对自己的生产成果承担经济责任。特别是企业的最高管理者，他的工作成效将会直接关系到企业经营成果的好坏，而企业经营的好坏又将成为衡量经济责任制是否有效的标志。列宁指出："各个托拉斯和企业建立在经济核算制基础上，正是为了要他们自己负责，而且是完全负责，使自己的企业不亏本。如果他们做不到这一点，我认为他们就应当受到审判，全体理事都应当受到长期剥夺自由（也许在相当时期后实行假释）和没收全部财产等的惩罚。"❶ 列宁从法律上（长期剥夺自由）和经济上（没收全部财产）明确了企业领导者对企业的责任。

借助于领导责任制的实行来克服领导工作中的官僚主义现象是列宁强调企业实行领导责任制的另一个目的。在社会主义的经济管理工作中，如何克服官僚主义是一个令人头疼的问题。列宁说："我们所有经济机关的一切工作中最大的毛病就是官僚主义。共产党员成了官僚主义者。如果说有什么东西会把我们毁掉的话，那就是这个。"❷ 领导者的不负责任是官僚主义产生的最直接原因，遇事相互推诿，相互指责。实行领导责任制以后，对每一位领导者必须履行的职责都做出了明确的规定，谁若是推脱责任或是不负责任，必将会受到法律上和经济上的严惩。这样，就能有效地遏制官僚主义的发生。

（3）执行领导责任制不能照搬照抄西方的做法，要结合我国的实际。结

---

❶ 中共中央马克思恩格斯列宁斯大林著作编译局，编译. 列宁全集（第三十五卷）[M]. 北京：人民出版社，1959：549.

❷ 中共中央马克思恩格斯列宁斯大林著作编译局，编译. 列宁全集（第五十二卷）[M]. 北京：人民出版社，1988：300.

合近两年来我国工业企业实行经济责任制实践,片面地强调职工对企业应尽的责任而忽视企业领导者的责任,这不是全面的经济责任制。因此,领导责任制应当成为企业经济责任制的一个组成部分,否则责任制就不能落实。

列宁在推行经济责任制中曾针对当时苏维埃的情况指出:"我们缺少的主要的东西就是文化,就是管理的本领。……新经济政策在经济上和政治上都充分保证我们有可能建成社会主义经济的基础。问题'只'在于无产阶级及其先锋队的文化力量。"[1] 这些问题在我国也都存在。我们现有的企业领导者真正熟悉业务、懂得企业管理的人才太少。因此我们必须加快人才培养速度,使现有企业的领导者能够尽快胜任自己的岗位工作,成为"明白人"。另外,还可以从已经具有专业知识的工人、知识分子中间选拔人才,推选他们担任企业的领导或承担管理工作。我们应当结合当代社会对干部知识化、专业化和年轻化的要求,加大对干部的培训力度,提高他们的管理能力,使他们成为领导企业改革,贯彻落实企业责任制的优秀指挥员。

---

[1] 中共中央马克思恩格斯列宁斯大林著作编译局,编译. 列宁专题文集:论无产阶级政党[M]. 北京:人民出版社,2009:335.

后 记

系统学习或专题研析古今中外名家的思想，对任何一门学科来讲都是一项基本功，也是一件"甘坐冷板凳"的苦差，却可能成为泽被后学的功德。《古今中外名家论责任》自2013年开始酝酿，历时五度春秋，终将要与读者见面了，心中既喜悦，又惶恐，更充满期待。

自2010年我开始关注"如何提高大学生服务国家、服务人民的强烈社会责任感"问题，到2013年9月在河北工业大学组织召开首届全国大学生社会责任教育论坛之前的三年多的时间里，我更多的是思考在实践层面如何着力培养大学生的社会责任感？要实现这实践目标在理论上又需要有什么样的新认识？习惯性地从自己相对熟悉的管理学、心理学、社会学、教育学、思想政治教育等领域中找寻理论资源和思想启示。在组织召开首届全国大学生社会责任教育论坛过程中有幸结识了皖西学院程东峰教授、北京青年政治学院刘世保教授、南京理工大学况志华教授等专家学者，从他们身上收益颇多。加之，有河北工业大学马克思主义学院良好学术氛围，2013年下半年我便有了为学术界、实践界那些关注责任、开展责任研究、致力于大学生社会责任感培养的同人提供一本参考资料的想法。这一想法得到了于建星博士的全力支持和通力合作。从本书整体谋划到作者遴选，以及书稿撰写过程中的组织推动，于建星博士都做了大量实际工作。

责任是道德建设的一个重要规范，人们的社会责任担当是社会主义精神文明建设的重要基础，而"不负责任是社会的一大公害"。在实现中华民族伟大复兴的进程中，紧紧围绕协调推进"四个全面"战略布局，全党、全国各族人民在各个领域、各个方面如何更好地担当社会责任，是党和国家事业发展、社会主义精神文明建设的重大现实问题，亟需强大的思想武器予以指导，亟需切实管用的策略予以推进。对马克思主义责任思想、我国传统责任思想、西方责任思想进行系统研究探索，具有重要的理论价值和实践意义。本书尝

后 记

试融通古今中外各种学术资源。这也契合了2016年5月17日习近平总书记在哲学社会科学座谈上提出的"我们要善于融通古今中外各种资源，特别是要把握好三方面资源"（马克思主义的资源、中华优秀传统文化的资源、国外哲学社会科学的资源）的重要指示精神。本书由我负责总体设计、组织协调，并与于建星博士进行最后统稿。参与本书撰写的有：河北工业大学李梅博士（第一章、第五章）、安徽农业大学张传文博士（第二章）、河北工业大学金鑫博士（第三章、第七章）、福建省委党校郑济洲博士（第四章）、皖西学院程东峰教授（第五章）、河北工业大学游朋轩博士（第六章）、浙江财经大学李金鑫博士（第七章）、河北工业大学马喜春讲师（第八章）、河北工程大学于建星博士（第九章）、河北工程大学贾志雄博士（第十章），河北工业大学孙琳琼博士、白晓帅同学（第十一章、第十二章，）、河北工业大学曾静博士（十三章）。古今中外名家之说各有千秋，本书作为集体之作，各人撰写方式也各有不同，在统稿过程中我们尊重作者表达习惯，没有特意追求各章语言表达、行文风格的严格一致。

本书是我主持的国家社科基金《习近平总书记责任思想与当代大学生社会责任担当研究》（15BKS010）阶段成果，有幸受河北省委宣传部的垂青纳入《河北中青年社科专家五十人工程文库》，还得益于河北省"三三三人才工程"的支持，受到了学校、学院及广大学界同人的关注、支持，知识产权出版社的编辑李潇、刘嚚为本书的出版做了大量工作。在此对参编作者及各方面一并表示感谢！我们的知识积累、能力水平毕竟有限，毛泽东等中国共产党领导人和部分古今中外名家的责任思想值得继续挖掘。其实，本书初稿之中有我和河北工业大学于伟峰教授等学者撰写的相关内容，但最终感觉仍不成熟故未收入其中，是个缺憾，留待日后继续研究探析、修改完善，待合适时机再向读者呈现。乐观地想：也许这样恰恰能够激励我们成就一个"古今中外名家论责任"系列丛书。

本书从形成书稿到现在即将印制出版，又用了两年多，足见此书来之不易，还望读者珍惜。但最后需要说明的是，书中难免存在疏漏，敬请各方专家、学者、同人和读者批评指正。

魏进平
2018年12月